# 内容简介

本教材共分三篇。动物药理基础知识篇;动物临床用药篇,包括13个单元,分别是抗微生物药物、消毒防腐药物、抗寄生虫药物、作用于中枢神经系统的药物、作用于外周神经系统的药物、作用于消化系统的药物、作用于呼吸系统的药物、作用于血液循环系统的药物、作用于泌尿生殖系统的药物、抗过敏药物与解热镇痛抗炎药物、皮质激素类药物、调节新陈代谢药物、解毒药物;动物毒理基础知识篇。每篇或每个单元均附有复习思考题、实践技能、知识拓展或相关链接等内容。另外,书后附有实训技能考核项目、常用药物配伍禁忌表、水产养殖常用药物、局部用药物等内容。动物临床用药部分,增加了具有启发性的选择思考题、水产和宠物用药及休药期等内容,有助于学习者对相关药物的学习和掌握,同时也拓展了知识面。

本教材除用作高等农业职业院校畜牧兽医类、兽药生产与营销、防疫与检疫等专业的教材外,也是畜牧兽医科技人员、兽药企业的研发人员、动物养殖单位的兽药使用人员和兽药行政监管人员的参考书。

高等职业教育农业农村部“十二五”规划教材

# 动物药理与毒理

DONGWU YAOLI YU DULI

宋冶萍 主编

中国农业出版社
北京

# 编审人员名单

**主　编**　宋冶萍

**副主编**　王　锐　黄秀明

**编　者**（以姓名笔画为序）

王晓楠　王　锐　孙　健

李福杏　宋冶萍　陈　琳

钱明珠　黄秀明

**审　稿**　曾振灵

# 前　言

本教材以培养高素质技能型专门人才为指导思想，注重教材的思想性、科学性、先进性和适用性，尽量收集国内外新兽药、新制剂、新用法及新技术等资料。为了适应养殖业发展的需要，该书增加了水产养殖用药和局部用药，对食品性动物用药增加了休药期。同时，复习思考题参照国家兽医执业资格考试的格式，结合临床案例分析选项，提高了学生分析问题和解决问题的能力。全书各系统药物尤其是在抗微生物药、抗寄生虫药、中枢神经系统和解热镇痛药等方面增加了较多的新药。另外，近年来我国除了传统的家畜、家禽养殖外，对宠物、经济动物等养殖发展较快，因此，在药物作用、应用的对象方面，对犬、猫等宠物、经济动物和野生动物也增加了适当的内容，以更好地满足兽医临床、公共卫生、新兽药研发和畜牧业发展的需要。

本教材按畜牧兽医类专业三年制 80 课时编写，由于新药的内容不断增加，教学时数因各个院校人才培养模式的不同，安排也不一致。因此，在使用本教材时，应结合自己的实际进行有重点地选择、取舍，有些内容可不必讲授，如相关链接、知识拓展，安排学生自学或作为教学参考之用。

本教材编写人员分工如下：山东畜牧兽医职业学院宋冶萍负责编写动物药理基础知识篇、动物毒理基础知识篇及附录；动物临床用药篇由以下老师合作完成，江苏农牧科技职业学院陈琳负责编写单元一、单元二，云南农业职业技术学院王锐负责编写单元三、单元八，北京农业职业学院孙健负责编写单元四、单元五，黑龙江农业工程职业学院王晓楠负责编写单元六、单元七，成都农业科技职业学院李福杏负责编写单元九、单元十（子单元一），江苏农牧科技职业学院黄秀明负责编写单元十（子单元二）、单元十一、单元十二（子单元一、子单元二）；河南农业职业学院钱明珠负责编写单元十二（子单元三、子单元四）、单元十三。宋冶萍、王锐负责全书的统稿。本教材由华南农业大学曾振灵教授审定，山东畜牧兽医职业学院孙燕老师在本书的编写过程中做了大量的工作，作者在此深表谢意。

由于编者理论水平和实践经验所限，书中不妥之处在所难免，恳请读者批评指正。

2014 年 1 月

# 目　录

前言

## 动物药理基础知识篇

子单元一　概述 …… 3
子单元二　药物的一般知识 …… 4
子单元三　药物对动物机体的作用 …… 7
子单元四　动物机体对药物的作用 …… 10
子单元五　影响药物作用的因素 …… 16
子单元六　处方 …… 18
知识拓展 …… 20
一、兽药管理的一般知识 …… 20
二、水产养殖用药一般知识 …… 22
复习思考题 …… 26
实践技能 …… 27
实训一　实验动物的捉拿与固定及给药方法 …… 27
实训二　药物的保管与贮存 …… 31
实训三　动物医疗处方的开写 …… 33
实训四　常用药物制剂的配制 …… 33
实训五　药物的物理、化学性配伍禁忌 …… 34
实训六　不同给药途径对药物作用的影响 …… 36

## 动物临床用药篇

单元一　抗微生物药物 …… 39
相关链接 …… 39
微生物的分类及特性 …… 39
子单元一　抗生素 …… 44
子单元二　化学合成抗菌药 …… 67
子单元三　抗微生物药物的合理应用 …… 77
知识拓展 …… 80
抗病毒药 …… 80
复习思考题 …… 82

实践技能 …… 84

实训七 抗菌药物的体外抗菌实验 …… 84

实训八 链霉素的毒性反应及氯化钙的对抗作用 …… 86

**单元二 消毒防腐药** …… 87

子单元一 消毒防腐药概述 …… 87

子单元二 常用的消毒防腐药 …… 88

知识拓展 …… 94

消毒防腐药的选用 …… 94

复习思考题 …… 95

实践技能 …… 96

实训九 消毒防腐药的作用观察 …… 96

实训十 消毒防腐药的杀菌效果观察 …… 97

**单元三 抗寄生虫药物** …… 99

子单元一 抗蠕虫药 …… 100

子单元二 抗原虫药 …… 106

子单元三 杀虫药 …… 113

知识拓展 …… 117

一、抗蠕虫药的合理选用 …… 117

二、球虫病的有关知识 …… 118

三、抗球虫药的合理应用 …… 118

复习思考题 …… 120

**单元四 作用于中枢神经系统的药物** …… 122

子单元一 全身麻醉药 …… 122

子单元二 化学保定药 …… 126

子单元三 镇静、安定和抗惊厥药 …… 128

子单元四 麻醉性镇痛药 …… 130

子单元五 中枢兴奋药 …… 131

相关链接 …… 133

一、麻醉的分期 …… 133

二、麻醉的方式 …… 134

三、应用麻醉药的注意事项 …… 134

复习思考题 …… 134

实践技能 …… 136

实训十一 水合氯醛的全身麻醉作用及氯丙嗪的增强麻醉作用 …… 136

**单元五 作用于外周神经系统的药物** …… 137

子单元一 局部麻醉药 …… 137

子单元二 传出神经药物 …… 139

相关链接 …… 146
一、传出神经分类 …… 146
二、传出神经递质 …… 146
三、传出神经受体 …… 147
四、传出神经的生理功能 …… 148
复习思考题 …… 149
实践技能 …… 150
实训十二　肾上腺素对普鲁卡因局部麻醉作用的影响 …… 150

**单元六　作用于消化系统的药物 …… 151**

子单元一　健胃药与助消化药 …… 151
子单元二　抗酸药 …… 156
子单元三　制酵药与消沫药 …… 157
子单元四　止吐药和催吐药 …… 158
子单元五　瘤胃兴奋药 …… 159
子单元六　泻药与止泻药 …… 160
知识拓展 …… 164
一、健胃药与助消化药的合理选用 …… 164
二、制酵药与消沫药的合理选用 …… 164
三、泻药与止泻药的合理选用 …… 164
复习思考题 …… 165
实践技能 …… 166
实训十三　泻药作用实验 …… 166

**单元七　作用于呼吸系统的药物 …… 168**

子单元一　祛痰药 …… 168
子单元二　镇咳药 …… 169
子单元三　平喘药 …… 170
知识拓展 …… 171
祛痰、镇咳与平喘药的合理选用 …… 171
复习思考题 …… 171

**单元八　作用于血液循环系统的药物 …… 172**

子单元一　强心药 …… 172
子单元二　止血药 …… 174
子单元三　抗凝血药 …… 177
子单元四　抗贫血药 …… 178
知识拓展 …… 180
止血药的合理选用 …… 180
复习思考题 …… 180

实践技能 …… 180
实训十四 止血药及抗凝血药的作用观察 …… 180

**单元九 作用于泌尿生殖系统的药物 …… 182**

子单元一 利尿药与脱水药 …… 182
子单元二 生殖系统药物 …… 185
知识拓展 …… 191
利尿与脱水药的合理选用 …… 191
复习思考题 …… 191
实践技能 …… 192
实训十五 利尿药与脱水药作用实验 …… 192

**单元十 抗过敏药物与解热镇痛药物 …… 194**

子单元一 抗过敏药物 …… 194
子单元二 解热镇痛抗炎药物 …… 196
复习思考题 …… 201
实践技能 …… 202
实训十六 解热镇痛药及氯丙嗪的降温作用 …… 202

**单元十一 皮质激素类药物 …… 204**

子单元一 概述 …… 204
子单元二 常用药物 …… 206
复习思考题 …… 208

**单元十二 调节新陈代谢药物 …… 209**

子单元一 体液补充药 …… 209
子单元二 电解质与酸碱平衡调节药 …… 210
子单元三 维生素 …… 213
子单元四 钙、磷与微量元素 …… 218
相关链接 …… 221
一、酸碱平衡及其调节 …… 221
二、补充体液的原则 …… 222
复习思考题 …… 222

**单元十三 解毒药物 …… 224**

子单元一 非特异性解毒药 …… 224
子单元二 特异性解毒药 …… 225
知识拓展 …… 233
一、氨基甲酸酯类农药中毒的毒理与解毒药 …… 233
二、杀鼠剂中毒与解毒 …… 234
三、蛇毒中毒与解毒 …… 234

复习思考题 …… 235
实践技能 …… 235
实训十七　有机磷酸酯类中毒及解救 …… 235

## 动物毒理基础知识篇

子单元一　概述 …… 239
子单元二　毒理学安全性评价 …… 245
子单元三　动物源性食品中兽药及化学物残留 …… 252
复习思考题 …… 255

附录 …… 257

附录一　实训技能考核项目 …… 257
附录二　不同动物用药量换算表 …… 258
附录三　常用药物的配伍禁忌简表 …… 259
附录四　食品动物禁用的兽药及其化合物清单 …… 264
附录五　局部用药物 …… 265
附录六　水产养殖常用药物 …… 267

参考文献 …… 269

# 动物药理基础知识篇

DONGWU YAOLI JICHU ZHISHI PIAN

## 子单元一　概　述

### （一）动物药理概念及内容

动物药理是研究药物与动物机体（包括病原体）之间相互作用及其规律的一门科学，是一门为临床合理用药、防治疾病提供理论依据的兽医基础学科。

动物药理的主要内容：一方面，研究药物对机体作用的规律，阐明药物防治疾病的机理，称为药物效应动力学，简称药效学。另一方面，是研究机体对药物的处置（吸收、分布、转化和排泄）过程中药物浓度随时间变化的规律，称为药代动力学，简称药动学。药物对机体的作用和机体对药物的处置过程在体内同时进行，并且相互联系，是药物进入机体后一个过程的两个方面。

### （二）学习动物药理的方法与任务

学习动物药理应以辩证唯物主义指导思想，认识和掌握药物与机体的相互关系，正确评价药物在防治疾病中的作用。熟悉和掌握药物的基本作用规律，分析同类药物的共性和特点。对重点药物要掌握其作用、作用机理、应用、不良反应与注意事项，并与其他药物进行比较和鉴别。要注重掌握常用的实验方法和基本操作，仔细观察、记录实验结果，通过实验研究培养实事求是的科学作风和分析解决问题的能力。

动物药理的任务主要是培养未来的兽医师、助理兽医师学会正确选药、合理用药、提高药效、减少不良反应；并为进行临床前药理实验研究、开发新药及新制剂创造条件。新兽药开发与研究的过程包括临床前研究、临床研究和上市后兽药监测三个阶段。

### （三）动物药理在本专业中的地位及与其他课程的关系

动物药理是运用生理学、生物化学、病理学、微生物学和免疫学等基础理论知识，阐明药物的作用机理、主要适应证和禁忌证，为兽医临床合理用药提供理论依据。它与动物食品中的药物残留、动物疾病模型的实验治疗、毒物鉴定与毒理研究等有着密切的联系，为学习专业临床课奠定基础。因此，动物药理是畜牧兽医专业（兽医专业、动物防疫检疫专业、兽药生产与营销专业）的一门重要专业基础课程。

### （四）动物药理发展概况

动物药理是药理学的组成部分，即以动物为研究对象的药理学范畴的扩大和发展，现代药理学的研究大多以动物实验为基础，动物药理的发展与药理学的发展是密切联系的。

我国最早的本草学是1世纪前后的《神农本草经》，收载有动物、植物、矿物药共365种。659年唐朝政府在此基础上修订，正式颁布《新修本草》载有药物884种，并附有图谱，是我国和世界最早的一部药典，较西方最早的纽伦堡药典早883年。以后宋朝政府又修订了数次。到了明朝，李时珍经30年艰苦努力，编成药物学巨著《本草纲目》，收载药物共1 892种，插图1 160幅，药方11 000条，促进了我国医药的发展，并受到世界医药界的推崇，被译成日、朝、德、法、英、俄、拉丁七种文字，成为世界上重要的药物学文献之一。古代无兽医专用本草书，但历代的本草书中都包含兽用本草的内容，明代喻本元和喻本亨的《元亨疗马集》是我国最早的兽医著作，收载药物400多种，药方400余条。

药理学作为一门独立的现代学科建立于19世纪中期。18世纪以前，凡研究药物知识的科学总称为“药物学”，自19世纪以来，由于化学的发展，先后从阿片中提取吗啡用于麻醉；用青蛙实验确立了士的宁的作用部位在中枢神经系统的脊髓；在研究百浪多息的作用中，发现了磺胺类药物，开创了化学治疗的新纪元；20世纪40年代从霉菌的培养液中提取了青霉素等，开创了抗生素时代。此后，药理学飞速发展，出现了前所未有的新领域及分支学科如生化药理学、分子药理学、免疫药理学、临床药理学、遗传药理学等。

我国动物药理的建立是在新中国成立后，20世纪50年代初我国高等院校调整成立了独立的农业院校，多数院校设立了兽医专业并开设兽医药理学课程，从此先后出版了《兽医药理学》《兽医临床药理学》《兽医药物代谢动力学》《动物毒理学》等著作；开展了抗菌药物、抗寄生虫药的动力学研究。新兽药的研制开发取得了突出成就，经农业部批准注册的一、二、三类新兽药与新制剂（含生物制品）已达700多种，为保障我国畜牧业生产发展起了重要的作用。

## 子单元二　药物的一般知识

### 一、药物的基本概念

**1. 药物**　指用于预防、治疗、诊断疾病的各种物质。但是，随着科学的发展，药物的概念越来越宽广与深入。理论上，凡是影响机体器官生理功能或细胞代谢活动的化学物质，都属于药物的范畴。此外，兽药还包括有目的地调节动物生理机能的物质，主要包括血清制品、疫苗、诊断制品、微生态制剂、中草药、中成药、化学药品、抗生素、生化药品、放射性药品、外用杀虫剂、消毒剂及药物饲料添加剂等。动物包括家畜、家禽、宠物、野生动物、水产动物、蜂及蚕等。

**2. 毒物**　指能对动物机体产生损害作用的物质。药物超过一定剂量或用法不当，对动物也能产生毒害作用，因此药物与毒物之间并没有绝对的界限。药物长期使用或剂量过大有可能成为毒物。如维生素类，过量使用，也可引起中毒。

**3. 毒药**　指毒性很大，极量与致死量很接近，稍用大量即可引起动物中毒甚至死亡的药物。如硝酸士的宁、毛果芸香碱等。

**4. 剧药**　指毒性较大，极量与致死量较接近，超过极量可引起动物中毒或死亡的药物。其中有的药物要求必须经有关部门批准才能生产、销售，限制使用条件的剧药，又称为限剧药，如安钠咖、巴比妥类等。

**5. 麻醉品**　指能成瘾的毒、剧药品。如吗啡、可待因等。它与麻醉药不同，麻醉药不具成瘾性。

**6. 兽用处方药**　指凭兽医师开具的处方笺方可购买和使用的兽药。

**7. 兽用非处方药**　指由国务院兽医行政管理部门公布的、不需要凭兽医师开具的处方笺即可自行购买并按照说明书使用的兽药。

**8. 假兽药**　根据《兽药管理条例》规定，有下列情形之一的，为假兽药：①以非兽药冒充兽药或者以他种兽药冒充此种兽药的；②兽药所含成分的种类、名称与兽药国家标准不符合的。

有下列情形之一的，按照假兽药处理：①国务院兽医行政管理部门规定禁止使用的；②依照本条例规定应当经审查批准而未经审查批准即生产、进口的，或者依照本条例规定应当经抽查检验、审查核对而未经抽查检验、审查核对即销售、进口的；③变质的；④被污染的；⑤所标明的适应证或者功能主治超出规定范围的。

**9. 劣兽药** 根据《兽药管理条例》规定，有下列情形之一的，为劣兽药：①成分含量不符合兽药国家标准或者不标明有效成分的；②不标明或者更改有效期或者超过有效期的；③不标明或者更改产品批号的；④其他不符合兽药国家标准，但不属于假兽药的。

## 二、药物的来源

药物的种类很多，但从其来源来说，大体可分为三大类。

**1. 天然药物** 是利用自然界的物质，经过加工而作药用者。包括植物药，如黄连、龙胆；动物药，如牛黄、地龙；矿物药，如硫酸钠、硫酸镁；抗生素及生物制品，如青霉素、疫苗、抗毒素等。

**2. 人工合成和半合成药物** 是用化学方法合成的药物，如磺胺类、喹诺酮类。或根据天然药物的化学结构，用化学方法制备的药物，如肾上腺素、麻黄碱。还有些是在原有天然药物的化学结构基础上引入不同的化学基团，制得的药物，如半合成抗生素阿莫西林。人工合成和半合成药物的应用非常广泛，是药物生产和获得新药的主要途径。

**3. 生物技术药物** 是指通过细胞工程、基因工程和酶工程等分子生物学技术生产的药物，如生长激素、酶制剂等。

## 三、药物的制剂与剂型

制剂是指根据《中华人民共和国兽药典》或其他法定的处方，将原料药和辅料等加工制成一定形态和规格的药品。如土霉素片、10%葡萄糖注射液。

剂型是指将药物原料加工，制成安全、稳定和便于应用的形式。如片剂、颗粒剂、注射剂等。

临床常用的剂型一般可分液体剂型、固体剂型、半固体剂型、气雾剂型四大类。

### （一）固体剂型

**1. 可溶性粉剂** 指药物或与适宜的辅料经粉碎、均匀混合制成可溶于水的干燥粉末状制剂。主要供饮水，如盐酸环丙沙星可溶性粉。

**2. 预混剂** 指药物与适宜的基质均匀混合制成的粉末状或颗粒状制剂。专供混饲，如盐霉素钠预混剂。

**3. 散剂** 指药材或药材提取物经粉碎、均匀混合制成的粉末状制剂。一般特指天然药物，分为内服散剂和外用散剂，如健胃散、冰硼散。

**4. 颗粒剂** 指药物与适宜的辅料制成具有一定粒度的干燥颗粒状制剂。包括可溶颗粒、混悬颗粒、泡腾颗粒等。供内服，如板蓝根颗粒。

**5. 片剂** 指药物与适宜的辅料混匀压制而成的片状固体制剂。片剂以内服普通片为主，如大黄苏打片。另有咀嚼片、泡腾片、阴道片、缓释片、肠溶片等。

**6. 丸剂** 指药材细粉或药材提取物加适宜的黏合辅料制成的球形或类球片形制剂。包括蜜丸、水丸、水蜜丸、糊丸、浓缩丸等。供内服，如牛黄解毒丸、银翘解毒丸。

**7. 胶囊剂** 指将药物盛于空心胶囊中制成的一种制剂。供内服，如氨苄西林胶囊。

**8. 微囊剂** 利用天然的或合成的高分子材料将固体或液体药物包裹而成的微型胶囊。一般直径为5～400$\mu$m。如大蒜素微囊。

新的固体制剂还有埋植小丸、含有驱虫药的耳号夹及项圈、脂质体制剂等。

**(二) 半固体剂型**

**1. 软膏剂** 指药物与基质均匀混合而制成具有适当稠度的膏状制剂。供外用，如红霉素软膏、鱼石脂软膏。

**2. 浸膏剂** 指将中草药浸出液经浓缩后，以适量固体稀释剂调整至规定标准所制成的膏状半固体或粉状固体制剂。除另有规定外，每克浸膏剂相当于原药2～5g，如甘草浸膏。

**3. 舔剂** 指由一种或多种药物与赋形药（如淀粉）混合，制成糊状或粥状制剂。供病畜自由舔食或涂抹在病畜舌根部任其吞食。多为诊疗后现用现配，且无刺激性及不良气味。常用的辅料有甘草粉、淀粉、米粥、糖浆等。

**(三) 液体剂型**

**1. 注射剂** 指药物与适宜的溶剂或分散介质制成的灭菌澄清液、混悬液、乳状液或粉末（粉针剂），供注射用。如葡萄糖注射液、注射用阿莫西林钠。

**2. 溶液剂** 一般指非挥发性药物的澄明溶液。供内服或外用，如恩诺沙星溶液、高锰酸钾溶液。

**3. 酊剂** 指用不同浓度的酒精浸泡药材或溶解化学药物而制成的液体制剂。供内服或外用，如陈皮酊、碘酊。

**4. 合剂** 指两种以上药物的澄明溶液或均匀混悬液。供内服，如复方甘草合剂。

**5. 乳剂** 指两种以上互不相溶的液体，经乳化剂（如阿拉伯胶）乳化后，制成的非均相分散体系的液体制剂。供内服或外用，如鱼肝油乳剂、松节油乳剂。

**6. 醑剂** 指挥发性药物的酒精溶液。可供内服或外用，如樟脑醑。

**7. 擦剂** 指由刺激性药物制成的油性或醇性液体制剂，有溶液型、混悬型及乳化型。供外用，如松节油擦剂、四三一擦剂。

**8. 流浸膏** 指将药材的醇或水的浸出液，蒸去部分溶媒浓缩而得的液体制剂，通常每毫升相当于原药材1g。供内服，如益母草流浸膏。

**9. 煎剂和浸剂** 指将中草药在陶瓷容器内加水煎或浸一定时间，去渣使用的液体剂型。供内服或外用，如槟榔煎剂、鱼藤浸剂。

**10. 涂皮剂** 指将药物溶于透皮吸收系统中的澄明溶液，可被皮肤吸收而发挥药效。供外涂，如左旋咪唑透皮剂。

**(四) 气雾剂型**

气雾剂型是将药物与抛射剂（液化气或压缩气）共同装封于具有阀门系统的耐压容器中，应用时揿按阀门系统，借助抛射剂的压力将药物喷出的一种制剂。供呼吸道吸入给药、皮肤黏膜给药或空间消毒。如利多卡因氯己定气雾剂、杀虫药气雾剂。

## 四、药物的保管与贮存

**1. 药物的保管** 应按国家颁布的药品管理办法，建立严格的保管制度，实行专人、专账、专柜（室）保管，保证账目与药品相符。根据药物的临床应用、药物的理化性质等分类放置，排列要整齐有序、定位，便于拿取。药品库应保持清洁卫生，并防止发霉、虫蛀和鼠咬。加强防火等安全措施，确保人员与药品的安全。对毒、剧药品及麻醉品，更应按国家法令、条例严格管理、贮存。

**2. 药物的贮存** 药物应按照药品说明书的要求科学合理地贮存，《中华人民共和国兽药典》（以下简称《中国兽药典》）对各种药品的贮存都有具体的要求。总的原则是避光、密闭、密封、熔封或严封，在阴凉处、凉暗处、冷处等贮存。各类药物应归类存放，如内服药、外用药、毒剧药及麻醉品、易燃易爆药等，均应分别贮放，严格管理，定期检查，以防事故发生。

## 子单元三 药物对动物机体的作用

### 一、药物的基本作用

**（一）药物作用的基本表现**

药物作用十分复杂，但都是通过影响机体原有的生理机能或生化反应过程发生作用的。凡能使机体生理、生化反应加强的称为兴奋，主要引起兴奋的药物称为兴奋药，如咖啡因；凡能使机体生理、生化反应减弱的称为抑制，主要引起抑制的药物称为抑制药，如氯丙嗪。

**（二）药物作用的方式**

**1. 局部作用和吸收作用** 药物在用药局部产生的作用称为局部作用。如利多卡因的表面麻醉作用。药物经吸收进入血液循环后所产生的作用称为吸收作用或全身作用，如内服阿司匹林后所产生的解热作用。

**2. 直接作用和间接作用** 药物吸收后，直接到达某一组织、器官产生的作用，称为直接作用或原发作用。通过直接作用的结果而引起其他组织、器官产生的作用，称为间接作用或继发作用。如洋地黄对心脏产生原发作用，增强心肌收缩力，改善全身血液循环为直接作用；由于血液循环的改善，间接增加肾的血流量，尿量增多，使心性水肿得以减轻或消除为间接作用。

**（三）药物作用的选择性**

大多数药物在适当剂量时，只对某些组织和器官产生比较明显的作用，而对其他组织和器官作用较弱或无作用，这种现象称为药物作用的选择性。如治疗量的洋地黄，对心脏有高度的选择性，使心脏收缩加强；缩宫素对子宫平滑肌具有高度选择性，可用于催产。药物的选择作用一般是相对的，它与剂量有关，如治疗量的咖啡因对大脑皮质表现明显的兴奋作用，但随着剂量的增加，也能兴奋延髓乃至脊髓。

与选择作用相反，有些药物对所有的组织和器官都产生类似的作用，称为普遍细胞毒作用或原生质毒作用。如消毒药可影响一切活组织中的原生质，用于体表或环境、器具的消毒。

药物作用的选择性是治疗作用的基础，选择性高的药物针对性强，能产生很好的治疗效果，很少或没有不良反应；反之，选择性低，针对性不强，不良反应也较多。

**（四）药物的治疗作用与不良反应**

**1. 治疗作用** 药物作用于机体后，其结果符合用药的目的，达到了治疗动物疾病的效果，称为治疗作用。

治疗作用又分为对因治疗和对症治疗。前者针对病因，目的是消除疾病的原发致病因子，或称治本，如用青霉素治疗猪丹毒（杀灭猪丹毒杆菌）；后者针对症状，目的是改善疾病症状，或称治标，如镇痛药可消除疼痛，但不能解除发生疼痛的原因。

对因治疗与对症治疗是相辅相成的，临床应视病情的轻重灵活运用，遵循“急则治其标，缓则治其本，标本兼顾”的治疗原则。

**2. 不良反应** 是指药物作用于机体后，产生与用药目的无关，甚至对机体不利的作用。临床用药时，应注意充分发挥药物的治疗作用，尽量减少药物的不良反应。

（1）副作用。指药物在治疗量时，出现与治疗无关的作用。如阿托品具有抑制平滑肌收缩和抑制腺体分泌的作用。当用其解除平滑肌痉挛，缓解或消除疼痛时，抑制腺体分泌为副作用；当用其作麻醉前给药时，抑制胃肠平滑肌的作用便成了副作用。由此可知，某一药物的副作用可因用药目的不同而转化，副作用一般是可预见的。

（2）毒性反应。指用药剂量过大，或时间过长，超过机体的耐受能力，以致造成对机体有明显损害的作用。用药后立即发生的称急性毒性，多因给药剂量过大所引起，常表现为心血管、呼吸功能的损害；用药时间较长逐渐蓄积后产生的称为慢性毒性，多数表现肝、肾、骨髓的损害；少数药物还能产生特殊毒性，即致癌、致畸、致突变反应（简称“三致”作用）。毒性反应一般是可预知的，因此，用药时要注意用药的剂量和疗程，避免毒性反应产生。

（3）过敏反应（又称变态反应）。是机体受到药物刺激后发生的一种不正常的免疫反应。常见的过敏反应轻者表现为皮疹、支气管哮喘、肠平滑肌痉挛、血管扩张等；重者表现为过敏性休克，动物呼吸困难、缺氧、昏迷、抽搐甚至死亡。这种反应与剂量无关，且不同的药物可能出现相似的反应，很难预料。对轻者，可给予苯海拉明等抗过敏药物，对过敏性休克则应及时使用肾上腺素或高效糖皮质激素进行抢救。

（4）继发性反应。是由药物治疗作用引起的不良后果。如成年反刍动物胃肠道有许多微生物寄生，菌群之间维持着平衡的共生状态，当长期应用四环素类广谱抗生素时，对药物敏感的菌株受到抑制，而不敏感的微生物如真菌、厌氧菌、耐药菌等大量繁殖，菌群间的平衡状态遭到破坏，从而造成中毒性胃肠炎或全身感染。这种继发性感染称为“二重感染”。

（5）后遗效应。是停药后血药浓度降至阈值以下时的残存药理效应。后遗效应可能对机体产生不良反应，如长期应用皮质激素，由于负反馈作用，垂体前叶和/或下丘脑受到抑制，即使肾上腺皮质功能恢复至正常水平，但对应激反应在停药半年以上时间内可能尚未恢复，可导致药源性疾病；有些药物也能对机体产生有利的后遗效应，如抗生素可提高吞噬细胞的吞噬能力，使抗生素的给药间隔时间延长，如氟喹诺酮类药物。

## 二、药物作用的机理

药物作用的机理是指药物如何发挥作用的道理。由于药物的种类繁多、性质各异，且机体的生化过程和生理机能十分复杂，虽然人们的认识已从细胞水平、亚细胞水平深入到分子水平，但其学说也不完全相同。目前公认的药物作用机理有以下几种。

**1. 通过受体产生作用** 受体是指存在于细胞膜或细胞内的生物大分子物质（蛋白质、脂蛋白、核酸），具有高度的特异性。当某一药物与受体结合后，能激活该受体，产生强大效应，这一药物就是该受体的激动剂或兴奋剂，如乙酰胆碱为胆碱受体激动剂或兴奋剂。如果药物与受体结合后，不能使受体激活产生效应，而有阻断激动剂的作用，这种药物称为阻断剂或颉颃药，如阿托品为胆碱受体阻断剂。

**2. 改变组织细胞生活的理化环境而发挥作用** 如内服6%硫酸钠溶液改变肠腔内渗透压，而产生泻下作用；内服碳酸氢钠可中和过多的胃酸，治疗胃酸过多症。

**3. 影响酶的活性而发挥作用** 如新斯的明可抑制胆碱酯酶的活性而产生拟胆碱作用；碘解磷定能恢复体内胆碱酯酶的活性而解除有机磷中毒。

**4. 影响细胞的物质代谢过程而发挥作用** 如某些维生素或微量元素可直接参与细胞的正常生理、生化过程，使其缺乏症得到纠正。

**5. 改变细胞膜的通透性而发挥作用** 如表面活性剂苯扎溴铵可改变细菌细胞膜的通透性而发挥抗菌作用。

**6. 影响神经递质或体内活性物质而发挥作用** 如麻黄碱能促进神经递质去甲肾上腺素的释放，使外周血管收缩；阿司匹林能抑制生物活性物质前列腺素的合成，而发挥解热作用。

## 三、药物的构效关系与量效关系

### （一）药物的构效关系

指特异性药物的化学结构与药物效应有密切关系，结构类似的化合物能与同一受体或酶结合，产生相似（拟似药）或相反的作用（颉颃药）。如肾上腺素、去甲肾上腺素、异丙肾上腺素和普萘洛尔均有类似苯乙胺的基本结构，但前三者能与肾上腺素受体结合，产生拟肾上腺素样作用；而普萘洛尔竞争肾上腺素受体，产生抗肾上腺素作用。它们的结构式如下：

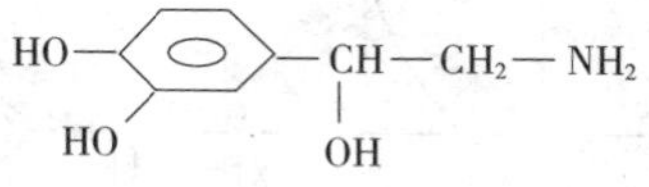

去甲肾上腺素

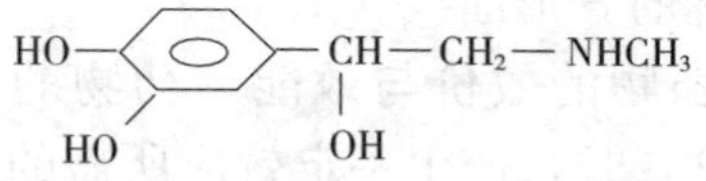

肾上腺素

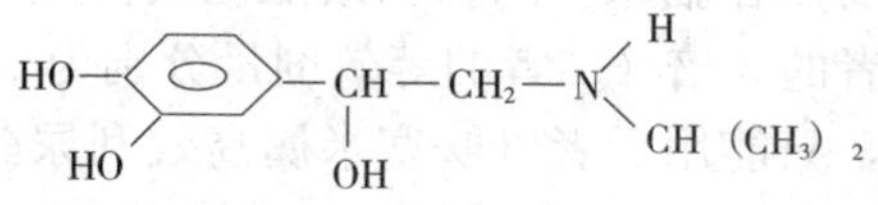

异丙肾上腺素

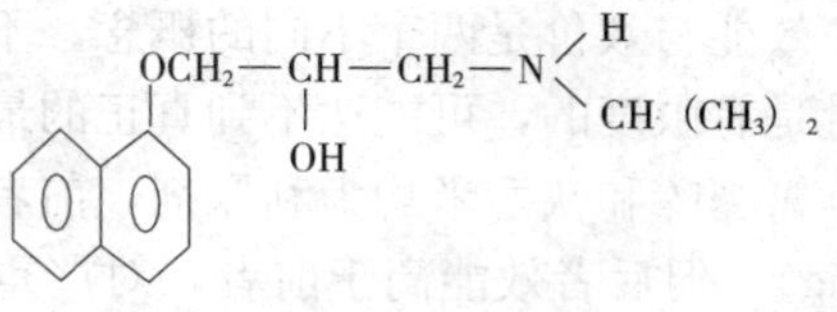

普萘洛尔

另外，许多化学结构完全相同的药物还存在光学异构体，具有不同的药理作用，多数药物的左旋体有药理活性，而右旋体无作用或较弱，如左旋咪唑有抗线虫活性，其右旋体无作用。

### （二）药物的量效关系

**1. 量效关系** 指一定范围内，药物的效应随着剂量或浓度的增加而增强，它定量地分析和阐明药物剂量与效应之间的规律。

药物剂量的大小关系到进入体内的血药浓度高低和药效的强弱。药物剂量过小，不产生任何效应，称无效量。能引起药物效应的最小剂量，称最小有效量。随着剂量增加，效应强度相应增大，其中对50%动物有效的剂量称半数有效量，用$ED_{50}$表示。出现最大效应的剂量，称为极量。若再增加剂量，效应不再加强，反而会出现毒性反应，药物效应产生了质变。出现中毒的最低剂量称为最小中毒量。引起死亡的剂量，称为致死量，引起50%动物死亡的剂量称为半数致死量，用$LD_{50}$表示。药物的最小有效量到最小中毒量之间的范围称安全范围。药物临床的常用量或治疗量在安全范围内（图1-1）是指比最小有效量大，对机体产生明显效应，但并不引起毒性反应的剂量。《中国兽药典》对药物的常用量和毒药、剧药的极量都有规定。临床用药时，一定要按规定剂量用药，不能随意增加或减少用药剂量。

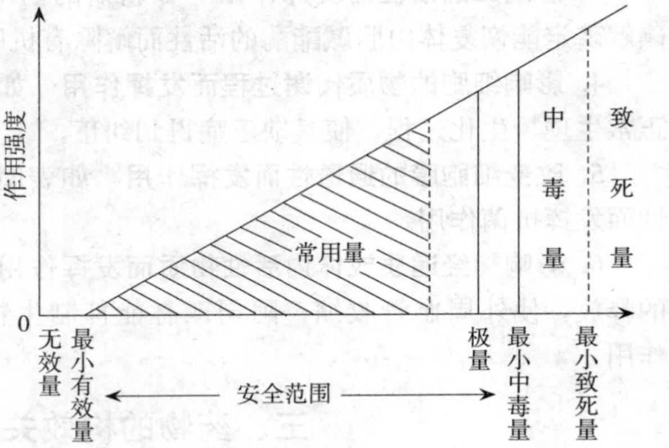


图1-1　药物作用与剂量的关系示意

**2. 量效曲线**　在药理学研究中，常需要分析药物的剂量同它所产生的某种效应之间的关系，这种关系可用曲线来表示，称为量效曲线。如以药物剂量对数为横坐标，效应强度为纵坐标作图，可得到一条对称的S形曲线（图1-2）。

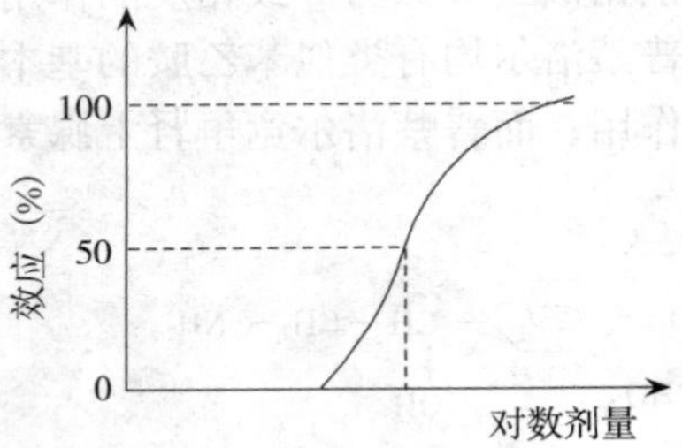


图1-2　量效关系曲线

**3. 药物的效价与效能**　药物的效价也称强度，是指产生一定效应所需的药物剂量大小，剂量越小，表示强度越高。随着剂量或浓度的增加，效应也随之增加，当效应增强至最大程度后，再增加剂量或浓度，效应也不再增强，此时的最大效应称为效能。效能与效价是两个不同的概念，不能混淆。在临床用药时，由于药物具有不良反应，其剂量是有限度的，可能达不到真正的最大效能，所以在临床上药物的效能比效价重要得多。如氢氯噻嗪和呋塞米均为利尿剂，前者效价是后者的3倍（二者的等效剂量分别为30mg与90mg）。但后者效能高于前者，对严重水肿疾病，只能用后者（呋塞米属高效利尿药），而不能用前者代替后者。

## 子单元四　动物机体对药物的作用

在药物影响机体的生理、生化功能产生效应的同时，动物组织器官也不断地作用于药物，使药物发生变化。药物进入机体到排出体外的过程称为药物的体内过程，又称药动学。这一过程包括吸收、分布、转化和排泄，如图1-3。

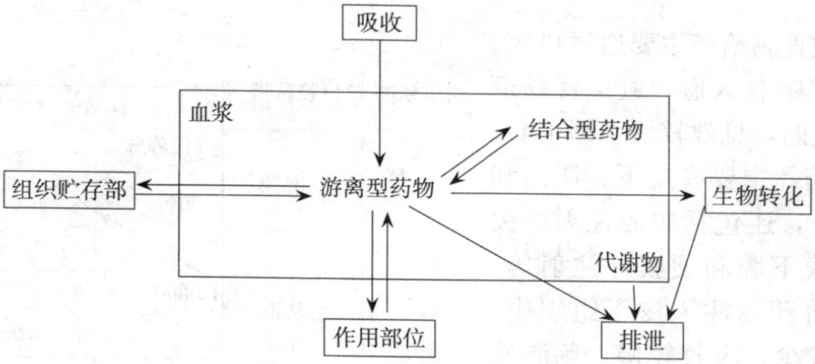


图 1-3　药物的体内过程示意

## 一、药物的跨膜转运

药物自用药部位进入血液循环，分布到各组织、器官，经生物转化后自体内排出要经过一系列的细胞膜或生物膜，这一过程称为跨膜转运。药物的转运方式有被动转运与主动转运两种：

**1. 被动转运**　是药物从高浓度的一侧经生物膜向低浓度一侧的转运过程。这种转运不需消耗能量，也不与膜的分子发生反应，其转运速度与膜两侧药物的浓度差、渗透压和药物的脂溶性有关。当膜两侧的药物浓度达到平衡时，转运便停止。

**2. 主动转运**　是由膜的一侧转运到另一侧，不受浓度差的影响，也可由药物浓度低的一侧转运到较高一侧，又称逆流转运。这种转运方式需要消耗能量及膜上的特异性载体蛋白如 $Na^+-K^+-ATP$ 酶参与，这种转运能力有一定限度，即载体蛋白有饱和性，同时，同一载体转运的两种药物之间可出现竞争性抑制。

## 二、药物的体内过程

### （一）药物的吸收

是指药物从用药部位进入血液循环的过程。除静脉注射药物直接进入血液循环外，其他给药方法均有吸收过程。影响药物吸收过程的因素很多，下面重点讨论常用的几种给药途径的吸收过程。

**1. 消化道给药**　内服药物多以被动转运的方式经消化道黏膜吸收，主要吸收部位在小肠，吸收后的药物经门静脉进入肝，在肝中有一部分药物被代谢灭活，使进入血液循环的有效药量减少，药效降低，这种现象称为首过效应。如利多卡因经首过效应后，血中几乎测不到原形药。影响药物吸收的因素有药物的溶解度、pH、胃肠内容物的多少、胃肠蠕动快慢以及药物的相互作用等。一般来说，溶解度大的水溶性小分子和脂溶性药物易于吸收；弱酸性药物在胃内酸性环境下不易解离而易于吸收，弱碱性药物在小肠内碱性环境下易于吸收；胃肠内容物过多时，吸收减慢，据报道，猪饲喂后对土霉素的吸收少而且慢，饥饿猪的生物利用度可达 23%，饲喂后猪的血药峰浓度仅为后者的 10%；药物浓度高则吸收较快；胃肠蠕动快时，有的药物来不及吸收就被排出体外；有些金属离子或矿物质元素如 $Mg^{2+}$、$Fe^{2+}$、$Ca^{2+}$ 等能与四环素类、氟喹诺酮类等在胃肠道产生螯合作用，从而阻止药物吸收或使药物失活。

舌下给药或直肠给药主要通过口腔、直肠和结肠黏膜吸收入血，避免胃肠道的分解与肝的代谢，见效较快（图 1-4）。

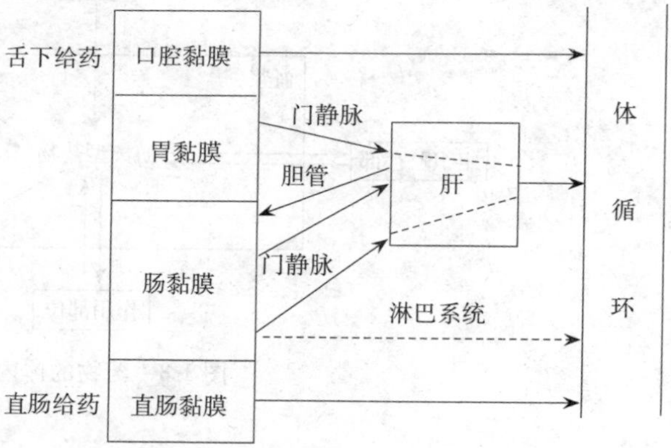


图 1-4　药物经消化道进入循环

**2. 注射给药**　主要有皮下、肌内和静脉注射。此外，还包括腹腔注射、关节内注射、硬膜下腔和硬膜外注射等。①皮下注射是将药物注入皮下组织中。皮下组织血管较少，吸收较慢。刺激性较强的药物不宜使用该方法。②肌内注射是将药物注入肌肉组织中。肌肉组织的毛细血管丰富，故肌内注射药物比皮下注射吸收快而完全。水溶性药物吸收迅速，油制剂、混悬剂、胶体制剂或其他缓释剂可在局部滞留，吸收较慢。刺激性较强的药物应作深层分点肌内注射。实验还证明，将肌内注射量分点注射比一次注入的吸收为快。缓释剂型能减缓吸收速率，延长药效。③静脉注射是将药液直接注射入静脉血管，无吸收过程，药效最快，适于急救或需要输入大量液体的情况。但一般油溶液、混悬液、乳浊液不可作静脉注射，以免发生栓塞；刺激性大的药物静脉注射时不可漏出血管。

**3. 呼吸道给药**　气体或挥发性液体麻醉药和其他气雾剂型药物可通过呼吸道吸收。肺有很大的表面积（如马 $500m^2$、猪 $50\sim80m^2$），血流量大，经肺的血流量约为全身10%～12%，肺泡细胞结构较薄，故药物极易吸收。主要用于治疗呼吸道疾病及吸入麻醉等。刺激性大的药物不宜应用。

**4. 皮肤黏膜给药**　完整的皮肤吸收能力差，多发挥局部作用，可通过透皮促进剂的作用促进药物吸收，主要用于治疗外寄生虫、真菌感染及其他皮肤、黏膜疾病。个别脂溶性高的药物（如有机磷类）可通过皮肤吸收而引起中毒。黏膜的吸收能力较皮肤强，但治疗意义不大。

**（二）药物的分布**

药物的分布是指药物从血液转运到各组织器官的过程。药物在体内的分布多数是不均匀的。通常，药物在组织器官内的浓度越大，对该组织器官的作用就越强。但也有例外，如强心苷主要分布于肝和骨骼肌组织，却选择性地作用于心脏。影响药物分布的因素主要有以下几种：

**1. 药物与血浆蛋白的结合力**　药物在血浆中能不同程度地与血浆蛋白呈可逆性结合，当血液中游离型药物被转运代谢而浓度降低时，结合型药物又可转变成游离型，两者处于动态平衡之中。药物与血浆蛋白结合后分子增大，不易透过细胞膜屏障而失去药理活性，也不易经肾排泄而使作用时间延长。此外，若同时使用两种都对血浆蛋白有较高亲和力的药物，则将发生竞争性抑制现象。如动物使用抗凝血药双香豆素后，几乎全部与血浆蛋白结合（结合率 99%），若同时合用保泰松，则可竞争性地与血浆蛋白结合，把双香豆素置换出来，使游离药物浓度急剧增加，以致可能产生出血不止。

**2. 药物与组织细胞的亲和力**　有的药物对某些组织细胞有特殊的亲和力，而使药物在该种组织的浓度高于血浆游离药物的浓度。如碘在甲状腺的浓度比在血浆和其他组织约高 1

万倍；硫喷妥钠约有70%分布于脂肪组织；四环素可与$Ca^{2+}$络合贮存于骨组织中；汞、砷、锑等重金属和类金属在肝、肾中分布较多，对这些器官的损害较大。

**3. 药物的理化特性和局部组织的血流量** 脂溶性高的药物易为富含类脂质的神经组织所摄取，如硫喷妥钠。血管丰富、血流量大的器官药物分布较快，浓度较高，如肝、肾、肺等。

**4. 体内屏障** 屏障是机体的防御性结构，也是体内器官的一种选择性转运功能。

（1）血脑屏障是指由毛细血管壁与神经胶质细胞形成的血浆与脑细胞之间的屏障和由脉络丛形成的血浆与脑脊液之间的屏障。这些血管由于比一般的毛细血管壁多一层神经胶质细胞，通透性较差，能阻止许多大分子的水溶性或解离型药物进入脑内，与血浆蛋白结合的药物也不能通过。当脑发生炎症或初生幼畜的血脑屏障发育不全时，血脑屏障的通透性增高，药物进入脑脊液增多，如青霉素在正常情况下，即使大剂量也很难进入脑脊液，当脑炎时，则较易进入。

（2）胎盘屏障是指胎盘绒毛血流与子宫血窦间的屏障。其通透性与一般毛细血管没有明显差异。大多数母体所用药物均可进入胎儿，但因胎盘和母体交换的血液量少，使进入胎儿的药物需要较长时间才能和母体达到平衡，即使脂溶性很大的硫喷妥钠也需要15min，这样便限制了进入胎儿的药物浓度。

**（三）药物的转化**

药物的转化是指药物在机体内所发生的化学结构的变化，又称药物的代谢。转化方式主要有氧化、还原、水解、结合四种。其中，氧化、还原和水解反应为第一步，结合反应为第二步。

多数药物经第一步转化后为药理活性降低或消失的代谢物，称灭活；也有部分药物转化后作用加强或由原来无活性药物变为有活性药物，称为活化。另外，还有少数药物经第一步转化后，能生成有高度反应性的中间体，使毒性增强，甚至产生“三致”和细胞坏死等作用，称为生物毒性作用。第二步是原形药物或其代谢物与体内某些物质（如葡萄糖醛酸、硫酸、乙酸、甲基等）结合，形成极性增大、水溶性增加、药理活性减弱或消失、易于排泄的代谢物。各种药物转化的方式不同，有的只需经第一步或第二步，但多数药物要经两步反应。药物经过生物转化部分的多少，因药物的不同或种属不同有很大差别，如恩诺沙星在鸡体内约有50%代谢为环丙沙星，但在猪体内生成的环丙沙星却很少。此外，还有一些药物大部分或全部以原形从体内排出体外。

**1. 氧化** 苯巴比妥的侧链氧化为对羟苯巴比妥。

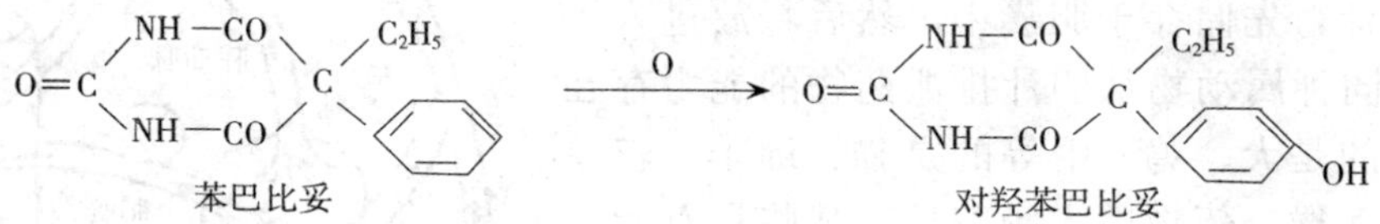


苯巴比妥　　　对羟苯巴比妥

**2. 还原** 水合氯醛还原为三氯乙醇。

$$CCl_3CHO \cdot H_2O \xrightarrow{2H} CCl_3CH_2OH + H_2O$$

水合氯醛　三氯乙醇

**3. 水解** 普鲁卡因水解生成对氨基苯甲酸和二乙氨基乙醇。

普鲁卡因　　　对氨基苯甲酸　　二乙氨基乙醇

**4. 结合** 苯酚与葡萄糖醛酸结合，生成苯酚葡萄糖醛酸，水溶性增高，药理活性减弱，利于排出体外。

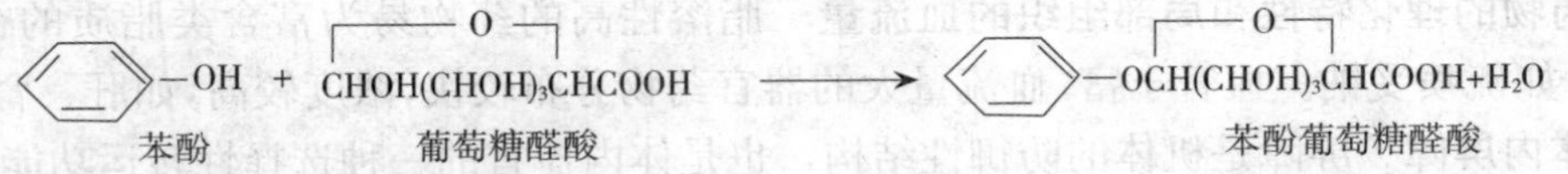


药物转化的场所主要在肝，此外，血浆、肾、肺、脑、皮肤、胃肠黏膜等也能进行部分药物的生物转化。肝中存在着许多与药物代谢有关的微粒体酶系，简称药酶。有些药物可增强肝药酶活性或加速其合成，使其他一些药物的转化加快，这些药物称药酶诱导剂。如苯巴比妥、水合氯醛、安定、氨基比林、苯海拉明等。相反，有些药物能降低药酶的活性或减少其合成，而使其他一些药物的转化减慢，称为药酶抑制剂。如阿司匹林、乙酰苯胺、异烟肼、有机磷杀虫药、对氨水杨酸等。酶的诱导剂和抑制剂均可影响药物代谢的速率，使药物的效应减弱或增强，因此在临床同时使用两种以上的药物时，应该注意药物对药酶的影响。由于药酶主要存在于肝细胞中，当肝发生病理变化时，常影响药酶的合成或活性，容易引起药物中毒，在临床合并用药时应特别注意。

(四) 药物的排泄

药物的排泄是指药物及其代谢物被排出体外的过程。除了难吸收药物经肠道排泄外，多数药物排泄的主要途径是肾，少数经呼吸道、胆汁、汗腺、乳腺等排泄。

**1. 肾排泄** 肾排泄是原形药和代谢产物的主要排泄途径，是通过肾小球滤过、肾小管重吸收及肾小管分泌来完成的。一般肾小球滤过率降低或药物的血浆蛋白结合程度高可使滤过药量减少，经肾小球滤过后，有的可被肾小管重吸收，剩余部分则随尿液排出。其重吸收的多少与药物的脂溶性和肾小管液的 pH 有关，一般脂溶性大的药物易被肾小管重吸收，排泄慢；水溶性药物重吸收少，排泄快；弱酸性药物在碱性尿液中，解离多，重吸收少，排泄快；相反，弱碱性药物在酸性尿液中排泄加快。

肾小管也能主动地分泌（转运）药物。如果同时给予两种利用同一载体转运的药物时，则出现竞争性抑制，亲和力较强的药物就会抑制另一药物的排泄。如青霉素和丙磺舒合用时，丙磺舒可抑制青霉素的排泄，使其半衰期延长约 1 倍。

**2. 胆汁排泄** 某些药物可经肝实质细胞主动分泌而进入胆汁，先储存于胆囊中，然后释放进入十二指肠。不同种属动物从胆汁排泄药物的能力存在差异，较强的是犬、鸡，中等的是猫、绵羊，较差的是兔和恒河猴。药物进入肠腔后，某些具有脂溶性的药物可被重吸收再次进入肝，形成“肝肠循环”，使药物作用时间延长（图 1-5）。

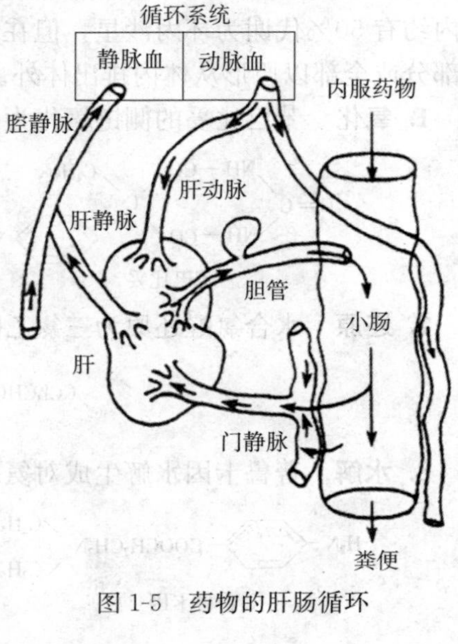


图 1-5 药物的肝肠循环

**3. 乳腺排泄** 大部分药物均可从乳汁排泄，一般为被动扩散机制。由于乳汁的 pH（6.5～6.8）较血浆低，故碱性药物在乳中的浓度高于血浆，酸性药物则相反。在犬和羊的研究发现，静脉注射碱性药物易从乳汁排泄，如红霉素、TMP 的乳汁浓度高于血浆浓度；酸性药物如青霉素、$SM_2$ 等则较难从乳汁排泄，乳汁中浓度均低于血浆。

## 三、药物代谢动力学的基本概念

药物代谢动力学简称药动学，是研究药物在体内的浓度随时间发生变化规律的一门学科。血药浓度一般指血浆中的药物浓度，测定体内药物浓度主要是借助血、尿等易得的样品进行分析。人们通过对药物在体内动态变化规律的研究，为制订给药方案提供合适剂量和间隔时间，以达到预期的治疗目的。下面重点介绍几个药动学的基本参数及其意义。

**1. 消除半衰期**（$t_{1/2}$） 是指血浆药物浓度下降一半所需的时间，又称生物半衰期，简称半衰期（图 1-6）。多数药物在体内的消除遵循一级速率过程（指体内药物的消除速率与体内药物浓度成正比消除，即体内药物浓度高，消除速率也相应加快），其半衰期为一常数，与剂量无关，当药物从胃肠道或注射部位迅速吸收时，也与给药途径无关。少数药物在剂量过大时可能以零级速率过程消除（指体内药物的消除速率与原来的药物浓度无关，而是在一定时间内药物的浓度按恒定的数量降低），此时剂量越大，半衰期越长。同一药物对不同动物种类、不同品种、不同个体，其半衰期都有差异。如磺胺间甲氧嘧啶在黄牛、水牛和奶山羊体内的半衰期分别为 1.49h、1.43h 及 1.45h，而马的为 4.45h，猪为 8.75h，是反刍兽的近 6 倍。半衰期是制定给药间隔时间的重要依据，也是预测连续多次给药时体内药物达到稳态浓度和停药后从体内消除时间的主要参数。例如，按半衰期间隔给药 4～5 次即可达稳态浓度（图 1-7）；停药后经 5 个半衰期的时间，则体内药物消除约达 95%。经过计算，一般药物的休药期可定为 10 个半衰期。

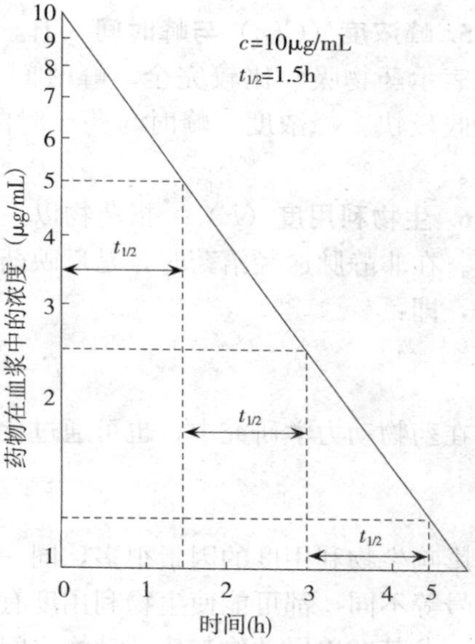


图 1-6 半衰期与血药浓度（剂量）的关系

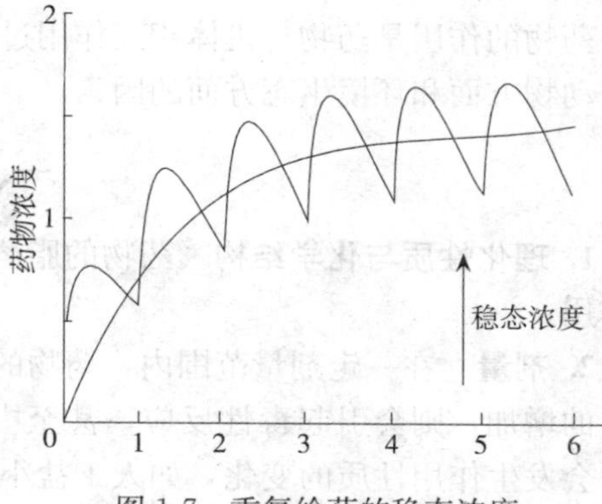


图 1-7 重复给药的稳态浓度

**2. 药时曲线下面积**（AUC） 给药后，以血药浓度为纵坐标，时间为横坐标，绘出的曲线为血药浓度—时间曲线（简称药—时曲线）。坐标轴和药—时曲线之间所围成的面积称为药—时曲线下面积（简称曲线下面积）。其反映到达全身循环的药物总量，曲线下面积大，则利用程度高，常用作计算生物利用度。

**3. 表观分布容积**（$V_d$） 药物进入机体后，设想是均匀地分布于各种组织与体液，且其浓度与血液中相同，在这种假设条件下药物分布所需的容积称为表观分布容积。$V_d$ 是指药物在体内的分布达到平衡时，药物总量与血浆药物浓度的比值，即：

$$V_d\text{（L）}=\frac{\text{体内药物总量（mg）}}{\text{血浆药物浓度（mg/L）}}$$

表观分布容积并不代表药物在体内真正的生理容积，$V_d$ 可能比实际容积大或小，但一般其值越大，药物进入组织越多，分布越广泛，血中药物浓度越低。反之，则血中浓度越高。

**4. 体消除率**（$Cl_B$） 又称消除率，是指在单位时间内机体通过各种消除过程消除药物的血浆容积。它是体内各种消除率的总和，包括肾消除率、肝消除率和其他如肺、乳汁消除率等。

**5. 峰浓度**（$C_{max}$）**与峰时间**（$T_{max}$） 峰浓度是指给药后达到的最高血药浓度，峰浓度高表示药物吸收比较完全。峰时间是指达到峰浓度的时间，简称峰时，峰时短表示药物吸收较快。峰浓度、峰时与药一时曲线下面积是决定生物利用度和生物等效性的重要参数。

**6. 生物利用度**（$F$） 指药物以一定的剂型从给药部位吸收进入全身血液循环的速度和程度。在非静脉途径给药时，是反映药物被利用程度的重要参数。一般用吸收百分率（%）表示，即：

$$F=\frac{\text{实际吸收量}}{\text{给药量}}\times 100\%$$

在药物动力学研究中，也可通过比较静脉给药与内服给药的 AUC 来测定。即：

$$F=\frac{\text{AUC}_{\text{内服}}}{\text{AUC}_{\text{静脉注射}}}\times 100\%$$

影响生物利用度的因素很多，同一种药物，因不同的剂型、原料的不同晶形、赋形剂甚至批号等不同，都可能使生物利用度有很大差别。内服剂型的生物利用度存在相当大的种属差异，尤其在单胃动物与反刍动物之间。

## 子单元五　影响药物作用的因素

药物的作用是药物与机体相互作用过程的综合表现，其影响因素很多，主要包括药物方面、动物方面和环境生态方面的因素。

### 一、药物方面

**1. 理化性质与化学结构** 药物的脂溶性、pH、溶解度、旋光性及化学结构均能影响药物作用。

**2. 剂量** 在一定剂量范围内，药物的作用随着剂量的增加而增强，但超过一定范围时，剂量的增加，则会引起毒性反应，甚至中毒死亡。但也有少数药物，随着剂量或浓度的增加，会发生作用性质的变化，如人工盐小剂量是健胃作用，大剂量则表现下泻作用。因此，临床用药应严格掌握剂量。

**3. 剂型** 药物的剂型不同，其吸收快慢、多少不同，影响药物的生物利用度。如注射剂的水溶液比油剂、混悬剂吸收快，见效快，但疗效维持时间较短；片剂在胃肠液中有一个崩解过程，内服片剂比溶液剂吸收的速率慢。

**4. 给药方案** 给药方案包括给药剂量、途径、时间间隔和疗程。不同的给药途径可影响药效出现的快慢和强度，有的甚至产生质的差异，如硫酸镁内服可致泻，注射给药时则产生中枢抑制作用。各种给药途径产生药效的快慢依次为：静脉注射、吸入、肌内注射、皮下注射、直肠给药和内服。选择给药途径时，除根据疾病治疗需要外，还应考虑药物的性质，如肾上腺素内服无效，必须注射给药；氨基糖苷类抗生素内服很难吸收，作全身治疗时必须注射给药。有的药物内服时有很强的首过效应，生物利用度很低，全身用药时应选择肠外给药。现代集约化家禽饲养，注射给药要消耗大量人力、物力，且易引起应激反应，多用混饲和混饮的群体给药方法。

多数药物治疗疾病时必须重复给药，确定给药时间间隔主要依据药物的半衰期和最小抑菌浓度。一般情况下，在下次给药前要维持血中的最低有效浓度，尤其是抗菌药物要求血中浓度高于MIC。近年来，对抗菌药后效应的研究结果，认为不一定要维持MIC以上的浓度，当使用大剂量时，可产生较长时间的抗菌后效应，给药间隔可大大延长。如庆大霉素每天给药1次疗效优于同剂量分3次给药。

有些药物给药1次即可奏效，如解热镇痛药等，但多数药物必须按一定的剂量和间隔时间多次给药，才能达到治疗效果，称为疗程。重复给药必须达到一定的疗效方可停药，但重复用药时间过长，可使机体产生耐受性和蓄积中毒，也可使病原体产生耐药性而使疗效减弱。如抗生素一般要求2～3d为一疗程，磺胺药则要求3～5d为一疗程。

**5. 联合用药及药物相互作用** 同时使用两种或两种以上的药物治疗疾病，称为联合用药。其目的是为了提高疗效，减少或消除不良反应，抗菌药物适当联合还可减少耐药性的产生。药物的相互作用是指某一种药物的作用由于其他药物的存在而受到干扰，使该药的药理作用发生变化。按其作用机理可分为药动学和药效学的相互作用。此外，在使用和生产药物时，也可发生药物的体外相互作用。

（1）药动学相互作用。联合用药时，在药物的吸收、分布、生物转化和排泄过程中可能相互影响，使药动学参数发生变化，称为药动学的相互作用。例如心得安可降低心输出量，从而减少肝的血流量，当与高首过效应药物利多卡因合用时，可使利多卡因的肝清除率减少。

（2）药效学的相互作用。联合用药时，由于药物效应或作用机理的不同，可使总效应发生改变，称为药效学的相互作用。联合用药后，能使药效增加的称为协同作用，药效减弱的称为颉颃作用。协同作用可分为相加作用和增强作用。各药合用时总药效大于各药单用时药效的总和，称为增强作用；各药合用时，总药效等于各药单用时药效的总和，称为相加作用。除了药物的治疗作用存在相互作用外，药物的毒性作用也可出现上述三种改变。

（3）配伍禁忌。两种或两种以上药物混合，出现混浊、沉淀、产生气体或变色等理化性质或药物性质变化而不宜使用，称为配伍禁忌。如在静脉滴注的葡萄糖溶液中加入磺胺嘧啶（SD）钠注射液，几分钟后可见微细的磺胺嘧啶结晶析出，因为磺胺嘧啶钠在pH降低时便可析出。外科手术时中，将琥珀酸胆碱与硫喷妥钠混合，虽然看不到外观变化，琥珀酸胆碱在碱性溶液中可水解失效。另外，药物制成某种制剂时也可能发生配伍禁忌，曾发现在生产四环素片时，若将其赋形剂乳糖改为用碳酸钙时，可使四环素片的实际含量减少而失效。

## 二、动物方面

**1. 种属差异** 不同种属动物对同一药物的反应有很大差异。多数情况下表现为量的差异，即作用的强弱和维持时间的长短不同。如家禽对敌百虫很敏感，而猪则比较能耐受；磺胺间甲氧嘧啶在猪的半衰期为8.87h，在奶山羊则为1.45h。少数药物还可表现为质的差异，如吗啡对人、犬、大鼠、小鼠表现为抑制，但对猫、马和虎则表现兴奋。

**2. 生理差异** 不同年龄、性别和生理时期的动物对同一药物的反应往往也不同。如幼龄动物各种生理机能尚未完善，老龄动物肝肾功能减退，所以对药物的敏感性较成年动物高；怀孕动物对拟胆碱药、泻药比较敏感，可能引起流产；成年草食动物长期内服广谱抗生素易导致二重感染；哺乳期动物则因多数药物可从乳汁排泄，会造成乳中的药物残留。

**3. 病理状态** 动物处于不同的机能状态时，对药物的反应性存在一定程度的差异。如解热镇痛药能使发热动物降温，而对正常体温无影响；洋地黄对充血性心力衰竭有很好的强心作用，而对正常功能的心脏则无明显作用。肝、肾功能障碍，可影响药物的生物转化和排泄，引起药物积蓄，延长半衰期；炎症过程使动物的生物膜通透性增加，影响药物的转运，如头孢西丁在实验性脑膜炎犬脑内药物浓度比健康犬增加5倍。

**4. 个体差异** 在基本条件相同的情况下，同种动物的不同个体对同种药物的敏感性存在量和质的差异，这种差异称为个体差异。某些个体对某种药物特别敏感，应用小剂量即可产生强烈反应甚至中毒，称为高敏性；相反，有的个体则敏感性特别低，甚至应用中毒量也不引起反应，称为耐受性（病原微生物对药物产生的耐受性，称为耐药性）。此外，还出现质的差异，即个别动物应用某些药物后产生过敏反应。

## 三、饲养管理和环境因素

**1. 饲养管理** 由于机体的机能状态对药物效应可产生直接或间接的影响，因此患病畜禽在用药治疗时，应配合良好的饲养管理，对病畜细心护理，保证营养需要，提高机体的抵抗力，这对药物发挥有效治疗作用至关重要。如磺胺类药物治疗感染性疾病时，病原体的最后消除必须靠机体的防御系统；应用水合氯醛麻醉后，病畜苏醒期长、体温下降，应注意保温，给予易消化的饲料，使患畜尽快恢复健康。

**2. 环境的应激反应** 环境生态条件对药物作用也能产生直接或间接的影响。如不同季节、温度和湿度均可影响消毒药、抗寄生虫药的疗效；环境若存在大量的有机物可大大减弱消毒药的作用；通风不良，密度过大，空气污染（如高浓度的氨气）时，可增加动物的应激反应，加重疾病过程，影响药物疗效。

# 子单元六 处　方

动物诊疗处方是兽医师根据病畜病情开写的药单，也是药房配药、发药的依据。处方开写正确与否，直接影响治疗效果和病畜安全，兽医师及药剂人员必须有高度的责任感，若产生医疗事故将要负法律责任。同时处方也是药房管理中药物消耗的原始凭证，应妥善保管。一般普通处方要保存1年，毒、剧药品等处方应保存2年，麻醉药品处方保留3年。

## 一、处方的格式与开写方法

一般动物诊疗机构都有印好的处方，格式统一，开写时只需填写各项内容即可。一个完整的处方应包括三大部分（图 1-8）。

第一部分（登记部分）：包括动物诊疗机构名称、处方编号、动物信息（畜别、年龄、性别、体重、特征等）、畜主信息（姓名、住址、职业、联系方式等）。

第二部分（处方部分）：在左上角写有“$R_P$”或“R”符号，此为拉丁文 Recipe 的缩写，代表“请取”或“处方”的意思。中药则用中文“处方”开头。在 $R_P$ 之后或下一行，分列药品名称、规格、数量、用法与用量。每药一行，将药物或制剂的名称写在左边，药物的剂量写在右边。药品数量与剂量一律用阿拉伯数字书写。药物名称应按药典规定的名称书写，剂量按国家规定的法定计量单位开写，固体以 g，液体以 mL 为单位时，常可省略，需要用其他单位时，则必须写明。剂量保留小数点后一位，各药的小数点上下要对齐；若一张处方上开有几种药物时，应按主药、辅药、矫正药、赋形药的顺序开写；再依次说明配制法和服用法。

处方中药物剂量的开写方法有两种，即分量法与总量法。分量法只开写一次剂量，在用法中注明需用药次数和数量。总量法是开写一天或数天需用的总剂量，在用法中注明每次用量。

第三部分（签名部分）：处方开写完毕，兽医师、药剂师应仔细核对，确定无误方可分别签名，并注明日期，以示负责。

## 二、处方的类型及举例

**1. 普通处方** 处方中开的药物均为《中国兽药典》《兽药规范》及农业部颁布的兽药质量标准上规定的制剂，其成分、含量及配制方法都有明确规定，开写时，只需写出制剂的名称、用量及用法即可（图 1-8）。

××××××××××××××××××××动物医院处方笺

NO.　　　　　　　　　　　　　　　　　　　　年　　月　　日

| 畜主 | | | 住址 | | | |
|---|---|---|---|---|---|---|
| 畜别 | | 性别 | | 年龄 | | 特征 |

$R_P$

①注射用硫酸链霉素　　100 万单位×6 支

注射用水　　30mL

用法：肌内注射，每次 100 万单位，每天 2 次，连用 3d

②大黄苏打片　　0.3g×60 片

用法：每次 10 片，每天 3 次

药价

兽医师（签名）：　　年　月　日　　　　药剂师（签名）：　　年　月　日

图 1-8　普通处方笺

**2. 临时调配处方** 是兽医师根据病畜病情开写《中国兽药典》《兽药规范》及农业部

兽药质量标准上没有规定的处方，需要将药物开在一张处方上，由药房临时配制（图 1-9）。

××××××××××××××××××××××动物医院处方笺

NO.　　　　　　　　　　　　　　　　　　　　　　　年　　月　　日

| 畜主 | | 住址 | | | | |
|---|---|---|---|---|---|---|
| 畜别 | | 性别 | | 年龄 | 特征 | |

Rp

磺胺嘧啶　　2.0g

非那西丁　　0.6g

碳酸氢钠　　4.0g

甘草粉　　6.0g

常水　　适量

配制：调制成糊状　　药价

用法：一次投服

兽医师（签名）：　　年　月　日　　药剂师（签名）：　　年　月　日

图 1-9　动物诊疗处方笺

## 三、开写处方注意事项

（1）开写处方不可用铅笔，字迹要清楚，不得涂改和用简化字，若有修改，必须在修改处签名并注明修改日期。

（2）处方中的毒、剧药品不应超过极量，如特殊需要超过极量时，兽医师应在剂量旁标明，以示负责。

（3）一个处方开有多种药物时，应将药物按主药、辅药、矫正药、赋形药顺序排列。一个处方仅限于一次诊疗结果用药。

（4）如在同一处方笺中开有几个处方时，每个处方的处方部分均应完整分别填写，并在每个处方第一个药物的左边标出序号，如①、②等。开具处方后的空白处应画一斜线，以示处方完毕。

# 知识拓展

## 一、兽药管理的一般知识

**1. 兽药监督管理机构**　兽药监督管理主要包括兽药国家标准的发布、兽药监督检查权的行使、假劣兽药的查处、原料药和处方药的管理、上市兽药不良反应的报告、生产许可证和经营许可证的管理、新兽药上市的审批、兽药产品批准文号的发放以及兽医行政管理部门、兽药检验机构及其工作人员的监督等。根据新《条例》的规定，国务院兽医行政管理部门负责全国的兽药监督管理工作。县级以上地方人民政府兽医行政管理部门负责本行政区域内的兽药监督管理工作。

水产养殖中的兽药使用、兽药残留检测和监督管理以及水产养殖过程中违法用药的行政处罚，由县级以上人民政府渔业行政主管部门及其所属的渔政监督管理机构负责。但水产养殖业的兽药研制、生产、经营、进出口仍然由兽医行政管理部门管理。

**2. 兽药管理的法律、法规文件** 《兽药管理条例》(以下简称《条例》)是2004年3月24日国务院第45次常务会议通过，2004年4月9日中华人民共和国国务院令第404号颁布，已于2004年11月1日起正式施行。凡从事兽药研制、生产、经营、进出口、使用和监督管理者，必须遵守本《条例》的规定。为确保《条例》的实施，农业部又制定和发布配套的规章有：《兽药生产质量管理规范》(简称《兽药GMP》)《兽药经营质量管理规范》(简称《兽药GSP》)《新兽药研制管理办法》《兽药产品批准文号管理办法》《兽药标签和说明书管理办法》《兽药注册管理办法》《处方药和非处方药管理办法》等。

**3.《中华人民共和国兽药典》(简称《中国兽药典》)** 属国家兽药标准，是国家为保证兽药产品质量所制定的具有法律约束性的技术法规，是兽药生产、经营、进出口、使用、检验和监督管理部门共同遵守的法定依据。根据《中华人民共和国标准化法实施条例》，兽药标准属强制性标准。

到目前为止，我国已发布了四版《中国兽药典》。1990年版《中国兽药典》分一部、二部，共收载878个品种。一部为化学药品、生物制品，收载品种共379个；二部为中药，收载品种共499个。2000年版《中国兽药典》仍然是分为一部、二部；共收载1 125个品种。一部收载化学药品、抗生素、生物制品和各类制剂共469个；二部收载中药材、中药成方制剂共656个。2005年版《中国兽药典》分一部、二部、三部，共收载1 249个品种。一部收载化学药品、抗生素、生化药品原料及各类制剂等质量标准449种。二部收载中药材、中药成方制剂共685个；三部收载生物制品115种。2010年版《中国兽药典》分一部、二部和三部，收载品种总计1 829种。一部收载化学药品、抗生素、生化药品及药用辅料共计592种；二部收载中药材及饮片、提取物、成方和单味制剂共1 114种；三部收载生物制品123种。

为了更好地指导兽药使用者科学、合理用药，在促进动物健康的同时，保证动物性食品安全，还编写了2005年版和2010年版《兽药使用指南》作为2005年版和2010年版《中国兽药典》的配套用书。

**4. 新兽药分类** 新兽药，是指未曾在中国境内上市销售的兽用药品。新兽药的法定分类依据是农业部第442号公告。化学药品共分五类：第一类，国内外未上市销售的原料及其制剂；第二类，国外已上市销售但在国内未上市销售的原料及其制剂；第三类，改变国内外已上市销售的原料及其制剂；第四类，国内外未上市销售的制剂；第五类，国外已上市销售但在国内未上市销售的制剂。

**5. 兽药注册制度** 是指依照法定程序，对拟上市销售的兽药的安全性、有效性、质量可控性等进行系统评价，并做出是否同意进行兽药临床或残留研究、生产兽药或进口兽药决定的审批，包括对申请变更兽药批准证明文件及其附件中载明内容的审批制度。农业部兽医局主管全国兽药注册评审工作。

兽药注册包括新兽药注册、进口兽药注册、变更注册和进口兽药再注册。境内申请人按照新兽药注册申请办理，境外申请人按照进口兽药注册和再注册。新兽药注册申请，是指未曾在中国境内上市销售的兽药的注册申请。进口兽药注册申请，是指在境外生产的兽药在中国上市销售的注册申请。变更注册申请，是指新兽药注册、进口兽药注册经批准后，改变、增加或取消原批准事项或内容的注册申请。兽药注册分类及注册资料要求执行中华人民共和国农业部第442号公告。

**6. 兽药标签的基本要求** 兽药标签包括内包装标签和外包装标签。内包装标签系指直接接触兽药的包装上的标签；外包装标签系指直接接触内包装的外包装上的标签。

(1) 内包装标签必须注明兽用标识、兽药名称、适应证（或功能与主治）、含量/包装规格、批准文号或《进口兽药登记许可证》证号、生产日期、生产批号、有效期、生产企业信息等内容。安瓿、西林瓶等注射或内服产品由于包装尺寸的限制而无法注明上述全部内容的，可适当减少项目，但至少须标明兽药名称、含量规格、生产批号。

(2) 外包装标签必须注明兽用标识、兽药名称、主要成分、适应证（或功能与主治）、用法与用量、含量/包装规格、批准文号或《进口兽药登记许可证》证号、生产日期、生产批号、有效期、停药期、贮藏、包装数量、生产企业信息等内容。

(3) 兽用原料药的标签必须注明兽药名称、包装规格、生产批号、生产日期、有效期、贮藏、批准文号、运输注意事项或其他标记、生产企业信息等内容。

(4) 兽药有效期按年月顺序标注。年份用四位数表示，月份用两位数表示，如“有效期至2002年09月”或“有效期至2002.09”。

(5) 对贮藏有特殊要求的必须在标签的醒目位置标明。

**7. 兽药说明书的基本要求**

(1) 兽用化学药品、抗生素产品的单方、复方及中西复方制剂的说明书必须注明以下内容：兽用标识、兽药名称、主要成分、性状、药理作用、适应证（或功能与主治）、用法与用量、不良反应、注意事项、停药期、外用杀虫药及其他对人体或环境有毒有害的废弃包装的处理措施、有效期、含量/包装规格、贮藏、批准文号、生产企业信息等。

(2) 中兽药说明书必须注明以下内容：兽用标识、兽药名称、主要成分、性状、功能与主治、用法与用量、不良反应、注意事项、有效期、规格、贮藏、批准文号、生产企业信息等。

(3) 兽用生物制品说明书必须注明以下内容：兽用标识、兽药名称、主要成分及含量（型、株及活疫苗的最低活菌数或病毒滴度）、性状、接种对象、用法与用量（冻干疫苗须标明稀释方法）、注意事项（包括不良反应与急救措施）、有效期、规格（容量和头份）、包装、贮藏、废弃包装处理措施、批准文号、生产企业信息等。

## 二、水产养殖用药一般知识

### (一) 水产养殖用药定义

水产养殖用药是指用以预防、控制和治疗水产养殖动物疾病的一类兽药，又称渔药或水产用兽药。与畜、禽用药相比，渔药有其明显的特点，主要表现为其应用对象的特殊性以及易受环境因素影响两方面。其应用对象主要是水产养殖动物，其次是水生植物以及水环境。渔药可直接用于水产养殖体，但在很多情况下需要施放在水中，因此，其药效受水环境的诸多因素的影响，如水质、水温等。

### (二) 分类

以其使用目的进行分类。一般分8大类：

**1. 环境改良剂** 以改良养殖水域环境为目的所使用的药物。包括底质改良剂、水改良剂和生态条件改良剂。

**2. 消毒剂** 以杀灭水体中的微生物（包括原生动物）为目的所使用的药物。包括氯制剂、双链季铵盐、有机碘等。

**3. 抗微生物药** 指通过内服、药浴或注射，杀灭或抑制体内微生物繁殖、生长的药物。包括抗病毒药、抗细菌药、抗真菌药等。

**4. 抗寄生虫药** 指通过药浴或内服，杀死或驱除体外或体内寄生虫的药物以及杀灭水体中有害无脊椎动物的药物。包括抗原虫药、抗蠕虫药和抗甲壳动物药等。

**5. 生物制品** 通过物理、化学手段或生物技术制成微生物制品及其相应产品的药剂，通常有特异性的防治作用。包括疫苗、免疫血清等。广义的生物制品还包括微生态制剂。

**6. 代谢调节药** 以改善养殖对象机体代谢、增强机体体质、病后恢复和调节水产动物生理机能为目的而使用的药物，通常以在饵料中添加的方式使用。

**7. 中草药** 指为防治水产养殖动物疾病或养殖对象保健为目的而使用的药用植物，经加工或未经加工，也包括少量来自动物及矿物的物质。

**8. 其他** 包括抗氧化剂、麻醉剂、防霉剂、增效剂、催产剂（激素）等药物。

目前，以产值估算，消毒剂用量较大约占30%，驱杀虫剂、水质改良剂分别约占20%，其他渔药占30%左右。抗菌类渔药面临着产生负面效应、可能导致在水产品中的残留以及耐药性等问题。

**（三）水产养殖用药给药方法**

**1. 内服法** 将药物均匀地混合到饵料中，制成适口的药饵后投喂。此法常用于增加营养，病后恢复及体内病原生物感染等，特别是细菌性肠炎病和寄生肠虫病。但其治疗效果受养殖动物病情和摄食能力的影响，对病重和失去摄食能力的个体无效，对滤食性和摄食活性生物饵料的种类也有一定的难度。

**2. 泼洒法** 又称全池遍洒法，是采用对某些病原体有较大的杀灭效果，而对鱼、虾类等动物安全的药物，以一定的浓度，均匀地泼洒在养殖水池中的一种方法。此法是疾病防治中经常使用的一种方法，使用该法时必须正确计算出养殖水体的体积和用药量。

**3. 悬挂法** 又称挂篓（袋）法，是将药物装在有微孔的容器或布袋中，悬挂于食场周围或水产动物常出没的地方，利用养殖动物到食场摄食或生存活动的习性达到给药的目的。主要用于流行病季节来到之前的预防或病情轻的场合，但杀灭病原体不彻底，只有当鱼、虾游到挂袋食场吃食及活动时，才有可能起到一定作用。

**4. 浸浴法** 又称浸泡法，是将养殖动物集中在较小的容器或水体内，配制较高浓度的药液，在较短时间内强制受药，以杀死其体表和鳃上的病原生物。此法对养殖水体的其他生物无影响，是目前工厂化养殖中经常采用的一种方法。在人工繁殖生产中，从外地购买的或自然水体中捕捞的亲鱼、亲虾、亲贝及其受精卵等也可用浸洗法进行消毒。

**5. 浸沤法** 是将采集到的中草药扎成捆，投放在养殖池食场附近或池塘进水口处、上风头处等位置浸沤，利用浸泡出的有效成分扩散到池中，抑制或杀死水中及鱼体表、鳃上的病原体。

**6. 注射法** 常采用肌内注射和腹腔注射两种。此法用药量准确、吸收快、疗效高（药物注射），预防（疫苗、菌苗注射）效果好等，具有不可比拟的优越性，但操作麻烦，容易损伤鱼体。合适对象是那些数量少又珍贵的种类，或是用于繁殖后代的亲本。治疗细菌性疾病用抗生素类药物，预防病毒病或细菌感染用疫苗、菌苗等。

**7. 涂抹法** 又称涂擦法，指捕起患病水产动物，用湿纱布或毛巾将水产动物包裹住，然后直接将药液滴在病灶处或用棉花蘸药液涂抹，以杀死病原生物或防止伤口被感染。主要用于少量鱼、蛙、鳖等养殖动物以及因操作、长途运输后身体受损伤或亲鱼的体表病症的处理。适用于皮肤溃疡病及其他局部感染或外伤。

**8. 灌服法** 是将水产动物麻醉，然后用橡胶导管把调制好的药液灌入胃或肠，灌毕将其放于盛有清水的容器中暂养，直至病愈或视病情进行第二次灌药。此法实际上是一种强制性内服法，一般只适用于少量的大型水产动物。

### (四) 影响水产养殖用药作用的因素

影响水产养殖用药作用的因素较多，概括起来有三大方面。

**1. 药物方面**

(1) 药物的剂量与剂型。药物的作用随剂量的大小而有不同，甚至发生质的变化，如金属性收敛药硫酸锌用于局部时，低浓度具有收敛作用，中等浓度有刺激作用，而在高浓度时却具有腐蚀作用。药物的剂型不同，即使在其药物剂量相同的情况下，其作用强度、作用效果和作用的时间也不相同。

(2) 给药方式。给药途径、时间以及给药次数和反复给药均能影响药物作用效果。药物浸浴（或遍洒）等外用的给药途径与内服（或注射）等给药途径在药物的作用上有着明显的差别；不同的给药时间（如白天和晚上），即使药物作用的剂量相同，其效果也会有所差异。

**2. 动物状态** 水产动物自身的情况和生理状态会产生不同的药效作用。

(1) 种属差异。不同种系水产动物或同种系不同个体间对药物的敏感性存在差异，如中华鳖和鱼对生石灰的敏感性不相同，其全池泼洒使用量中华鳖是50～20mg/L，而鱼则为25～30mg/L。

(2) 生理差异。一般幼龄、老龄水产动物对药物比较敏感。

(3) 个体差异。同种系不同的个体对药物的耐受性是不同的，这可能与个体的遗传因素有关。

(4) 机体的机能与病理状况。一般瘦弱、营养不良和处于病理状况下的水产动物对药物比较敏感。

**3. 环境因素** 其影响因素较多，主要因素有：

(1) 水温。水温过高可增加药物毒性，如水温每升高10℃，药物的毒性增加2～3倍；水温过低，药物治疗难以迅速起效，通常情况下药物的用量是指水温20℃时的基础用量。水温高达25℃以上时，应酌情减少用药量，水温小于18℃时应酌情增加用药量。生物制剂在20℃以上使用时效果好。水霉病在18℃以上，小瓜虫病在26℃以上，病情自然可控制。

(2) 溶解氧含量。溶解氧越低，药物对水产动物的毒性越大，使用生物制剂或肥水时的效果、内服药饵的效果、使用水质改良剂的效果均越差。

(3) 酸碱度。酸性药物、阴离子表面活性剂以及四环素等抗菌药物，在碱性水体中作用减弱；而碱性药物、磺胺类及阳离子表面活性剂等，随pH升高药效增强。

(4) 有机物。它会影响大多数药物的药效，如高锰酸钾、含氯消毒剂等。

(5) 光照和季节。水产动物在夜间比白天对药物的耐受能力增强；在夏季比冬季对药物较为敏感。

(6) 密度。如养殖动物在拥挤的状况下，可使药物的不良反应增加。

(7) 病原体的状态和抵抗力。有些能形成孢囊的寄生虫，在药物的刺激下往往能形成孢囊，它们对药物的抵抗力就明显加强。

此外，捕捞、运输、换水等应激因素，也能改变水产动物对药物的敏感性。

### （五）渔药使用过程中的注意事项

**1. 泼洒法**

（1）对不易溶解的药物应充分溶解后，均匀地全池泼洒。

（2）室外池塘泼洒药物一般在晴天上午进行，因为用药后便于观察，高锰酸钾等对光敏感药物则在傍晚进行。

（3）泼药时一般不投喂饲料，最好先投喂料饲后再用药。

（4）泼洒药物应在上风处逐渐向下风处泼洒，以保障操作人员安全。

（5）池塘缺氧、鱼浮头或浮头刚结束时不应泼洒药物，因为容易引起死亡事故。如池塘设有增氧机，泼洒渔药后最好适时开动增氧机。

（6）池塘泼洒渔药后一般不宜人为干扰，如拉网操作、增加投苗量等，若要进行此类操作需待病情好转并稳定后进行。

**2. 浸浴法**

（1）捕捞患病水产养殖动物时应谨慎操作，尽可能避免患病动物受损伤，对浸浴时间应视水温、患病体忍受度及渔药使用说明书等灵活掌握。

（2）由于浸浴时养殖动物的密度一般较大，浸浴的时间较长时要充气。

（3）尽量减少因浸浴所产生的应激反应。

**3. 注射法** 应先配制好注射药物，注射用具也应预先消毒，注射药物时要准确、快速、勿使患病水生生物受伤。

**4. 内服法**

（1）用药前应停食1～2d，使养殖动物处于饥饿状态或半饥饿状态，以便其最大限度地摄食药饵。

（2）投喂药物饵料时，每次的投喂量应考虑同水体中可能摄食饵料的混养品种，但投饲量要适中，避免剩余。

**5. 悬挂法** 悬挂所用的袋（篓）应置于养殖对象经常出没场所，如食台、塘边上风处等。悬挂所用渔药的总量不应超过该渔药全池泼洒的剂量，抗生素等药物不得用袋（篓）悬挂用药。

**6. 其他**

（1）在使用毒性较大的渔药时，要注意安全，避免人、畜、水生生物中毒。

（2）化学药品配制一般应选用木质、塑料或陶瓷容器。

（3）如发现用药后有异常反应时，应及时报告有关技术员或采取相应的措施，如注意排水和添加新水、增加充气量等。

（4）混养池塘中使用渔药时不仅要注意患病对象的安全性，同时也要考虑选择的药物对未患病种类是否安全。

（5）为了避免病原菌产生耐药性，应根据药物的种类和特性，决定药物的轮换使用。

（6）注意不同养殖种类、年龄和生长阶段的水生动物对渔药敏感的差异性。

（7）不同的国际组织和国家对渔药的休药期和残留限量要求都有明确的法规或管理规定，而这些规定又经常不定期修改，所以，养殖者要经常关注这些变化。

（8）用药时要注意温度、盐度的变化。通常药物的用量是指水温 20℃时的基础用量，水温达到 25℃以上时，应酌情减少用量，低于 18℃时，应适当增加药量。

（9）对特种水产养殖动物要慎重用药，产卵季节谨慎用药，池塘“转水”时禁止用药。

## 复习思考题

### 一、选择题

1. 肾功能不良时，用药时需要减少剂量的是（　　）。

A. 所有的药物　　B. 主要从肾排泄的药物

C. 主要在肝代谢的药物　　D. 自胃肠吸收的药物

2. 药物血浆半衰期（　　）。

A. 是血浆药物浓度下降一半的时间　　B. 能反映体内药量的消除速度

C. 是调节给药的间隔时间的依据

3. 药物的常用量是指（　　）。

A. 最小有效量到极量之间的剂量　　B. 最小有效量到最小中毒量之间的剂量

C. 治疗量　　D. 最小有效量到最小致死量之间的剂量

4. 药物的不良反应包括（　　）。

A. 抑制作用　　B. 不良反应　　C. 选择作用　　D. 致畸作用

5. 兽药内标签应注明的事项不包括（　　）。

A. 有效期　　B. 销售企业信息　　C. 生产批号　　D. 含量/规格

6. 一般说来，吸收速度最快的给药途径是（　　）。

A. 直肠给药　　B. 内服　　C. 肌内注射　　D. 皮下注射

7. 属于劣兽药的是（　　）。

A. 以非兽药冒充兽药的

B. 以他种兽药冒充此种兽药的

C. 所含成分名称与兽药国家标准不符合的

D. 所含成分种类与兽药国家标准不符合的

E. 所含成分含量与兽药国家标准不符合的

8. 兽用生物制品不包括（　　）。

A. 抗生素　　B. 灭活疫苗　　C. 弱毒疫苗　　D. 高免血清

E. 高免卵黄

### 二、简述题

1. 简述剂量、疗程、生物利用度、联合用药及量效关系的概念，并说明其临床意义。

2. 影响药物作用的因素有哪些？其对临床用药有何指导意义？

3. 药物的不良反应有哪些？临床上如何避免？

### 三、练习开写处方（按处方的格式和要求）

某病猪表现精神沉郁，食欲减退，结膜潮红或蓝紫，体温升高至 40℃以上，呈弛张热，呼吸困难，咳嗽，气喘，流鼻汁（初为白色浆液，后变为黏稠灰白色或黄白色）。胸部听诊，在病灶部分肺泡呼吸音减弱，可听到捻发音，肺泡呼吸音消失。胸部叩诊，发现一个或数个局灶性的小浊音区。初诊为猪支气管肺炎。治疗方案如下：

青霉素 160 万单元和链霉素 100 万单元肌内注射，2 次/d，连用 3d。氯化铵及碳酸氢钠各 2g，溶于适量生理盐水中，1 次灌服，3 次/d。静脉注射 10%葡萄糖酸钙 10～20mL，1 次/d。

# 实践技能

## 实训一　实验动物的捉拿与固定及给药方法

【目的要求】练习实验动物的捉拿、固定及给药方法，为实验及临床打下基础。

【材料】

**1. 实验动物**　蛙、蟾蜍、小鼠、大鼠、豚鼠、家兔和犬。

**2. 器材**　注射器（1mL、5mL）、兔用开口器、10 号导尿管、手术固定台、灌胃器、绷带、点滴管等。

【方法和步骤】

### （一）实验动物的捉拿与固定

在进行动物实验时，为了保障操作人员与动物的安全，便于实验的顺利进行，必须掌握合理捉拿、固定实验动物的方法、了解各种动物的一般习性。在实验中可以根据实验内容和动物种类的不同而选用不同的方法。

**1. 蛙和蟾蜍**　用左手食指和中指夹住左前肢，拇指压住其右前肢；右手将两后肢拉直，左手无名指及小指将其压住而固定。此法用于淋巴囊注射。破坏脑和脊髓时则用左手食指和中指夹持蛙或蟾蜍的头部，拇指、无名指和小指握持其双下肢，右手持刺针进行操作。

**2. 小鼠**　可采取双手法和单手法两种形式。

（1）双手法　用右手抓住小鼠尾部，将其放在鼠笼盖或其他粗糙物体上，然后用左手拇指和食指沿其背向前抓住小鼠颈背部皮肤，将小鼠置于左手掌心中，再用无名指和小指将小鼠尾压在手掌上，即可将小鼠完全固定（图 1-10）。可进行腹腔注射、采取腹腔液体、体温测定、作阴道涂片等操作。

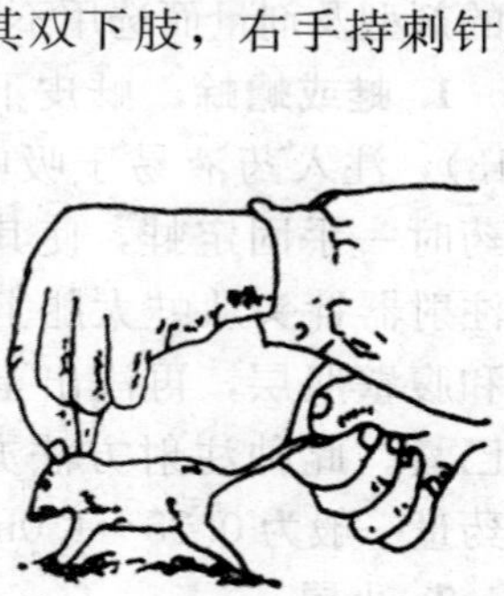

图 1-10　小鼠的捉拿方法

（2）单手法　小鼠置于笼盖上，先用左手食指与拇指抓住鼠尾，手掌尺侧及小指夹住尾根部，然后用左手拇指与食指捏住颈部皮肤。

**3. 大鼠**　用右手抓住鼠尾，左手戴上防护手套或用厚布盖住鼠身作防护，以拇指和食指握住头部，其余手指与手掌握住背部和腹部，并将大鼠固定在左手中。可进行灌胃、腹腔注射等操作。如要做尾静脉取血、注射等操作，可将大鼠用玻璃钟罩扣住或置于大鼠固定盒内，露出尾部，其他较细的操作应在麻醉后进行。

**4. 豚鼠**　用右手拇指和食指抓住颈部，其余手指握持躯干，左手抓住两后肢，使腹部朝上。

**5. 家兔** 用一只手抓住兔的颈部皮肤，将兔提起，另一只手托其臀部（图 1-11）。不能采取单手抓提家兔双耳、腰部或四肢的方法，以免造成损伤。

家兔固定的方法可根据实验需要而定。如进行兔耳静脉取血、注射或观察兔耳血管变化等时，可采用盒式固定方法。如要进行血压、呼吸测量等实验或手术时，需要将兔置于仰卧状态，固定在手术固定台上，其头部需固定。

**6. 犬** 犬较易驯养，但容易咬人，在抓取时应首先应用绷带绑扎犬嘴。方法是用绷带系一猪蹄结套在犬嘴上（绷带的两游离端应置于犬的下颌部），然后将绷带的两游离端分别从两侧引至耳后颈背侧打一结，在这一结上再打一活结（图 1-12）。绑扎犬嘴的目的是为了避免其咬人，但当犬进行麻醉后，应立即松开绑嘴的绷带，将犬仰卧放在实验台上，先固定其头部，然后再固定其四肢即可。

图 1-11 家兔的捉拿方法

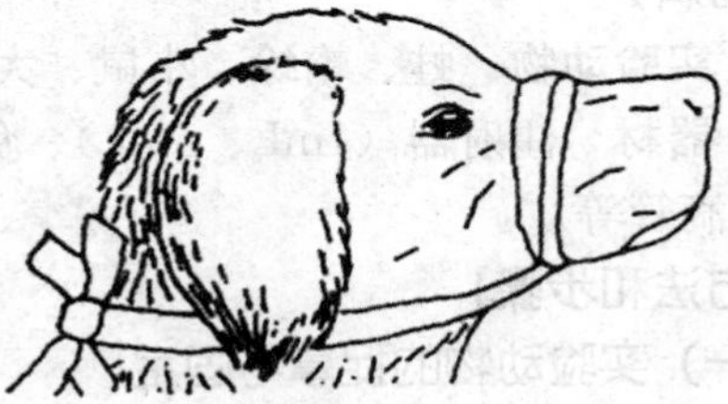

图 1-12 犬的绷带保定法

**（二）给药方法**

实验动物的给药途径和方法很多，在实验中可以根据实验的目的、动物的种类和药物的剂型及剂量而选用不同的给药方法。

**1. 蛙或蟾蜍** 蛙皮下有数个淋巴囊（图 1-13），注入药液易于吸收，常用腹淋巴囊。给药时一手固定蛙，使其腹部向上，另一手持注射器针头从蛙大腿上部刺入，经大腿肌层和腹壁肌层，再浅出至腹壁皮下，即是腹淋巴囊。此种注射方法亦可避免药液外漏。注药量一般为 0.25～1.0mL/只。

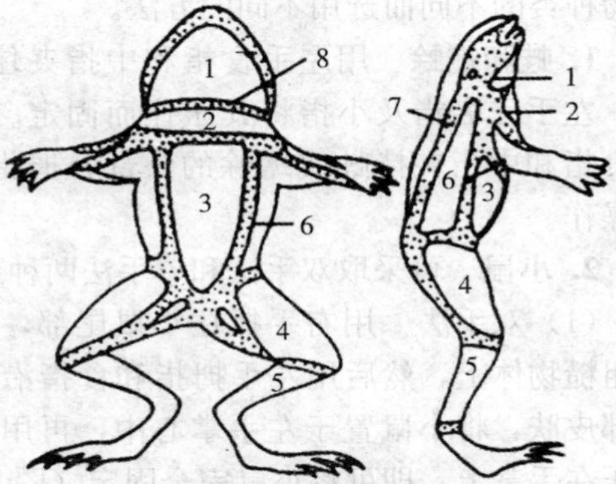


图 1-13 蛙及蟾蜍的皮下淋巴囊

1. 颌下囊 2. 胸囊 3. 腹囊 4. 股囊 5. 胫囊 6. 侧囊 7. 头背囊 8. 淋巴囊间隔

**2. 小鼠**

（1）灌胃。如上述用左手抓住小鼠后，仰持小鼠，使头颈部充分伸直，但不可抓得太紧，以免窒息。右手持灌胃器，灌胃针头自口角进入口腔，紧贴上腭插入食道，如遇阻力，将灌胃针头抽回重插，以防损伤（图 1-14）。灌胃量为每 10g 体重 0.1～0.25mL。

（2）皮下注射。如两人合作，一人左手抓小鼠头部皮肤，右手抓鼠尾，另一人在鼠背部皮下组织注射药物（图 1-15）。如一人操作，则左手抓鼠，右手将已抽好药液的注射器针头插入颈部皮下或腋部皮下，将药液注入，注药量每只不超过 0.5mL。

（3）肌内注射。一人抓住小鼠头部皮肤和尾巴，另一人持配有 4 号针头的注射器，将针

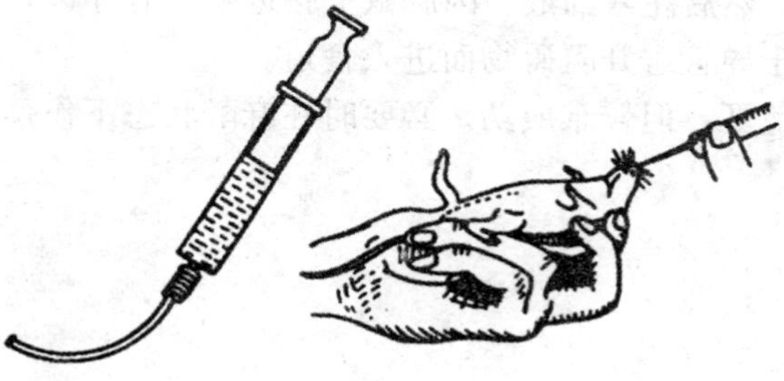

图 1-14　小鼠的灌胃方法

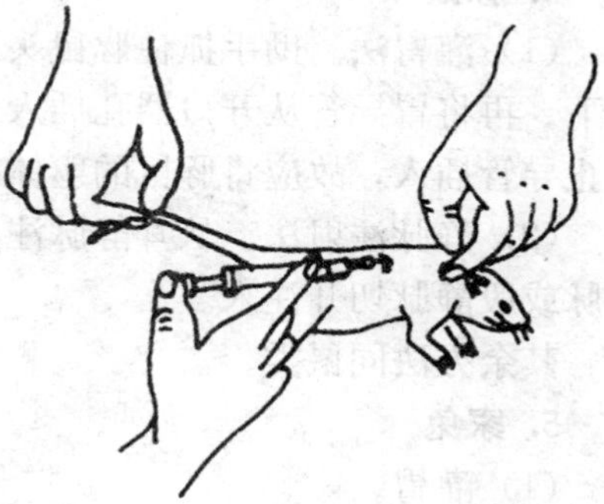

图 1-15　小鼠的皮下注射法

头插入后肢大腿外侧肌肉注入药液（图 1-16）。注射量一般不超过 0.1～0.2mL/只。

（4）腹腔注射。左手仰持固定小鼠，右持注射器手从腹左或右侧（避开膀胱）朝头部方向刺入，深度较皮下注射深，如有落空感，回抽无肠液、尿液或血液后，即可缓缓推入药液（图 1-17）。常用注射量为每 10g 体重 0.1～0.25mL。

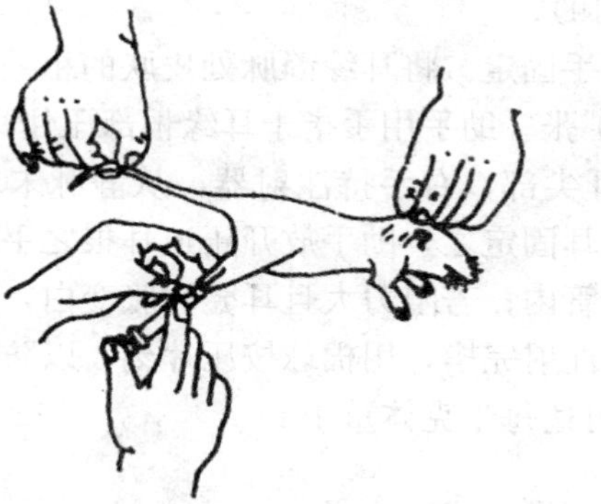

图 1-16　小鼠的肌内注射法

图 1-17　小鼠的腹腔注射法

（5）尾静脉注射。鼠尾静脉共有 3 根，左右两侧和背部正中各 1 根，两侧尾静脉比较容易固定，故常被采用。先将小鼠装入固定器内，露出尾巴，用 45～50℃温水浸泡或用 75%酒精擦拭使尾部血管扩张。握住鼠尾两侧，使静脉充盈，注射器针头尽量与鼠尾角度平行，以利于进针，刺入血管后回抽针芯可见回血（图 1-18）。如需反复注射，应尽量从鼠尾的远端开始。

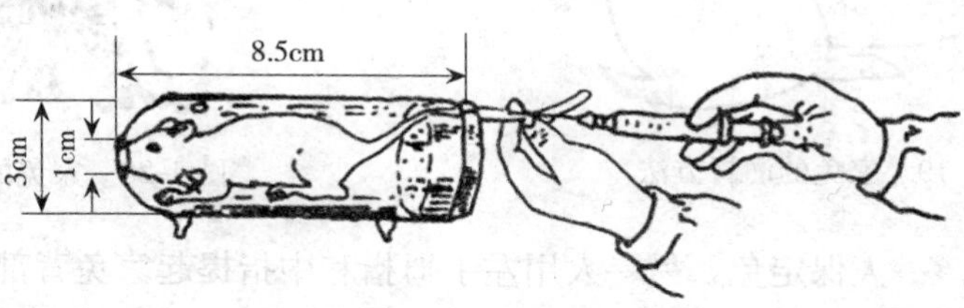


图 1-18　小鼠的尾静脉注射法

**3. 大鼠**　灌胃、腹腔注射、皮下注射及尾静脉注射与小鼠相似。静脉注射也可在麻醉下行舌下静脉注射。

**4. 豚鼠**

（1）灌胃法。助手抓住豚鼠头颈部四肢，操作者将开口器放入豚鼠口中，旋转使舌压在其下。再将胃导管从开口器孔插入 8～10cm，然后注入药液。因豚鼠上腭近咽部有牙齿，易阻止导管插入，故应将豚鼠的躯体拉直，便于导管避开阻碍物而进入食道。

（2）静脉注射法。从耳静脉注入方法同兔耳，但较难成功。必要时在麻醉状态下作颈外静脉或股静脉切开注入。

其余方法同鼠类。

**5. 家兔**

（1）灌胃。

①一人操作。将兔放置在兔固定箱内，右手固定开口器于兔口中，左手插胃管（可用 10 号导尿管代替）轻轻插入 15cm 左右。将胃管口放入一杯水中，如无气泡从管口冒出，表示导管已插入胃中，然后慢慢注入药液，最后注入少量空气，取出导管和开口器。

②两人合作进行操作。一人坐好，将兔的躯体夹于两腿之间，左手紧握双耳，固定其头部，右手抓住前肢。另一人将兔用开口器插入兔口中，将舌头压在开口器下面，把开口器固定，将胃管经开口器中央小孔慢慢沿上腭壁插入食道约 15cm。其余方法同①。灌药前家兔要先禁食为宜，灌药量一般不超过 20mL（图 1-19）。

（2）耳静脉注射。将兔放在固定箱内或由助手固定。将耳缘静脉处皮肤的粗毛剪去，用手指轻弹（或以酒精球反复涂擦耳壳），使血管扩张。助手用手指于耳缘根部压住耳缘静脉，待静脉充血后，操作者用左手拇指和食指捏住耳尖部，右手持注射器，从静脉末端刺入血管，如见到针头在血管内，即用手指将针头和兔耳固定之，助手放开压迫耳根之手指，即可注入药液。若注液时感觉畅通无阻，则证明在血管内；若阻力大且耳壳肿胀变白，说明注入皮下应拔出针头，再在上次注射针眼前方注射。注射完毕，用棉球按压片刻，以防出血（图 1-20）。注药量一般为每千克体重 2mL，等渗液可达每千克体重 10mL。

图 1-19　家兔的灌胃方法

图 1-20　家兔的耳缘静脉注射法

（3）皮下注射。一人保定兔，另一人用左手拇指和中指提起家兔背部或腹内侧皮肤，使成一皱褶，用右手持注射器，自皱褶下刺入针头在表皮下组织时，松开皱褶将药液注入。

（4）肌内注射：应选择肌肉丰满处进行，一般兔选用兔的两侧臀肌或大腿肌。一人保定兔子，另一人右手持注射器，使注射器与肌肉呈 60°角刺入肌肉中，为防止药液进入血管，在注射药液前应轻轻回抽针栓，如无回血，即可注入药液。

**6. 犬**

(1) 静脉注射。注射部位一般为后肢外侧小隐静脉或前肢皮下头静脉。注射部剪毛、消毒后，压迫静脉近心端，使之怒张。然后右手持 7～12 号针头或头皮针，与静脉呈 30°～35°角，准确、迅速刺入静脉内，刺入正确时，可见回血。调整针头与血管平行向血管内推进 0.5～1cm，然后解除压迫，固定好针头后，缓慢注入药液。若不见回血，应将针头退至皮下找准静脉后再刺入，不可在皮下乱刺，以免引起血肿。注射完毕，拔出针头，用碘酊棉消毒，并轻压针孔片刻。

(2) 腹腔注射。使犬前躯侧卧，后躯仰卧，进行保定。将两前肢系在一起，两后肢分别向后外方转位，充分暴露注射部位，并保定好头部防止抬头。小型犬可以倒立。注射部位是脐和耻骨前缘连线中点或在腹白线旁一侧。注射前术部应剪毛、消毒，用注射针头垂直皮肤缓慢刺入，依次穿透腹肌和腹膜。用注射器回抽有抵抗力，无血，也无腹腔脏器内容物，注入药液无阻力，说明刺入正确。此时可以用注射器或输液吊瓶进行腹腔内注射。注药完毕，拔下针头，局部消毒后松解保定。根据犬体的大小一次注入药液 30～500mL。

**【作业】**在教师示教后，分组练习。

## 实训二　药物的保管与贮存

**【目的要求】**通过教师讲解和参观药房，掌握药物保管与贮存的基本知识和方法。

**【材料】**借用学校附设兽医院药房/药库或兽药经销店。

**【方法和步骤】**

**1. 讲解**

(1) 药物的保管。制定严格的保管制度，包括出入库检查、验收，建立药品消耗和盘存账册，逐月统计填写药品消耗、报损和盘存表，制定药物采购和供应计划。药物保管负责人若有变动，应由接受、移交人会同有关领导共同盘点，填写移交表一式三份，交接人和单位领导各执一份，办理好交接手续。

①麻醉品、毒剧药品的保管：应按国家颁布的有关条例，必须专人、专库（柜）、专账，加锁保管，并在标签上标有明显的标记；称量必须精确，禁止估量取药；无处方不能给予或借用。

②危险品的保管：危险品是指受光、热、空气、水分、撞击等外界因素影响可引起燃烧、爆炸或具有腐蚀性、刺激性、剧毒和放射性的药品。保管时要注意遮光、防晒、防潮、防止振动和撞击、防止接近明火，经常检查贮放情况，并配备必要的消防设备。

③处方的保管：接受和调配处方，是药物管理中的一个重要环节，兽医师对处方负有法律责任，药剂人员有监督责任，在接受处方后，应认真复查、调配，以免出现差错。复查的内容主要有处方列举各药是否具备、有无配伍禁忌、各药的剂量有无超过极量和处方是否有兽医签字。一般说，普通药处方要保存一年，毒、剧药品处方则须保存二年，麻醉品处方保存三年。

(2) 药物的贮存。为了保证药品的质量和疗效，对药品的生产、包装、贮存都有相应的规定和要求。药物管理人员应在熟悉药品的物理、化学变化以及影响药物质量的外界因素的基础上，严格按规定贮存，若贮存不当，不仅造成浪费，还可影响疗效，甚至因毒性增加而发生意外。

影响药物质量的外界因素。

①空气与湿度：药物与空气接触后能发生氧化或碳酸化而变质，如硫酸亚铁可由原来的浅绿色，逐渐氧化为棕黄色的高铁盐而失效；新胂凡纳明粉针可被氧化为深黄色或带红色的粉末而毒性增加；有些氢氧化物如氢氧化钙能吸收二氧化碳而生成碳酸盐。

空气中湿度大时，能使许多药物潮解、稀释、分解、变质，并能促使微生物滋生而发霉变质。如胃蛋白酶可吸湿黏结；甘油可吸湿而被稀释；青霉素可吸湿而分解；片剂因吸湿而膨胀破裂；各种中草药、糖衣片，可因吸湿而易生虫、发霉。

空气中的湿度小时，有些含有结晶水的药物如硫酸钠、硫酸铜等，易失去结晶水而成为粉末，且其药用单位质量不符合要求。

空气中湿度一般以湿度计测得。药品在相对湿度为75%左右保存较为适宜。湿度太高，应通风降湿，并按药物性质及贮存条件，选用生石灰、氯化钙、无水硅胶、木炭等以吸湿防潮。

易受空气及湿度影响的药物，均应密闭贮存于干燥处。

②温度：药物应在适宜温度下贮存。温度过高或过低均会影响药物的质量。

温度过高可使易挥发的药物加速挥散；使生物制品、抗生素、酶制剂、脏器制剂及某些激素变质失效等。降温措施可采用冰箱、冰柜等贮存方法。

温度过低能使有些药物冻结、凝固、分层、沉淀。液体制剂可因冻结而致容器破裂；甲醛溶液在低于9℃以下发生聚合失效；乳剂在低温下会破坏而分层；葡萄糖酸钙注射液在冷处久置后，可析出结晶而不易再溶解。

为避免药物受温度变化的影响，在有条件时，可按药物性质，在药房（库）内安装空调。

③光线：日光中的紫外线常能促使药物发生氧化、还原、分解、聚合等作用而使之变质，如肾上腺素受光线的影响变为红色；银盐和汞盐被还原而析出游离状态的银和汞；青霉素的$\beta$-内酰胺环裂解等。对易受光线影响的药物应使用遮光容器，如棕色玻璃瓶，或于包装外贴以黑纸等方法，达到遮光的目的。

光线的作用与温度、空气中氧气、二氧化碳、水分等有密切关系。如上述因素相互作用，可加速药物变质。

④时间：有些药物，虽然贮存条件适宜，但贮存过久，也会发生质量变化。根据药品标准的有关文件，药品包装上必须注明批号或有效期、失效期。批号是用来表示药品生产日期的一种编号，一般以六位数字表示，如120818，表示生产日期为2012年8月18日。如该日生产有两批以上同种药品，则常在末尾数字后加“—”和1、2等数字。如120818—2，以示区别。有效期一般以使用年限或可使用的截止日期表示，如上述的药品，有效期二年，即该药可用至2014年8月17日。失效期一般以何时失效的日期表示，如失效期为2014年8月，表示该药可用至2014年7月底。注意如未按规定条件贮存，即使在有效期内，可能也已失效。

各种药物贮存的方法，药典中都有基本要求，如遮光（指用棕色容器包装或用黑纸包裹的无色透明、半透明的容器包装）、密闭（指将容器密闭，以防止尘土及异物混入）、密封（指将容器密封，以防止风化、吸潮、挥发或异物污染）、熔封或严封（指将容器熔封或用适宜的材料严封，以防止空气与水分的侵入并防止污染）、阴凉处（指不超过20℃）、凉暗处

（指避光并不超过 20℃）、冷处（指 2～10℃）等。此外，药物的贮存还应按其性质或剂型分类存放，如强氧化剂与强还原剂、易燃品与易爆品、有腐蚀性与毒剧药品、内服药物与外用药物等，以免发生事故。

**【作业】**综合参观和教师讲解的有关内容，写出实训报告。

## 实训三　动物医疗处方的开写

**【目的要求】**了解处方的意义，掌握处方的结构与开写方法，能够结合临床病例熟练准确地开写处方。

**【材料】**处方笺、临床病例等。

**【方法和步骤】**

（1）教师讲述处方的结构与正确的开写方法及注意事项。

（2）结合临床病例，按处方的格式开出正确的处方，或者指出并改正错误的处方。

**【作业】**给出几个临床病例或错误处方，开出正确的处方。

## 实训四　常用药物制剂的配制

**【目的要求】**掌握不同浓度溶液的稀释法，溶液剂和酊剂的配制方法。

**【材料】**

**1. 药品**　高锰酸钾、碘、碘化钾、甘油、蒸馏水、75%乙醇与 70%乙醇。

**2. 器材**　天平、量杯、量筒、烧杯、漏斗、滤纸、漏斗架、玻璃棒、下口瓶、小磨口玻璃瓶、酒精密度计、研钵、天平、细口瓶、药膏刀、纱布等。

**【方法和步骤】**

**（一）溶液剂**

**1. 药物浓度的表示方法**

（1）百分浓度表示法。质量与质量的百分浓度表示法：常以质量比或质量体积比的百分率（%）表示，即在 100mL 溶液中所含溶质的质量（单位：g）。当溶液中的溶质是固体或气体时，一般用质量/体积（g/mL）的百分浓度表示法。当溶液中的溶质是液体时，一般常用体积（mL/mL）的百分浓度表示法。

百分浓度的计算，公式为：

溶液的量（$V$）×百分浓度（$c$）＝溶质的含量（$S$）

例如，配制 0.9%氯化钠溶液 500mL，需称取氯化钠多少克？（按上式计算）

500×0.9%＝4.5（g）

称取氯化钠 4.5g，加水至 500mL 溶解即得。

（2）比例法。系指 1g 固体或 1mL 液体溶质（指药物），加溶媒配成 $X$（单位：mL）溶液，其符号为 1∶$X$。多表示比较稀溶液的浓度。如不指明溶媒的种类时，通常指蒸馏水。如 1∶5 000的高锰酸钾溶液，意指溶质高锰酸钾 1g，加溶媒至5 000mL 配制成的溶液。

**2. 溶液浓度的稀释法**

（1）反比法。

浓溶液的浓度（$c_1$）×浓溶液的量（$V_1$）＝稀溶液的浓度（$c_2$）×稀溶液的质量（$V_2$）

例如，将 95%的乙醇配制成 75%的乙醇 500mL，需 95%乙醇的体积为多少（mL)？

（按上式计算）

$$95\times V_1=75\times 500$$

$$V_1=\frac{75\times 500}{95}=394.7\text{mL}$$

取 95％乙醇 394.7mL，加水稀释至 500mL 即得。

（2）交叉法。总的规律是交叉计算，横向取量，需配浓度置中间。如用 95％乙醇和 40％乙醇稀释成 70％乙醇，可按下式计算：

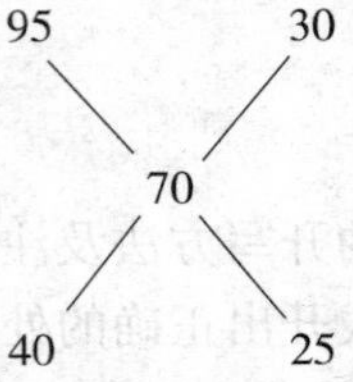


即取 95％乙醇 30mL（或 L）和 40％乙醇 25mL（或 L）相加即成 70％乙醇。

**3. 溶液剂的配制** 溶液剂是指将药物溶解于溶媒中的澄明溶液。溶媒主要为蒸馏水或沸水，其次有乙醇和甘油等。配制步骤：溶解→过滤→添加溶媒至全量。

（1）1％高锰酸钾溶液的配制。

处方：高锰酸钾 1g，蒸馏水加至 100mL。

制法：取高锰酸钾 1g 置 100mL 量杯中，加热蒸馏水约 80mL，搅拌溶解，过滤后再添加蒸馏水适量至 100mL，即得。

（2）碘甘油的配制。

处方：碘 1g、碘化钾 1g、蒸馏水 1mL，甘油加至 100mL。

制法：取碘化钾，加水溶解后，加碘，搅拌使溶解，再加甘油使成 100mL，搅匀，即得。

注意：碘甘油不易滤过，故所有用具必须洗刷干净，并以蒸馏水冲洗晾干备用，操作过程避免异物落入容器内。量取甘油时，宜先将甘油及容器加热至 50℃左右。

**（二）酊剂的配制**

酊剂是药物的乙醇浸出液或溶液。酊剂多有药物的颜色，但应澄明无异物，一般无毒。剧药酊剂每 100mL 相当于原药物 10g，其他酊剂每 100mL 相当于原药物 20g。常分溶解法、稀释法、渗滤法和浸渍法四种。

碘酊的配制。

处方：碘 5g、碘化钾 2.5g、蒸馏水 2.5mL，75％乙醇加至 100mL。

制法：取碘化钾置研钵中加蒸馏水 2.5mL，使其溶解后，再加入碘研磨，使其完全溶解，逐次加入少量乙醇洗涤研钵内碘液，将洗液倒入量杯中，最后加乙醇至全量，过滤，即得。

## 实训五　药物的物理、化学性配伍禁忌

**【目的要求】**观察常见的配伍禁忌现象，熟悉处理配伍禁忌的一般方法，能正确联合用药。

**【材料】**

1. 器材。天平、量杯、吸量管、研钵、试管、试管架、酒精灯、清洁器具。

2. 药品。蓖麻油、蒸馏水、液体石蜡、樟脑、10％樟脑醑、碳酸钠、醋酸铅、水合氯

醛、5%氯化钙溶液、5%碳酸氢钠溶液、10%三氯化铁溶液、鞣酸、95%乙醇、高锰酸钾、甘油、2%盐酸普鲁卡因、青霉素钠、稀盐酸、10%葡萄糖溶液、20%磺胺嘧啶钠等。

【方法和步骤】

**1. 物理性配伍禁忌**

(1) 分离。指两种液体药物相互混合后，不久又分为两层的现象。

实验：取试管 2 支，一支试管加入蓖麻油和水各 3mL，另一支试管加入液体石蜡和水各 3mL，充分混合后，静置于试管架上，10min 后观察分层现象。

(2) 析出。指两种液体药物相互混合后，其中一种药物析出沉淀或使溶液混浊的现象。

实验：取试管 1 支，先加入樟脑醑 2mL，然后再加水 1mL，充分混合后，静置于试管架上，观察析出白色樟脑。

(3) 潮解。易吸湿潮解的药物与含结晶水的药物混合研磨时，由于结晶水析出而发生潮解。

实验：取碳酸钠与醋酸铅各 3g，置研钵中共研，观察潮解现象。

(4) 液化。两种固体药物混合研磨时，由于熔点降低，混合物由固态变为液态。

实验：取水合氯醛（熔点 57℃）和樟脑（熔点 171～176℃）各 3g 于研钵中混合研磨，观察液化现象（研磨混合物熔点为−60℃）。

**2. 化学性配伍禁忌**

(1) 沉淀。指两种或两种以上液体药物配伍时，形成不溶性新物质沉淀的现象。

实验：取试管 4 支，1 支试管加入青霉素钠溶液和 2%盐酸普鲁卡因注射液各 3mL；1 支试管加入 5%氯化钙溶液和 5%碳酸氢钠溶液各 3mL；1 支试管加入 20%磺胺嘧啶钠和 10%葡萄糖溶液各 3mL；1 支试管加入 20%磺胺嘧啶钠和 5%碳酸氢钠溶液各 3mL。对上述 4 支试管分别摇匀，静置观察现象。

(2) 产气。药物配伍时，偶尔发生产气现象，有的会导致药物失效。

实验：取试管 1 支，先加入稀盐酸 2mL，再加入 5%碳酸氢钠溶液 5mL，观察产生的二氧化碳气体逸出现象。

(3) 变色。易氧化药物的水溶液，与 pH 较高的其他药液配伍时，易发生变色现象。

实验：取试管 1 支，先加入 10%三氯化铁溶液 3mL，再加入鞣酸 1g，充分搅拌后，置火上微热，观察溶液的变色现象。

(4) 爆炸或燃烧。强氧化剂与强还原剂配伍研磨时，因激烈的氧化还原反应能产生大量热能，可引起燃烧或爆炸。如鞣酸（甘油）与高锰酸钾共研，易引起爆炸。苦味酸与木炭末等共研，易引起燃烧。

提示：此项实验，由教师示教即可。

**3. 处理配伍禁忌的一般方法** 处理配伍禁忌是处方调剂的一个重要问题，采取适当的调剂方法，可避免有些药物的配伍禁忌。处理方法有以下几种。

(1) 改变药物剂型。如乳酸钙与碳酸氢钠，若加水制成溶液时，可产生碳酸钙沉淀，如果改成散剂，便可避免发生配伍禁忌。

(2) 改变混合顺序。如碳酸氢钠和复方龙胆酊配伍时，若先将两者混合后再加入水，则碳酸氢钠不能完全溶解而出现沉淀。如果先以适量的水将碳酸氢钠溶解，再加入复方龙胆酊，则不会出现沉淀（因碳酸氢钠不易溶于乙醇）。

(3) 增加溶媒。如水杨酸钠与碳酸氢钠各 10g，以水 60mL 作溶媒时不能溶解，如将溶媒增加1倍，即可溶解。

（4）添加第三种成分。在配合中添加一些无害的、本身没有明显药效而又不影响原药的成分，可避免配伍禁忌。添加的第三种成分有增溶剂、助溶剂、稳定剂等。如配制咖啡因注射液时，加入苯甲酸钠作助溶剂，配制肾上腺素溶液时加入0.5%的焦亚硫酸钠作稳定剂等。

（5）处方中有配伍禁忌的成分，分别溶解后再行混合。如最常用的任氏液中的碳酸氢钠和氯化钙有化学性配伍禁忌，如一起溶解可产生沉淀，先将两药分别溶解后，再加到其他已充分溶解稀释的成分中，则不会产生沉淀。

（6）调换成分。以作用相同的药物或制剂代替处方中的某一种成分，以避免产生配伍禁忌是常用的方法。如次硝酸铋6g、碳酸氢钠3g、薄荷水60mL配成溶液，次硝酸铋在水中可缓缓水解生成硝酸，与碳酸氢钠相遇会产生二氧化碳，如果将次硝酸铋改为次碳酸铋，则可避免。

提示：本实训中处理配伍禁忌的一般方法，可由教师示教。

**【作业】** 教师在上述药品中选择几种药品，指出相互间有无配伍禁忌，如有，说出属于哪类配伍禁忌。根据实习过程和结果，写出实习报告。

## 实训六　不同给药途径对药物作用的影响

**【目的要求】** 观察以不同给药途径给予同剂量硫酸镁时，所引起药理作用的差别。并观察硫酸镁与氯化钙间的颉颃作用。

**【材料】**

**1. 动物**　家兔。

**2. 药品**　生理盐水、25%硫酸镁溶液、5%氯化钙溶液或10%葡萄糖酸钙溶液。

**3. 器材**　灌胃管（可用导尿管代替）、家兔开口器、注射器。

**【方法和步骤】**

（1）每组取家兔2只，观察并记录其呼吸、肌张力及大小便等正常情况。

（2）甲兔用硫酸镁2.5mL/kg灌胃，乙兔按同样剂量深部肌内注射硫酸镁，观察两兔所出现的症状。若兔出现四肢瘫痪、呼吸困难时立即自耳缘静脉缓慢注射氯化钙或葡萄糖酸钙溶液2mL/kg，观察上述情况是否缓解。结果记入下表：

| 兔号 | 体重（kg） | 给药前情况 | 剂量 | 给药途径 | 用药后的反应 |
|---|---|---|---|---|---|
| 甲 | | | | | |
| 乙 | | | | | |

**【注意事项】**

（1）经口灌胃给药，勿将药物灌入气管，以免造成动物窒息死亡。

（2）静脉注射钙剂速度要慢，否则易引起心室颤动而死亡。

**【作业】**

（1）硫酸镁灌胃和肌内注射两种给药途径产生的效应有那些不同，为什么？

（2）查阅资料分析$Ca^{2+}$与$Mg^{2+}$的颉颃作用机制。本次实验结果对临床用药有何提示？

（3）撰写实验报告。

# 动物临床用药篇

DONGWU LINCHUANG YONGYAO PIAN

# 单元一 抗微生物药物

## 相关链接

### 微生物的分类及特性

微生物是一群形体微小、结构简单，必须借助于显微镜才能看到的微小生物。微生物广泛存在于自然界，种类繁多，包括真菌、细菌、放线菌、螺旋体、支原体、衣原体、立克次氏体和病毒八大类，根据结构将所有微生物分为真核细胞型微生物、原核细胞型微生物和非细胞型微生物。

**1. 细菌** 细菌是属原核生物界的一种单细胞微生物。其基本构造包括细胞壁、胞浆膜、间体、细胞质、核体、核蛋白体/核糖体、质粒和内含物等，有些细菌还有荚膜、鞭毛、纤毛/菌毛、芽孢等特殊构造。按形态，细菌可分为球菌、杆菌、螺旋状菌。按其革兰氏染色特征，细菌可分为革兰氏阳性菌和革兰氏阴性菌。革兰氏阳性菌细胞壁以肽聚糖三维立体网状结构为主，占细胞壁干重的50%～80%。溶菌酶、青霉素类、环丝氨酸、磷霉素、头孢类及万古霉素能破坏肽聚糖的结构及合成。此外，尚有大量特殊组分磷壁酸。革兰氏阴性菌细胞壁则包括较薄的二维平面肽聚糖层（占细胞壁干重的5%～20%）、脂多糖、脂质双层、脂蛋白。由于二者细胞壁的结构差异，因此在染色性、抗原性、毒性、对某些药物的敏感性等方面的很大差异。

细菌能产生毒素。外毒素主要由革兰氏阳性菌产生，能选择性地作用于组织器官，引起特殊病变。外毒素在甲醛作用下可以脱毒成类毒素，但保持抗原性，能刺激机体产生特异性的抗毒素。内毒素则是一类存在于菌体内、耐热（160℃，2～4h）且不能用甲醛脱毒成类毒素的菌体结构成分。细菌在生活状态时不释放出来，只有当菌体自溶或用人工方法使细菌裂解后才释放。大多数革兰氏阴性菌都有内毒素。

细菌的生长繁殖受各种因素的影响。有的需要生长因子，如猪传染性胸膜肺炎放线杆菌需要V因子。有的对气体需要不同，因此，按呼吸类型，细菌可分为专性需氧菌、专性厌氧菌、微需氧菌及兼性厌氧菌。动物临床上常见病原菌的分类见表2-1。

**2. 病毒** 病毒是体积最小、结构最简单的病原体之一。病毒不具有细胞结构，主要由核酸和蛋白质外壳（衣壳）构成。某些病毒含有囊膜、触须样纤维、酶等辅助结构。病毒仅含一种单股或双股的核酸，缺乏完整的酶系统，无独立代谢活力，严格寄生于易感细胞。

**表 2-1 动物临床上常见病原菌的分类**

| 名称 | 染色 | 呼吸类型 | 所致疾病 |
| --- | --- | --- | --- |
| G⁺菌 | 葡萄球菌 | 需氧或兼性厌氧，有些为厌氧菌 | 化脓性炎症、中毒 |
| | 链球菌 | 需氧或兼性厌氧，有些为厌氧菌 | 化脓性炎症、败血症、猩红热、变态反应、心内膜炎 |
| | 李斯特菌属 | 兼性厌氧 | 猪、马、牛、绵羊：神经症状、妊畜流产、血液中单核细胞增多；鸡：全身感染，心肌坏死；人：成人脑膜炎，新生儿脑膜炎 |
| | 丹毒杆菌 | 兼性厌氧或微需氧 | 猪丹毒、禽丹毒、类丹毒 |
| | 炭疽杆菌 | 需氧 | 炭疽 |
| | 气肿疽梭菌 | 厌氧 | 气肿疽 |
| | 恶性水肿梭菌 | 厌氧 | 马、牛、绵羊、山羊及猪等多种动物的恶性水肿，消化道感染（羊快疫） |
| | 产气荚膜梭菌 | 厌氧 | 气性坏疽、肠毒血症 |
| | 肉毒梭菌 | 严格厌氧 | 神经中毒症状，引起软瘫和麻痹，呕吐腹泻 |
| | 破伤风梭菌 | 专性厌氧 | 破伤风 |
| | 结核分枝杆菌 | 专性需氧 | 结核病 |
| G⁻菌 | 鼻疽假单胞菌 | 需氧 | 马鼻疽 |
| | 布鲁氏菌 | 严格需氧 | 布鲁氏菌病 |
| | 支气管败血波氏杆菌 | 严格需氧 | 猪传染性萎缩性鼻炎 |
| | 大肠杆菌 | 兼性厌氧 | 仔猪黄痢、白痢，水肿病 |
| | 沙门氏菌 | 兼性厌氧 | 鸡白痢、猪伤寒、霍乱、马牛羊流产 |
| | 巴氏杆菌 | 需氧或兼性厌氧 | 猪肺疫、牛出血性败血症、禽霍乱 |
| | 鸭疫里默氏杆菌 | 培养时需要5%的$CO_2$ | 鸭肺疫 |
| | 嗜血杆菌 | 初次分离需要5%～10%的$CO_2$ | 鸡传染性鼻炎及鼻腔卡他性炎症、猪流感并发感染或浆膜腔、脑膜、关节的纤维素性炎症、绵羊肺炎或支气管肺炎、牛脑炎、流产、败血症、关节炎、喉炎 |
| | 放线杆菌属 | 兼性厌氧 | 猪胸膜肺炎放线杆菌、林氏放线杆菌、驹放线杆菌、猪放线杆菌 |
| | 弧菌属 | 兼性厌氧 | 霍乱、腹泻、呕吐、电解质紊乱、循环衰竭等 |
| | 弯曲杆菌 | 厌氧，需$CO_2$ | |

病毒的复制过程包括吸附、侵入、脱壳、生物合成、组装和释放。临床上多数传染性疾病由病毒引起。动物临床上常见病毒有：

(1) 双股DNA病毒。痘病毒科（有囊膜，鸡痘病毒、绵阳痘病毒、山羊痘病毒、黏液瘤病毒），非洲猪瘟病毒科（有囊膜，非洲猪瘟病毒、虹彩病毒），疱疹病毒科（有囊膜，伪狂犬病毒、传染性喉气管炎病毒、马立克氏病病毒、鸭瘟病毒），腺病毒科（无囊膜，犬传染性肝炎病毒、鸡产蛋下降综合征病毒）。

(2) 单股DNA病毒。细小病毒科（无囊膜，猫泛白细胞减少症、犬细小病毒病、猪细小病毒病、番鸭细小病毒病、小鹅瘟），圆环病毒科（无囊膜，鸡贫血病、猪圆环病毒病）。

(3) 具有反转录过程病毒。反转录病毒科（有囊膜，禽白血病/肉瘤病毒、禽网状内皮组织增殖病病毒、人类免疫缺陷病毒），嗜肝病毒科（鸭乙型肝炎病毒）。

(4) 双股RNA病毒。呼肠孤病毒科（无囊膜，轮状病毒、禽呼肠孤病毒、蓝舌病毒、草鱼出血病病毒），双RNA病毒科（无囊膜，传染性法氏囊）。

(5) 单股负股RNA病毒。副黏病毒科（有囊膜，新城疫病毒、犬瘟热病毒），弹状病毒科（有囊膜，狂犬病毒）。

(6) 分节段的负股RNA病毒。正黏病毒科（有囊膜，禽流感病毒、猪流感病毒）。

(7) 套式病毒目。冠状病毒科（有囊膜，猪传染性胃肠炎病毒、猪流行性腹泻病毒、传染性支气管炎病毒），动脉炎病毒科（有囊膜，猪呼吸与繁殖综合征病毒、马动脉炎病毒）。

(8) 其他单股正股RNA病毒。小RNA病毒科（无囊膜，口蹄疫、猪水疱病、禽脑脊髓炎病毒、鸭肝炎病毒）。

(9) 亚病毒又称为亚病毒因子，是卫星因子、类病毒和朊病毒的总称。

由于病毒必须寄生于宿主细胞内，并主动参与细胞的代谢过程，因此，能抑制或杀灭病毒的药物也能损伤宿主细胞，目前，尚无确实有效的抗病毒药物应用于兽医临床，寻找有效的抗病毒药物仍然是十分艰巨的任务。

**3. 真菌** 真菌是一大类具有细胞壁和核膜结构、能进行有性和无性繁殖的真核生物。真菌营养要求较低，极易繁殖。其营养细胞对外界抵抗力弱，但其孢子对环境抵抗力较强（弱于细菌芽孢）。常见的病原真菌主要有以下几种。

(1) 感染性真菌。包括假皮疽组织胞浆菌（马属动物流行性淋巴管炎），皮肤丝状菌（侵害人类及动物毛发，引起各种癣症），霉菌（禽类烟曲霉菌病以及黑曲霉、黄曲毒、构巢曲霉、土曲霉引起的疾病）。

(2) 中毒性病原真菌。主要由真菌代谢产物（真菌毒素）引起。抗真菌药是指具有抑制真菌生长、繁殖或杀死真菌的药物。

**4. 支原体** 支原体是一类介于细菌和病毒之间的单细胞微生物，是目前已知能营独立生活的最小微生物。革兰氏染色阴性，但不易着色，故常用Giemsa染色法将其染成淡紫色。无细胞壁，细胞膜中胆固醇含量较多，约占36%。因此，凡能作用于胆固醇的物质（如二性霉素B、皂素等）均可引起支原体膜的破坏而使支原体死亡。

支原体对热的抵抗力与细菌相似。对环境渗透压敏感，渗透压的突变可致细胞破裂。对重金属盐、石炭酸、来苏儿和一些表面活性剂较细菌敏感，但对醋酸铊、结晶紫和亚锑酸盐的抵抗力比细菌大。对影响壁合成的抗生素如青霉素不敏感，但红霉素、四环素、链霉素及氯霉素等作用于支原体核蛋白体的抗生素，可抑制或影响蛋白质合成，有杀灭支原体的作用。

兽医临床常见的支原体感染有猪喘气病和鸡慢性呼吸道病等。病原体对氟喹诺酮类药、大环内酯类、截短侧耳素类、氟苯尼考及四环素类抗生素等均敏感。

**5. 衣原体** 衣原体是一类严格细胞内寄生，有细胞壁，有独特发育周期，能通过细菌滤器，介于立克次氏体与病毒之间的原核细胞型微生物。衣原体在细胞空泡内繁殖能形成包涵体，内含无数子代原体和正在分裂增殖的网状体。成熟的包涵体经姬姆萨染色呈深紫色，革兰氏阴性。

衣原体可引起哺乳动物的流产、肺炎、肠炎、脑脊髓炎、关节炎、角膜结膜炎及鸡的输卵管炎等。其对热、消毒剂及某些抗生素（如青霉素、红霉素、四环素、氟苯尼考）敏感。

**6. 立克次氏体** 立克次氏体是一类严格细胞内寄生的原核细胞型微生物，在形态结构、化学组成及代谢方式等方面均与细菌类似：具有细胞壁，以二分裂方式繁殖，含有RNA和DNA两种核酸，由于酶系不完整需在活细胞内寄生等特点。

立克次氏体的致病物质已证实的有两种，一种为内毒素，由脂多糖组成，具有与肠道杆菌内毒素相似的多种生物学活性。另一种为磷脂酶A，可分解脂膜而溶解细胞，导致宿主细胞中毒。其感染与虱、蚤、蜱、螨等节肢动物密切相关。多寄生于网状内皮细胞、血管内皮细胞或红细胞内。常引起牛、羊等心水病。消灭蚊虫是该病防治的重要手段。对四环素类、氟苯尼考等药物敏感，磺胺类药物反而促进其生长繁殖。

**7. 附红细胞体** 其引起的疾病是猪和多种动物共患的一种热性、急性、溶血性传染病，在我国广泛流行。本病一年四季都可发病，但以夏秋多发。临床常用贝尼尔、四环素类抗生素治疗。

**8. 螺旋体** 螺旋体是一类细长、柔软、弯曲呈螺旋状、无鞭毛而能活泼运动的原核单细胞微生物。介于细菌与原生动物之间。具有细胞壁，以二分裂方式繁殖，无定型核（属原核型细胞），体态柔软，胞壁与胞膜之间绕有弹性轴丝，借助它的屈曲和收缩能活泼运动，易被胆汁或胆盐溶解。常将其与衣原体、支原体、立克次氏体合称为“四体”。

兽医临床相关的有以下几种螺旋体。

(1) 鹅疏螺旋体，又称鸡疏螺旋体，是经蜱传播引起禽类（鸡、鸭、鹅、火鸡及多种鸟类）的急性、败血性疏螺旋体病，是本属中唯一对禽类的致病性螺旋体。该病的发生时间与蜱类的活动季节有密切联系。感染禽发病突然，以高温（42.9～43.6℃）、拒食、沉郁、腹泻和贫血为特征病状。发病率不一，死亡率相当高。剖检可见脾、肝显著肿大，出血和点状坏死灶，脏器组织有不同程度贫血、黄染，血液稀薄呈咖啡色。对四环素类、青霉素G、链霉素、泰乐菌素、替米考星、杆菌肽较敏感。

(2) 猪痢疾蛇形螺旋体，是猪痢疾的主要病原体。又称血痢、黑痢、出血性痢疾、黏膜出血性痢疾等。最常发生于8～14周龄幼猪。主要症状为严重的黏膜出血性下痢和迅速减重；以大肠黏膜黏液渗出性、出血性和坏死性炎症为特征；经口传染，传播迅速；发病率较高（约75%），致死率较低（5%～20%）。对痢菌净、利高霉素、利福平、螺旋霉素、泰乐菌素、替米考星、安普霉素、酰胺醇类、杆菌肽、四环素类等较敏感。

(3) 钩端螺旋体（Leptospira），又简称钩体。大部分营腐生生活，自然界广泛分布，尤其水生环境，无致病性；一部分为寄生性和致病性的螺旋体，可致人和动物的细螺旋体病。急性型主要表现为发热、贫血、出血、黄疸、血红蛋白尿及黏膜和皮肤坏死。亚急性则导致肾炎、肝炎、脑膜炎及产后泌乳缺乏症。慢性型导致虹膜睫状体炎、流产、死产及不育或不孕。对青霉素G、红霉素、四环素类、吉他霉素、头孢类、替米考星、链霉素、酰胺醇类、杆菌肽类较敏感。

抗微生物药物是指能选择性地抑制或杀灭细菌、真菌、支原体和病毒等病原微生物的化学物质，可分为抗生素、合成抗菌药、抗真菌药、抗病毒药等。

化学治疗药物（简称化疗药）是指对病原微生物具有明显的选择性作用，而对动物机体没有或仅有轻度的毒性作用的化学物质。在应用化疗药防治畜禽疾病的过程中，动物机体、病原体、化疗药物三者之间存在复杂的相互作用关系（图2-1），被称为“化疗三角”。因此，在用药时要注意处理好三者的关系，一方面要针对病原微生物选药，考虑药物的药动学特征，给予充足的剂量和疗程，充分发挥药物的作用，同时也要重视动物机体的防御机能；另一方面还要注意药物对机体产生的不良反应以及防止病原体产生耐药性。

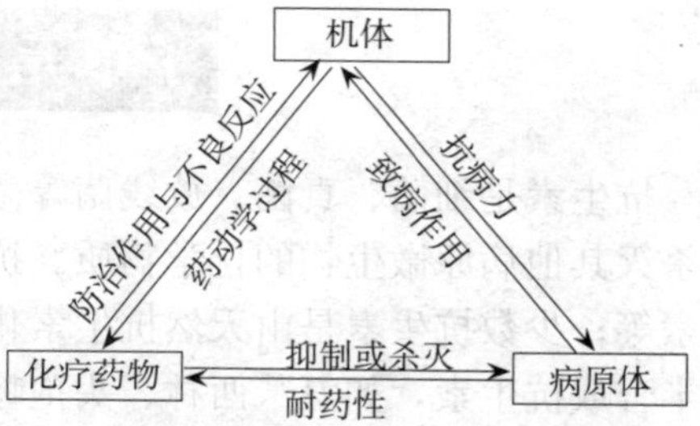


图2-1　动物机体、化疗药物与病原体的相互作用关系

**1. 化疗指数**　是评价化疗药的安全度及治疗价值的标准。以动物的半数致死量（$LD_{50}$）与治疗感染动物的半数有效量（$ED_{50}$）的比值表示，即 $CI=LD_{50}/ED_{50}$；或以动物的5%致死量（$LD_5$）与治疗感染动物的95%有效量（$ED_{95}$）的比值来衡量。

一般认为，化疗指数越大，药物的毒性越低，疗效越好，临床应用价值越高。化疗指数大于3才有实际应用价值（抗血液原虫药除外）。但化疗指数越大，并不意味着绝对安全，如青霉素的化疗指数高达1 000以上，但仍可引起过敏反应甚至休克。

**2. 抗菌谱**　指抗菌药物抑制或杀灭病原微生物的范围。分为窄谱抗菌药和广谱抗菌药。凡仅作用于单一菌种或某属细菌的药物称窄谱抗菌药，如青霉素、链霉素；凡能抑制或杀灭多种不同种类细菌的药物，称广谱抗菌药，如四环素类、酰胺醇类、氟喹诺酮类等。

**3. 抗菌活性**　指抗菌药抑制或杀灭病原微生物的能力。可用体外和体内两种方法来测定。体外抑菌试验对临床选药有重要参考意义，常以最低抑菌浓度（MIC）、最低杀菌浓度（MBC）衡量。MIC指在体外试验中能够抑制培养基内细菌生长的药物最小浓度。MBC指能够杀灭培养基内细菌生长的药物最小浓度。抑菌和杀菌作用是相对的，有些抗菌药在低浓度时呈现抑菌作用，高浓度呈现杀菌作用。临床上所指的抑菌药是指仅能抑制病原菌的生长繁殖，而无杀灭作用的药物，如磺胺类、四环素类等。杀菌药是指具有杀灭病原菌作用的药物，如β-内酰胺类、氨基糖苷类等。

**4. 抗菌药后效应**（PAE）　指细菌与抗菌药短暂接触后，将药物完全除去，细菌的生长仍然受到持续抑制的效应。PAE以时间的长短来表示。能产生PAE的药物主要有β-内酰胺类、氨基糖苷类、大环内酯类、林可胺类、四环素类、酰胺醇类、氟喹诺酮类等。处于PAE期的细菌，再与亚抑菌浓度的抗菌药接触后，其生长繁殖可以进一步被抑制。

**5. 耐药性又称抗药性**　分为天然耐药性和获得耐药性。天然耐药性是由细菌染色体基因决定并可代代相传，如肠道杆菌对青霉素的耐药。获得耐药性是指病原菌与抗菌药多次接触后对药物的敏感性逐渐降低甚至消失，致使抗菌药对耐药病原菌的作用降低或无效，如金黄色葡萄球菌对青霉素的耐药。某种病原菌对一种药物产生耐药性后，往往对同一类的药物也具有耐药性，这种现象称为交叉耐药性。交叉耐药性包括完全交叉耐药性及部分交叉耐药性。完全交叉耐药性是双向的，如多杀性巴氏杆菌对磺胺嘧啶产生耐药后，对其他磺胺类药物均有耐药性；部分交叉耐药性是单向的，如氨基糖苷类之间，对链霉素耐药的细菌，对庆大霉素、卡那霉素、新霉素仍敏感，而对庆大霉素、卡那霉素、新霉素耐药的细菌，对链霉素也耐药。

耐药性的产生是抗菌药物在兽医临床应用中的一个严重问题，不合理使用和滥用抗菌药是耐药性产生的重要原因。

# 子单元一 抗生素

抗生素是细菌、真菌、放线菌等微生物在其代谢过程中产生的，在很低浓度下即能抑制或杀灭其他病原微生物的化学物质。抗生素主要是从微生物的培养液中提取，如青霉素、土霉素等；少数抗生素是由天然抗生素化学结构进行改造或以微生物发酵产物为前体生产获得的半合成抗生素，如氨苄西林、头孢噻呋等。

## 一、概　　述

### （一）抗生素效价

效价即抗生素活性成分含量，是评价抗生素效能的标准，通常以单位（U）表示。每种抗生素的效价与质量之间有特定的换算关系，如青霉素钠以 0.6μg 为 1 个单位；多黏菌素 B 游离碱以 1μg 为 10 个单位。其他抗生素多是 1μg 为 1 个效价单位，如 1g 纯链霉素碱，相当于 100 万单位的链霉素粉针。兽医临床使用的抗生素制品，为了考虑开处方的方便，在其标签上除了以 U 表示外，通常还标有 mg 或 g。

### （二）分类

根据抗生素的抗菌谱和临床应用可将其分为以下几类。

**1. 主要作用于革兰氏阳性菌的抗生素**　包括青霉素类、头孢菌素类、β-内酰胺抑制剂、大环内酯类、林可胺类、截短侧耳素类等。

**2. 主要作用于革兰氏阴性菌的抗生素**　包括氨基糖苷类、多黏菌素类等。

**3. 广谱抗生素**　包括四环素类、酰胺醇类。

**4. 抗真菌抗生素**　包括两性霉素 B、制霉菌素和灰黄霉素等。

**5. 其他抗生素**　包括盐霉素、莫能菌素、拉沙里菌素、马杜霉素、伊维菌素等抗寄生虫抗生素及黄霉素、那西肽等。

### （三）作用机理

根据抗生素对细菌结构及功能的干扰环节不同，其作用机理可分 4 种类型（图 2-2）。

**1. 干扰细菌细胞壁的合成**　大多数细菌细胞（如革兰氏阳性菌）的胞浆膜外有一层坚韧的细胞壁，主要由黏肽组成，它能抵御菌体内强大的渗透压，维持细菌的正常形态和功能。青霉素类、头孢菌素类及杆菌肽等能分别抑制黏肽合成过程中的不同环节。这些抗生素的作用均可使细菌细胞壁缺损，菌体内的高渗透压使胞外的水分不断地渗入菌体内，引起菌体膨胀变形，加上激活自溶酶，从而使细菌裂解而死亡。抑制细菌细胞壁合成的抗生素对革兰氏阳性菌的作用强，而对革兰氏阴性菌的作用弱，是因为革兰氏阳性菌的细胞壁主要成分为黏肽，占胞壁质量的 65%～95%，且菌体胞浆内的渗透压高；而革兰氏阴性菌细胞壁的主要成分为磷脂，黏肽仅占 1%～10%，且菌体胞浆内的渗透压低。它们主要影响正在繁殖的细菌细胞，故这类抗生素称为繁殖期杀菌剂。

**2. 增加细菌细胞膜的通透性**　细菌细胞膜是由类脂质和蛋白质分子构成的一种半透膜，它的功能在于维持渗透屏障、运输营养物质和排泄菌体内的废物，并参与细胞壁的合成等。当细胞膜损伤时，通透性将增加，导致菌体内的重要营养物质（如核酸、氨基酸、酶、磷酸、电解质等）外漏而死亡，产生杀菌作用。多黏菌素类含有带正电的游离氨基，能选择性

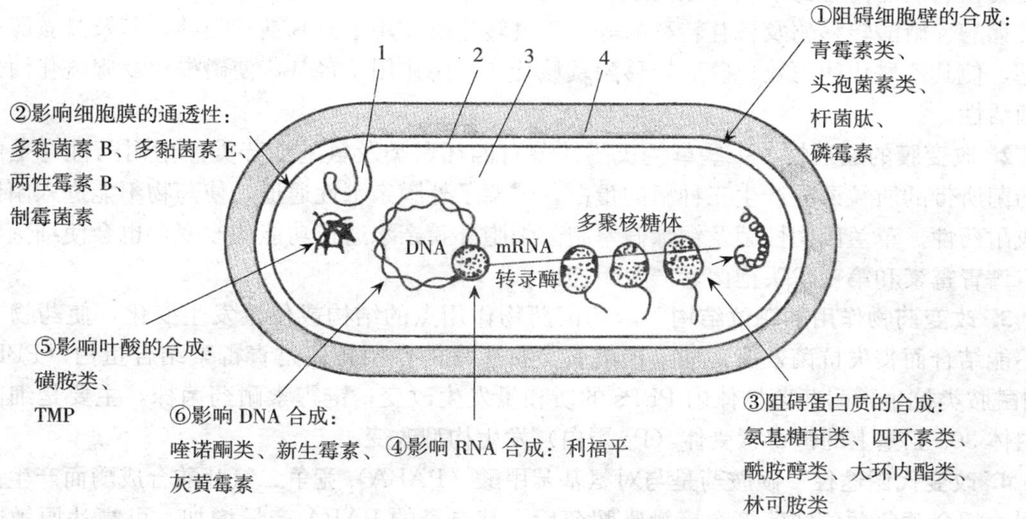


图 2-2　细菌基本结构和抗菌药物作用原理

1. 中介体　2. 细胞膜　3. 细胞质　4. 细胞壁

地与细菌细胞膜中带负电的磷酸根结合，使细胞膜受损；制霉菌素和两性霉素 B 等则能与真菌细胞膜中的类固醇结合，使细胞膜的通透性增加。而细菌细胞膜不含类固醇，故对细菌无效。动物细胞的细胞膜内含少量类固醇，因此，长期或大剂量使用两性霉素 B 可出现溶血性贫血。咪唑类（酮康唑）则通过抑制真菌细胞膜中类固醇的生物合成，损伤细胞膜而增加其通透性。

**3. 抑制细菌蛋白质的合成**　细菌蛋白质合成场所在细胞质内的核糖体上。多种抗生素能抑制细菌的蛋白质合成，但它们的作用点和作用阶段有所不同。①酰胺醇类、林可胺类和大环内酯类能与细菌核糖体 50S 亚基结合，使蛋白质合成呈可逆性抑制。②四环素类能与核糖体 30S 亚基结合，阻止氨基酰 tRNA 与 30S 亚基的 A 位结合，从而抑制蛋白质合成。③氨基糖苷类则能作用于细菌蛋白质合成的 3 个阶段（起始阶段、延长阶段、终止阶段），影响蛋白质合成的全过程，因而具有杀菌作用。

细菌核糖体的沉降系数为 70S，由 30S 和 50S 亚基组成。哺乳动物细胞核糖体的沉降系数为 80S，由 40S 与 60S 亚基构成。抗生素对细菌核糖体有高度的选择性作用，而不影响哺乳动物的核糖体的功能和蛋白质合成，故抗生素对动物机体的毒性极小。

**4. 抑制细菌核酸的合成**　核酸是机体重要的遗传物质，具有调控蛋白质合成的重要功能。喹诺酮类药物、利福平、新生霉素、灰黄霉素和抗肿瘤抗生素可抑制细菌核酸的合成。如喹诺酮类药物与 DNA 双链中非配对碱基结合，抑制 DNA 回旋酶的 A 亚单位，使 DNA 超螺旋结构不能封口，导致 mRNA 与蛋白合成失控。利福平则与 DNA 依赖的 RNA 多聚酶的 $\beta$ 亚单位牢固结合，从而抑制 RNA 的转录。新生霉素影响 DNA 聚合酶的作用，从而影响 DNA 的合成。灰黄霉素可阻止鸟嘌呤进入 DNA 分子而阻碍 DNA 的合成。由于抑制了细菌细胞的核酸合成，从而引起细菌死亡。

**（四）细菌产生耐药性的机理**

**1. 细菌产生酶使药物失活**　主要有水解酶和钝化酶（合成酶）两类。水解酶如 $\beta$-内酰胺酶类，它们能使青霉素或头孢菌素的β-内酰胺环断裂而使药物失效。钝化酶，常见的有乙酰转移酶、磷酸转移酶及核苷转移酶等。乙酰转移酶作用于氨基糖苷类的氨基及酰胺醇类的羟基，使其乙酰化而失效；磷酸转移酶及核苷转移酶作用于羟基，使磷酰化及腺酰化而失去抗菌活性。

**2. 改变膜的通透性** 一些革兰氏阴性菌对四环素类及氨基糖苷类产生耐药性，是由于耐药菌所带的质粒诱导产生三种新的蛋白，阻塞了外膜亲水性通道，使药物不能进入菌体而形成耐药性。革兰氏阴性菌及铜绿假单胞菌细胞外膜亲水通道功能的改变，也会使细菌对某些广谱青霉素和第三代头孢菌素产生耐药性。

**3. 改变药物作用的靶位结构** 耐药菌药物作用点的结构或位置发生变化，使药物与细菌不能结合而丧失抗菌效能。如β-内酰胺类抗生素的作用靶位是青霉素结合蛋白（PBPs），β-内酰胺类抗生素耐药菌株体内PBPs的质和量发生改变；链霉素耐药菌株，主要是细菌核蛋白体30s亚基上的链霉素受体（$P_{10}$蛋白）发生构型改变。

**4. 改变代谢途径** 磺胺药是与对氨基苯甲酸（PABA）竞争二氢叶酸合成酶而产生抑菌作用。如金黄色葡萄球菌多次接触磺胺药后，其自身的PABA产量增加，可高达原敏感菌产量的20～100倍。后者与磺胺药竞争二氢叶酸合成酶，使磺胺药药效下降甚至消失。

**5. 主动外排作用** 有些耐药菌具有特殊的主动外排系统，可将进入细菌体内的药物泵出细胞外，使菌体内的药物浓度不足以发挥抗菌作用而导致耐药。如四环素类、喹诺酮类、大环内酯类、β-内酰胺类等。

## 二、主要作用于革兰氏阳性菌的抗生素

### （一）青霉素类

本类抗生素包括天然青霉素和半合成青霉素。天然青霉素以青霉素G（又称苄青霉素）为代表，具有杀菌力强、疗效高、毒性低、价格低廉等优点，是许多敏感菌感染的首选药，但抗菌谱窄、在水溶液中极不稳定、易被胃酸和青霉素酶（β-内酰胺酶）水解破坏、易产生过敏反应；半合成青霉素系是对天然青霉素进行结构改造而得，包括广谱、耐酸不耐酶的氨苄西林、阿莫西林，耐酸又耐酶的氯唑西林和苯唑西林（表2-2）。

表2-2 青霉素类药物的特点

| 名 称 | 特 点 |
|---|---|
| 青霉素（苄青霉素、青霉素） | 不耐酸，不耐酶，窄谱，繁殖期杀菌剂 |
| 普鲁卡因青霉素、<br>苄星青霉素（二苄基乙二胺青霉素） | 不耐酸，不耐酶，窄谱，适于慢性、轻度感染 |
| 氨苄西林（氨苄青霉素、安比西林）、<br>阿莫西林（羟氨苄青霉素） | 广谱，耐酸，不耐酶 |
| 苯唑西林（苯唑青霉素、新青霉素Ⅱ） | 耐酸，耐酶，窄谱，适用于耐青霉素葡萄球菌感染 |

**1. 天然青霉素**

#### 青霉素（Benzylpenicillin，Penicillin）

**【性状】**为有机酸，难溶于水。其钠（钾）盐为白色结晶性粉末。无臭或微有特异性臭。

有引湿性。遇酸、碱、重金属离子或氧化剂等即迅速失效。水溶液在室温放置易失效。

**【药动学】**内服易被胃酸和消化酶破坏，仅少量吸收。肌内和皮下注射吸收较快，15～30 min达血药峰浓度。吸收后广泛分布于全身各组织器官，主要分布于细胞外液，以肾、肝、肺、肌肉、小肠和脾等的浓度较高，骨骼、唾液和乳汁含量较低。可通过胎盘，难以透过血脑屏障，在无炎症脑脊液中的浓度仅为血药浓度的1%～3%。在有炎症的脑脊液中浓度可达血药浓度的5%～30%。半衰期较短，肌内注射后马、水牛、犊牛、猪、兔半衰期分别为2.6h、1.02h、1.63h、2.56h、0.52h；静脉注射后马、牛、骆驼、猪、羊、犬及火鸡半衰期分别是0.9h、0.7～1.2h、0.8h、0.3～0.7h、0.7h、0.5h、0.5h。青霉素吸收进入血液循环后，在体内不易破坏，主要以原形从尿中排出；也可经乳汁排泄，因此，给药后奶牛的乳汁应禁止给人食用，以免在易感人中引起过敏反应。

**【药理作用】**为窄谱繁殖期杀菌剂。多数革兰氏阳性菌、革兰氏阴性球菌、螺旋体和放线菌等对其高度敏感，常作为首选药。对其敏感的病原菌主要包括：链球菌、葡萄球菌、肺炎球菌、脑膜炎球菌、丹毒杆菌、化脓放线菌、炭疽杆菌、破伤风梭菌、李斯特菌、产气荚膜梭菌、牛放线杆菌及钩端螺旋体等。大多数革兰氏阴性杆菌对其不敏感，对结核分枝杆菌、病毒、立克次氏体及真菌无效。

**【耐药性】**除金黄色葡萄球菌外，一般细菌不易产生耐药性。耐药的金黄色葡萄球菌能产生大量的$\beta$-内酰胺酶，使青霉素的$\beta$-内酰胺环水解为青霉噻唑酸，失去抗菌活性。目前，对耐药金黄色葡萄球菌感染的治疗，可采用半合成青霉素类、头孢菌素类、红霉素及氟喹诺酮类等药物进行治疗。

**【应用】**主要用于敏感菌引起的各种感染，如败血症、肺炎、肾炎、乳腺炎、子宫内膜炎、创伤感染、猪丹毒、猪淋巴结肿胀、链球菌病、炭疽、恶性水肿、气肿疽、马腺疫、肠球菌感染性心包炎、梭状芽孢杆菌所致的破伤风和气性坏疽、流行性脑脊髓膜炎、李斯特菌病、放线菌病及钩端螺旋体病等。内服大剂量的青霉素可治疗鸡球虫病并发的肠道梭菌感染，与抗破伤风血清合用可治疗破伤风。

**【不良反应】**本品毒性较小，主要的不良反应是过敏反应。主要临床表现：流汗、兴奋、不安、肌肉震颤、呼吸困难、心率加快、站立不稳，偶见荨麻疹，眼睑和头面部水肿，阴门、直肠肿胀等，严重时休克，甚至死亡。因此，用药时应注意观察，若出现过敏反应，要立即进行对症治疗，严重者可静脉注射肾上腺素，必要时可加用糖皮质激素等以增强或稳定疗效。

**【用法与用量】**肌内注射：一次量，每千克体重，马、牛1万～2万单位，羊、猪、驹、犊2万～3万单位，犬、猫2万～4万单位，禽5万单位，一日2～3次，连用2～3d。乳管内注入：一次量，每乳室，奶牛10万单位，一日1～2次，连用2～3d。

临用时现用注射用水或灭菌生理盐水溶解，严重病例可用灭菌生理盐水稀释成1mL含1万单位的溶液，静脉滴注。

**【制剂与休药期】**注射用青霉素钠（钾）：0，弃乳期3d。

### 长效青霉素

为了克服青霉素钠或钾在动物体内的有效药物浓度维持时间短的缺点，制成了一些难溶于水的青霉素胺盐，肌内注射后，吸收缓慢，维持时间较长，称为青霉素长效制剂，如普鲁卡因青霉素、苄星青霉素（青霉素的二苄基乙二胺盐）。

### 普鲁卡因青霉素（Procaine Benzylpenicillin）

**【作用与应用】**肌内注射后，局部水解释放出青霉素，缓慢吸收，因此用于慢性和轻度感染，或作维持剂量用。

**【用法与用量】**肌内注射：一次量，每千克体重，马、牛1万～2万单位，羊、猪、驹、犊2万～3万单位，犬、猫3万～4万单位。一日1次，连用2～3d。

**【制剂与休药期】**注射用普鲁卡因青霉素：弃乳期3d。普鲁卡因青霉素注射液：牛10d，羊9d，猪7d，弃乳期48h。

### 苄星青霉素（Benzathine Benzylpenicillin）

**【作用与应用】**本品吸收和排泄缓慢，血药浓度低，维持时间长，主要用于轻度和慢性感染性疾病及需长期用药的疾病，如牛肾盂肾炎、肺炎、子宫蓄脓、复杂骨折及预防长途运输时呼吸道感染等。

**【用法与用量】**肌内注射：一次量，每千克体重，马、牛2万～3万单位，羊、猪3万～4万单位，犬、猫4万～5万单位。必要时3～4d后重复一次。

**【制剂与休药期】**注射用苄星青霉素：牛、羊4d，猪5d，弃乳期3d。

**2. 半合成青霉素**　以青霉素结构中的母核为原料，在R处连接不同的侧链，合成的一系列衍生物。具有耐酸、耐酶、广谱或抗铜绿假单胞菌等特点。

### 苯唑西林（Oxacillin）

又称苯唑青霉素、新青霉素Ⅱ。

**【作用与应用】**本品耐酸、耐酶。对青霉素耐药的菌株有效，但对青霉素敏感菌株的作用小于青霉素。主要用于对青霉素耐药的金黄色葡萄球菌感染，如败血症、肺炎、乳腺炎、烧伤创面感染等。

**【用法与用量】**内服：一次量，每千克体重，犬、猫20～30mg，一日2～3次，连用3～5d。肌内注射：一次量，每千克体重，马、牛、羊、猪10～15mg，犬、猫15～20mg，一日2～3次，连用2～3d。

**【制剂与休药期】**苯唑西林钠片。苯唑西林钠胶囊。注射用苯唑西林钠：牛、羊14d，猪5d，弃乳期3 d。

### 氯唑西林（Cloxacillin）

又称邻氯青霉素。

**【作用与应用】**本品耐酸、耐酶。对青霉素耐药的菌株有效，尤其对耐青霉素金黄色葡萄球菌有很强的杀灭作用，故称为“抗葡萄球菌青霉素”，但对青霉素敏感菌的作用不如青霉素。主要用于治疗动物的骨、皮肤和软组织的葡萄球菌感染，以及对青霉素耐药的金黄色葡萄球菌感染，如奶牛乳腺炎。

**【用法与用量】**内服：一次量，每千克体重，马、牛、羊、猪10～20mg，犬、猫20～40mg，一日3次，连用2～3d。肌内注射：一次量，每千克体重，马、牛、羊、猪5～10mg，犬、猫20～40mg，一日3次，连用2～3d。乳管内注入：奶牛每乳室200mg，一日

1次，连用2～3d。

**【制剂与休药期】**氯唑西林钠胶囊。注射用氯唑西林钠：牛10d，弃乳期2 d。

## 氨苄西林（Ampicillin）

**【性状】**又称氨苄青霉素，安比西林。其游离酸含3分子结晶水（内服用），为白色结晶性粉末。味微苦，微溶于水。其钠盐（注射用）为白色或类白色粉末或结晶。无臭或微臭，味微苦。有吸湿性，易溶于水。

**【药动学】**内服和肌内注射均易吸收。单胃动物吸收的生物利用度为30％～55％，反刍兽吸收差，绵羊内服吸收的利用度仅为2.1％。吸收后分布到各组织，以胆汁、肾、子宫等的浓度较高。主要以原形由尿和胆汁排泄。

**【药理作用】**本品具有广谱抗菌作用，耐酸不耐酶。对革兰氏阳性菌的作用与青霉素相近或略差，对多数革兰氏阴性菌如大肠杆菌、沙门氏菌、变形杆菌、巴氏杆菌、副溶血性嗜血杆菌等的作用，与氯霉素、四环素相似或略强，不及卡那霉素、庆大霉素和多黏菌素；对铜绿假单胞菌、耐药金黄色葡萄球菌无效。

**【应用】**主要用于敏感菌所致的呼吸系统、尿道系统感染以及革兰氏阴性杆菌引起的某些感染，如驹、犊肺炎，牛巴氏杆菌病，猪传染性胸膜肺炎，鸡白痢，禽伤寒等。严重感染时，可与氨基糖苷类抗生素合用以增强疗效。

**【不良反应】**①干扰胃肠道正常菌丛，成年反刍动物不可内服。②马属动物不宜长期服用。

**【用法与用量】**内服：一次量，每千克体重，家畜、禽20～40mg，犬、猫20～30mg，一日2～3次，连用2～3d。混饮：每1L水，禽60mg（以氨苄西林计），连用3～5d。皮下或肌内注射（混悬注射液）：一次量，每千克体重，家畜5～7mg，一日1次，连用2～3d。静脉注射或肌内注射：一次量，每千克体重，家畜10～20mg（高剂量用于幼畜和急性感染），犬、猫10～20mg，一日2～3次，连用2～3d。乳管内注入：奶牛每乳室200mg，一日1次，连用2～3d。

**【制剂与休药期】**氨苄西林胶囊。氨苄西林可溶性粉：鸡7d，蛋鸡产蛋期禁用。氨苄西林混悬注射液：牛6d，弃乳期48h，猪15d。注射用氨苄西林钠：牛6d，弃乳期2d，猪15d。

## 阿莫西林（Amoxicillin）

**【性状】**又称羟氨苄青霉素。为白色或类白色结晶性粉末。微溶于水，对酸稳定，在碱性溶液中易被破坏。

**【药动学】**本品在胃酸中较稳定，单胃动物内服后有74％～92％被吸收，食物会影响吸收速率，但不影响吸收量。内服相同剂量后，阿莫西林在血清中的药物浓度为氨苄西林的1.5～3倍，组织浓度也高于氨苄西林。可进入脑脊液，脑膜炎时的浓度为血清浓度的10％～60％。

**【作用与应用】**本品的作用、应用、抗菌谱与氨苄西林相似，对肠球菌属和沙门氏菌的作用较氨苄西林强2～3倍。细菌对本品和氨苄西林有完全交叉耐药性。

**【用法与用量】**内服：一次量，每千克体重，犬、猫10～20mg，禽20～30mg，一日2

次，连用2～3d。混饮：每1L水，家禽60mg（以阿莫西林计），连用3～5d。肌内注射：一次量，每千克体重，牛6～10mg，犬、猫5～15mg，一日1次，连用5d。乳管内注入：奶牛，每乳室200mg，一日1次，连用2～3d。

**【制剂与休药期】**阿莫西林片。阿莫西林胶囊。注射用阿莫西林钠。阿莫西林可溶性粉：鸡7d，蛋鸡产蛋期禁用。

### （二）头孢菌素类

又称先锋霉素类，是7-氨基头孢烷酸的衍生物。根据其发现的先后可分为一、二、三、四代头孢菌素，各代药物特点见表2-3。头孢菌素类具有杀菌力强，抗菌谱广，毒性小，过敏反应少，对酸和$\beta$-内酰胺酶比青霉素类稳定等优点。头孢菌素的抗菌谱与广谱青霉素相似，对革兰氏阳性菌、阴性菌及螺旋体有效。

**表2-3 头孢菌素类药物的特点**

| | 药名 | 特点 |
|---|---|---|
| 第一代 | 头孢噻吩、头孢唑啉、头孢氨苄、头孢羟氨苄等 | 对革兰氏阳性菌（包括耐药金黄色葡萄球菌）的作用强于第二、三、四代，对革兰氏阴性菌的作用较差，对铜绿假单胞菌无效 |
| 第二代 | 头孢西丁、头孢克洛等 | 与第一代比较，对革兰氏阳性菌的作用相似或稍弱，对革兰氏阴性菌的作用则增强，部分药物对厌氧菌有效，但对铜绿假单胞菌无效 |
| 第三代 | 头孢噻肟、头孢曲松、头孢哌酮、头孢噻呋等 | 对$G^-$菌的作用比第二代更强，尤其对铜绿假单胞菌、肠杆菌属、厌氧菌有较强的杀菌作用，但对$G^+$菌的作用比第一、二代弱。对$\beta$-内酰胺酶的耐受力很高，具有较好的穿透脑脊液的能力 |
| 第四代 | 头孢吡肟、头孢喹诺等 | 与第三代比较，抗菌谱更广，对$\beta$-内酰胺酶高度稳定，半衰期较长，无肾毒性 |

#### 头孢氨苄（Cephalexin）

**【性状】**又称先锋霉素Ⅳ。为白色或微黄色结晶性粉末。微臭，微溶于水，易溶于乙醇。

**【药动学】**本品内服吸收迅速而完全，犬、猫的生物利用度为75%～90%，以原形从尿中排出。肌内注射吸收快，约0.5h达最高血药浓度，犊牛的生物利用度为74%。

**【作用与应用】**具有广谱抗菌作用。对革兰氏阳性菌作用较强（肠球菌除外）。对部分大肠杆菌、变形杆菌、克雷伯氏菌、沙门氏菌、志贺氏菌有抗菌作用，对铜绿假单胞菌耐药。主要用于耐药金黄色葡萄球菌及某些革兰氏阴性杆菌引起的呼吸道、泌尿生殖道、皮肤和软组织感染。

**【不良反应】**①过敏反应：犬肌内注射有时出现严重的过敏反应，甚至死亡。②胃肠道反应：犬、猫能引起厌食、呕吐或腹泻等胃肠道反应。③肾毒性：长期或大量使用引起肾小管坏死。注意肾功能不良者慎用。与氨基糖苷类、利尿药等合用时应注意调整剂量。

**【用法与用量】**内服：一次量，每千克体重，马22 mg，犬、猫10～30mg，一日3～4次，连用2～3 d。乳管内注入：奶牛每乳室200mg，一日2次，连用2d。

**【制剂与休药期】**头孢氨苄片。头孢氨苄胶囊。头孢氨苄乳剂：弃乳期2 d。

### 头孢噻呋（Ceftiofur）

**【性状】**为类白色至淡黄色粉末。在水中不溶，在丙酮中微溶，在乙醇中几乎不溶。其钠盐易溶于水，具吸湿性。

**【药动学】**内服不吸收，肌内和皮下注射吸收迅速，体内分布广泛，但不能通过血脑屏障。注射给药后，在血液和组织中的药物浓度高，有效血药浓度维持时间长。在体内能生成具有活性的代谢物脱氧呋喃甲酰头孢噻呋，并进一步代谢为无活性的产物从尿和粪中排泄。

**【药理作用】**为动物专用第三代头孢菌素类药物。具有广谱杀菌作用，对多数革兰氏阳性菌和革兰氏阴性菌及产$\beta$-内酰胺酶的细菌有效。其抗菌活性强于氨苄西林，对链球菌的抗菌作用比氟喹诺酮类强。敏感菌主要有多杀性巴氏杆菌、溶血性巴氏杆菌、胸膜肺炎放线杆菌、沙门氏菌、大肠杆菌、链球菌、葡萄球菌等，但某些铜绿假单胞菌、肠球菌耐药。

**【应用】**主要用于治疗革兰氏阳性菌和革兰氏阴性菌引起的感染，如猪肺疫、禽霍乱、牛出血性败血症、猪传染性胸膜肺炎，沙门氏菌病、大肠杆菌病、乳腺炎等。

**【不良反应】**①可引起胃肠道菌群紊乱和二重感染。②有一定肾毒性。③对牛可引起特征性的脱毛或瘙痒。

**【用法与用量】**肌内注射：一次量，每千克体重，牛 1.1～2.2mg，猪 3～5mg，犬、猫 2.2 mg，一日 1 次，连用 3d。皮下或肌内注射：1 日龄鸡，每只 0.1mg。

**【制剂与休药期】**盐酸头孢噻呋注射液：猪 4d。注射用头孢噻呋：猪 1 d。注射用头孢噻呋钠：牛 3 d，猪 1 d，雏鸡 0，弃乳期 12h。

### 头孢喹诺（Cefquinome）

**【性状】**又称头孢喹肟。常用其硫酸盐，为白色至淡黄色粉末。在水中易溶，在氯仿中几乎不溶。

**【药动学】**内服吸收很少，肌内和皮下注射吸收迅速，达峰时间 0.5～2h，生物利用度高（大于 93%）。体内分布并不广泛，表观分布容积约 0.2 L/kg。奶牛泌乳期乳房灌注给药后，能快速分布于整个乳房组织，并维持较高的组织浓度。主要以原形经肾排出体外。

**【药理作用】**为动物专用第四代头孢菌素。具有广谱杀菌作用，对革兰氏阳性菌、革兰氏阴性菌（产$\beta$-内酰胺酶细菌）均有较强活性。其抗菌活性强于头孢噻呋和恩诺沙星。敏感菌主要有金黄色葡萄球菌、链球菌、肠球菌、大肠杆菌、沙门氏菌、多杀性巴氏杆菌、溶血性巴氏杆菌、胸膜肺炎放线杆菌、克雷伯氏菌、铜绿假单胞菌等。

**【应用】**主要用于治疗敏感菌引起的牛、猪呼吸系统感染及奶牛乳腺炎。如牛、猪溶血性巴氏杆菌或多杀性巴氏杆菌引起的支气管肺炎，猪放线杆菌性胸膜肺炎、渗出性皮炎等。

**【用法与用量】**肌内注射：一次量，每千克体重，牛 1mg，猪 1～2mg，一日 1 次，连用 3d。乳管注入：奶牛，每乳室 75mg，一日 2 次，连用 2d。

**【制剂】**硫酸头孢喹诺注射液。

#### （三）$\beta$-内酰胺酶抑制剂

$\beta$-内酰胺酶抑制剂是一类能与革兰氏阳性菌、革兰氏阴性菌所产生的$\beta$-内酰胺酶结合而抑制$\beta$-内酰胺酶活性的$\beta$-内酰胺类药物。临床上常用克拉维酸、舒巴坦和三唑巴坦。

### 克拉维酸（Clavulanic Acid）

**【性状】**又称棒酸，是一种新型β-内酰胺抗生素。其钾盐为无色针状结晶。易溶于水，水溶液不稳定。

**【作用与应用】**本品有微弱的抗菌活性，临床上一般不单独使用，常与β-内酰胺类抗生素（如阿莫西林、氨苄西林）以1：2或1：4比例合用，以扩大不耐酶抗生素的抗菌谱，增强抗菌活性及克服细菌的耐药性。主要用于对阿莫西林敏感的细菌性感染和对产β-内酰胺酶耐药金黄色葡萄球菌的感染。如鸡白痢、大肠杆菌病、畜禽的巴氏杆菌病等。

**【用法与用量】**内服：一次量（以阿莫西林计），每千克体重，家畜10～15mg，鸡20～30mg，一日2次，连用3～5d。混饮：每1L水，鸡0.5g。连用3～7d。皮下、肌内注射：一次量（以阿莫西林计），每千克体重，牛、猪、犬、猫7mg，一日1次，连用3～5d。

**【制剂与休药期】**阿莫西林-克拉维酸钾片。复方阿莫西林粉：鸡7d，蛋鸡产蛋期禁用。阿莫西林-克拉维酸钾注射液：牛、猪14d，弃乳期60h。

### （四）大环内酯类

本类是一族由12～16个碳骨架的大内酯环及配糖体组成的抗生素。兽医临床应用的药物有红霉素、吉他霉素、泰乐菌素、乙酰异戊酰泰乐菌素、替米考星、泰拉霉素等。

### 红霉素（Erythromycin）

**【性状】**为白色或类白色结晶或粉末。无臭、味苦，难溶于水。其乳糖酸盐易溶于水，而硫氰酸盐微溶于水。

**【药动学】**内服易被胃酸破坏，故采用耐酸的依托红霉素或琥乙红霉素，内服吸收良好。肌内注射吸收迅速，分布广泛，在胆汁中的浓度最高，可透过胎盘屏障及关节腔。脑膜炎时，脑脊液可达较高浓度。大部分在肝代谢，主要经胆汁排泄，部分在肠道重吸收，约5%由肾排出。

**【药理作用】**本品对革兰氏阳性菌的作用与青霉素相似，但其抗菌谱较青霉素广。对革兰氏阳性菌如金黄色葡萄球菌（包括耐青霉素金黄色葡萄球菌）、肺炎球菌、链球菌、炭疽杆菌、猪丹毒杆菌、腐败梭菌、气肿疽梭菌等有较强的作用；对革兰氏阴性菌如流感嗜血杆菌、脑膜炎双球菌、布鲁氏菌、巴氏杆菌等敏感。此外，对支原体、衣原体、立克次氏体及钩端螺旋体亦有效。本品与其他类抗生素之间无交叉耐药性，但大环内酯类抗生素之间有部分或完全交叉耐药。

**【应用】**主要用于治疗耐青霉素的金黄色葡萄球菌引起的轻、中度感染及对青霉素过敏的病例，如肺炎、败血症、子宫内膜炎、乳腺炎、猪丹毒等。对支原体引起的禽慢性呼吸道病、猪支原体性肺炎也有较好的疗效。

**【应用注意】**①刺激性强，注射时可引起局部炎症。故采用深部肌内注射；静脉注射速度要缓慢，并避免漏出血管外。②犬、猫内服可引起呕吐、腹泻、腹痛等胃肠道反应，应慎用。③2～4月龄的驹使用本品后，可出现体温升高、呼吸困难，在高温环境中易出现。

**【用法与用量】**内服：一次量，每千克体重，仔猪、犬、猫10～20mg，一日2次，连用

3～5 d。混饮：每 1 L 水，禽 125mg（效价），连用 3～5 d。静脉注射：一次量，每千克体重，马、牛、羊、猪 3～5mg，犬、猫 5～10mg。一日 2 次，连用 2～3 d。临用前，先用灭菌注射用水（不可用氯化钠注射液）溶解，然后用 5% 葡萄糖注射液稀释，浓度不超过 0.1%。

**【制剂与休药期】**红霉素片。硫氰酸红霉素可溶性粉：鸡 3d，蛋鸡产蛋期禁用。注射用乳糖酸红霉素：牛 14d，羊 3d，猪 7d，弃乳期 3d。

## 泰乐菌素（Tylosin）

**【性状】**为白色至浅黄色粉末。微溶于水，与酸成盐后易溶于水。水中铁、铜、铝等金属离子可使本品络合失效。兽医临床上常用其酒石酸盐和磷酸盐。

**【药动学】**本品内服可吸收，但血中有效药物浓度维持时间比注射给药短。肌内注射后，吸收迅速，组织中药物浓度比内服大 2～3 倍，有效浓度维持时间亦较长。主要由肾和胆汁排泄。

**【作用与应用】**本品为畜禽专用抗生素。对革兰氏阳性菌、支原体、螺旋体等均有抑制作用，对革兰氏阴性菌作用弱。对革兰氏阳性菌作用比红霉素弱，对支原体作用强。此外，对牛、猪、鸡有促生长作用。与其他大环内酯类有交叉耐药现象。

主要用于防治鸡、火鸡等动物的支原体感染，猪的弧菌性痢疾、传染性胸膜肺炎，犬的结肠炎等；也可用于浸泡种蛋预防支原体传播及作为猪的生长促进剂。欧盟从 1999 年起禁止磷酸泰乐菌素作饲料添加促生长剂。

**【不良反应】**①肌内注射有局部刺激性；可引起兽医接触性皮炎。②牛静脉注射可引起震颤、呼吸困难和精神沉郁等；马属动物注射可致死，禁用。③与聚醚类抗生素合用可导致后者毒性增强。

**【用法与用量】**内服：一次量，每千克体重，猪 7～10mg，犬 10～20mg，猫、雪貂 10mg，一日 2 次，连用 5～7 d。混饮：每 1 L 水，禽 500mg（效价），猪 200～500mg（治疗弧菌性痢疾），连用 3～5 d。混饲（促生长）：每1 000 kg 饲料，猪 35.2g～70.4 g，鸡 26.4g～52.8 g。皮下或肌内注射：一次量，每千克体重，牛 10～20mg，猪、禽 5～13mg，猫 10 mg。一日 1～2 次，连用 5～7d。

**【制剂与休药期】**酒石酸泰乐菌素可溶性粉：鸡 1d，蛋鸡产蛋期禁用。注射用酒石酸泰乐菌素：猪 21d。泰乐菌素注射液，猪 14d。磷酸泰乐菌素预混剂：猪、鸡 5d。磷酸泰乐菌素、磺胺二甲嘧啶预混剂：猪 15d。

## 乙酰异戊酰泰乐菌素（Acetylisovaleryltylosin）

又称爱乐新，泰万菌素。

**【作用与应用】**为畜禽专用抗生素。抗菌作用与泰乐菌素相似。主要用于治疗支原体及敏感革兰氏阳性菌引起的感染性疾病，如猪、鸡的支原体病和链球菌病等。

**【用法与用量】**混饮：每 1L 水，鸡 200～250mg，连用 3～5d。混饲：每 1000kg 饲料，猪 1000g，连用 7d。

**【制剂与休药期】**酒石酸乙酰异戊酰泰乐菌素粉：鸡 5d，蛋鸡产蛋期禁用。酒石酸乙酰异戊酰泰乐菌素预混剂：猪 3d。

## 替米考星（Tilmicosin）

**【性状】**本品是由泰乐菌素的一种水解产物半合成的畜禽专用抗生素。为白色粉末。不溶于水。其磷酸盐在水、乙醇中溶解。

**【药动学】**本品内服和皮下注射吸收快，但不完全，奶牛及奶山羊皮下注射的生物利用度分别为22%及8.9%。肺组织中的药物浓度高。具有良好的组织穿透力，能迅速而完全地从血液进入乳房，乳中浓度高，维持时间长，乳中的半衰期达1～2d。尤其适合家畜肺炎和乳腺炎等传染性疾病的治疗。

**【作用与应用】**本品抗菌作用与泰乐菌素相似，对革兰氏阳性菌、某些革兰氏阴性菌、支原体、螺旋体等均有抑制作用，对胸膜肺炎放线杆菌、巴氏杆菌及畜禽支原体具有比泰乐菌素更强的抗菌活性。

主要用于防治敏感菌引起的家畜肺炎（胸膜肺炎放线杆菌、巴氏杆菌、支原体等引起），禽的支原体病及泌乳动物的乳腺炎。

**【不良反应】**①肌内注射可产生局部刺激。牛一次静脉注射每千克体重5 mg即可致死；皮下注射每千克体重50 mg可引起心肌毒性，每千克体重150 mg则致死。猪肌内注射每千克体重10 mg可引起呼吸增数、呕吐和惊厥，每千克体重20 mg可使大部分试验猪死亡。对灵长类和马也易致死。因此，本品仅供内服和皮下注射。②对动物的毒性作用主要是心血管系统，可引起心动过速和收缩力减弱。与肾上腺素合用可增加猪的死亡，慎用。

**【用法与用量】**混饮：每1 L水，鸡75mg。连用3 d。混饲：每1 000 kg饲料，猪200～400 g，连用15d。皮下注射：一次量，每千克体重，牛10mg。仅注射一次。乳管注入：奶牛每乳室300mg。

**【制剂与休药期】**替米考星预混剂：猪14 d。替米考星溶液：鸡12 d，产蛋期禁用。替米考星注射液：牛35 d，泌乳期奶牛，肉牛犊禁用。磷酸替米考星预混剂：猪14 d。

## 吉他霉素（Kitasamycin）

又称北里霉素、柱晶白霉素。

**【作用与应用】**抗菌谱与红霉素相似，但对革兰氏阳性菌的作用较红霉素弱；对耐药金黄色葡萄球菌的效力强于红霉素，对某些革兰氏阴性菌、衣原体、立克次氏体也有抗菌作用。

主要用于革兰氏阳性菌（包括耐药金黄色葡萄球菌）所致的感染、支原体病及猪的弧菌性痢疾等，亦可作猪、鸡的饲料添加剂，促进生长，提高饲料报酬。

**【用法与用量】**内服：一次量，每千克体重，猪20～30mg，禽20～50mg，一日2次，连用3～5 d。混饮：每1 L水，鸡250～500mg，猪100～200mg，连用3～5 d。混饲：每1 000 kg饲料，促生长，猪5～50 g，鸡5～10 g；治疗，猪80～300g，鸡100～300g，连用5～7d。

**【制剂与休药期】**吉他霉素片、吉他霉素预混剂：猪、鸡7d，蛋鸡产蛋期禁用。酒石酸吉他霉素可溶性粉：鸡7d，蛋鸡产蛋期禁用。

### 泰拉霉素（Tulathromycin）

又称土拉霉素，为动物专用大环内酯类抗生素。

**【作用与应用】**抗菌作用与泰乐菌素相似，主要抗革兰氏阳性，对少数革兰氏阴性细菌和支原体也有效。对胸膜肺炎放线杆菌、巴氏杆菌及畜禽支原体的活性比泰乐菌素强。对引起猪、牛呼吸系统疾病的病原菌尤其敏感，如溶血性巴氏杆菌、多杀性巴氏杆菌、睡眠嗜血杆菌、支原体、胸膜肺炎放线杆菌、支气管败血波氏杆菌、副猪嗜血杆菌等。

主要用于防治敏感菌引起的牛、猪呼吸道疾病。也可用于禽支原体病及泌乳动物乳腺炎。

**【不良反应】**牛皮下注射本品时常会引起注射部位出现短暂性的疼痛反应和局部肿胀。

**【应用注意】**①泌乳期奶牛禁用。②禁止与其他大环内酯类或林可胺类合用。

**【用法与用量】**皮下注射：牛 2.5mg（相当于每 40kg 体重 1 mL）。一个注射部位的给药剂量不超过 7.5 mL。颈部肌内注射：一次量，每千克体重，猪 2.5 mg（相当于每 40kg 体重 1 mL）。一个注射部位的给药剂量不超过 2 mL。

**【制剂与休药期】**泰拉霉素注射液：牛 49d，猪 33d。

**（五）林可胺类**

林可胺类是一类作用机制与大环内酯类相似且脂溶性很高的碱性化合物，主要包括林可霉素、氯林可霉素和吡利霉素。

### 林可霉素（Lincomycin）

**【性状】**又称洁霉素。其盐酸盐为白色结晶性粉末。味苦，在水或甲醇中易溶，乙醇中略溶，水溶液性质较稳定。

**【药动学】**内服吸收差，肌内注射吸收良好，0.5～2 h 可达血药峰浓度。分布广泛，肝、肾中药物浓度最高，但脑脊液即使在炎症时也达不到有效浓度。内服给药约 50%的林可霉素在肝中代谢，代谢产物仍具有活性。原药及代谢物经胆汁、尿及乳汁排出，在粪中可继续排出数日，以致敏感微生物受到抑制。

**【作用与应用】**抗菌谱与大环内酯类相似。对革兰氏阳性菌如葡萄球菌、溶血性链球菌和肺炎球菌等有较强的抗菌作用，对破伤风梭菌、产气荚膜梭菌、支原体、猪痢疾密螺旋体也有抑制作用，对革兰氏阴性菌无效。

主要用于敏感的革兰氏阳性菌，尤其是金黄色葡萄球菌、链球菌、厌氧菌引起的感染，以及猪、鸡的支原体病。与大观霉素合用有协同作用。

**【不良反应】**①能引起马、兔和其他草食动物严重的腹泻，甚至致死。马内服或注射可引起出血性结膜炎、腹泻，可能致死。牛内服可引起厌食、腹泻、酮血症、乳产量减少。②具有神经肌肉阻断作用。

**【用法与用量】**内服：一次量，每千克体重，猪 10～15mg，犬、猫 15～25mg。一日 1～2 次，连用 3～5 d。混饲：每1 000 kg 饲料，猪 44～77 g，禽 2.2～4.4 g，连用 1～3 周。混饮：每 1 L 水，猪 40～70mg，连用 7d；鸡 20～40mg。连用 5～10d。静脉或肌内注射：一次量，每千克体重，猪 10mg，一日 1 次；犬、猫 10mg，一日 2 次，连用 3～5 d。

【制剂与休药期】盐酸林可霉素片：猪 6d。盐酸林可霉素可溶性粉、盐酸林可霉素预混剂：猪、鸡 5d，蛋鸡产蛋期禁用。盐酸林可霉素注射液：猪 2d。盐酸林可霉素-硫酸大观霉素可溶性粉：猪、鸡 5d，蛋鸡产蛋期禁用。盐酸林可霉素-硫酸大观霉素预混剂：猪 5d。

### 克林霉素（Clindamycin）

又称氯林可霉素、氯洁霉素。其盐酸盐为白色或类白色晶粉。易溶于水。盐酸盐、棕榈酸酯盐酸盐供内服用，磷酸酯供注射用。

抗菌作用、应用与林可霉素相同。抗菌效力比林可霉素强 4～8 倍。内服吸收比林可霉素好，达峰时间比林可霉素快，生物利用度比林可霉素高，且不受食物的影响。分布、代谢特征与林可霉素相似，但血浆蛋白结合率高，可达 90%。

【用法与用量】静脉或肌内注射：一次量，每千克体重，犬、猫 10mg，一日 2 次。

【制剂】盐酸克林霉素胶囊、磷酸克林霉素注射液。

**（六）截短侧耳素类**

截短侧耳素类是由侧耳菌产生的一种主要对革兰氏阳性菌和支原体有活性的双萜类抗菌物质，兽医临床应用的药物有泰妙菌素和沃尼妙林。

### 泰妙菌素（Tiamulin）

【性状】又称硫姆林、泰妙霉素、泰妙灵、枝原净、泰牧霉素。其延胡索酸盐为白色或类白色结晶性粉末。无臭，无味。在甲醇或乙醇中易溶，在水中溶解，在丙酮中略溶。

【药动学】单胃动物内服吸收良好，血药浓度达峰时间在 2～4h，生物利用度大于 85%；反刍动物内服可被胃肠道菌群灭活。吸收后在体内广泛分布，组织和乳中的药物浓度高出血清浓度几倍。肺中浓度最高。其代谢物主要经胆汁从粪中排泄，约 30%从尿中排泄。

【作用与应用】抗菌谱与大环内酯类相似，对革兰氏阳性菌（包括金黄色葡萄球菌、链球菌）、支原体、猪胸膜肺炎放线杆菌及猪痢疾密螺旋体等均有较强的抑制作用，对支原体的作用强于大环内酯类。对革兰氏阴性菌作用较弱。

主要用于防治鸡的慢性呼吸道病，猪支原体肺炎、传染性胸膜肺炎、密螺旋体痢疾。低剂量还可促进畜禽生长，提高饲料利用率。与金霉素以 1∶4 比例配伍混饲，可增强疗效。

【应用注意】①用于马可干扰大肠菌群和导致结肠炎发生，故禁用于马。②可影响莫能菌素、盐霉素等离子载体类抗生素的代谢，导致中毒。禁止合用。

【用法与用量】混饮：每 1L 水，猪 45～60mg，连用 5d；鸡 125～250mg，连用 3d。混饲：每1 000 kg 饲料，猪 40～100g，连用 5～10d。

【制剂与休药期】延胡索酸泰妙菌素可溶性粉：猪、鸡 5d。延胡索酸泰妙菌素预混剂：猪 5d。

### 沃尼妙林（Valnemulin）

是新一代动物专用的截短侧耳素类半合成抗生素。

【作用与应用】抗菌谱广，对革兰氏阳性菌、部分革兰氏阴性菌和支原体均有效，对金黄色葡萄球菌、链球菌、支原体、胸膜肺炎放线杆菌、结肠菌毛样短螺旋体等均有很强的抑制作用，特别是对支原体属和螺旋体属高度敏感。对革兰氏阴性菌如大肠杆菌、沙门氏菌效力较弱。抗菌作用略强于泰妙菌素。

主要用于敏感菌引起的感染性疾病，尤其是畜禽呼吸道感染。

**【应用注意】**①猪中毒出现发热，食欲不振，严重时共济失调，喜卧，浮肿或红斑（臀部），眼睑水肿。②禁止与莫能菌素、盐霉素等离子载体类抗生素合用。

**【用法与用量】**混饲：每1 000kg 饲料，猪 75g，连用 3～5d。

**【制剂与休药期】**盐酸沃尼妙林预混剂：猪 1d。

## 三、主要作用于革兰氏阴性菌的抗生素

### （一）氨基糖苷类

兽医临床常用的氨基糖苷类药物有链霉素、卡那霉素、庆大霉素、新霉素、阿米卡星、大观霉素、安普霉素等。

本类药物具有以下共同特点：①均为有机碱，能与酸形成盐。常用制剂为硫酸盐，性质稳定，易溶于水，在碱性环境中抗菌作用增强。②内服吸收很少，几乎完全从粪便中排出，可治疗肠道感染；注射给药吸收迅速，大部分以原形从尿中排出，故适用于治疗泌尿道感染。③属杀菌性抗生素，对需氧革兰氏阴性杆菌作用强，对厌氧菌无效；对革兰氏阳性菌的作用较弱，但对金黄色葡萄球菌（包括耐药菌株）较敏感。④不良反应主要是损害第八对脑神经、肾毒性、神经肌肉阻滞、二重感染等。⑤细菌易产生耐药性，且本类药物之间可产生完全或部分交叉耐药性。

#### 链霉素（Streptomycin）

**【性状】**其硫酸盐为白色或类白色粉末。有吸湿性，易溶于水。

**【药动学】**内服难吸收，大部分以原形由粪便排出。肌内注射吸收迅速而完全，约 1 h 达血药峰浓度，有效药物浓度可维持 6～12 h。主要分布于细胞外液，易透入胸腔、腹腔中，有炎症时渗入增多。亦可透过胎盘进入胎血循环，胎血浓度约为母畜血浓度的一半，故孕畜慎用。大部分以原形通过肾小球滤过而排出，在尿中浓度较高，可用于治疗泌尿道感染（常配用碳酸氢钠）。

**【药理作用】**抗菌谱较广。对结核分枝杆菌的作用是氨基糖苷类中最强的，对大多数革兰氏阴性菌和革兰氏阳性球菌有效。如大肠杆菌、沙门氏菌、布鲁氏菌、变形杆菌、痢疾杆菌、鼠疫杆菌、鼻疽杆菌等有较强的抗菌作用。对金黄色葡萄球菌、钩端螺旋体、放线菌也有效。链球菌、铜绿假单胞菌和厌氧菌对本品固有耐药。

细菌对本品极易产生耐药性（比青霉素快），且一旦产生，停药后不易恢复。因此，临床上常采用联合用药，以减少或延缓耐药性的产生。

**【应用】**主要用于治疗敏感菌引起的急性感染，如大肠杆菌引起的腹泻、乳腺炎、子宫内膜炎、败血症、膀胱炎等；巴氏杆菌引起的牛出血性败血症、犊牛肺炎、猪肺疫、禽霍乱等；猪的布鲁氏菌病；鸡传染性鼻炎；马志贺氏菌引起的脓毒败血症（化脓性肾炎、关节炎）等。

**【不良反应】**①过敏反应。发生率比青霉素低，但也可出现皮疹、发热、血管神经性水肿、嗜酸性白细胞增多等。②肾毒性。长期或大量应用，可引起肾损害，出现蛋白尿、血尿等。③神经肌肉阻断作用。用量过大可阻滞神经肌肉接头部位冲动的传导，出现呼吸抑制、

肢体瘫痪和骨骼肌松弛等症状。此时立即停药，肌内注射新斯的明或静脉注射10%葡萄糖酸钙等抢救。④损伤第八对脑神经，出现耳聋，运动失调等，家畜中少见。

【用法与用量】肌内注射：一次量，每千克体重，家畜10～15mg，家禽20～30mg，一日2次，连用2～3 d。

【制剂与休药期】注射用硫酸链霉素：牛、羊、猪18d，弃乳期72h。

### 卡那霉素（Kanamycin）

【性状】从卡那链霉菌的培养液中提取而得。有A、B、C三种成分，临床应用以卡那霉素为主。常用其硫酸盐，为白色或类白色结晶性粉末。易溶于水，水溶液稳定，100 ℃灭菌30 min效价无明显损失。

【药动学】内服吸收差。肌内注射吸收迅速而完全，有效血药浓度可维持12 h。主要分布于各组织和体液中，以胸、腹腔中的药物浓度较高，胆汁、唾液、支气管分泌物及脑脊液中含量很低。有40%～80%以原形从尿中排出。尿中浓度很高，可用于治疗尿道感染。

【作用与应用】抗菌谱与链霉素相似，但抗菌活性稍强。对多数革兰氏阴性菌如大肠杆菌、变形杆菌、沙门氏菌和巴氏杆菌等作用强；对结核分枝杆菌和耐青霉素的金黄色葡萄球菌亦有效；但对铜绿假单胞菌无效。

主要用于多数革兰氏阴性杆菌和部分耐青霉素的金黄色葡萄球菌所引起的感染，如呼吸道、肠道和泌尿道感染等。亦可治疗猪气喘病、猪萎缩性鼻炎和鸡慢性呼吸道病。

【不良反应】与链霉素相似。

【用法与用量】肌内注射：一次量，每千克体重，家畜10～15mg，一日2次，连用2～3d。

【制剂】注射用硫酸卡那霉素、硫酸卡那霉素注射液。

### 庆大霉素（Gentamicin）

【性状】系从小单孢菌的培养液中提取获得的$C_1$、$C_{1a}$和$C_2$三种成分的复合物。其硫酸盐为白色或类白色结晶性粉末。无臭，有吸湿性，在水中易溶，乙醇中不溶。

【药动学】内服难吸收，肠内浓度较高。肌内注射后吸收快而完全，主要分布于细胞外液，可渗入胸腹腔、心包、胆汁及滑膜液中，亦可进入淋巴结及肌肉组织。其70%～80%以原形通过肾小球滤过从尿中排出。

【作用与应用】在本类药物中抗菌谱较广，抗菌活性最强。对革兰氏阴性菌和阳性菌均有效。特别对铜绿假单胞菌、大肠杆菌、变形杆菌、嗜血杆菌、沙门氏菌、布鲁氏菌及耐药金黄色葡萄球菌等作用最强。对耐药的葡萄球菌、溶血性链球菌、炭疽杆菌等亦有效。此外，对支原体也有作用。

主要用于敏感菌引起的各种呼吸道、肠道、泌尿道感染和败血症等，内服还可用于治疗肠炎和细菌性腹泻。

【不良反应】与链霉素相似。对肾有较严重的损害作用，临床应用要严格掌握剂量与疗程。与头孢类合用，使肾毒性增强。

【用法与用量】静脉和肌内注射：一次量，每千克体重，家畜2～4mg，犬、猫3～5mg，家禽5～7.5mg，一日2次，连用2～3 d。内服：一次量，每千克体重，驹、犊、羔羊、仔猪5～10mg，一日2次，连用2～3 d。

**【制剂与休药期】** 硫酸庆大霉素片、硫酸庆大霉素注射液：猪40d。

### 新霉素（Neomycin）

**【性状】** 是从链丝菌培养液中提取的。为白色至微黄色粉末。有吸湿性，易溶于水，微溶于乙醇。

**【作用与应用】** 抗菌谱与卡那霉素相似。在本类药物中其毒性最大，一般禁用于注射给药。内服给药后很少吸收，在肠道内呈现杀菌作用。临床主要内服治疗畜禽的肠道感染；子宫或乳管内注入治疗奶牛、母猪的子宫内膜炎和乳腺炎；局部外用（0.5%溶液或软膏）治疗皮肤、黏膜化脓性感染。

**【用法与用量】** 内服：一次量，每千克体重，犬、猫10～20mg。一日2次，连用3～5 d。混饮：每1 L水，禽50～75mg，连用3～5 d。混饲：每1 000 kg饲料，猪、禽77～154 g，连用3～5 d。

**【制剂与休药期】** 硫酸新霉素片、硫酸新霉素可溶性粉：鸡5d，火鸡14d，蛋鸡产蛋期禁用。硫酸新霉素预混剂：猪0，鸡5d，蛋鸡产蛋期禁用。硫酸新霉素、甲溴东莨菪碱溶液。

### 安普霉素（Apramycin）

**【性状】** 又称阿普拉霉素。其硫酸盐为微黄色至黄褐色粉末。有吸湿性，易溶于水。

**【药动学】** 内服吸收差。肌内注射后吸收迅速，分布于细胞外液，1～2h可达血药峰浓度。大部分以原形从尿中排出。

**【作用与应用】** 抗菌谱广，对多数革兰氏阴性菌（大肠杆菌、沙门氏菌、巴氏杆菌、变形杆菌、克雷伯氏杆菌等）、部分革兰氏阳性菌、密螺旋体和某些支原体等有较强的抗菌活性。

主要用于治疗幼龄畜禽的大肠杆菌、沙门氏菌病。对猪的密螺旋体性痢疾、畜禽的支原体病也有效。猫对本品较敏感，易产生毒性。

**【用法与用量】** 肌内注射：一次量，每千克体重，家畜20mg，一日2次，连用3d。混饮：每1L水，禽250～500mg，连用5d；每千克体重，猪12.5mg，连用7d。混饲：每1 000kg饲料，猪80～100g，连用7d。

**【制剂与休药期】** 硫酸安普霉素注射液。硫酸安普霉素可溶性粉：猪21d，鸡7d，蛋鸡产蛋期禁用。硫酸安普霉素预混剂：猪21d。

### 大观霉素（Spectinomycin）

**【性状】** 又称壮观霉素、奇霉素、奇放线菌素。常用其盐酸盐或硫酸盐，为白色或类白色结晶性粉末。易溶于水，水溶液在酸性溶液中稳定。

**【作用与应用】** 对某些革兰氏阴性菌（布鲁氏菌、克雷伯氏杆菌、变形杆菌、铜绿假单胞菌、沙门氏菌、巴氏杆菌等）有较强的作用，对革兰氏阳性菌（链球菌、葡萄球菌）作用较弱。对支原体亦有一定的作用。主要用于治疗畜禽的大肠杆菌、沙门氏菌、巴氏杆菌病。常与林可霉素配伍（利高霉素），治疗仔猪腹泻、猪的支原体性肺炎和败血支原体引起的鸡慢性呼吸道病。

【用法与用量】内服：一次量，每千克体重，猪 20～40mg，一日 2 次，连用 3～5 d。混饮：每 1 L 水，禽 0.5～1 g，连用 3～5 d。

【制剂与休药期】盐酸大观霉素可溶性粉：鸡 5d，产蛋期禁用。盐酸大观霉素、盐酸林可霉素可溶性粉。

**（二）多肽类**

多肽类是一类具有多肽结构的化学物质，兽医临床常用药物有黏菌素、杆菌肽、维吉尼霉素和恩拉霉素等。

### 黏菌素 E（Polymyxcin E，Colistin）

【性状】又称多黏菌素 E、抗敌素。其硫酸盐为白色或类白色粉末。无臭，在水中易溶。

【药动学】内服不吸收。吸收后分布于全身组织，肝、肾中含量较高。主要经肾缓慢排泄。

【作用与应用】为窄谱杀菌剂。对革兰氏阴性菌的抗菌活性强，尤其对铜绿假单胞菌作用强大。细菌对本品不易产生耐药性，但与多黏菌素 B 之间有交叉耐药性，与其他抗菌药物之间无交叉耐药性。

内服用于治疗畜禽大肠杆菌性肠炎和对其他药物耐药的细菌性腹泻。外用于烧伤和外伤引起的铜绿假单胞菌局部感染，以及眼、耳、鼻等部位敏感菌的感染。还可作饲料添加剂，以促进畜禽生长。本品有肾毒性和神经毒性作用，现已少用作注射给药。

【用法与用量】内服：一次量，每千克体重，犊牛、仔猪 1.5～5mg，禽 3～8mg。一日 1～2 次，连用 3～5d。混饮：每 1L 水，猪 40～200mg，鸡 20～60mg，连用 5d。混饲（用于促生长）：每1 000kg 饲料，犊牛（哺乳期）5～40g，乳猪（哺乳期）2～40g，鸡 2～20g，仔猪、鸡 2～20 g。乳管内注入：奶牛，每乳室 5～10mg。子宫内注入：一次量，牛 10mg，一日 1～2 次。

【制剂与休药期】硫酸黏菌素片、硫酸黏菌素可溶性粉、硫酸黏菌素预混剂：猪、鸡 7d，蛋鸡产蛋期禁用。

### 杆菌肽（Bacitracin）

【性状】为淡黄色至淡棕黄色粉末。易溶于水和乙醇。其锌盐为灰色粉末，不溶于水，易溶于吡啶。

【药动学】内服几乎不吸收，大部分在 2d 内随粪便排出。肌内注射易吸收，2h 后达血药浓度高峰。吸收后分布广泛，以胆汁、肝、肾分布较多。经肾迅速排泄。

【作用与应用】抗菌谱与青霉素相似。对革兰氏阳性菌有杀菌作用，包括金黄色葡萄球菌（包括耐青霉素的金黄色葡萄球菌）、肠球菌、链球菌；对螺旋体和放线菌也有效；但对革兰氏阴性杆菌无效。此外，还有促进动物生长，提高饲料转化率作用。

临床上局部应用于革兰氏阳性菌所致的皮肤、伤口感染，眼部感染和乳腺炎等。本品的锌盐专门用作饲料添加剂，常用于牛、猪、禽的促生长。欧盟从 1999 年开始禁用杆菌肽锌作饲料添加促生长剂。

【用法与用量】以杆菌肽计。混饲：每1 000 kg 饲料，犊牛 3 月龄以下 10～100g，3～6

月龄 4～40g；猪 6 月龄以下 4～40g；禽 16 周龄以下 4～40g。混饮：每 1L 水，鸡，50～100mg（治疗），连用 5～7d，25mg（预防）。

**【制剂与休药期】**杆菌肽锌预混剂：0，种畜和种禽禁用。杆菌肽锌-硫酸黏菌素预混剂：猪、鸡，7d，蛋鸡产蛋期禁用。亚甲基水杨酸杆菌肽可溶性粉。

#### 维吉尼霉素（Virginiamycin）

**【性状】**又称弗吉尼亚霉素。为浅黄色粉末，极微溶于水。

**【作用与应用】**内服几乎不吸收，主要由粪便排出。对革兰氏阳性菌有杀菌作用，但对多数革兰氏阴性杆菌无效。对支原体有效。低剂量能促进动物生长和提高饲料转化率。

常用作猪、禽促生长添加剂。中剂量可预防细菌性痢疾，高剂量用于防治梭状芽孢杆菌所致的肠炎和猪痢疾。欧盟从 1999 年开始禁用本品作为促生长添加剂使用。

**【用法与用量】**混饲：每1 000 kg 饲料，猪 10～25 g，鸡 5～20 g。

**【制剂与休药期】**维吉尼霉素预混剂：猪、鸡，1d，蛋鸡产蛋期禁用。

## 四、广谱抗生素

### （一）四环素类

本类属于广谱快速抑菌剂。分为天然和半合成品两类。天然品包括四环素、土霉素、金霉素、去甲金霉素；半合成品包括多西环素、美他环素（甲烯土霉素）、米诺环素（二甲胺四环素）等。兽医临床常用的有四环素、土霉素、金霉素、多西环素（脱氧土霉素、强力霉素）等。一般情况下，金霉素对革兰氏阳性球菌（含耐青霉素的金黄色葡萄球菌）的作用比四环素、土霉素强；土霉素对铜绿假单胞菌、梭状芽孢杆菌和立克次氏体的效力稍佳，但对一般菌的作用不如四环素；四环素对革兰氏阴性杆菌的作用强，尤其大肠杆菌、变形杆菌。按抗菌活性的大小顺序为米诺环素＞多西环素＞美他环素＞金霉素＞四环素＞土霉素。

#### 土霉素（Oxytetracycline）

**【性状】**又称氧四环素。为淡黄色的结晶性或无定形粉末。在日光下颜色变暗，在碱性溶液中易破坏失效，在水中极微溶解，易溶于稀酸、稀碱。其盐酸盐为黄色结晶性粉末。易溶于水，水溶液不稳定，宜现配现用。

**【药动学】**内服吸收不规则、不完全。主要在小肠上段被吸收。钙、镁、铝、铁、锌、锰等多价金属离子能与本品形成难溶的螯合物而减少吸收。反刍兽不宜内服给药。吸收后在体内分布广泛，易渗入胸、腹腔和乳汁，也能通过胎盘屏障，在脑脊液中浓度低。易沉积于骨骼、牙齿。有相当一部分可由胆汁排入肠道，再被吸收利用，形成"肝肠循环"，从而延长药物在体内的持续时间。主要由肾排泄，胆汁和尿中浓度高，有利于胆管和泌尿道感染的治疗。

**【药理作用】**为广谱速效抑菌剂。除对革兰氏阳性菌和革兰氏阴性菌有作用外，对立克次氏体、支原体、衣原体、螺旋体、放线菌和某些原虫也有抑制作用。对革兰氏阳性菌的作用不如青霉素类和头孢菌素类，对革兰氏阴性菌的作用不如氨基糖胺类和酰胺醇类。

细菌对本品能产生耐药性，但产生较慢。四环素类之间存在交叉耐药性，对一种药物耐药的细菌通常也对其他同类药物耐药。

**【应用】**主要用于敏感菌引起的各种感染。如大肠杆菌或沙门氏菌引起的犊牛白痢、羔羊痢疾、仔猪黄痢和白痢、雏鸡白痢等；多杀性巴氏杆菌引起的牛出血性败血症、猪肺疫、禽霍乱等；支原体引起的牛肺炎、猪气喘病、鸡慢性呼吸道疾病等；局部用于坏死杆菌所致各种动物组织的坏死、子宫脓肿、子宫内膜炎。此外，对防治放线菌病、球虫病、钩端螺旋体病等也有一定疗效。

**【不良反应】**①局部刺激：其盐酸盐水溶液属强酸性，刺激性大，不宜肌内注射，静脉注射时药液漏出血管外可致静脉炎。②二重感染：成年草食动物内服后，易引起肠道菌群紊乱，消化机能失调，造成肠炎和腹泻。③肝毒性：长期应用可导致肝脂肪变性，甚至坏死，应注意肝功检查。

**【应用注意】**①除土霉素外，其他均不宜肌内注射。静脉注射时勿漏出血管外，注射速度应缓慢。②成年反刍动物、马属动物和兔不宜内服给药。③不宜与含多价金属离子的药品或饲料、乳制品共服。

**【用法与用量】**内服：一次量，每千克体重，猪、驹、羔、犊 10～25mg，犬 15～50mg，禽 25～50mg，一日 2～3 次，连用 3～5d。混饲：每1 000kg 饲料，猪 300～500g（治疗），连用 3～5d。混饮：每 1L 水，猪 100～200mg，禽 150～250mg，连用 3～5d。肌内注射：一次量，每千克体重，家畜 10～20mg，一日 1～2 次，连用 2～3d。静脉注射：一次量，每千克体重，家畜 5～10mg，一日 2 次，连用 2～3d。

**【制剂与休药期】**土霉素片：牛、羊、猪 7d，禽 7d，弃蛋期 2d，弃乳期 3d。土霉素注射液、长效土霉素注射液、长效盐酸土霉素注射液：牛、羊、猪 28 d，泌乳牛、羊禁用。注射用盐酸土霉素：牛、羊、猪 8d，弃乳期 48h。

### 四环素（Tetracycline）

**【性状】**常用盐酸盐，为黄色结晶性粉末。有吸湿性，遇光色渐变深。在碱性溶液中易破坏失效，溶于水，略溶于乙醇，水溶液不宜久置。

**【药动学】**内服后血药浓度较土霉素和金霉素高。对组织的渗透性好，易渗入胸、腹腔、乳汁及胎儿循环。

**【作用与应用】**与土霉素相似，但对革兰氏阴性杆菌的作用较好，对革兰氏阳性菌的作用不如金霉素。不良反应同土霉素。

**【用法与用量】**内服：一次量，每千克体重，家畜 10～20mg，犬 15～50mg，禽 25～50mg。一日 2～3 次，连用 3～5d。混饲：每1 000kg 饲料，猪 300～500g（治疗），连用3～5d。混饮：每 1L 水，猪 100～200mg，禽 150～250mg，连用 3～5d。静脉注射：一次量，每千克体重，家畜 5～10mg，一日 2 次，连用 2～3d。

**【制剂与休药期】**四环素片、盐酸四环素可溶性粉：牛 12d，猪 10d，鸡 4d，产蛋期和泌乳期禁用。注射用盐酸四环素：牛、羊、猪 8d，弃乳期 2d。

### 金霉素（Chlortetracycline）

**【性状】**又称氯四环素。常用其盐酸盐，为金黄色或黄色结晶。遇光色渐变深，微溶于水或乙醇，水溶液不稳定。

【作用与应用】抗菌谱与土霉素相似。对耐药金黄色葡萄球菌感染的疗效优于土霉素和四环素。低剂量用于促进畜禽生长，提高饲料利用率。不良反应同土霉素，但肝毒性较大。

【用法与用量】内服：一次量，每千克体重，家畜 10～25mg，一日 2 次。混饲：每 1 000kg 饲料，猪 300～500g，家禽 200～600g，一般连用不超过 5d。静脉注射：一次量，每千克体重，家畜 5～10mg。

【制剂】金霉素片。

### 多西环素（Doxycycline）

【性状】又称强力霉素，脱氧土霉素。常用其盐酸盐，为淡黄色或黄色结晶性粉末。易溶水，微溶于乙醇。

【药动学】内服吸收迅速，受食物影响小，生物利用度高。维持有效血药浓度时间长，对组织渗透力强，分布广泛，易进入细胞内。有显著的肝肠循环。在肝内主要以结合或络合方式灭活，再经胆汁分泌入肠道，随粪便排出，因而对肠道菌群及动物的消化机能无明显影响。

【作用与应用】抗菌谱与土霉素相似，体内、外抗菌活性较土霉素、四环素强，为四环素的 2～8 倍。与土霉素、四环素等有密切的交叉耐药性。临床用于治疗畜禽的支原体病、大肠杆菌病、沙门氏菌病、巴氏杆菌病和鹦鹉热等。

本品在四环素类中毒性最小，但有报道，给马属动物静脉注射可致心律不齐、虚脱和死亡。

【用法与用量】内服：一次量，每千克体重，猪、驹、犊、羔 3～5mg，犬、猫 5～10mg，禽 15～25mg。一日 1 次，连用 3～5d。

混饲：每1 000kg 饲料，猪 150～250g，禽 100～200g，连用 3～5d。

混饮：每 1L 水，猪 100～150mg，禽 50～100mg，连用 3～5d。

【制剂与休药期】盐酸多西环素片、盐酸多西环素可溶性粉：28d，蛋鸡产蛋期禁用。

**（二）酰胺醇类**

又称氯霉素类，是一类广谱速效抑菌剂。包括氯霉素、甲砜霉素、氟苯尼考等。氯霉素可引起人和动物的可逆性血细胞减少和不可逆的再生障碍性贫血，因此世界各国都禁止用于所有食品动物。细菌对本类药物可产生耐药性，但发生较缓慢，耐药菌以大肠杆菌为多。氯霉素、甲砜霉素、氟苯尼考之间存在完全交叉耐药性。

### 甲砜霉素（Thiamphenicol）

【性状】又称甲砜氯霉素、硫霉素。为白色结晶性粉末。无臭。微溶于水，溶于甲醇，几乎不溶于乙醚或氯仿。

【药动学】内服、肌内注射吸收迅速而完全，体内分布广泛。本品在肝内代谢少，大多数药物（70%～90%）以原形从尿中排出，故可用于治疗泌尿道的感染。

【作用与应用】属广谱速效抑菌剂。对革兰氏阳性菌和革兰氏阴性菌均有抑制作用，但对革兰氏阴性菌的作用较革兰氏阳性菌强。敏感菌主要有伤寒杆菌、副伤寒杆菌、沙门氏菌、大肠杆菌、巴氏杆菌、布鲁氏菌等革兰氏阴性菌，以及链球菌、炭疽杆菌、肺炎球菌、棒状杆菌、葡萄球菌等革兰氏阳性菌。此外，对钩端螺旋体、衣原体和立克次氏体亦有一定作用，对铜绿假单胞菌无效。

主要用于治疗敏感菌引起的肠道感染，尤其是沙门氏感染如仔猪、幼驹副伤寒，禽副伤寒、雏鸡白痢，仔猪黄痢、白痢，幼驹大肠杆菌病等。也用于厌氧菌引起的犬（猫）脑脓肿、革兰氏阴性菌引起的犬（猫）前列腺炎等。

**【不良反应】**①不引起再生障碍性贫血，但能可逆性地抑制红细胞、白细胞和血小板生成。②有较强的免疫抑制作用。禁用于疫苗接种期的动物和免疫功能严重缺损的动物。③有胚胎毒性，妊娠期及哺乳期家畜慎用。

**【用法与用量】**内服：一次量，每千克体重，畜、禽5～10mg，一日2次，连用2～3d。

**【制剂与休药期】**甲砜霉素片、甲砜霉素粉：28d，弃乳期7d。

### 氟苯尼考（Florfenicol）

**【性状】**又称氟甲砜霉素。为白色或类白色结晶性粉末。无臭，在二甲基甲酰胺中极易溶解，甲醇中溶解，冰醋酸中略溶，水或氯仿中极微溶解。

**【药动学】**内服和肌内注射吸收快，体内分布广，半衰期长，有效血药浓度维持时间较长。大多数药物以原形从尿中排出。

**【作用与应用】**为动物专用抗生素。抗菌谱与甲砜霉素相似，但抗菌活性优于甲砜霉素。猪胸膜肺炎放线杆菌、溶血性巴氏杆菌、多杀性巴氏杆菌对其高度敏感，对耐甲砜霉素的大肠杆菌、伤寒沙门氏菌、克雷伯氏菌也有效。

主要用于牛、猪、鸡和鱼类的细菌性疾病，如牛的呼吸道感染、乳腺炎，猪传染性胸膜肺炎、黄痢、白痢，鸡大肠杆菌病、禽霍乱，鱼疖病。

**【应用注意】**不引起骨髓抑制或再生障碍性贫血，但对胚胎有一定毒性，故妊娠动物禁用。

**【用法与用量】**内服：一次量，每千克体重，猪、鸡20～30mg，一日2次，连用3～5d；鱼10～15mg，一日1次，连用3～5d。混饲：每1 000kg饲料，猪20～40g（效价），连用7d。混饮：每1L水，鸡100mg，连用3～5d。肌内注射：一次量，每千克体重，猪、鸡20mg，每隔48h1次，连用2次；鱼0.5～1mg，一日1次，连用3～5d。

**【制剂与休药期】**氟苯尼考粉：猪20d，鸡5d，蛋鸡产蛋期禁用。氟苯尼考预混剂：猪14d。氟苯尼考溶液：鸡5d，蛋鸡产蛋期禁用。氟苯尼考注射液：猪14d，鸡28d，蛋鸡产蛋期禁用。

## 五、抗真菌抗生素

真菌感染可分为浅表真菌感染和深部真菌感染。浅表感染主要侵犯皮肤、羽毛、趾甲、鸡冠、肉髯等，常见疾病有小孢子菌、毛癣菌及表皮癣菌引起的毛癣及皮肤真菌病。深部感染则可侵犯机体的深部组织和内脏器官，常见疾病有念珠菌病、犊牛真菌性胃肠炎、牛真菌性子宫炎、雏鸡曲霉菌性肺炎。兽医临床常用的抗真菌药有两性霉素B、制霉菌素、灰黄霉素、酮康唑及克霉唑等。

### 两性霉素B（Amphotericin B）

**【性状】**为黄色或橙黄色粉末。有吸湿性，见光易分解，不溶于水、乙醇。

【药动学】内服和肌内注射均不易吸收，肌内注射刺激性大，一般缓慢静脉注射治疗全身真菌感染。体内分布广泛，但不易进入脑脊液。大部分经肾缓慢排出，少部分经胆汁排泄。

【作用与应用】为广谱抗真菌抗生素。对隐球菌、球孢子菌、白色念珠菌、芽生菌等都有抑制作用，是治疗深部真菌感染的首选药。

主要用于犬组织胞浆菌病、芽生菌病、球孢子菌病。可预防白色念珠菌感染及各种真菌的局部炎症，如甲或爪的浅表真菌感染、雏鸡嗉囊真菌感染等。因本品内服不吸收，故也是消化系统真菌感染的有效药物。

【不良反应】毒性较大，不良反应较多。静脉注射过程中可引起寒颤、高热、恶心和呕吐等。治疗过程中可引起肝、肾损害，贫血和白细胞减少等。

【用法与用量】静脉注射：一次量，每千克体重，犬、猫 0.15～0.5mg，隔日 1 次或每周 3 次，总剂量 4～11mg。每千克体重，马开始用 0.38mg，一日 1 次，连用 4～10d，以后可增加到 1mg，再用 4～8d，临用前，先用注射用水溶解，再用 5%葡萄糖注射液稀释成 0.1%的注射液，缓慢静脉滴注。外用：0.5%溶液，涂布或注入局部皮下，或 3%软膏涂布。

【制剂】注射用两性霉素 B。

### 制霉菌素（Nystatin）

【性状】为淡黄色或浅褐色粉末。有吸湿性，性质不稳定，极微溶于水，略溶于甲醇、乙醇。

【作用与应用】为广谱抗真菌抗生素。作用及机理似两性霉素 B，但毒性更大，不用于全身感染。内服不吸收，故可用于胃肠道真菌感染，如犊牛真菌性胃炎、禽曲霉菌病、禽念珠菌病；也可局部应用治疗皮肤、黏膜真菌感染，如念珠菌和曲霉菌引起的乳腺炎、子宫炎等。

【用法与用量】内服：一次量，马、牛 250 万～500 万单位，羊、猪 50 万～100 万单位，犬 5 万～15 万单位，一日 2 次。混饲：家禽白色念珠菌病，每千克饲料，50 万～100 万单位，连续饲喂 1～3 周，治疗雏鸡曲霉菌病，每 100 只雏鸡 50 万单位，一日 2 次，连用2～4d。乳管内注入：一次量，每个乳室，牛 10 万单位。子宫内灌注：马、牛 150 万～200 万单位。

【制剂】制霉菌素片、制霉菌素混悬液。

### 灰黄霉素（Griseofulvin，Grifulvin）

【性状】为白色或类白色的微细粉末。无臭，味微苦。极微溶于水，微溶于乙醇。

【药动学】内服易吸收，生物利用度与颗粒大小相关，颗粒越小，生物利用度越高。吸收后广泛分布于全身各组织，以皮肤、毛发、爪、甲、肝、脂肪和肌肉中含量较高。在肝内代谢，经肾排出。少数原形药物直接经尿和乳汁排出，未吸收的随粪便排出。

【作用与应用】内服对各种皮肤真菌如小孢子菌、表皮癣菌和毛发癣菌有强大的抑制作用，对其他真菌无效。临床主要用于小孢子菌、表皮癣菌和毛发癣菌引起的各种皮肤真菌病，如犊牛、马属动物、犬和家禽的毛癣。由于本品不易透过表皮角质层，外用无效。

【不良反应】有致癌和致畸作用，禁用于怀孕动物，特别是马和猫。

【用法与用量】内服：一次量，每千克体重，马、牛 10mg，猪 20mg，犬、猫 40～50mg，一日 1 次，连用 4～8 周。

【制剂】灰黄霉素片。

### 酮康唑（Ketoconazole）

【性状】为类白色结晶性粉末。无臭，无味。不溶于水，微溶于乙醇，溶于甲醇。

【药动学】内服易吸收，但个体间差异较大。吸收后分布于胆汁、唾液、尿、滑液囊和脑脊液，血浆蛋白结合率高。大部分经胆汁排泄，小部分经肾排泄。

【作用与应用】为广谱抗真菌药，对芽生菌、球孢子菌、隐球菌、念珠菌、组织胞浆菌、小孢子菌和毛癣菌等有抑制作用。对曲霉菌、孢子丝菌作用弱，对白色念珠菌无效。疗效较灰黄霉素、两性霉素 B 好，且安全。

主要用于治疗全身性真菌感染及防治皮肤真菌病。

【用法与用量】内服：一次量，每千克体重，马 3～6mg，犬、猫 5～10mg，一日 1 次，连用 1～6 个月。

【制剂】酮康唑片、酮康唑胶囊。

### 克霉唑（Clotrimazole）

【作用与应用】为广谱抗真菌药。对浅表真菌的作用与灰黄霉素相似，对深部真菌的作用较两性霉素 B 差。主要用于体表真菌病，如耳真菌感染和毛癣。

【用法与用量】内服：一次量，马、牛 5～10g，驹、犊、猪、羊 1～1.5g，一日 2 次。混饲：每 100 只雏鸡 1g。外用：1%或 3%软膏。

【制剂】克霉唑片、克霉唑软膏。

### 水杨酸（Salicylic Acid）

【性状】为白色细微的针状结晶或白色结晶性粉末。无臭或几乎无臭，溶于沸水，微溶于水。

【作用与应用】低浓度（1%～2%溶液）有角质增生作用，能促进表皮的生长；高浓度（10%～20%溶液）可溶解角质，对局部有刺激性。在体表真菌感染时，可以软化皮肤角质层，角质层脱落的同时也使菌丝随之脱出。本品内服对胃黏膜刺激性强，仅外用。

主要用于治疗皮肤真菌感染。

【用法与用量】外用：配成 1%的醇溶液或软膏。

## 六、其他类抗生素

### 黄霉素（Flavomycin）

【性状】又称黄磷脂素、斑伯霉素或斑伯菌素。为无色无臭的非结晶性粉末。易溶于水。

性质较稳定，在强酸或强碱条件下易失效。

**【作用与应用】**是多糖类窄谱抗生素。内服难吸收，24 h 后几乎全部以原型由粪便排出。主要对革兰氏阳性菌有效，对革兰氏阴性菌作用很弱。此外，能促进畜禽生长，提高饲料转化率。主要用于畜禽促生长。

**【用法与用量】**混饲：肉牛，一日每头 30～50mg。每1 000kg 饲料，育肥猪 5g，仔猪 20～25g，肉鸡 5g。

**【制剂与休药期】**黄霉素预混剂：0，不宜用于成年畜禽。

### 那西肽（Nosiheptide）

**【性状】**又称诺西肽、诺肽菌素和诺肽霉素。为淡黄绿色或黄绿褐色粉末。有特异臭味。不溶于水。

**【作用与应用】**为畜禽专用抗生素。对革兰氏阳性菌活性较强，如葡萄球菌、梭状芽孢杆菌对其敏感。且能促进畜禽生长、提高饲料的利用率。混饲给药很少吸收，动物性产品中残留少。临床主要用作猪、鸡促生长添加剂。

**【用法与用量】**混饲：每1 000kg 饲料，鸡 2.5g。

**【制剂与休药期】**那西肽预混剂：鸡，7d，蛋鸡产蛋期禁用。

# 子单元二 化学合成抗菌药

## 一、磺 胺 类

### （一）概述

磺胺类药物是人工合成最早的化学治疗药。由于具有抗菌谱广，性质稳定，使用方便，价格低廉等优点，至今仍为重要的畜禽抗感染药物之一。

**1. 理化性质** 磺胺类药物多为白色或淡黄色结晶性粉末。在水中溶解度差，易溶于碱液中。其钠盐易溶于水，水溶液呈碱性。

**2. 构效关系** 对氨基苯磺酰胺是这类药物的基本化学结构。抑菌作用与化学结构之间的关系是：①磺酰胺基上的一个 H 原子（$R_1$）如被不同杂环取代，可获得一系列内服易吸收的用于防治全身性感染的磺胺药，如 SD，SMZ 等。②磺酰胺基对位的游离氨基是抗菌活性的必需基团，如氨基上的一个 H 原子（$R_2$）被酰胺化，则失去抗菌活性。③对位氨基的一个 H 原子被其他基团取代，则成为内服难吸收的用于肠道感染的磺胺药，如酞磺胺噻唑等，它们在肠道内水解，使氨基游离后，才发挥抑菌作用。

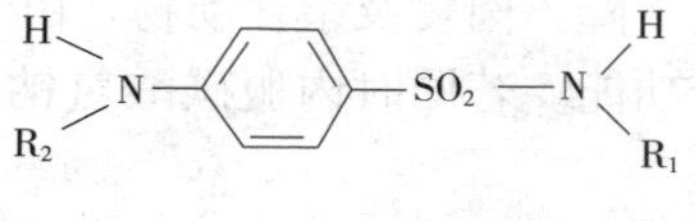

**3. 分类** 根据内服吸收的情况磺胺类药物可分为：肠道易吸收磺胺药、肠道难吸收磺胺药及外用磺胺药三大类。详细分类见表 2-4。

表 2-4 常用磺胺类药的分类与简名

| 药物类别 | 药 名 | 英文缩写 |
| --- | --- | --- |
| 肠道易吸收磺胺药 | 氨苯磺胺（Sulfaniamide） | SN |
| | 磺胺噻唑（Sulfathiazole） | ST |
| | 磺胺嘧啶（Sulfadiazine） | SD |
| | 磺胺二甲嘧啶（Sulfadimidine） | $SM_2$ |
| | 磺胺甲噁唑（新诺明，新明磺，Sulfamethoxazole） | SMZ |
| | 磺胺对甲氧嘧啶（磺胺-5-甲氧嘧啶，消炎磺，Sulfamethoxydiazine） | SMD |
| | 磺胺间甲氧嘧啶（磺胺-6-甲氧嘧啶，制菌磺，Sulfamonomethoxine） | SMM，DS-36 |
| | 磺胺地索辛（磺胺-2，6-二甲氧嘧啶，Sulfadimethoxine） | SDM |
| | 磺胺多辛（磺胺-5，6-二甲氧嘧啶，周效磺胺，Sulfadoxine，Sulfadimoxine） | $SDM^1$ |
| | 磺胺喹噁啉（Sulfaquinoxaline） | SQ |
| | 磺胺氯吡嗪（Sulfachlorpyrazine） | Esb3 |
| 肠道难吸收磺胺药 | 磺胺脒（Sulfaguanidine） | SG |
| | 琥珀酰磺胺噻唑（琥磺胺噻唑，琥磺胺唑，Sulfasuxlidine，Succinylsulfathiazole） | SST |
| | 酞磺胺噻唑（酞酰磺胺噻唑，Phthalylsulfathiazole） | PST |
| | 酞磺醋胺（Phthalylsulfacetamide） | PSA |
| | 柳氮磺胺吡啶（水杨酰偶氮磺胺吡啶，Salicylazosulfapyridine） | SASP |
| 外用磺胺药 | 磺胺醋酰钠（Sulfacetamide Sodium） | SA-Na |
| | 醋酸磺胺米隆（甲磺灭脓，Mafenide Acetate，Sulfamylon） | SML |
| | 磺胺嘧啶银（烧伤宁，Sulfadiazine Silver） | SD-Ag |

**4. 药动学**

（1）吸收。内服易吸收的磺胺药，其生物利用度因药物和动物种类而有差异，吸收率顺序为：$SM_2$＞SDM′＞SN＞SD＞ST，禽＞犬＞猪＞马＞羊＞牛。吸收部位主要在小肠。一般肉食动物内服后 3～4 h，草食动物为 4～6 h，反刍动物为 12～24 h，血药浓度达峰值。钠盐可经肌内注射、腹腔注射、乳腺导管及子宫内注入，吸收迅速。

（2）分布。吸收后，分布于全身各组织和体液中，以血液、肝、肾含量较高，神经、肌肉及脂肪中的含量较低，可进入乳腺、胎盘、胸膜、腹膜及滑膜腔。吸收后的磺胺，除 SD 与血浆蛋白的结合率较低，因而进入脑脊液的浓度较高，可作脑部细菌感染的首选药外，大部分与血浆蛋白结合疏松。不同动物的血浆蛋白结合率有很大差异，通常以牛为最高，羊、猪、马等次之。

（3）代谢。主要在肝代谢。最常见的方式是对位氨基的乙酰化。磺胺乙酰化后失去抗菌活性，保持原有毒性，且溶解度下降。肉食及杂食动物，由于尿液偏酸性，较易引起磺胺及乙酰化磺胺的沉淀结晶，损害肾功能。若同时内服碳酸氢钠碱化尿液，则可提高其溶解度，促进从尿中排出。

（4）排泄。内服难吸收的磺胺药主要随粪便排出，肠道易吸收的磺胺药主要通过肾排出。少量由乳汁、消化液及其他分泌液排出。经肾排出的药物，以原形药、乙酰化代谢产物、葡萄糖醛酸结合物三种形式排泄。排泄的快慢主要决定于通过肾小管时被重吸收的程度。SN、SD 等重吸收少，排泄快，消除半衰期短，有效血药浓度维持时间短；而 $SM_2$、SMM、SDM 等重吸收多，排泄慢，消除半衰期长，有效血药浓度维持时间较长。当肾功能损害时，药物的消除半衰期明显延长，毒性可能增加，临床使用时应注意。

**5. 抗菌作用**　属广谱慢效抑菌剂。对大多数革兰氏阳性菌、少数革兰氏阴性菌、衣原体及某些原虫有效。高度敏感的细菌有：溶血性链球菌、肺炎球菌、脑膜炎双球菌、淋球菌、沙门氏菌、化脓棒状杆菌、大肠杆菌、副禽嗜血杆菌；敏感菌有：葡萄球菌、变形杆菌、巴氏杆菌、产气荚膜梭菌、肺炎杆菌、炭疽杆菌、铜绿假单胞菌等。某些磺胺药还对球虫、卡氏白细胞原虫、疟原虫、弓形虫等有效，但对螺旋体、立克次氏体、结核分枝杆菌等无效。

不同磺胺类药物对病原菌的抑制作用有差异。磺胺药抗菌作用强度顺序一般为 SMM＞SMZ＞SD＞SDM＞SMD＞$SM_2$＞SDM′＞SN。

**6. 抗菌机理**　通过抑制叶酸的合成而抑制细菌的生长繁殖。对磺胺药敏感的细菌在生长繁殖过程中，不能直接从生长环境中利用外源叶酸，而是利用菌体外的对氨基苯甲酸（PABA）、蝶啶及谷氨酸，在菌体内二氢叶酸合成酶的催化下合成二氢叶酸，再经二氢叶酸还原酶还原为四氢叶酸，四氢叶酸是一碳基团转移酶的辅酶，参与嘌呤、嘧啶、氨基酸的合成。磺胺类药物的化学结构与 PABA 的结构极为相似，能与 PABA 竞争二氢叶酸合成酶，抑制二氢叶酸的合成，或者形成以磺胺代替 PABA 的伪叶酸，最终使核酸合成障碍，细菌生长繁殖受阻（图 2-3）。

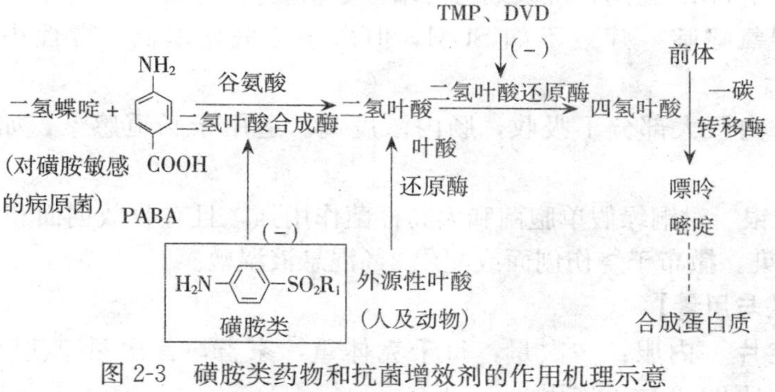


图 2-3　磺胺类药物和抗菌增效剂的作用机理示意

由于 PABA 对二氢叶酸合成酶的亲和力远远高于对磺胺药的亲和力，因此，应用磺胺药时，首次量要加倍，使血药浓度迅速达到有效抑菌浓度，以后用维持量，并要注意疗程。

**7. 耐药性**　细菌对磺胺类易产生耐药性，以葡萄球菌为最易，大肠杆菌、链球菌等次之。各磺胺药之间可产生程度不同的交叉耐药性，但与其他抗菌药之间无交差耐药现象。

**8. 不良反应**

（1）急性中毒。多见于静脉注射速度过快或剂量过大。主要表现神经症状，如共济失调、痉挛性麻痹、呕吐、昏迷、食欲降低和腹泻等。严重者迅速死亡。牛、山羊还可见视物障碍、散瞳。雏鸡中毒时大批死亡。

（2）慢性中毒。常见于剂量较大或连续用药超过 1 周以上，主要症状为：损害泌尿系统，出现结晶尿、血尿和蛋白尿等；抑制胃肠道菌群，导致消化系统障碍和草食动物的多发性肠炎等；破坏造血机能，出现溶血性贫血、凝血时间延长和毛细血管渗血；幼畜及幼禽免疫系统抑制、免疫器官出血及萎缩；家禽慢性中毒时，见增重减慢，蛋鸡产蛋量下降，破蛋率和软蛋率增加。

**9. 应用注意**

①选用疗效高、作用强、溶解度大、乙酰化率低的磺胺药。②足够的剂量和疗程。首次量加倍，以后用维持量，症状消失后维持2～3d。连续用药不超过1周。③用药期间给予充足的饮水，以增加尿量、促进排出。同时，要补充维生素B族和维生素K。④碱化尿液。幼畜、杂食或肉食动物使用磺胺类药物时，宜与碳酸氢钠同服，以碱化尿液，促进排出。⑤局部外用时，要清创，因在浓汁和坏死组织中含有大量的PABA，能减弱磺胺类药物的作用。⑥不与普鲁卡因合用，因其在体内能水解生成PABA，可减弱磺胺类药物的疗效。⑦肌内注射刺激性强，宠物不宜肌内注射，一般应静脉。⑧蛋鸡产蛋期禁用。

**（二）常用磺胺类药作用特点**

**1. 磺胺嘧啶**　与血浆蛋白结合率低，易渗入组织和脑脊液，故为脑部感染的首选药。也用于各种动物敏感菌所致的全身感染。

**2. 磺胺二甲嘧啶**　抗菌作用比SD弱，但乙酰化率低，不良反应少。除用于治疗敏感菌所致的全身感染外，还可防治球虫病。

**3. 磺胺间甲氧嘧啶**　抗菌力最强，不良反应少。可治疗各种全身和局部感染，尤其对猪弓形虫病、猪水肿病和家禽球虫病疗效较好，对猪萎缩性鼻炎亦有一定防治作用。

**4. 磺胺甲噁唑**　抗菌力与SMM相似，内服后吸收和排泄慢。主要用于严重的呼吸道和泌尿道感染，与TMP配用，抗菌效力可增强数倍至数十倍。

**5. 磺胺对甲氧嘧啶**　疗效不如SDM，但由于乙酰化率低，毒性小，适用于泌尿道感染。

**6. 磺胺脒**　内服大部分不吸收，肠内浓度高。适用于肠道感染，如肠炎、白痢和球虫病。

**7. 磺胺嘧啶银**　对铜绿假单胞菌和大肠杆菌作用强，且有收敛创面和促进愈合的作用。主要用于烧伤感染。撒布于烧伤创面或配成2%混悬液湿敷。

**【制剂的用法与用量】**

**1. 磺胺嘧啶片**　内服：一次量，每千克体重，家畜，首次量0.14～0.2 g，维持量0.07～0.1 g。一日2～3次，连用3～5 d。

**2. 磺胺嘧啶钠注射液**　静脉和肌内注射：一次量，每千克体重，家畜0.05～0.1g。一日1～2次，连用2～3 d。休药期：牛10d，羊18d，猪10d。弃乳期3d。

**3. 磺胺二甲嘧啶片**　内服：一次量，每千克体重，家畜，首次量0.14～0.2 g，维持量0.07～0.1 g。一日1～2次，连用3～5 d。休药期：牛10d，猪15d，禽10 d。

**4. 磺胺二甲嘧啶钠注射液**　静脉和肌内注射：一次量，每千克体重，家畜50～100mg。一日1～2次，连用2～3 d。

**5. 磺胺间甲氧嘧啶片**　内服：一次量，每千克体重，畜禽，首次量50～100mg，维持量25～50mg。一日2次，连用3～5 d。

**6. 磺胺间甲氧嘧啶钠注射液**　静脉和肌内注射：一次量，每千克体重，家畜50mg。一日1～2次，连用2～3 d。

**7. 磺胺甲噁唑片**　内服：一次量，每千克体重，家畜，首次量50～100mg，维持量

25～50mg。一日 2 次，连用 3～5 d。

**8. 磺胺对甲氧嘧啶片** 内服：一次量，每千克体重，家畜，首次量 50～100mg，维持量 25～50mg。一日 1～2 次，连用 3～5 d。

**9. 磺胺脒片** 内服：一次量，每千克体重，家畜 0.1～0.2 g。一日 2 次，连用 3～5 d。休药期 28d。

## 二、抗菌增效剂

为一类合成的苄氨嘧啶类化合物。由于能增强磺胺药和多种抗生素的疗效，故称为抗菌增效剂。国内常用甲氧苄啶、二甲氧苄啶（为动物专用）。国外还用奥美普林（二甲氧甲基苄啶，OMP）、阿地普林（ADP）、巴喹普林（BQP）等。

### 甲氧苄啶（Trimethoprim，TMP）

**【性状】**为白色或类白色结晶性粉末。无臭，味苦。不溶于水，易溶于冰醋酸。

**【药动学】**内服吸收迅速而完全，1～2 h 血药浓度达高峰。脂溶性高，分布广泛，在肺、肾、肝中浓度较高，乳中浓度为血药浓度的 1.3～3.5 倍。主要从尿中排出，少量从胆汁、唾液和粪便中排出。

**【药理作用】**主要是通过抑制二氢叶酸还原酶，使二氢叶酸不能还原成四氢叶酸，因而切断了敏感菌叶酸的代谢途径，从而妨碍菌体核酸合成。TMP 与磺胺类药物合用时，可从两个不同环节同时阻断叶酸合成，而起双重阻断作用，使抗菌作用增强数倍至几十倍，甚至使抑菌作用变为杀菌作用。

**【应用】**抗菌谱广。对多种革兰氏阳性菌及革兰氏阴性菌均有抗菌活性，其中较敏感的有溶血性链球菌、葡萄球菌、大肠杆菌、变形杆菌、巴氏杆菌和沙门氏菌等。但对铜绿假单胞菌、结核分枝杆菌、丹毒杆菌、钩端螺旋体无效。单用易产生耐药性。

临床按 1∶5 的比例，与 SMD、SMM、SMZ、SD、$SM_2$、SQ 等合用，用于敏感菌引起的呼吸道、泌尿道感染及蜂窝组织炎、腹膜炎、乳腺炎、创伤感染等。亦用于幼畜肠道感染、猪萎缩性鼻炎、猪传染性胸膜肺炎。对家禽大肠杆菌病、鸡白痢、鸡传染性鼻炎、禽伤寒及霍乱等均有良好的疗效。

**【不良反应】**偶尔引起白细胞、血小板减少。孕畜和出生仔畜应用可引起叶酸摄取障碍，应慎用。

**【制剂的用法、用量与休药期】**

**1. 复方磺胺嘧啶钠注射液** 肌内注射：一次量，每千克体重，家畜 20～30mg（以磺胺嘧啶计）。一日 1～2 次，连用 2～3 d。休药期：牛、羊 12d，猪 20d。弃乳期 48h。

**2. 复方磺胺对甲氧嘧啶片** 内服：一次量，每千克体重，家畜 20～25mg（以磺胺对甲氧嘧啶计）。一日 2～3 次，连用 3～5 d。

**3. 复方磺胺对甲氧嘧啶钠注射液** 肌内注射：一次量，每千克体重，家畜 15～20mg（以磺胺对甲氧嘧啶钠计）。一日 1～2 次，连用 2～3 d。

**4. 复方磺胺嘧啶预混剂** 混饲：一日量，每千克体重，猪 15～30mg（以磺胺嘧啶计），连用 5d；鸡 25～30mg，连用 10d。休药期：猪 5d，鸡 1d，产蛋期禁用。

**5. 复方磺胺嘧啶混悬液** 混饮：每 1L 水，鸡 80～160mg（以磺胺嘧啶计），连用 5～

7d。休药期：鸡 1d，产蛋期禁用。

**6. 复方磺胺甲噁唑片** 内服：一次量，每千克体重，家畜 20～25mg（以磺胺甲噁唑计）。一日 2 次，连用 3～5 d。蛋鸡产蛋期禁用。

**7. 复方磺胺氯哒嗪钠粉** 内服：一次量，每千克体重，猪 20～30mg（以磺胺氯哒嗪钠计），一日 1～2 次，连用 5～10 d；鸡 20～30mg，一日 1～2 次，连用 2～3 d。休药期：猪 4d，鸡 2d，蛋鸡产蛋期禁用。

**8. 复方磺胺喹噁啉钠可溶性粉** 混饮：每 1L 水，禽 200mg（以磺胺喹噁啉钠计），连用 5d。休药期 10d，蛋鸡产蛋期禁用。

### 二甲氧苄啶（Diaveridine，DVD）

【作用与应用】又称二甲氧苄氨嘧啶、敌菌净，为动物专用。作用机理同 TMP，抗菌活性弱于 TMP。内服吸收较少，在肠道内浓度较高，主要用作肠道的抗菌增效剂。

常以 1∶5 的比例与 SQ、$SM_2$、SMD 等合用，防治禽、兔的球虫病和肠道感染。DVD 单用也具有防治球虫病的作用。

【制剂的用法、用量与休药期】

**1. 磺胺对甲氧嘧啶、二甲氧苄啶片** 内服：一次量，每千克体重，家畜 20～25mg（以磺胺对甲氧嘧啶计）。一日 2 次，连用 3～5 d。蛋鸡产蛋期禁用。

**2. 磺胺对甲氧嘧啶、二甲氧苄啶预混剂** 混饲：每 1000kg 饲料，猪、禽 100g（以磺胺对甲氧嘧啶计），连用饲喂不超过 10d，蛋鸡产蛋期禁用。

**3. 磺胺喹噁啉钠、二甲氧苄啶预混剂** 混饲：每 1000kg 饲料，禽 100g（以磺胺喹噁啉钠计），连用饲喂不超过 5d，蛋鸡产蛋期禁用。

## 三、喹诺酮类

喹诺酮类是人工合成的具有 4-喹诺酮环结构的抗菌药物。按发明先后及其抗菌性能的不同，分为四代。1962 年首先应用于临床的第一代喹诺酮类是萘啶酸，因抗菌谱窄、抗菌力弱、毒性大，现已被淘汰。第二代的代表药物是 1974 年合成的吡哌酸，抗菌活性有所增强，主要抗革兰氏阴性菌，但内服难吸收，主要以原形从尿中排出，不良反应较大。仅用于泌尿道、肠道感染。1979 年合成了第三代的第一个药物诺氟沙星，由于它具有 6-氟-7-哌嗪-4-喹诺酮环结构，又名为氟喹诺酮类药物。这类药物具有下列特点：①抗菌谱广，对革兰氏阳性菌和革兰氏阴性菌、铜绿假单胞菌、支原体、衣原体等均有作用。②杀菌力强，在体外很低的药物浓度即可显示较高的抗菌活性，临床疗效显著。③吸收快、体内分布广泛，可治疗各个系统或组织的感染性疾病。④抗菌机制独特，与其他抗菌药之间无交叉耐药性。⑤使用方便，不良反应小。第四代是 20 世纪 90 年代后期研制的格帕沙星、克林沙星、莫西沙星、加替沙星等新型氟喹诺酮类，在第三代基础上，增强了抗厌氧菌的作用，不良反应更小，但价格较贵。目前兽医临床无应用。

我国批准在兽医临床应用的氟喹诺酮类药物有：诺氟沙星、培氟沙星、氧氟沙星、环丙沙星、洛美沙星、恩诺沙星、达氟沙星（单诺沙星）、二氟沙星、沙拉沙星等，其中后面 4 种药物为动物专用。国外上市的动物专用药还有麻保沙星、奥比沙星、依巴沙星等。本节主要介绍动物专用的氟喹诺酮类药物。

**(一)抗菌作用**

氟喹诺酮类为广谱杀菌性抗菌药。对革兰氏阳性菌、革兰氏阴性菌、支原体、某些厌氧菌均有效。如对大肠杆菌、沙门氏菌、巴氏杆菌、克雷伯氏杆菌、变形杆菌、铜绿假单胞菌、嗜血杆菌、支气管败血波氏杆菌、丹毒杆菌、金黄色葡萄球菌、链球菌、化脓棒状杆菌等均敏感。对耐甲氧苯青霉素的金黄色葡萄球菌、耐磺胺类和 TMP 的细菌、耐庆大霉素的铜绿假单胞菌、耐泰乐菌素或泰妙菌素的支原体也有效。

**(二)作用机理**

氟喹诺酮类能抑制细菌脱氧核糖核酸(DNA)回旋酶,干扰 DNA 复制而产生杀菌作用。DNA 回旋酶由 2 个 A 亚单位及 2 个 B 亚单位组成,能将染色体正超螺旋的一条单链切开、移位、封闭,形成负超螺旋结构。氟喹诺酮类可与 DNA 和 DNA 回旋酶形成复合物,进而抑制 A 亚单位,只有少数药物还作用于 B 亚单位,结果不能形成负超螺旋结构,DNA 复制受阻,细菌进而死亡。由于细菌细胞的 DNA 呈裸露状态(原核细胞),而畜禽细胞的 DNA 呈包被状态(真核细胞),故这类药物易进入菌体直接与 DNA 相接触而呈选择性作用。动物细胞内有与细菌 DNA 回旋酶功能相似的酶,称为拓扑异构酶Ⅱ,治疗量的氟喹诺酮类对此酶无明显影响。利福平(RNA 合成抑制剂)、氯霉素(蛋白质合成抑制剂)均可导致氟喹诺酮类药物作用降低。

**(三)不良反应与应用注意**

(1)对负重关节的软骨组织生长影响不良,禁用于幼龄动物和孕畜。

(2)大剂量或长期用药,尿中可形成结晶,损伤尿道,也可损害肝和出现胃肠道反应。因此,要严格控制给药剂量和疗程,给予充足的饮水。肝肾功能不良患畜慎用。

(3)有潜在的中枢神经系统兴奋作用,尤其是犬、鸡中毒时,兴奋症状较明显。因此,患癫痫的犬、肉食动物慎用。

(4)皮肤反应有红斑、瘙痒、荨麻疹、光敏反应等。

**(四)耐药性**

耐药菌株随着本类药物的广泛应用逐渐增多,且本类之间存在交叉耐药性。常见的耐药菌有金黄色葡萄球菌、链球菌、大肠杆菌、沙门氏菌等。

**(五)常用药物作用特点**

### 恩诺沙星(Enrofloxacin)

**【性状】**又称乙基环丙沙星,恩氟沙星。为微黄色或淡橙黄色结晶性粉末。无臭,味苦。在水或乙醇中极微溶解,在醋酸、盐酸或氢氧化钠溶液中易溶。

**【药动学】**恩诺沙星在动物体内的代谢主要是脱乙基成为环丙沙星。大多数单胃动物内服给药后吸收迅速而完全,成年反刍兽内服生物利用度很低,须注射给药。几乎所有组织(中枢神经系统除外)的药物浓度都高于血浆,这种分布有利于全身感染和深部组织感染的治疗。本品通过肾和非肾代谢方式进行消除,15%~50%的药物以原形通过尿排泄。

**【作用与应用】**为动物专用广谱杀菌药,对支原体有特效,其抗支原体效力强于泰乐菌素和泰妙菌素。耐泰乐菌素、泰妙菌素的支原体亦对其敏感。抗菌作用呈浓度依赖性,血药浓度大于 8 倍 MIC 时可发挥最佳疗效。

临床用于牛、猪、禽、猫、犬和水生动物的敏感菌或支原体所致的消化系统、呼吸系统、泌尿系统、生殖系统及皮肤软组织的各种感染性疾病。如支原体病、巴氏杆菌病、大肠杆菌病、沙门氏菌病、链球菌病、犬的外耳炎、化脓性皮炎等。

**【用法与用量】**内服：一次量，每千克体重，反刍前犊牛、猪、犬、猫、兔 2.5～5mg，禽 5～7.5mg，一日 2 次，连用 3～5 d。混饮：每 1 L 水，鸡 50～75mg，连用 3～5d。肌内注射：一次量，每千克体重，牛、羊、猪 2.5mg，犬、猫、兔 2.5～5mg，一日 1～2 次，连用 2～3 d。

**【制剂与休药期】**恩诺沙星片：鸡 8d，蛋鸡产蛋期禁用。恩诺沙星可溶性粉、恩诺沙星溶液：鸡 8d，蛋鸡产蛋期禁用。恩诺沙星注射液：牛、羊、兔 14d，猪 10d。

### 达氟沙星（Danofloxacin）

**【性状】**又称单诺沙星。其甲磺酸盐为白色至淡黄色结晶性粉末。无臭，味微苦。易溶于水，微溶于甲醇。

**【药动学】**内服、肌内注射和皮下注射吸收均较迅速而完全。生物利用度高，体内分布广泛，尤其在肺部的浓度是血浆浓度的 5～7 倍。主要通过肾排泄。

**【作用与应用】**为动物专用的广谱高效杀菌药，抗菌谱与恩诺沙星相似，尤其对畜禽的呼吸道致病菌有良好的抗菌活性。主要用于防治牛巴氏杆菌病，猪传染性胸膜肺炎、支原体肺炎，禽大肠杆菌病、禽霍乱、慢性呼吸道病等。

**【用法与用量】**内服：一次量，每千克体重，鸡 2.5～5mg，一日 1 次，连用 3 d。混饮：每 1 L 水，鸡 25～50mg，一日 1 次，连用 3d。肌内注射：一次量，每千克体重，牛、猪 1.25～2.5mg，一日 1 次，连用 3d。

**【制剂与休药期】**甲磺酸达氟沙星可溶性粉、甲磺酸达氟沙星溶液：鸡 5d，蛋鸡产蛋期禁用。甲磺酸达氟沙星注射液：猪 25d。

### 二氟沙星（Difloxacin）

**【性状】**为类白色或淡黄色结晶性粉末。无臭，味苦。不溶于水，微溶于乙醇及冰醋酸，其盐酸盐能溶于水。

**【药动学】**内服和肌内注射吸收均较迅速。分布广泛，达峰时间短，表观分布容积大，消除缓慢。经肾排泄，尿中浓度高，半衰期长。

**【作用与应用】**为动物专用广谱杀菌剂。抗菌谱与恩诺沙星相似，但抗菌活性略低。对畜禽呼吸道致病菌有良好的抗菌活性，尤其对葡萄球菌有较强的作用。

临床主要用于治疗畜禽的敏感细菌及支原体所致各种感染性疾病，如猪传染性胸膜肺炎、猪气喘病、猪肺疫、禽霍乱、鸡败血支原体病、犬的脓皮病等。

**【用法与用量】**内服：一次量，每千克体重，猪、犬、鸡 5～10mg，一日 2 次，连用3～5d。肌内注射：一次量，每千克体重，猪 5mg，一日 1 次，连用 3d。

**【制剂与休药期】**盐酸二氟沙星片、盐酸二氟沙星粉、盐酸二氟沙星溶液：鸡 1d，蛋鸡产蛋期禁用。盐酸二氟沙星注射液：猪 45d。

### 沙拉沙星（Sarafloxacin）

**【性状】**药用其盐酸盐，为类白色至淡黄色结晶性粉末。无臭，味微苦。有吸湿性。在水和乙醇中几乎不溶或不溶，在氢氧化钠溶液中溶解。

**【药动学】**内服吸收较缓慢，生物利用度较低。肌内注射吸收迅速，生物利用度较高。

**【作用与应用】**为动物专用广谱杀菌药。抗菌谱与二氟沙星相似，对支原体的效果略差于二氟沙星。对鱼的杀鲑产气单胞菌、杀鲑弧菌、鳗弧菌也有效。

临床主要用于猪、鸡的敏感细菌及支原体所致各种感染性疾病。如猪、鸡的大肠杆菌病、沙门氏菌病、支原体病和葡萄球菌感染等。也用于鱼敏感菌感染性疾病。

**【用法与用量】**内服：一次量，每千克体重，猪、鸡 5～10mg，一日 1～2 次，连用 3～5 d。混饮：每 1L 水，鸡 50～100mg，连用 3～5d。肌内注射：一次量，每千克体重，猪、鸡 2.5～5mg，一日 2 次，连用 3～5 d。

**【制剂与休药期】**盐酸沙拉沙星片、盐酸沙拉沙星可溶性粉、盐酸沙拉沙星溶液：鸡 0，蛋鸡产蛋期禁用。盐酸沙拉沙星注射液：猪、鸡 0，蛋鸡产蛋期禁用。

## 四、喹噁啉类

本类药物为喹噁啉-*N*-1，4-二氧化物的衍生物。包括卡巴氧、乙酰甲喹、喹乙醇和喹烯酮等。卡巴氧和喹乙醇因有致突变和致癌作用，因此，许多国家已禁用于食品动物。

### 乙酰甲喹（Maquindox）

**【性状】**又称痢菌净。为黄色结晶或粉末。无臭、味微苦。在水、甲醇中微溶。

**【药动学】**内服、肌内注射均易吸收，猪肌内注射后 10min 即可分布全身各组织，半衰期为 2h，约 75%以原形从尿中排出，故尿中浓度高。

**【作用与应用】**具有广谱抗菌作用，对革兰氏阴性菌的作用强于革兰氏阳性菌，对猪痢疾蛇形螺旋体作用尤为突出。主要用于猪痢疾（为首选药）及细菌性肠炎，如仔猪黄痢和白痢、犊牛副伤寒、鸡白痢、禽大肠杆菌病。不能用作生长促进剂。

**【不良反应】**高于治疗量的 3～5 倍，或长期应用，可导致中毒或死亡。家禽敏感。

**【用法与用量】**内服：一次量，每千克体重，牛、猪、鸡 5～10mg；一日 2 次，连用 3 d。肌内注射：一次量，每千克体重，牛、猪 2.5～5mg，鸡 2.5mg，一日 2 次，连用 3 d。

**【制剂与休药期】**乙酰甲喹片、乙酰甲喹注射液：牛、猪 35d。

### 喹乙醇（Olaquindox）

**【性状】**又称奥喹多司。为浅黄色结晶性粉末。无臭，味苦。溶于热水，微溶于冷水，在乙醇中几乎不溶。

**【药动学】**内服吸收迅速，生物利用度高，犬、猪内服的生物利用度为 90%及 100%，大部分经肾排泄。

**【作用与应用】**为抗菌促生长剂。具有广谱抗菌作用，对革兰氏阴性菌作用较强，如巴氏杆菌、大肠杆菌、沙门氏菌等敏感，对猪痢疾蛇形螺旋体也有抑制作用。此外，还具有促进蛋白同化、提高饲料转化率、促进猪生长作用。

临床主要用于猪的促生长，也用于防治仔猪黄、白痢等。

**【不良反应】**猪超量易中毒，禽、鱼对喹乙醇敏感。因此，禁用于禽、鱼及体重超过 35kg 的猪。人接触本品可引起光敏反应。据报道，本品可能有致突变和致癌作用。

【用法与用量】混饲：每1 000kg 饲料，猪 50～100g。

【制剂与休药期】喹乙醇预混剂：猪 35d。

### 喹烯酮（Quinocetone）

【性状】为淡黄色或黄绿色粉末。不溶于水，略溶于部分有机溶剂，对光敏感，较易发生光化学反应。

【作用与应用】为抗菌促生长剂。抗菌谱广，对肠道致病菌（特别是革兰氏阴性菌）作用较强，可明显降低畜禽腹泻发生率，提高鱼等水产动物的成活率，防治鱼虾等水生动物胃肠道疾病。此外，还可促进动物生长，提高饲料转化率。

本品毒性极低、无蓄积、无“三致”作用。

【用法与用量】混饲：每1 000kg 饲料，猪、禽、仔猪、雏鸡、水产动物 50～75g。

【制剂】喹烯酮预混剂。

## 五、硝基咪唑类

它们是一组具有抗原虫和抗厌氧菌活性的药物。包括甲硝唑、地美硝唑、替硝唑、氯甲硝唑等。兽医临床常用甲硝唑和地美硝唑，仅用于治疗，禁用于促生长。

### 甲硝唑（Metronidazole）

【性状】又称灭滴灵、甲硝咪唑。为白色至微黄色结晶或结晶性粉末。微溶于水，略溶于乙醇。

【作用与应用】对大多数专性厌氧菌具有较强的作用，对需氧菌或兼性厌氧菌无效。对滴虫和阿米巴原虫有效。主要用于治疗牛、鸽毛滴虫病、犬贾第虫病、禽组织滴虫病等。此外，还可用于厌氧菌感染。

【不良反应】剂量过大，可出现以震颤、抽搐、共济失调、惊厥等为特征的神经系统紊乱的症状。

【用法与用量】内服：一次量，每千克体重，牛 60mg，犬 25mg，一日 1～2 次。混饮：每 1L 水，禽 500mg，连用 7d。静脉滴注：每千克体重，牛 75mg，马 20mg，一日 1 次，连用 3 d。外用：配成 5%软膏涂敷，配成 1%溶液冲洗尿道。

【制剂】甲硝唑片、甲硝唑注射液。

### 地美硝唑（Dimetridazole）

【性状】又称二甲硝唑、二甲硝咪唑。为类白色至微黄色粉末。无臭，在乙醇中溶解，在水中微溶，遇光色渐变深，遇热升华。

【作用与应用】具有广谱抗菌和抗原虫作用。主要有抗组织滴虫、纤毛虫、阿米巴原虫作用，对厌氧菌、大肠弧菌和猪痢疾蛇形螺旋体亦有作用。用于禽组织滴虫病、猪痢疾蛇形螺旋体病、畜禽肠道和全身的厌氧菌感染。

【不良反应】鸡对本品敏感，大剂量可引起平衡失调，肝肾功能损害。

【用法与用量】混饲：每1 000kg 饲料，猪 200～500g，禽 80～500g（以地美硝唑计）。连续用药，鸡不得超过 10d。

**【制剂与休药期】** 地美硝唑预混剂：猪、禽 3d，蛋鸡产蛋期禁用。

## 六、硝基呋喃类

硝基呋喃类包括呋喃唑酮、呋喃妥因、呋喃西林、呋喃苯烯酸钠等。本类药物属于广谱抗菌药，对多数革兰氏阳性菌、革兰氏阴性菌、某些真菌和原虫有杀灭作用。但由于这类药物具有致突变和致癌的潜在危险，现已禁用于食品动物。

# 子单元三 抗微生物药物的合理应用

抗微生物药是兽医临床使用最广泛的药物。但如不合理使用，尤其是滥用，不仅会造成药品浪费，而且会导致畜禽不良反应增多、细菌耐药性产生和兽药残留等，给兽医临床、公共卫生及人类健康带来不良的后果。只有正确诊断、准确选药，制定合理的给药方案，合理联合用药，采取综合措施，才能充分发挥抗菌药的疗效，降低其对畜禽的不良反应，减少耐药性的产生。

## 一、正确诊断、准确选药

明确致病菌，掌握不同抗菌药的抗菌谱，选择对病原菌敏感的药物是合理应用抗菌药物的基础。细菌的分离鉴定和药敏试验是合理选择抗菌药的重要手段。畜禽活菌（疫）苗接种期间（一周内）停用抗菌药。抗菌药物的选用可参考表 2-5。

**表 2-5 抗菌药临床选用参考表**

| 病原微生物 | 所致疾病 | 备选药物 |
|---|---|---|
| 革兰氏阳性球菌 | | |
| 葡萄球菌 | 畜禽葡萄球菌感染（化脓创、乳房炎、各器官炎症、败血症等） | 青霉素、头孢类、红霉素、林可胺类、复方磺胺、庆大霉素、四环素类、氟喹诺酮类、磺胺类、新霉素、卡那霉素 |
| 链球菌 | 马腺疫、化脓创、乳房炎、 | 青霉素、头孢类、红霉素、林可胺类、复方磺胺、大观霉素、磺胺类 |
| 耐青霉素球菌 | 化脓创、乳房炎、各器官炎症、败血症等 | 苯唑西林、氯唑西林、阿莫西林＋克拉维酸、头孢类、红霉素、林可胺类、庆大霉素、磺胺类、复方磺胺 |
| 革兰氏阳性杆菌 | | |
| 炭疽杆菌 | 炭疽 | 青霉素、四环素、红霉素、庆大霉素、磺胺类 |
| 破伤风梭菌（厌氧、芽孢） | 破伤风 | 青霉素、四环素类、酰胺醇类、林可胺类、磺胺类 |
| 李斯特菌 | 李斯特菌病 | 四环素类、红霉素、复方磺胺、磺胺类 |
| 猪丹毒杆菌 | 猪丹毒、关节炎 | 青霉素、红霉素、四环素、磺胺、氟喹诺酮类、磺胺类 |
| 气肿疽梭菌 | 肿疽 | 青霉素、四环素、酰胺醇类、红霉素、磺胺类 |
| 产气荚膜梭菌 | 气性坏疽、坏死性肠炎、痢疾、腹泻 | 青霉素、四环素、酰胺醇类、泰乐菌素、林可胺类、杆菌肽、磺胺类 |

（续）

| 病原微生物 | 所致疾病 | 备选药物 |
|---|---|---|
| 革兰氏阳性杆菌 | | |
| 结核分枝杆菌 | 结核病 | 利福平、链霉素、卡那霉素、异烟肼等 |
| 革兰氏阴性菌 | | |
| 大肠杆菌 | 大肠杆菌病（鸡、猪、兔等） | 氟喹诺酮类、氨基糖苷类、酰胺醇类、复方磺胺、黏菌素、多西环素、土霉素、四环素、磺胺类 |
| 沙门氏菌 | 鸡白痢、伤寒、副伤寒等 | 酰胺醇类、氨基糖苷类、氟喹诺酮类、磺胺类、黏菌素、土霉素、磺胺类 |
| 铜绿假单胞菌 | 烧伤感染、脓肿、乳房炎、各系统感染、败血症 | 庆大霉素、阿米卡星、羧苄西林、多黏菌素、氟喹诺酮类、头孢噻呋 |
| 坏死杆菌 | 坏死杆菌病 | 四环素类、氨苄西林、氟苯尼考、氟喹诺酮类、氨基糖苷类、复方磺胺、磺胺类 |
| 巴氏杆菌 | 禽霍乱、猪肺疫、牛出血性败血症、巴氏杆菌病（羊、兔、马、鹿、貉、貂等） | 氨基糖苷类、复方磺胺、氟喹诺酮类、四环素类、头孢类、黏菌素、土霉素、酰胺醇类、磺胺类 |
| 嗜血杆菌 | 肺炎、支气管炎 | 磺胺、氟喹诺酮类、四环素类、链霉素、头孢喹诺、新霉素、磺胺类 |
| 布鲁氏菌 | 布鲁氏菌病 | 四环素类、链霉素、新霉素、复方磺胺、土霉素、酰胺醇类、磺胺类 |
| 鼻疽杆菌 | 鼻疽病 | 土霉素、复方磺胺、链霉素、磺胺类 |
| 变形杆菌 | 变形杆菌中毒 | 头孢氨苄、头孢喹诺、庆大霉素、卡那霉素、四环素、磺胺类 |
| 支原体 | | |
| 猪肺炎支原体<br>鸡败血支原体<br>鸡滑液囊支原体<br>丝状支原体<br>山羊支原体<br>山羊无乳支原体 | 猪喘气病<br>禽慢性呼吸道疾病<br>禽滑液囊炎<br>牛传染性胸膜肺炎<br>山羊传染性胸膜肺炎<br>无乳症 | 氟喹诺酮类、泰妙菌素、沃尼妙林、泰乐菌素、替米考星、北里霉素、卡那霉素、多西环素、林可胺类、大观霉素、安普霉素 |
| 螺旋体 | | |
| 猪痢疾短螺旋体 | 猪痢疾（猪血痢） | 乙酰甲喹、利高霉素、螺旋霉素、泰乐菌素、替米考星、安普霉素、酰胺醇类、杆菌肽、四环素类 |
| 钩端螺旋体 | 钩端螺旋体病 | 青霉素、红霉素、四环素、吉他霉素、头孢类、替米考星、链霉素、酰胺醇类、杆菌肽、四环素类 |
| 鸡疏螺旋体 | 禽螺旋体病 | 四环素类、链霉素、泰乐菌素、替米考星、杆菌肽 |
| 兔密螺旋体 | 兔密螺旋体病 | 泰乐菌素、卡那霉素、氟苯尼考、替米考星、杆菌肽 |
| 衣原体 | 衣原体病 | 红霉素、四环素类、氟喹诺酮类、磺胺类 |
| 立克次氏体 | 立克次氏体病 | 红霉素、四环素类 |
| 放线菌 | 放线菌病 | 青霉素、红霉素、替米考星、头孢噻呋、头孢喹诺、杆菌肽、庆大霉素、达氟沙星、二氟沙星 |

（续）

| 病原微生物 | 所致疾病 | 备选药物 |
| --- | --- | --- |
| 真菌 | | |
| 烟曲霉菌 | 雏鸡烟曲霉菌性肺炎 | 制霉菌素、克霉唑、两性霉素 B |
| 白色念珠菌 | 念珠菌病、鹅口疮 | 制霉菌素、克霉唑、两性霉素 B |
| 囊球菌 | 马流行性淋巴管炎 | 制霉菌素、克霉唑、四环素类 |
| 毛癣菌 | 毛癣 | 克霉唑 |
| 小孢子菌 | 毛癣 | 克霉唑 |
| 原虫 | | |
| 弓形虫 | 弓形虫病 | 磺胺类、复方磺胺 |
| 球虫 | 球虫病 | 磺胺类、复方磺胺 |
| 住白细胞原虫 | 白冠病（盲肠肝炎或黑头病） | 磺胺类、复方磺胺 |
| 组织滴虫 | 组织滴虫病 | 硝基咪唑类 |

## 二、制定合理的给药方案

抗菌药在机体内要发挥杀灭或抑制病原菌的作用，必须在靶组织或器官内达到有效的浓度，并能维持一定的时间。因此，必须制定合适的给药方案，包括药物品种、给药途径、剂量、间隔时间及疗程等。

**1. 药物品种**　除了选用对病原菌敏感的药物外，应考虑药物的药动学特征。如脑部感染，宜选择脑脊液中浓度高的磺胺嘧啶。呼吸道感染，应选择易吸收且在肺组织中含量高的恩诺沙星、达氟沙星、氟苯尼考、替米考星等药物。消化道感染，应选择胃肠道难吸收的氨基糖苷类、磺胺类药物等。泌尿系统感染，宜选择以原形从肾排出的药物如青霉素、头孢类、链霉素、卡那霉素、氟喹诺酮类等。

**2. 剂量**　通常以有效血药浓度作为衡量剂量是否适宜的指标。抗菌药物要发挥药效，其有效血药浓度必须大于最小抑菌浓度（MIC）。对中、轻度感染，其最大稳态血药浓度最好超过 MIC 的 4～8 倍，重度感染则应在 8 倍以上。因此，初次给药或重度感染一般剂量稍大，肝肾功能不良时则要酌情减少剂量。

**3. 给药途径**　一般来说，危重病例应以肌内注射或静脉注射给药，消化道感染以内服为主，严重消化道感染并发败血症、菌血症，在内服给药的同时，可配合注射给药。

**4. 疗程**　疗程应充足。一般感染性疾病可连续用药 2～3d，症状消失后，再加强巩固 1～2d，以防复发。支原体病的治疗一般需要 5～7d。严重的急性感染，应在用药后 5d 内及时调整用药方案。杀菌药一般疗程要有 2～3d，抑菌药则要 3～5d。

兽医临床药理学提倡按药物动力学参数制定给药方案，特别是对使用毒性较大、用药时间较长的药物，最好能通过血药浓度监测，作为用药的参考，以保证药物的疗效，减少不良反应的发生。

## 三、联合用药

联合应用抗菌药物的目的是扩大抗菌谱、增强疗效、减少用量、降低或避免毒副作用，减少或延缓耐药菌株的产生。临床上根据抗菌药物的抗菌机理和性质，分为四大类：Ⅰ类为繁殖期或速效杀菌剂，如青霉素类、头孢菌素类、万古霉素类；Ⅱ类为静止期或慢效杀菌剂，如氨基糖苷类、氟喹诺酮类、多黏菌素类（对静止期或繁殖期细菌均有杀菌活性）；Ⅲ类为速效抑菌剂，如四环素类、酰胺醇类、大环内酯类；Ⅳ类为慢效抑菌剂，如磺胺类等。Ⅰ类与Ⅱ类合用一般可获得增强作用，如青霉素和链霉素合用，前者破坏细胞壁的完整性，有利于后者进入菌体内作用其靶位。Ⅰ类与Ⅲ类合用出现颉颃作用，如青霉素与四环素合用出现颉颃。由于四环素迅速抑制细菌蛋白质的合成，导致细菌生长繁殖停止，青霉素无法发挥作用。Ⅰ类与Ⅳ类合用，可能出现相加或无关。但在治疗脑膜炎时，青霉素与 SD 合用可提高疗效。Ⅱ类和Ⅲ类合用可能呈现相加或协同作用，Ⅱ类和Ⅳ类合用可能呈现无关或相加作用，Ⅲ类和Ⅳ类合用可能呈现相加作用。

作用机理相同的同一类药物合用的疗效并不增强，而可能相互增加毒性，如氨基糖苷类之间合用能增加对第八对脑神经的毒性；氟苯尼考、大环内酯类、林可霉素类，因作用机理相似，均竞争细菌同一靶位，而出现颉颃作用。此外，联合用药时应注意药物之间的理化性质、药物动力学和药效学之间的相互作用与配伍禁忌。

## 四、避免耐药性产生

随着抗菌药物的广泛应用，细菌耐药性问题也日益突出，其中以金黄色葡萄球菌、大肠杆菌、铜绿假单胞菌、痢疾杆菌及结核分枝杆菌最易产生耐药性。为了防止耐药菌株的产生，应注意以下几点：严格掌握适应证，不滥用抗菌药物；严格掌握剂量与疗程；病因不明者，不要轻易使用抗菌药；发现耐药菌株感染，应改用对病原菌敏感的药物或采取联合用药；尽量减少长期用药。

## 五、采取综合治疗措施

影响药物作用的因素除了药物，还包括动物机体以及饲养管理和环境等多种因素。因此，在使用抗菌药物的同时，还应根据病畜的种属、年龄、生理、病理状况，采取综合治疗措施，如纠正机体酸碱平衡失调、补充能量、扩充血容量等辅助治疗，以增强抗病力，促进康复。

## 知识拓展

### 抗 病 毒 药

病毒自身缺乏酶系统，需寄生于宿主细胞内，利用宿主细胞的代谢系统才能增殖。目前，尚未有对病毒作用可靠、疗效确实的药物，因此，兽医临床不主张使用抗病毒药，尤其是对食品动物，若大量使用可能导致病毒产生耐药性，使人类的病毒病治疗失去药物资源。病毒病主要依靠疫苗预防。在宠物病毒感染中逐步试用的抗病毒药主要有金刚烷胺、吗啉胍、利巴韦林、黄芪多糖、干扰素等。我国目前也试用板蓝根、大青叶、地丁等中草药防治病毒感染性疾病。

## 金刚烷胺（Amantadine）

**【性状】** 盐酸盐为白色结晶或结晶性粉末，在水和乙醇中易溶。

**【作用与应用】** 窄谱抗病毒药。对某些 RNA 病毒（黏病毒、副黏病毒）有作用。主要干扰病毒进入细胞，阻止病毒脱壳和核酸释放，也可抑制病毒的装配。对甲型流感病毒选择性较高，无宿主特异性。

**【试用】** 试用于马、鸡流感的防治。

**【用法与用量】** 内服：每千克体重，马 20mg，连用 11d，鸡，2.5mg。

## 吗啉胍（Moroxydine，ABOB）

**【性状】** 又名吗啉咪胍、吗啉双胍、病毒灵。常用其盐酸盐，为白色结晶性粉末，易溶于水。

**【药理作用】** 广谱抗病毒药。对流感病毒、副流感病毒、呼吸道合胞病毒等 RNA 病毒有作用，对某些 DNA 型腺病毒、马立克氏病毒、痘病毒、传染性支气管炎病毒等有一定的抑制作用。

**【试用】** 试用于犬瘟热和犬细小病毒病的防治。

**【用法与用量】** 内服：一次量，每千克体重，犬 20mg，每日 2 次。混饮：每 1L 水，犬 100～200mg，连续使用 3～5d。

## 利巴韦林（Ribavirin）

**【性状】** 为鸟苷类化合物，又名三氮唑核苷、病毒唑。白色结晶性粉末，易溶于水。

**【药理作用】** 广谱抗病毒药。对 RNA 病毒和 DNA 病毒均有抑制作用。在体外对流感病毒、副流感病毒、疱疹病毒（如牛鼻气管炎病毒）、痘病毒、环状病毒（如蓝舌病病毒）、新城疫病毒、水疱性口炎病毒和猫嵌杯样病毒有抑制作用。其作用机制是进入被病毒感染的细胞后迅速磷酸化，竞争性抑制病毒合成酶，导致细胞内 GTP 减少，损害病毒 RNA 和蛋白质合成，抑制病毒的复制。

**【试用】** 试用于犬、猫的某些病毒性感染。

**【用法与用量】** 肌内注射：一次量，每千克体重，犬、猫 5mg，每日 2 次，连续使用3～5d。

**【应用注意】** 本品对实验动物有致畸胎作用。猫连续使用引起血小板减少、骨髓抑制和黄疸。

## 黄 芪 多 糖

**【药理作用】** 黄芪为益气药。现已证实其中所含多糖可明显提高人体白细胞诱生干扰素的功能，使感冒患者分泌物中 IgA 和 IgG 的含量上升。动物试验可见白细胞及多核白细胞明显增加。

**【试用】** 试用于Ⅰ型副流感病毒和传染性法氏囊疾病的防治。

**【用法与用量】** 肌内或皮下注射：每千克体重，2mL，一日 1 次，连用 2d。

## 复习思考题

### 一、选择题

1. 下列药物对厌氧菌作用较强的是（　　）。
   A. 甲硝唑　B. 诺氟沙星　C. 敌菌净　D. 克拉维酸
2. 脑部细菌感染的首选药物是（　　）。
   A. 磺胺嘧啶　B. 庆大霉素　C. 链霉素　D. 恩诺沙星
3. 禁止在饲料中使用的药物为（　　）。
   A. 那西肽　B. 杆菌肽锌　C. 二硝托胺　D. 莱克多巴胺
   E. 马杜霉素胺
4. 对畜禽细菌病的治疗措施，说法有误的是（　　）。
   A. 正确诊断　B. 加强消毒　C. 抗病毒　D. 选择高效抗菌药物
5. 青霉素过敏反应严重休克时可选用的解救药是（　　）。
   A. 氨甲酰胆碱　B. 阿托品　C. 肾上腺素　D. 新斯的明
6. 深部真菌感染首选药物是（　　）。
   A. 两性霉素B　B. 制霉菌素　C. 克霉唑　D. 灰黄霉素
7. 青霉素类抗生素的抗菌作用机理是抑制细菌（　　）。
   A. 叶酸的合成　B. 蛋白质的合成　C. 细胞壁的合成
   D. 细胞膜的合成　E. DNA回旋酶的合成
8. 某2月龄犬，患细菌性腹泻，兽医在犬日粮中添加恩诺沙星（每千克日粮200mg）10d，根据药物的使用剂量、时间，最有可能发生的不良反应是（　　）。
   A. 耳毒性　B. 结晶尿　C. 致突变　D. 免疫抑制
   E. 软骨变性
9. 某15月龄犬，初步诊断为感染性皮炎，用恩诺沙星肌内注射治疗3d，疗效差，经实验室确诊为表皮癣菌感染，应改用的治疗药物是（　　）。
   A. 红霉素　B. 土霉素　C. 酮康唑　D. 左旋咪唑
   E. 庆大霉素
10. 某猪患链球菌病并继发肺炎支原体感染，兽医采用每千克体重3万单位剂量，肌内注射青霉素钠，并同时每千克体重15mg肌内注射盐酸土霉素的治疗方案，该联合用药最有可能发生的相互作用是（　　）。
    A. 配伍禁忌　B. 协同作用　C. 相加作用　D. 颉颃作用
    E. 无关作用
11. 治疗结核菌感染的有效药物是（　　）。
    A. 青霉素　B. 林可霉素　C. 链霉素　D. 磺胺嘧啶
12. 土霉素不能用于治疗猪的（　　）。
    A. 喘气病　B. 白痢　C. 真菌性肠炎　D. 肺疫
13. 治疗猪丹毒杆菌感染应选用的药物是（　　）。
    A. 二性霉素　B. 磺胺嘧啶　C. 痢特灵　D. 青霉素

14. 土霉素碱可用于治疗猪的疾病是（　　）。

A. 结核病　B. 真菌性胃肠炎　C. 喘气病　D. 病毒性肺炎

15. 对耐青霉素酶的金黄色葡萄球菌感染有效的药物是（　　）。

A. 氨苄青霉素 B. 邻氯青霉素　C. 青霉素　D. 多黏菌素 E

16. 猪弓形虫病的首选药是（　　）。

A. 新斯的明　B. 诺氟沙星　C. 磺胺药　D. 氯化钠

17. 关于磺胺药的说法，错误的是（　　）。

A. 广谱杀菌药　B. 首次用量加倍

C. 与 TMP 增效　D. 与 DVD 增效

18. 关于林可霉素说法错误的是（　　）。

A. 内服吸收差　B. 对厌氧菌高效

C. 对大肠杆菌高效　D. 对支原体有效

19. 动物使用磺胺药过程中出现的肾尿素盐沉积可用解救药物是（　　）。

A. 葡萄糖　B. 氯化铵　C. 小苏打　D. 维生素 C

20. 与喹诺酮类药物配用后，药效下降的是（　　）。

A. 青霉素　B. 氟苯尼考　C. 大观霉素　D. 链霉素

21. 仔猪血痢的首选药是（　　）。

A. 新斯的明　B. 诺氟沙星　C. 痢菌净　D. 磺胺药

22. 下列药物中，属于动物专用的是（　　）。

A. 磺胺嘧啶　B. 恩诺沙星　C. 氨苄西林　D. 青霉素

23. 治疗鸡盲肠球虫特效的药物是（　　）。

A. 地克珠利　B. 青霉素

C. 磺胺氯吡嗪钠　D. 甲硝唑。

24. 下列情况属于不合理配伍是（　　）。

A. SD＋TMP　B. 青霉素＋链霉素

C. 土霉素＋TMP　D. 青霉素＋土霉素

25. 可用于仔猪钩端螺旋体病、犊牛放线菌病的药物是（　　）。

A. 青霉素　B. 莫能菌素　C. 诺氟沙星　D. 越霉素 A

## 二、问答题

1. 某种猪场 3～5 月龄仔猪体温突然升高到 40.5～42℃，稽留 7～10d。精神委顿，食欲减退或废绝，呼吸困难，全身发抖。初期便秘，后期下痢，排脓性恶臭粪便。剖检病死猪发现肺、全身淋巴结肿大，表面有灰白色坏死灶及各种大小出血点。肾呈土黄色，有散在小点状出血或坏死灶。胃底部、肠黏膜出血溃疡，甚至糜烂。经实验室诊断为弓形虫感染。兽医应用磺胺间甲氧嘧啶钠和甲氧苄啶治疗 5d 后，病猪病情好转。试述磺胺间甲氧嘧啶钠和甲氧苄啶联用的理由及注意事项。

2. 某规模化肉鸡饲养场，饲养的 10 万只白羽肉鸡在 20 日龄时发生败血性大肠杆菌与支原体混合感染，请根据所学知识提供至少三种用药方案。

3. 某兽医用四环素治疗猪附红细胞体病，并同时使用硫酸亚铁治疗贫血。该兽医用药是否合理，为什么？

4. 某猪场发生胸膜肺炎放线杆菌感染，并应用下列药物治疗。哪些药物有效，哪些药物无效，为什么？

氟苯尼考、青霉素、替米考星、头孢噻呋、头孢喹诺、杆菌肽、庆大霉素、四环素、达氟沙星。

5. 请判断下列配伍是否合理，并说明理由。

(1) 青霉素＋庆大霉素，(2) 青霉素＋泰乐菌素，(3) 四环素＋TMP，(4) 恩诺沙星＋青霉素，(5) 青霉素＋磺胺嘧啶，(6) 泰乐菌素＋林可霉素，(7) 林可霉素＋大观霉素，(8) 氟苯尼考＋克林霉素，(9) 磺胺嘧啶＋TMP，(10) 头孢氨苄＋氨苄西林。

# 实践技能

## 实训七　抗菌药物的体外抗菌实验

**【目的要求】** 掌握抗菌药物的体外抗菌方法和步骤，为临床合理选药奠定基础。

**【材料】**

**1. 药品**　青霉素、链霉素、四环素、磺胺嘧啶钠等。

**2. 菌种**　金黄色葡萄球菌、大肠杆菌、绿脓杆菌、痢疾杆菌等。

**3. 器材**　镊子、酒精灯、火柴、玻璃铅笔、吸管、游标卡尺、试管、试管架、灭菌平皿、铂金耳、恒温箱、pH 试纸、陶瓦盖等。

**【方法和步骤】**

**1. 纸片法**　将已制备好的高柱肉汤琼脂培养基加热熔化后，待冷却至 50℃左右时，加入肉汤培养基菌液 1 mL（经 37℃培养 18h 的菌液），轻轻摇动使之混匀。然后倒入无菌的平皿内。轻轻晃动平皿，以使培养基均匀地平铺在平皿上，待冷却凝固后，用消毒过的镊子将青霉素干纸片、链霉素干纸片、四环素干纸片、磺胺嘧啶钠干纸片整齐有顺序地放入平皿内，盖上陶瓦盖，标好记号，置 37℃恒温箱内培养 24h。24h 后取出培养基，用游标卡尺量取抑菌圈直径的大小并记录之，比较不同抗菌药物对金黄色葡萄球菌、大肠杆菌、绿脓杆菌、痢疾杆菌的作用强度。

**2. 平皿二倍稀释法**

(1) 取试管 10 支，依次编号，排列于试管架上，按无菌操作法用吸管吸取牛肉膏汤液体培养基 30 mL，分别向 10 支试管内加入每支试管加 3 mL。

(2) 再用吸管吸取8 000U/mL 的青霉素溶液 3mL 加到第 1 支试管内，并反复吹匀；接着从第 1 支试管内吸出 3 mL 含有青霉素液的培养基加入第 2 支试管内，吹匀；再从第 2 支试管中吸出 3 mL 液体放入第 3 支试管内，吹匀……依此法逐管按二倍稀释至第 10 管。

(3) 取 10 个无菌空平皿，每个平皿相对应地分别加入上述 1～10 管内的青霉素液各 1mL，并按不同浓度在平皿盖上编号以区别。然后在这 10 个平皿内，分别加入融化的牛肉膏汤琼脂培养基各 9mL，使每个平皿内最终的体积为 10mL。熔化的琼脂温度不宜太高，以防破坏青霉素。加入牛肉膏汤琼脂培养基后，要立即摇动平皿，以使培养基与药物充分混匀。琼脂凝固后，即成 400～0.8 U/mL 含药平板。

(4) 用铂金耳分别将已培养 16～18 h 的细菌菌种（如：金黄色葡萄球菌、大肠杆菌、绿脓杆菌、痢疾杆菌等）划线接种于每个含药平板的不同区域，随即加入 37℃恒温箱内，培养 24h。24h 后，取出观察并记录不同细菌在不同浓度的药物平板上的生长情况。使细菌不生长的最小浓度即为药物的最低抑菌浓度。

**【记录结果】** 用游标卡尺测定各药物的抑菌圈直径大小，记录入下表：

| 菌种 | 药物 | 抑菌圈直径（mm） | 判定 |
|---|---|---|---|
| 金黄色葡萄球菌 | 青霉素<br>链霉素<br>四环素<br>磺胺嘧啶钠 | | |
| 大肠杆菌 | 青霉素<br>链霉素<br>四环素<br>磺胺嘧啶钠 | | |
| 绿脓杆菌 | 青霉素<br>链霉素<br>四环素<br>磺胺嘧啶钠 | | |
| 痢疾杆菌 | 青霉素<br>链霉素<br>四环素<br>磺胺嘧啶钠 | | |

**【注意事项】**

（1）上述实验的整个过程应在无菌室内进行。

（2）测量抑菌圈直径时，应包括滤纸片直径在内。

**【附】**

**1. 药敏纸片的制备** 将直径为 6mm 的圆形定性滤纸消毒烘干后，分别浸入下列药物中：青霉素溶液 100 U/mL、链霉素溶液 0.2 mg/mL、四环素溶液 0.2 mg/mL、磺胺嘧啶钠溶液 20 mg/mL，使其充分浸透药液，然后用另一滤纸吸取附于纸片上多余的药液，再置于 37℃恒温箱中烘干备用（保持时间不宜过长）。

**2. 营养肉汤琼脂培养基的制备** 称取牛肉膏 3.0g、蛋白胨 10.0g、氯化钠 5.0g、琼脂 18.0～22.0g（根据气候决定用量，即气温低时少加，气温高时多加）于三角瓶中，蒸馏水加至1 000.0mL，加热，使上述各试剂全部溶解，再补足加热过程中损失的水分，调节 pH 至 7.8，分装于试管内，每管 20 mL，高压灭菌后备用。

**3. 药敏试验判定标准** 细菌对药物的敏感度大小，常用抑菌圈直径大小表示，可参考以下标准记录结果：抑菌圈直径＜9mm 为耐药，9～11mm 者为轻度敏感，介于 12～17mm 者为中度敏感，大于 18mm 者为高度敏感。

**【作业】**

（1）从实验结果，比较各抗菌药物的作用强度。

（2）根据实验结果撰写实验报告。

## 实训八　链霉素的毒性反应及氯化钙的对抗作用

【目的要求】观察链霉素的神经毒性反应、氯化钙对链霉素毒性反应的对抗作用。

【材料】

**1. 动物**　小鼠，体重 18～22g。

**2. 药物**　4%链霉素注射液、1%氯化钙溶液。

**3. 器材**　1mL 注射器 2 个、针头 2 个、天平、烧杯等。

【方法和步骤】

(1) 取 18g～22g 健康小鼠 2 只，称重，编号，观察记录小鼠的呼吸、四肢肌肉张力，体态等正常活动情况。

(2) 每只小鼠按照每 10g 体重腹腔注射 4%硫酸链霉素溶液 0.1mL。然后观察并记录各只小鼠出现反应的时间和症状。

(3) 待症状明显后，给其中 1 只小鼠按照每 10g 体重腹腔注射（最好尾静脉注射）1% $CaCl_2$ 溶液 0.1mL，另 1 只作为对照。观察比较 2 只小鼠出现的症状。

将实验结果记录下表：

| 动物号 | 药物 | 呼吸情况 | 四肢肌张力 | 体态 |
|---|---|---|---|---|
| 1 | 用药前<br>注射链霉素后 | | | |
| 2 | 用药前<br>注射链霉素后<br>注射 $CaCl_2$ 后 | | | |

【注意事项】

(1) 实验动物可用家兔代替小鼠，24%硫酸链霉素溶液的给药剂量为每千克体重 2.5mL，5% $CaCl_2$ 溶液的给药剂量为每千克体重 2mL。

(2) 注射硫酸链霉素溶液必须新鲜配制。

【作业】

(1) 氨基糖苷类抗生素有哪些不良反应。实验中的不良反应可用什么药物进行对抗？

(2) 根据实验结果撰写实验报告。

# 单元二 消毒防腐药

## 子单元一 消毒防腐药概述

### 一、消毒防腐药的概念

**1. 消毒防腐药** 消毒防腐药是一类杀灭或抑制病原微生物的药物。根据其对病原微生物的作用强度，可分为消毒药和防腐药。消毒药是指能迅速杀灭病原微生物的药物。防腐药是指能抑制病原微生物生长繁殖的药物。因二者之间并无严格的界限，消毒药在低浓度时仅能抑菌，而防腐药在高浓度时也能杀菌。因此，一般统称为消毒防腐药。

**2. 杀菌效力的检定** 消毒防腐药的杀菌效力曾用酚系数来表示。酚系数是指消毒防腐药在10min内杀死某标准数量的细菌所需的稀释倍数与具有相等杀菌效力的苯酚的稀释倍数之比。

目前，消毒防腐药的效力主要从其对革兰氏阳性菌、革兰氏阴性菌、芽孢、分枝杆菌、无囊膜病毒和囊膜病毒的杀灭作用来测定。同时，从其作用时间的长短、是否具有局部毒性或全身毒性、是否易被有机物灭活、是否污染环境和价格等各方面来判断其实用性。

### 二、消毒防腐药的作用机理

消毒防腐药的种类很多，其作用机理各不相同，目前认为主要有三种。

**1. 使菌体蛋白凝固或变性** 此类药物多为原浆毒，能使微生物的原浆蛋白质凝固或变性而杀灭微生物，也能破坏动物组织。只适用于环境消毒。如酚类、醇类、醛类、酸类和重金属盐类等。

**2. 改变菌体胞浆膜的通透性** 某些消毒防腐药能改变细胞膜表面张力，增加其通透性，引起胞内物质漏失，水渗入菌体细胞内，导致菌体破裂或溶解。如新洁尔灭、洗必泰等。

**3. 干扰病原体的酶系统** 有些消毒防腐药通过氧化还原反应损害酶的活性基团，或因其化学结构与菌体内代谢物相似，竞争或非竞争地与酶结合，从而抑制酶的活性导致菌体的生长抑制或死亡。如重金属盐类、氧化剂类和卤素类等。

### 三、影响消毒防腐药作用的因素

**1. 药物浓度** 当其他条件一致时，药物的杀菌效力一般随其溶液浓度的增加而增强。

但乙醇例外，高浓度乙醇可使菌体表层蛋白质迅速变性凝固，从而形成一层致密的蛋白膜，使乙醇不能进入菌体内。注意，随着药液浓度的增加，其对组织的刺激性也越大，在使用本类药物时，应选用适当的浓度。

**2. 作用时间** 药物与病原体接触达到一定时间才可发挥作用，一般作用时间越长其作用越强。如甲醛用于雏鸡的熏蒸消毒仅需25min以下，而消毒厩舍、库房等则需12h以上。

**3. 温度** 药液与消毒环境的温度，可对消毒药的效果产生很大影响。一般温度每升高10℃，消毒效果增强1～2倍。如氢氧化钠溶液，在15℃经6h杀死炭疽杆菌芽孢，而在55℃时只需1h，75℃时仅需6min。但是提高温度可增加经济成本，因此，药液的温度一般控制在正常室温即可。

**4. 有机物** 消毒环境中脓、血、粪便及其他有机物能与消毒防腐药结合使其作用减弱，或机械性保护微生物而阻碍药物的作用。因此，在使用消毒防腐药前必须将消毒场所彻底打扫干净，对创面进行清创，清除脓、血、坏死组织和污物，以取得更好的消毒效果。

**5. 病原微生物** 不同种（型）的微生物及微生物的不同发育时期，对药物的敏感性也不同，如病毒对碱类敏感，而对酚类抵抗力较强；生长繁殖旺盛期的细菌对药物敏感，而具有芽孢的细菌则对其有强大抵抗力。还有，微生物的数量越多，要求消毒剂浓度越大或消毒时间越长。

**6. 联合用药** 两种药物合用时，会出现增强或减弱的效果。如阳离子表面活性剂和阴离子表面活性剂共用，可使消毒作用消失；过氧乙酸与碘酊合用可发生氧化还原反应，不仅消毒作用减弱，而且还会加重对皮肤的刺激性和毒性。环氧乙烷和溴化甲烷合用不仅可防燃防爆，而且还增强消毒效果。

**7. pH** 环境或组织的pH对有些消毒防腐药作用影响较大。含氯消毒剂作用的最佳pH为5～6。戊二醛在碱性环境中杀菌作用强，如2%的戊二醛溶液，在pH4～5时，杀菌作用很弱，对芽孢无效，若在溶液内加入0.3%的碳酸氢钠溶液，将pH调至7.5～8.5时杀菌作用增强，能杀死芽孢。

**8. 其他** 包括水质、消毒物表面性状、结构、理化性质等。如硬水中的$Ca^{2+}$和$Mg^{2+}$可与季铵盐类、碘伏等结合成不溶性盐类，从而降低其抗菌效力。

## 子单元二 常用的消毒防腐药

消毒防腐药物很多，本子单元按其临床应用的对象不同进行分类介绍。

### 一、主要用于周围环境、用具、器械的消毒药

#### 氢氧化钠（Sodium Hydroxide）

**【性状】**又称苛性钠、火碱。为白色块状、棒状、片状或颗粒状结晶。易溶于水和醇。易潮解，在空气中易吸收二氧化碳。

**【作用与应用】**为强碱，对细菌和病毒作用强，对寄生虫卵也有杀灭作用，4%以上溶液能杀死细菌芽孢。浓度增加和温度升高可明显增强其杀菌作用，按10%浓度加入氯化钠杀芽孢效力更强。

常用1%～2%热溶液，消毒细菌或病毒污染的畜舍、场地、车辆等。3%～5%溶液消

毒炭疽芽孢污染的场地。5%溶液亦可消毒腐蚀皮肤赘生物、新生角质等。2%溶液洗刷被美洲幼虫腐臭病和囊状幼虫病污染的蜂箱和巢箱，消毒后用清水冲洗干净。

**【应用注意】**本品对机体有腐蚀性，消毒厩舍时，应驱出畜禽，隔半天以水冲洗饲槽、地面后方可让畜禽进入，且消毒人员应佩戴橡皮手套，穿胶鞋操作，高浓度氢氧化钠溶液对铝制品、棉、毛织物、漆面等具有损坏作用，使用时应特别注意。

### 氧化钙（Calcium Oxide）

**【性状】**又称生石灰。为灰白色块状物或粉末。本身无杀菌作用，与水混合后变成熟石灰（即氢氧化钙）发挥作用。

**【作用与应用】**本品对一般细菌有一定程度的杀菌作用，但对芽孢、结核分枝杆菌无效。常用10%～20%的混悬液涂刷厩舍、墙壁、畜栏、地面、病畜排泄物及人行通道来进行消毒，也可直接将生石灰撒在阴湿的地面、粪池周围及污水沟等处。

**【应用注意】**生石灰应干燥保存，以免潮解失效。石灰乳宜现用现配，配好后最好当天用完，否则会吸收空气中二氧化碳变成碳酸钙而失效。

### 过氧乙酸（Peracetic Acid）

**【性状】**又称过醋酸。为无色液体，易挥发，有刺激性酸味。浓度高于45%的过氧乙酸经剧烈碰撞或遇热易爆炸，在低温下分解缓慢，故采用低温（3～4℃）保存。市售为20%过氧乙酸溶液。

**【作用与应用】**为强氧化剂，其气体和溶液具有较强的杀菌作用，并较一般的酸和氧化剂作用强。对细菌、病毒、霉菌和芽孢均有效。在低温下仍有杀菌和杀芽孢能力。

0.5%溶液喷洒消毒畜舍、饲槽、车辆等。0.04%～0.2%的溶液用于耐酸塑料、玻璃搪瓷和橡胶制品的短时间浸泡消毒。5%的溶液2.5mL/$m^3$喷雾消毒密封的实验室、无菌室、仓库等。0.3%的溶液30mL/$m^3$，用于鸡舍带鸡消毒。此外，还适用于畜禽舍内的熏蒸消毒，一般每立方米用1～3g，稀释成3%～5%的溶液，加热熏蒸（室内相对湿度宜在60%～80%），密闭门窗1～2h。

**【应用注意】**现用现配。本品能腐蚀多种金属，并对有色棉织品有漂白作用。因蒸汽有刺激性，消毒畜舍时，家畜不宜留在室内。

### 甲　酚（Cresol）

**【性状】**又称煤酚。为无色或淡黄色澄明液体，有类似苯酚的臭味。难溶于水，溶于乙醇。

**【作用与应用】**毒性较苯酚低，抗菌活性是苯酚的3～10倍。能杀灭细菌繁殖体，对结核分枝杆菌、真菌有一定的杀灭作用，但对芽孢无效，对病毒作用不可靠。

临床上5%～10%的溶液用于浸泡用具、器械及厩舍、场地、病畜排泄物的消毒。

**【应用注意】**因本品有特殊酚臭，不宜用于屠宰场或奶牛场消毒。

**【制剂】**甲酚皂溶液。

### 复合酚（Phenol Complicis）

**【性状】**又称菌毒敌、畜禽灵。为酚及酸类复合型消毒剂，含酚41%～49%，醋酸

22%～26%及十二烷基苯磺酸，呈深红褐色黏稠样，有特臭。

【作用与应用】可杀灭细菌、霉菌和病毒，对多种寄生虫卵也有杀灭作用。还能抑制蚊、蝇等昆虫和鼠害的滋生。

常用0.3%～1%的溶液，喷洒消毒畜（禽）舍、笼具、饲养场地、运输工具及排泄物。用药后药效可维持1周。稀释用水的温度应不低于8℃。对严重污染的环境，可适当增加药物浓度和用药次数。

【应用注意】本品对皮肤、黏膜有刺激性和腐蚀性。

### 甲醛溶液（Formaldehyde Solution）

【性状】甲醛在室温下为无色气体，有强烈刺激味，易溶于水和醇。35%～40%的甲醛溶液即福尔马林，为无色液体，久置能生成三聚甲醛而沉淀混浊。常加入10%～12%甲醇，以防止聚合变性。

【作用与应用】对细菌繁殖体、芽孢、真菌和病毒均有效。对肉毒梭菌毒素和葡萄球菌肠毒素，用5%甲醛溶液作用30min可将其破坏。

常用2%甲醛溶液消毒器械（浸泡1～2h）。5%甲醛酒精溶液用于术部消毒。10%甲醛溶液用于标本的固定和保存、尸体防腐。10%～20%甲醛溶液治疗蹄叉腐烂、坏死杆菌病等。

熏蒸消毒：室内熏蒸可用40%甲醛溶液42mL/m³，加等量水，然后加热使甲醛挥发，消毒时间为8～10h；种蛋熏蒸消毒可用40%甲醛溶液15～20mL/m³，再按甲醛溶液：高锰酸钾＝2：1加入高锰酸钾，加入前加1/2量的水，消毒20min。熏蒸消毒时，室温不低于15℃，相对湿度为60%～80%，消毒时间为8～10h。

【应用注意】①穿透力差，具滞留性，消毒结束后即应通风或用水冲洗，消毒空间仅需相对密闭。②对皮肤、眼、呼吸道有刺激性，可致损伤；大量吸收后能抑制中枢神经甚至致死，用药时需注意对人畜的防护。③现已证明甲醛有致癌作用，用时应防止污染食品或在动物产品中残留。

### 戊二醛（Glutaral）

【性状】为油状液体。味苦。易溶于水和酒精。在酸性溶液中较为稳定，在碱性环境尤其是当pH为5～8.5时杀菌作用最强。

【作用与应用】对繁殖型革兰氏阳性和阴性菌作用迅速，对耐酸菌、芽孢、某些霉菌和病毒也有抑制作用。

常用2%碱性溶液（加0.3%碳酸氢钠）浸泡消毒橡胶或塑料等不宜加热消毒的器械或制品，浸泡时间10～20min。0.78%溶液用于疫苗制备时，鸡胚的消毒（喷洒使浸透，保持5min或放置至干）。

### 癸甲溴氨溶液（Deciguam Solution）

【性状】又称百毒杀，是一种双链季铵盐类高效表面活性剂。为无色无味液体。溶于水，性质稳定，不受环境有机物及光热的影响。

【作用与应用】对多种细菌、亲脂性病毒、真菌和藻类有杀死作用。还有除臭和清洁作用。

常用0.05%的溶液浸泡、洗涤、喷洒消毒厩舍、孵化室、用具、环境。0.0025%～0.005%溶液，消毒饮水。

### 辛氨乙甘酸溶液（Octicine Solution）

**【性状】**又称菌毒清。为辛基二乙烯三胺甘氨酸盐酸盐溶液，加适量的助溶剂配制而成。为黄色澄明液体，有微腥臭，味微苦，强力振摇则发生多量泡沫。

**【作用与应用】**为双离子表面活性剂。对化脓球菌、肠道杆菌及真菌有良好的杀灭作用，对细菌芽孢无杀灭作用。对结核分枝杆菌用1%溶液需作用12h。杀菌作用不受血清、牛乳等有机物的影响。

100～200倍稀释，消毒厩舍、场地、器械；500倍稀释，消毒种蛋；按1000倍稀释，消毒手及畜禽饮用水。

**【应用注意】**①忌与其他消毒药合用。②不宜用于粪便、污秽物及污水的消毒。

### 漂白粉（Chlorinated Lime）

**【性状】**又称含氯石灰。是次氯酸钙、氯化钙和氢氧化钙的混合物。为灰白色粉末。微溶于水，有氯臭，受潮易分解失效。新制的漂白粉含有效氯25%～36%。

**【作用与应用】**本品能杀灭细菌、芽孢、病毒和真菌，并可破坏肉毒杆菌毒素。漂白粉通过水解为次氯酸，进一步分解为初生态氧和氯气而发挥杀菌作用。另外，漂白粉中所含的氯可与氨和硫化氢发生反应，故有除臭作用。

常用1%～3%澄清液消毒饲槽、饮水槽（器）、及其他非金属用品；10%～20%乳剂消毒已发生传染病的畜禽厩舍、场地、墙壁、排泄物、运输车辆。50L水加1g漂白粉用作饮水消毒。

**【应用注意】**不能用于金属制品及有色棉织物的消毒，也不可与易燃易爆物品放在一起。宜现用现配。

### 二氯异氰尿酸钠（Sodium Dichloroisocyanurate）

**【性状】**又称优氯净。为白色或微黄色粉末。具有氯臭，含有效氯60%～64%。性质稳定。易溶于水，水溶液稳定性差，宜现用现配。

**【作用与应用】**杀菌谱广，杀菌力较多数氯胺类消毒药强。对细菌繁殖体、芽孢、病毒、真菌均有较强的杀灭作用。溶液的pH越低，杀菌作用越强。有机物对杀菌作用影响较小，但有腐蚀和漂白作用。广泛用于鱼塘、饮水、食品、牛乳加工厂、车辆、厩舍、蚕室、用具的消毒。

消毒浓度以有效氯计算。鱼塘消毒，每立方米水0.3g；饮水消毒，每1L水0.5mg；食品、牛乳加工场所、厩舍、蚕室、用具、车辆等消毒，每1L水50～100 mg。

**【应用注意】**同漂白粉。

### 溴氯海因（Bromochlorodimethylhydantion）

**【性状】**为白色或淡黄色结晶粉末。有次氯酸刺激性气味，有引湿性。微溶于水，溶于乙醇和氯仿。

【作用与应用】本品对细菌繁殖体、细菌芽孢、真菌和病毒有杀灭作用。具高效广谱、安全低毒特点。在pH5～9杀菌效果好。常用于厩舍、运输工具、场地和养殖水体消毒。

厩舍、运输工具及场地消毒，200～4 000倍稀释。养殖水体消毒，每立方米0.03～0.04g。

【应用注意】①本品对人的皮肤、眼及黏膜有强烈的刺激。②配制时用木器或塑料容器将药物溶解均匀后使用，禁用金属容器盛放。

## 二、主要用于皮肤、黏膜的消毒防腐药

### 乙　醇（Alcohol）

【性状】为无色澄明液体。易挥发，易燃烧，能与水、甘油、氯仿等任意比例混合。

【作用与应用】为常用消毒药。70%～75%乙醇杀菌力最强，能杀死繁殖型细菌，但对细菌芽孢无效。浓度过高可使菌体表层蛋白凝固，妨碍渗透，影响杀菌作用，过低则难达到有效杀菌浓度。此外，本品对组织具有刺激作用，用其涂擦皮肤时，能扩张局部毛细血管，增强血液循环，促进炎性渗出物的吸收，减轻疼痛。

临床常用75%的乙醇消毒手、皮肤、体温计、注射针头和小件医疗器械等。

### 碘（Iodine）

【性状】为灰黑色有金属光泽的结晶。常温下能挥发，微溶于水，易溶于碘化钾或碘化钠水溶液中。

【药理作用】有强大的消毒作用，能杀死细菌芽孢、真菌、病毒和原虫。且对黏膜和皮肤有强烈的刺激作用，可使局部组织充血，促进炎性产物的吸收。

【制剂的用法与用量】

**1. 碘溶液**　2%碘溶液不含酒精，适用于皮肤的浅表破损和创面。

**2. 碘酊**　5%碘酊用于手术部位等消毒；10%浓碘酊用作皮肤刺激药，用于慢性腱炎、关节炎等；4%碘酊制成药饵喂青鱼，能防治青鱼球虫病；2%碘酊用于饮水消毒，在1L水中加5～6滴，能杀死病菌和原虫。

**3. 碘甘油**　1%碘甘油用于鸡痘、鸽痘的局部涂擦；5%碘甘油用于治疗黏膜的各种炎症。

**4. 复方碘溶液**（卢戈氏液）　用于治疗黏膜的各种炎症，或向关节腔、瘘管等内注入。

**5. 碘伏**　0.5%～1%溶液用于手术部位、奶牛乳房和乳头、手术器械等消毒。

【不良反应】低浓度碘的毒性很低，使用时偶尔引起过敏反应。长时间浸泡金属器械，会产生腐蚀性。

### 聚维酮碘（PovidoneLodine）

【性状】为1-乙烯基-2-吡咯烷酮均聚物与碘的复合物，黄棕至红棕色无定形粉末。能溶于水。

【作用与应用】本品杀菌力比碘强，兼有清洁剂作用。毒性低，对组织刺激性小。对细菌、病毒和真菌均有良好的杀灭作用。酸性条件下杀菌作用较强，碱性时杀菌作用减弱。主

要用于手术部位、皮肤和黏膜消毒。

以聚维酮碘计，常用5%溶液消毒皮肤和治疗皮肤病；0.5%～1%溶液乳头浸泡；0.1%溶液冲洗黏膜及创面；1%溶液治疗马角膜真菌感染和防治水产动物疾病。

### 碘　仿（Iodoform）

**【性状】** 为黄色有光泽的结晶或结晶性粉末，有特臭。微有挥发性，在较高温度分解失去碘。极微溶于水，溶于沸乙醇、氯仿、乙醚。

**【作用与应用】** 本身无防腐作用，当应用于局部组织后，慢慢释放出游离碘而呈现防腐作用，作用持续1～3日。对组织刺激性小，能促进肉芽形成。具防腐、除臭和防蝇作用。因作用慢而弱，并易由创面吸收中毒，人医临床已少用。

常制成10%碘仿醚溶液治疗深部瘘管、蜂窝织炎和关节炎等；4%～6%碘仿纱布用于充填会阴等深而易污染的伤口。

### 苯扎溴铵（Benzalkonium Bromide）

**【性状】** 又称新洁尔灭。常温下为黄色胶状液体，低温时可能逐渐形成蜡状固体。易溶于水和乙醇。水溶液呈碱性，振摇时产生多量泡沫。

**【作用与应用】** 为季铵盐类阳离子表面活性剂，有杀菌和去垢效力。对多数革兰氏阴性菌和阳性菌，接触数分钟即能杀死。对病毒效力差，不能杀死细菌芽孢、结核分枝杆菌和绿脓杆菌。

临床上常用0.1%溶液浸泡5min消毒皮肤，浸泡30min消毒手术器械；0.01%～0.05%溶液用于黏膜（阴道膀胱等）及深部感染伤口的冲洗。

**【应用注意】** ①忌与碘、碘化钾、过氧化物、肥皂配伍。②浸泡器械时应加入0.5%亚硝酸钠，以防生锈。③不宜用于眼科器械和合成橡胶制品的消毒。

## 三、主要用于创伤的消毒防腐药

### 高锰酸钾（Potassium Permanganate）

**【性状】** 为黑紫色、细长的棱形结晶或颗粒，带蓝色的金属光泽。无臭，易溶于水。应密闭保存。

**【作用与应用】** 为强氧化剂，有杀菌、除臭、解毒和组织收敛作用。比过氧化氢溶液作用强而持久，但易受有机物影响。

0.05%～0.1%的溶液用于腔道冲洗及生物碱、氰化物中毒洗胃；0.1%～0.2%的溶液用于冲洗创伤和鸡群饮水消毒。毒蛇咬伤的伤口立即撒布结晶或用1%溶液冲洗，可减轻中毒。

**【应用注意】** ①不宜反复用高锰酸钾洗胃。②药液需现用现配，避光保存，久置变棕色而失效。③内服本品中毒，用温水或3%过氧化氢溶液洗胃，并内服牛乳、豆浆或氢氧化铝凝胶，以延缓吸收。

### 过氧化氢溶液（Hydrogen Peroxide Solution）

**【性状】** 又称双氧水。为无色无臭的澄明液体。遇光、热或久置均易失效。宜遮光、密闭、阴凉处保存。

【作用与应用】本品与组织有机物接触后，能放出初生态氧而呈现杀菌、防腐、除臭作用。由于杀菌力弱，一般不用作消毒药。在接触创面时，由于分解迅速，会产生大量气泡，机械地松动脓块、坏死组织及组织粘连的敷料，有利于清洁创面。

临床上常用0.3%～1%的溶液冲洗口腔或阴道；1%～3%的溶液清洗带恶臭的创伤及深部创伤，防止厌氧菌感染。

【应用注意】①大于3%的溶液对组织有刺激性和腐蚀性。②不能与碱、碘化物、高锰酸钾等氧化剂配伍使用。

### 硼　酸（Boric Acid）

【性状】为白色粉末或微带光泽的鳞片。溶于冷水，易溶于沸水、醇及甘油中。

【作用与应用】无杀菌作用，抑菌作用较弱，但刺激性较小。常用2%～4%的溶液冲洗各种黏膜、创面、眼睛。30%的硼酸甘油用于治疗口腔及鼻黏膜的炎症等。硼酸磺胺粉（1∶1）治疗擦伤、褥疮、烧伤等。

### 甲　紫（Methyl Violet）

【性状】又称龙胆紫、甲基紫、结晶紫，氯化甲玫瑰胺。为深绿紫色的颗粒状粉末或绿色有金属光泽的碎片。微臭。在乙醇中溶解，水中微溶。

【作用与应用】碱性染料，对革兰氏阳性菌有选择性抑制作用，对真菌也有作用。其毒性很小，对组织无刺激性，有收敛作用。

临床上常用1%～2%的甲紫水溶液局部治疗皮肤和黏膜的感染、溃疡与鹅口疮等。

### 松馏油（Pine Tar）

【性状】含有松节油、木馏油、酚、二甲苯、醋酸、萘、愈创木酚等多种化合物。为棕黑色或类黑色极黏稠液体。有特臭。微溶于水，与乙醇、乙醚、冰醋酸、脂肪油或挥发油能任意混合。

【作用与应用】本品有防腐、溶解角质、止痒、促进炎性物质吸收和刺激肉芽生长等作用。可用于治疗慢性皮肤病如湿疹、皮癣、过敏性皮炎、脂溢性皮炎和生长迟缓的肉芽创等。常用其涂于患部治疗蹄病（如蹄叉腐烂等），一天1～2次。

【应用注意】对皮肤有局部刺激作用，不能用于有炎症或破损皮肤。

### 鱼石脂（Ichthammol，Ichthyol）

又称依克度、鱼石硫酸铵。具有缓和的刺激性消炎防腐作用，可消炎、消肿、抑制分泌。用于疖肿。通常用10%鱼石脂软膏，涂于患处，每日2次。

## 知识拓展

### 消毒防腐药的选用

严格的消毒是预防各种动物传染病的重要措施。化学药物消毒是生产中最常用的消毒方法，常用的消毒方法有浸洗法、喷洒法、熏蒸法、气雾法等，另外，合理选用消毒防腐药在防治畜禽疾病中有着重要的作用。消毒防腐药选用参考见表 2-6。

**表 2-6 防腐消毒药选用参考表**

| 消毒种类 | 选用药物 |
|---|---|
| 畜禽舍空气消毒 | 过氧乙酸、乳酸、醋酸、甲醛、高锰酸钾、聚甲醛 |
| 畜禽舍消毒 | 苯酚、甲酚、氢氧化钠、氧化钙、戊二醛、漂白粉、二氯异氰尿酸钠、二氧化氯、新洁尔灭、辛氨乙甘酸、癸甲溴铵 |
| 用具、器械消毒 | 苯酚、甲酚、氢氧化钠、戊二醛、碘附、二氯异氰尿酸钠、二氧化氯、新洁尔灭、辛氨乙甘酸、癸甲溴铵 |
| 排泄物消毒 | 甲酚、漂白粉、石灰乳等 |
| 创伤、黏膜消毒 | 甲酚、硼酸、过氧化氢、高锰酸钾、甲紫、利凡诺、新洁尔灭等 |
| 带畜禽（体）消毒 | 过氧乙酸、癸甲溴铵、新洁尔灭、次氯酸钠等 |
| 饮水消毒 | 过氧乙酸、碘附、漂白粉、氯胺-T、二氯异氰尿酸钠、二氧化氯、癸甲溴铵等 |
| 鱼池消毒 | 氧化钙、甲醛、高锰酸钾、漂白粉、二氯异氰尿酸钠、二氧化氯、溴氯海因等 |
| 蚕室蜂箱 | 甲醛、高锰酸钾、新洁尔灭等 |
| 皮肤消毒 | 乙醇、碘酊、碘附、高锰酸钾、来苏水、过氧化氢等 |
| 防腐止酵 | 甲醛、鱼石脂、松馏油等 |
| 橡胶、塑料消毒 | 戊二醛、过氧乙酸等 |
| 种蛋消毒 | 碘附、二氧化氯、辛氨乙甘酸、癸甲溴铵、甲醛＋高锰酸钾等 |
| 鱼虾体表消毒 | 漂白粉、二氯异氰尿酸钠、三氯异氰尿酸钠、癸甲溴铵等 |
| 食品厂消毒 | 度米芬、二氧化氯、二氯异氰尿酸钠、癸甲溴铵等 |

# 复习思考题

## 一、选择题

1. 适应于熏蒸消毒的药是（　）。
   A. 复合酚　B. 过氧化氢　C. 苯扎溴铵
   D. 氢氧化钠　E. 甲醛溶液
2. 常用的洗眼液为（　）。
   A. 2%硼酸　B. 2%甲酚皂　C. 2%苯扎溴铵
   D. 2%过氧乙酸　E. 2%高锰酸钾
3. 0.1%苯扎溴铵溶液（新洁尔灭）浸泡消毒手术器械时，为防止生锈应添加的药物是（　）。
   A. 5%碘酊　B. 70%酒精　C. 10%甲醛
   D. 2%戊二醛　E. 0.5%亚硝酸钠
4. 用于清洗深部创伤，防止厌氧菌感染的药是（　）。
   A. 3%过氧化氢　B. 75%乙醇　C. 0.1%聚维酮碘
   D. 2%甲紫　E. 0.1%$KMnO_4$

5. 针对破伤风病因的治疗措施是（　　）。

A. 清创处理　　B. 加强护理　　C. 解痉镇静

D. 内服防风散　　E. 注射抗毒素

## 二、问答题

1. 某鸡场发生传染性法氏囊，进行紧急消毒，请你结合所学药理知识选用合适的消毒药，并说明使用方法和注意事项。

2. 某人不小心被生锈的铁钉钉伤后，简单地用酒精棉球消毒而未做任何处理。该病人可能承担什么样的风险，怎样处理较好？（可能感染破伤风梭菌）。

3. 列举5种用于创伤黏膜消毒的药物，并说明使用浓度和方法。

4. 某猪场发生病毒病，请问下列消毒防腐药中哪些药物可用于该猪场紧急消毒，说明使用浓度和方法。

烧碱、苯扎溴铵、漂白粉、二氯异氰尿酸钠、过醋酸、癸甲溴铵、新氨乙甘酸溶液。

# 实践技能

## 实训九　消毒防腐药的作用观察

**【目的要求】** 观察防腐消毒药对蛋白液、肠黏膜、肝及皮毛的作用，为临床合理选药奠定基础。

**【材料】**

**1. 药品**　乙醇（95%、75%、35%）、0.1%新洁尔灭、2%醋酸铅、2%明矾、0.1%硝酸银、10%硫酸铜、10%稀盐酸、10%氢氧化钠、3%双氧水、0.1%高锰酸钾、20%鸡蛋白液、肠段、肝及皮毛。

**2. 器材**　试管、玻璃板、玻璃铅笔、剪子、镊子、滴管、量筒等。

**【方法和步骤】**

（1）取小试管9支，各加入20%蛋白液2mL。然后向各试管分别加入表中消毒防腐药①～⑩。请注意：乙醇约加2mL，应沿管壁徐徐加入，重叠于蛋白液上，其他各药液各加2～3滴即可，观察各管蛋白液发生什么变化。

（2）将三块纵切开的肠壁平铺在玻璃板上，使黏膜面向上，分别向黏膜面滴加药液⑧～⑩各2～3滴，5～10min后用水洗去药物，观察黏膜发生什么变化。

（3）取家兔皮毛两小块，放入2支大试管中，然后分别向2支试管中倒入药液⑨～⑩，静置10min后，观察皮毛发生什么变化。

（4）取家兔肝两小块，放入两支小试管中，然后分别向两管中倒入药液⑪和⑫，观察管内药液发生什么变化。将上述各结果记录于下表：

| 消毒防腐药 | 小试管 | 玻璃板 | 大试管 | 小试管 |
|---|---|---|---|---|
| | 20%蛋白液 | 肠黏膜 | 皮毛 | 肝 |
| ①95%乙醇 | | | | |
| ②75%乙醇 | | | | |

（续）

| 消毒防腐药 | 小试管 | 玻璃板 | 大试管 | 小试管 |
|---|---|---|---|---|
| | 20%蛋白液 | 肠黏膜 | 皮毛 | 肝 |
| ③35%乙醇 | | | | |
| ④0.1%新洁尔灭 | | | | |
| ⑤2%醋酸铅 | | | | |
| ⑥2%明矾 | | | | |
| ⑦0.1%硝酸银 | | | | |
| ⑧10%硫酸铜 | | | | |
| ⑨10%稀盐酸 | | | | |
| ⑩10%氢氧化钠 | | | | |
| ⑪3%双氧水 | | | | |
| ⑫0.1%高锰酸钾 | | | | |

**【作业】**

（1）乙醇多大浓度杀菌力最强？为什么？

（2）重金属离子与蛋白质结合的紧密度同它的作用有何关系？

（3）酸与碱对蛋白质的作用有何不同？

（4）双氧水和高锰酸钾作用有何异同？

（5）撰写实验报告。

## 实训十　消毒防腐药的杀菌效果观察

**【目的要求】**掌握消毒防腐药杀菌效果的定量测定方法。

**【材料】**

**1. 菌种**　大肠杆菌 $O_{78}$、金黄色葡萄球菌。

**2. 药品**　500g/L 戊二醛、1%甘氨酸、普通营养琼脂培养基、磷酸盐缓冲液（PBS）。

**3. 器材**　量筒、容量瓶、平皿、移液管、试管、L 形玻璃棒、恒温培养箱等。

**【方法和步骤】**

**1. 实验浓度消毒剂的配制**　用灭菌蒸馏水将 500g/L 戊二醛稀释成浓度为 2.5g/L、10g/L、20g/L。

**2. 实验用菌悬液的配制**　将保存的大肠杆菌、金黄色葡萄球菌分别接种于肉汤培养液中，37℃恒温培养箱中培养 16～18h，取增菌后的菌液 0.5mL，用磷酸盐缓冲液稀释至浓度为 $1\times10^6\sim1\times10^7$CFU/mL。

**3. 消毒效果实验**　将 0.5mL 菌悬液加入 4.5mL 试验浓度消毒液中混匀计时，到规定作用时间后，从中吸取 0.5mL 加入 4.5mL 中和剂（即 1%甘氨酸）中混匀，使之充分中和，10min 后吸取 0.5mL 悬液用涂抹法接种于营养琼脂培养基平板上，于 37℃恒温培养箱中培养 24h，计数生长菌落数。每个样本选择适宜稀释度接种 2 个平皿。

**4. 按照下列公式计算平均杀菌率**　杀菌率达 99.9%以上为达到消毒效果。

$$杀菌率（KR）=\frac{N_1-N_0}{N_1}\times100\%$$

式中：$N_1$ 为消毒前活菌数；$N_0$ 为消毒后活菌数。

**【记录结果】**将上述各结果记录于下表：

| 菌种 | 戊二醛浓度（g/L） | 作用不同时间的平均杀菌率（%） | | |
|---|---|---|---|---|
| | | 5min | 10min | 20min |
| 大肠杆菌 | 2.5<br>10<br>20 | | | |
| 金黄色葡萄球菌 | 2.5<br>10<br>20 | | | |

**【注意事项】**

（1）不同消毒剂要选择不同的中和剂，中和剂须有终止消毒剂又对实验无不良影响。

（2）实验温度一般要求在室温（20～25℃）下进行。

**【作业】**

（1）哪些因素会影响消毒剂的杀菌效果？举例说明。

（2）撰写实验报告。

# 单元三　抗寄生虫药物

**（一）定义及分类**

抗寄生虫药是用于驱除和杀灭体内、外寄生虫的药物。根据药物抗虫作用和寄生虫分类，可将抗寄生虫药物分为抗蠕虫药、抗原虫药和杀虫药三大类。

**（二）作用机理**

抗寄生虫药的种类繁多，化学结构与作用不同，某些寄生虫的生理生化系统尚未完全了解，因此对药物的作用机理还不完全清楚。目前公认的主要有以下几种：

**1. 抑制虫体内的某些酶**　某些抗寄生虫药通过抑制虫体内酶的活性，而使虫体的代谢过程发生障碍。如左旋咪唑、硫双二氯酚、硝氯酚、硝硫氰胺等能抑制虫体内延胡索酸还原酶（琥珀酸脱氢酶）的活性，阻断延胡索酸还原为琥珀酸，减少能量的产生；有机磷酸酯类能与胆碱酯酶结合，阻碍乙酰胆碱的降解，使虫体内乙酰胆碱蓄积增多，引起虫体兴奋痉挛，最后麻痹死亡。

**2. 干扰虫体的代谢**　某些抗寄生虫药能直接干扰虫体的物质代谢过程。如三氮脒等能抑制DNA的合成，从而影响原虫的生长繁殖；氯硝柳胺能干扰虫体氧化磷酸化过程，影响ATP的合成，使绦虫缺乏能量，头节脱离肠壁而排出体外；氨丙啉化学结构和硫胺相似，在球虫的代谢过程中取代硫胺而使虫体的代谢不能正常进行。

**3. 作用于虫体的神经肌肉系统**　有些抗寄生虫药可直接作用于虫体的神经肌肉系统，影响其运动功能或导致虫体麻痹死亡。如噻嘧啶能与虫体的胆碱受体结合，产生与乙酰胆碱相似的作用，使虫体肌肉剧烈收缩，导致痉挛性麻痹；阿维菌素类则能促进$\gamma$-氨基丁酸（GABA）的释放，阻断神经冲动传导，导致虫体神经麻痹，使肌肉细胞丧失收缩能力，最终虫体死亡或排出体外。

**4. 干扰虫体内离子的平衡或转运**　聚醚类抗球虫药能与钠、钾、钙等金属阳离子形成亲脂性复合物，使其能自由穿过细胞膜，使子孢子和裂殖子中的阳离子大量蓄积，导致水分过多地进入细胞，使细胞膨胀变形，细胞膜破裂，引起虫体死亡。

**（三）理想抗寄生虫药物的条件**

**1. 安全**　一般认为，抗寄生虫药的治疗指数大于3时才有临床应用意义。凡是对虫体毒性大，对宿主毒性小或无毒性的抗寄生虫药才是安全的。

**2. 广谱、高效**　广谱是指驱虫范围广。畜禽的寄生虫感染多属混合感染，特别是不同类别寄生虫的混合感染，因此在生产实践中需要能同时驱杀多种不同类别寄生虫的药物。高效是指应用剂量小、驱杀寄生虫的效果好，且对成虫、幼虫、甚至对虫卵都有较高的驱杀效果。

**3. 具有适于群体给药的理化特性** 驱内寄生虫药的内服药物应无味、无特臭、适口性好，可混饲给药，若能溶于水，可将药物混饮给药，则使用更为方便；用于注射给药者对局部应无刺激性。杀外寄生虫药应能溶于一定溶媒中，以浇淋、喷雾等方法群体杀灭外寄生虫。

**4. 价格低廉，不易产生耐药性**（特别是抗球虫药，较容易产生耐药性） 可在畜牧生产上大规模推广应用。

**5. 无残留** 食品动物应用后，药物不残留于肉、蛋和乳及其制品中，或可通过遵守休药期等措施，控制药物在动物性食品中的残留。

**(四) 应用注意**

(1) 正确认识药物、寄生虫和宿主三者之间的关系，合理使用抗寄生虫药物。

在选用抗寄生虫药时，不仅要了解药物对虫体的作用及其在宿主体内代谢过程和对宿主的毒性，而且还要了解寄生虫的寄生方式、生活史、流行病学特点，熟悉药物的理化性状、剂型、剂量、疗程和给药方法等，才能达到最好的治疗效果。

(2) 在进行大规模畜禽驱虫时，应严格按照《中国兽药典》或其他兽药质量标准规定的药物剂量和疗程，不能随意增加剂量和疗程，以免发生中毒。

(3) 预防寄生虫病时，应定期更换不同类型的抗寄生虫药，防止产生耐药性。

(4) 要熟悉抗寄生虫药物在食品动物体内的分布状况，遵守有关药物最高残留限量和休药期的规定，避免动物性食品中药物残留，保证人体健康和公共卫生安全。

## 子单元一 抗蠕虫药

抗蠕虫药是指能驱除或杀灭寄生于畜禽体内蠕虫的药物。根据寄生于动物体内的蠕虫类别，抗蠕虫药分为抗线虫药、抗吸虫药、抗绦虫药、抗血吸虫药。但这种分类也是相对的，有的药物兼有多种驱虫功能，如苯并咪唑类具有抗线虫、抗吸虫和抗绦虫作用。

### 一、抗线虫药

**1. 阿维菌素类** 由阿维链霉菌产生的一组新型大环内酯类抗寄生虫药。包括阿维菌素、伊维菌素、多拉菌素、赛拉菌素和依立菌素等。

#### 伊维菌素（Ivermectin）

**【性状】**为白色结晶性粉末，微有引湿性。在甲醇、乙酸乙酯、三氯甲烷中易溶，在乙醇、丙酮中溶解，在水中几乎不溶。

**【作用与应用】**本品具有广谱、高效、低毒和用量小等优点，为新型大环内酯类驱虫药。对体内外寄生虫，特别是线虫如蛔虫、钩虫、肾虫及心状丝虫、肺线虫；节肢动物如螨虫、虱子等均有良好驱杀作用。但对吸虫、绦虫及原虫无效。本品内服、皮下注射，均能吸收完全。进入体内的伊维菌素能分布大多数组织，包括皮肤。

主要用于防治动物的胃肠道线虫病、马胃蝇蛆和牛皮蝇蛆以及犬心丝虫、微丝蚴；动物疥螨、痒螨、毛虱、血虱等引起的外寄生虫病。

**【应用注意】**①肌内或静脉注射易引起中毒反应，一般采用皮下注射或内服给药，分点注射。②伊维菌素注射给药时，通常一次即可，对患有严重螨病的家畜每隔 7～9d，再用药

2～3 次。③柯利（Collie）牧羊犬对本品异常敏感，忌用。④伊维菌素对虾、鱼及水生生物有剧毒，临床用药时不得污染水体。⑤泌乳期禁用。

**【用法与用量】** 皮下注射：一次量，每千克体重，牛、羊 0.2mg，猪 0.3mg。混饲：以伊维菌素计，每1 000kg 饲料，猪 2g，连用 7d。

**【制剂与休药期】** 伊维菌素注射液：牛、羊 21d，猪 20d，弃乳期 20d。伊维菌素预混剂：猪 5d。

### 阿维菌素（Avermectin）

**【性状】** 又名阿灭丁、爱比菌素。为白色和淡黄色粉末。无味。几乎不溶于水。

**【作用与应用】** 其作用、应用与伊维菌素基本相似，但毒性比伊维菌素略强，价格较低。临床主要用于治疗畜禽的线虫病、螨病及蜱、虱、蝇等寄生性昆虫病。

**【用法与用量】** 内服：一次量，每千克体重，羊、猪 0.3mg。皮下注射：一次量，每千克体重，羊 0.2mg，猪 0.3mg。浇注或涂擦：一次量，每千克体重，牛、猪 0.1mL，由肩部向后，沿背中线浇注，犬、兔两耳耳背部内侧涂擦。

**【制剂与休药期】** 阿维菌素片、阿维菌素胶囊、阿维菌素注射液：羊 35d、猪 28d。阿维菌素透皮溶液：牛、猪 42d。

### 多拉菌素（Doramectin）

**【作用与应用】** 本品的主要作用和抗虫谱与伊维菌素类基本相似，但抗虫作用稍强，毒性较小。可用于治疗和控制动物的体内和体外寄生虫病，如胃肠道线虫、奥氏奥斯特他氏线虫、竖琴奥斯特线虫、帕莱斯（氏）血矛线虫感染，肺线虫如胎生网尾线虫感染，眼丝虫和心丝虫感染等；体外寄生虫如牛皮蝇、蜱、蚤、虱、痒螨、疥螨等。

**【应用注意】** ①犬用本品可见严重的不良反应而致死亡。②对鱼类及水生生物有毒。③肌内注射导致的注射部位残留会高于皮下注射。

**【用法与用量】** 肌内注射：一次量，每千克体重，猪 0.3mg。

**【制剂与休药期】** 多拉菌素注射液：猪 56d。

**2. 苯并咪唑类**　主要有阿苯达唑、氧阿苯达唑、芬苯达唑、奥芬达唑、甲苯咪唑、氟苯达唑、氧苯达唑、非班太尔等。

### 阿苯达唑（Albendazole）

**【性状】** 又名丙硫苯咪唑、抗蠕敏、肠虫清。为白色或类白色粉末。无臭，无味。水中不溶，冰醋酸中溶解。

**【作用与应用】** 本品对动物大多数线虫、吸虫、绦虫均有驱除作用，是驱除混合感染多种寄生虫的有效药物。本品对成虫、未成熟虫体和幼虫均有较强作用，还有杀虫卵效能。用于驱除马的马副蛔虫、马尖尾线虫的成虫和第四期幼虫、马圆线虫、无齿圆线虫、普通圆线虫和安氏网尾线虫等；对牛、羊消化道寄生的主要线虫的成虫及其幼虫均有较好的驱除作用；治疗剂量时，对牛、羊肝片吸虫及莫尼茨绦虫均有良好作用；对猪蛔虫、后圆线虫、食道口线虫有效；对猪、牛、羊囊尾蚴及猪肾虫有一定疗效；对犬蛔虫及犬钩虫、绦虫有特效；对鸡赖利绦虫成虫、鸡蛔虫成虫及其未成熟虫体有良好效果。

【应用注意】①马对本品较为敏感，不能连续大剂量使用。②本品对动物胚胎有毒害作用，牛、羊妊娠前期 45d 禁用，产乳期禁用。

【用法与用量】内服：一次量，每千克体重，马、猪 5～10mg，牛、羊 10～15mg，犬 25～50mg，禽 10～20mg。

【制剂与休药期】阿苯达唑片：牛 14d，羊 4d，猪 7d，禽 4d，弃乳期 60h。

### 芬苯达唑（Fenbendazole）

【性状】又称苯硫咪唑。为白色或类白色粉末。无臭，无味。不溶于水，可溶于冰醋酸和二甲基亚砜。

【作用与应用】本品抗虫谱与阿苯达唑相似，但作用略强于阿苯达唑，怀孕动物亦可应用。临床主要用于畜禽线虫病和绦虫病。

【不良反应】①在常规推荐剂量下，本品一般不会产生不良反应。但由于死亡的虫体释放抗原，可继发产生过敏反应，特别是在高剂量时。②犬或猫内服时偶见呕吐。

【应用注意】①单剂量对于犬、猫往往无效，必须治疗 3d。②禁用于供食用的马。

【用法与用量】内服：一次量，每千克体重，马、牛、羊、猪 5～7.5mg，犬、猫25～50mg，禽 10～50mg。

【制剂与休药期】　芬苯达唑片：牛、羊 21d，猪 3d，弃乳期 7d。芬苯达唑粉：牛、羊 14d，猪 3d，弃乳期 5d。

**3. 咪唑并噻唑类**　包括四咪唑（噻咪唑）和左旋咪唑。四咪唑为混旋体，左旋咪唑为左旋体，临床上主要应用的是左旋咪唑。

### 左旋咪唑（Levamisole）

【性状】常用其盐酸盐和磷酸盐。为白色或类白色针状结晶或结晶性粉末。无臭、味苦。易溶于水，在酸性溶液中较稳定，在碱性水溶液中易分解失效。

【作用与应用】本品属广谱抗线虫药。对马、牛、绵羊、猪、犬、鸡的大多数线虫具有活性。对牛和绵羊的皱胃线虫（血矛线虫、奥斯特线虫）、小肠的毛圆线虫、仰口线虫，大肠的食道口线虫和胎生网尾线虫的成虫期具有良好活性，对尚未发育成熟的虫体作用差，对类圆线虫、毛首线虫和鞭虫作用差或不确切，对牛的滞留幼虫无效。此外，还具有明显的免疫调节功能，特别是对老龄或慢性病患畜等免疫功能受损的动物作用更明显。

主要用于治疗牛、羊、猪、犬、猫、禽的胃肠道线虫、肺线虫、犬心丝虫、猪肾虫病。其次也用于免疫功能低下动物的辅助治疗和提高疫苗的免疫效果。

【应用注意】①由于左旋咪唑对动物机体有拟胆碱样作用，若出现 M-样和 N-样中毒反应，可用阿托品解救。②马和骆驼较敏感，马慎用，骆驼禁用。③在动物极度衰弱或有明显的肝肾损伤时，牛因免疫、去角、阉割等发生应激时，应慎用或推迟使用。④泌乳期动物禁用。

【用法与用量】内服、皮下和肌内注射：一次量，每千克体重，牛、羊、猪 7.5mg，犬、猫 10mg，禽 25mg。

【制剂与休药期】盐酸左旋咪唑片：牛 2d，羊 3d，猪 3d，禽 28d，泌乳期禁用。盐酸左旋咪唑注射液：牛 14d，羊 28d，猪 28d，泌乳期禁用。

**4. 四氢嘧啶类** 包括噻嘧啶、甲噻嘧啶、羟嘧啶、乙胺嗪、氰乙酰肼、哌嗪等。

### 双氢萘酸噻嘧啶（Pyrantel Pamoate）

**【性状】**又名噻吩嘧啶、抗虫灵。常用其双羟萘酸噻嘧啶盐，为淡黄色粉末。无臭，无味。几乎不溶于水，易溶于碱。遇光易分解变质，应遮光、密封保存。

**【作用与应用】**本品具有广谱、低毒的特点。内服后胃肠道吸收不良，肠道内可达到较高的药物浓度，对猪蛔虫、鸡蛔虫、犬蛔虫、马圆线虫、羊的消化道线虫、灵长类动物的蛲虫等具有良好的驱除效果，对肺线虫无效。应用相同剂量时，效力高于左咪唑等咪唑并噻唑和苯并咪唑类，是重要的驱线虫药。连续使用本品能使虫体产生耐药性，且与左咪唑有交叉耐药性。

**【应用注意】**①由于药物对动物有明显的烟碱样作用，极度虚弱动物慎用。②禁与肌松药、胆碱酯酶药和杀虫药合用。

**【制剂的用法与用量】**双羟萘酸噻嘧啶片，内服：一次量，每千克体重，马 7.5～15mg，犬、猫 5～10mg。

### 磷酸哌嗪（Piperazine）

**【性状】**本品的枸橼酸盐和磷酸盐均为白色结晶性粉末。枸橼酸哌嗪又名驱蛔灵，易溶于水，磷酸哌嗪不溶于水。

**【作用与应用】**本品能使虫体肌肉麻痹，丧失附着肠管和逆行的能力，随粪便排出体外。对畜禽蛔虫、食道口线虫、毛细线虫的成虫驱除效果良好，对其幼虫驱除效果差，对宿主毒性小，安全性高，主要用于畜禽蛔虫病。

**【应用注意】**慢性肝、肾疾病以及胃肠蠕动减弱的患畜慎用。

**【用法与用量】**内服：一次量，每千克体重，马、猪 0.2～0.25g，犬、猫 0.07～0.1g，禽 0.2～0.5g。马隔 3～4 周，猪隔 2 个月，犬、猫隔 2～3 周，禽隔 10～14d，应再次给药治疗。

**【制剂与休药期】**磷酸哌嗪片、枸橼酸哌嗪片：牛、羊 28d，猪 21d，禽 14d。

**5. 有机磷酸酯类** 主要有敌百虫、哈罗松、敌敌畏、萘肽磷（灭蠕灵）等。其中以敌百虫应用最广泛。

### 敌百虫（Dipterex）

**【性状】**本品为白色结晶性粉末。易溶于水，水溶液呈酸性反应，性质不稳定，使用前宜新鲜配制。其在碱性水溶液中易转化为敌敌畏而使毒性增强。兽用为精制敌百虫。

**【作用与应用】**敌百虫与虫体内胆碱酯酶结合，使酶失去活性，乙酰胆碱在虫体内蓄积，使虫体肌肉先兴奋、痉挛，随后麻痹死亡。同时使畜体内乙酰胆碱增高，胃肠蠕动加快，产生轻泻作用而将虫体迅速排出体外。

敌百虫驱虫范围广，内服或肌内注射对消化道内的大多数线虫及少数吸虫有良好的效果。如蛔虫、血矛线虫、食道口线虫、钩虫、蛲虫、圆形线虫、姜片吸虫等。也可用于防治螨、虱、蚤、蜱、蚊和蝇等外寄生虫病，如杀灭羊鼻蝇蚴、马胃蝇蚴、牛皮蝇蚴。

【应用注意】①敌百虫的安全范围较小，治疗量与中毒量接近，易引起动物中毒，中毒后可用硫酸阿托品、碘解磷定进行解毒。②不同种类动物对本品的敏感性不同，以本品可用于治疗和控制动物的体内和体外寄生虫病，如胃肠道线虫奥氏奥斯特他氏线虫、竖琴奥斯特线虫、帕莱斯（氏）血矛线虫感染，肺线虫如胎生网尾线虫感染，眼丝虫和心丝虫感染等；体外寄生虫如牛皮蝇、蜱、蚤、虱、痒螨、疥螨等。家禽、犊牛最敏感，不宜使用；成年牛、羊次之，宜慎用；猪、犬、马耐受性高，宜用。③本品不可与碱性药物配伍，以免转化为敌敌畏增强其毒性。④奶牛不宜应用，动物的休药期为7d。

【用法与用量】精制敌百虫片，内服：一次量，每千克体重，牛20～40mg，马30～50mg，绵羊80～100mg，山羊50～70mg，猪80～100mg。极量（内服）：一次量，马20g，牛15g。

【制剂与休药期】精制敌百虫片：28d。

## 二、抗绦虫药

### 氯硝柳胺（Niclosamide）

【性状】本品又名灭绦灵，为淡黄色粉末。无臭、无味。在乙醇、三氯甲烷或乙醚中微溶，在水中几乎不溶。置空气中易变为黄色。

【作用与应用】本品内服后难以吸收，在肠道内保持较高的药物浓度，故毒性较小，安全范围较大。犬、猫稍敏感，用2倍治疗量，则出现暂时性下痢；鱼类敏感，易中毒死亡。

对牛、羊多种绦虫均高效，而且对绦虫头节和体节作用相同。对前后盘吸虫驱虫效果亦较好。对犬、猫绦虫有明显驱杀效果。治疗量对鸡各种绦虫几乎全部驱净。主要用于畜禽绦虫病、反刍动物同盘吸虫感染。此外，还有较强的杀钉螺作用，对螺卵和尾蚴也有杀灭作用。

本品通过抑制绦虫对葡萄糖的吸收，干扰虫体的三羧酸循环，导致乳酸蓄积而产生杀绦虫作用。通常虫体与药物接触1h，虫体便萎缩，继而头节脱落而随粪便排出体外。由于虫体常被肠道蛋白酶分解，难于检出完整的虫体。

【用法与用量】内服：一次量，每千克体重，牛40～60mg，羊60～70mg，犬、猫80～100mg，禽50～60mg。

【制剂与休药期】氯硝柳胺片：牛、羊28d。

### 硫双二氯酚（Bithionol）

【性状】又名别丁。为白色或黄色结晶性粉末。不溶于水，易溶于乙醇、乙醚或稀碱溶液。

【作用与应用】本品对吸虫成虫及囊蚴均有明显杀灭作用，对绦虫也有效。对宿主的肠道有拟胆碱效应，故还具有下泻作用。主要用于治疗牛、羊肝片吸虫病、前后盘吸虫病、姜片吸虫和绦虫病。

【应用注意】①本品安全范围较小，多数动物用药后有食欲降低和轻度腹泻的现象，但多在2d内可自愈，为减少不良反应，可小剂量连用2～3次。②马属动物和鸭对本品较敏感，应慎用。

【制剂的用法与用量】硫双二氯酚片，内服：一次量，每千克体重，马10～20mg，牛

40～60mg，猪、羊 75～100mg，犬、猫 200mg，鸡 100～200mg，鸭 30～50mg。

### 丁萘脒（Bunamidine）

**【性状】** 多制成盐酸盐或羟萘酸盐。盐酸丁萘脒为白色结晶性粉末。可溶于水。专用于犬、猫驱绦虫药；羟萘酸丁萘脒为淡黄色结晶性粉末。不溶于水。主要用于羊的莫尼茨绦虫。

**【作用与应用】** 本品能使虫体的外皮破裂，使绦虫在宿主消化道内被消化，因而粪便中不出现虫体。盐酸丁萘脒对眼有刺激性，还可引起肝损害和胃肠道反应。

**【用法与用量】** 内服：一次量，每千克体重，盐酸丁萘脒，犬、猫 25～50mg；羟萘酸丁萘脒，羊 25～50mg，鸡 400mg。

## 三、抗吸虫药

根据化学结构不同，目前所用的抗吸虫药物主要有硝基酚类（碘硝酚、硝氯酚、硝碘酚腈）、水杨酰胺类（氯氰碘柳胺、碘醚柳胺、溴替尼特）、磺胺类（氯舒隆）、苯并咪唑类（三氯苯达唑、阿苯达唑）等。

### 硝氯酚（Niclofolan）

**【性状】** 又称拜尔－9015，为黄色结晶性粉末。不溶于水，易溶于氢氧化钠或碳酸钠溶液中。

**【作用与应用】** 具有高效、低毒、用量小的特点，是国内外广泛应用的驱除牛、羊肝片吸虫药物，治疗量一次内服，对肝片吸虫成虫驱虫率几乎达到 100%。对未成熟虫体，无实用意义。对各种前后盘吸虫移行期幼虫也有较好效果。

**【应用注意】** 治疗量一般不出现不良反应，剂量过大可能出现中毒症状，如体温升高、心率加快、呼吸增数、精神沉郁、停食、步态不稳、口流白沫等。可用强心药、葡萄糖及其他保肝药物解救，不可用钙剂，以免增加心脏负担。

**【用法与用量】** 内服：一次量，每千克体重，黄牛 3～7mg，水牛 1～3mg，羊 3～4mg。

**【制剂与休药期】** 硝氯酚片：28d。

### 碘醚柳胺（Rafoxanide）

**【性状】** 为灰白色至棕色粉末。不溶于水，常制成混悬液。

**【作用与应用】** 本品为世界各国广泛应用的抗牛、羊片形吸虫药，对肝片吸虫和大片形吸虫的成虫具有杀灭作用，对未成熟虫体和胆管内成虫的驱杀作用强。此外，对牛血矛线虫、仰口线虫成虫，对羊的成虫和未成熟虫体和羊鼻蝇蛆的各期寄生幼虫均有很高的有效率。主要用于治疗牛、羊肝片吸虫病。

**【应用注意】** 为彻底消除未成熟虫，用药 3 周后，最好再重复用药一次。

**【用法与用量】** 内服：一次量，每千克体重，牛、羊 7～12mg。

**【制剂与休药期】** 碘醚柳胺混悬液：牛、羊 60d。

### 三氯苯达唑（Triclabendazole）

**【性状】** 又称为三氯苯咪唑。为白色或类白色粉末。为苯并咪唑类中专用于抗片形吸虫的药物。对各种日龄的肝片吸虫均有明显杀灭作用。对牛羊等反刍肝片吸虫、对牛大片吸虫、鹿肝片吸虫、鹿大片吸虫、马肝片吸虫等均有效。主要用于治疗牛、羊肝片吸虫病。

**【应用注意】**本品对鱼类毒性较大，残留药物容器切勿污染水源；治疗急性肝片吸虫病，5周后应重复用药一次；与左旋咪唑、甲噻嘧啶联合应用安全有效。

**【用法与用量】**内服：一次量，每千克体重，牛 12mg，羊 10mg。

**【制剂与休药期】**三氯苯达唑片、三氯苯达唑颗粒、三氯苯达唑混悬液：牛、羊 56d，产乳期禁用。

## 四、抗血吸虫药

传统抗血吸虫特效药是锑剂，由于其毒性大且必须静脉注射等缺点，已逐渐被其他药物取代。吡喹酮具有高效、低毒、疗程短、内服有效等特点，是血吸虫病防治的首选药物。另外，硝硫氰胺（7505）、硝硫氰醚、呋喃丙胺、六氯对二甲苯等也有抗血吸虫作用。

### 吡喹酮（Praziquantel）

**【性状】**为白色或类白色结晶性粉末。味微苦。难溶于水，易溶于乙醇、氯仿。

**【作用与应用】**本品有广谱抗血吸虫、抗绦虫作用。对各种绦虫的成虫活性极高，对幼虫活性良好。对羊的莫尼茨绦虫、球点斯泰绦虫和无卵黄腺绦虫有驱杀作用，对胰阔盘吸虫和矛形歧腔吸虫有效；对牛和羊的细颈囊尾蚴和日本分体血吸虫、猪细颈囊尾蚴有较好的作用；对犬、猫、禽的各种绦虫均有高效。

主要用于动物血吸虫病，也用于绦虫病和囊尾蚴病。

**【应用注意】**①高剂量时，牛偶见血清谷丙转氨酶轻度升高，部分牛会出现体温升高、肌肉震颤、臌气等，但多能耐过。②注射给药刺激性较大，故一般采用内服用药。③不推荐将本品用于4周龄以内幼犬和6周龄以内的小猫。

**【用法与用量】**内服：一次量，每千克体重，牛、羊、猪 10～35mg，犬、猫 2.5～5mg，禽 10～20mg。

**【制剂与休药期】**吡喹酮片：28d，弃乳期 7d。

# 子单元二 抗原虫药

畜禽的原虫病是由单细胞原生动物如球虫、锥虫、梨形虫、弓形虫等引起，在兽医临床上多表现为急性或亚急性经过，并呈现季节性和地方性流行或散在发生，有时会造成畜禽大批死亡，严重危害着畜牧业的发展。

抗原虫药主要分为抗球虫药、抗锥虫药和抗梨形虫药。

## 一、抗球虫药

### （一）概述

畜禽的球虫病是球虫寄生于肠道、胆管及肾小管上皮细胞引起的一种原虫病。主要感染幼年畜禽，尤其是对雏鸡和仔兔危害最为严重。感染后以血性下痢、贫血、消瘦为临床特征。急性爆发可引起大批死亡，慢性发作使幼年畜禽生长发育受阻，生产性能下降，常给畜牧业造成巨大的经济损失。危害畜禽的球虫以艾美耳属球虫和等孢子属球虫为主，其中，侵袭鸡消化道的艾美耳球虫有9种，危害较大的有6种，分别是柔嫩、毒害、堆形、巨形、布氏、变位艾美耳球虫。其发育有裂殖生殖、配子生殖和孢子生殖三个阶段。目前球虫病以药物预防为主，合理使用抗球虫药是控制球虫病的重要措施之一。

**1. 分类** 抗球虫药种类很多，根据其应用可分为两大类：专用抗球虫药和兼用抗球虫药。

(1) 专用抗球虫药。①硫胺类：氨丙啉、硝酸二甲硫胺等；②聚醚类抗生素：盐霉素、甲基盐霉素、莫能菌素、海南霉素、马杜霉素、山杜霉素、拉沙菌素等；③吡啶酚类：氯羟吡啶等；④喹啉类：乙羟喹啉、丁氧喹啉等；⑤硝苯酰胺类：二硝托胺等；⑥磺胺类：磺胺喹噁啉（SQ）、磺胺氯吡嗪；⑦均三嗪类：地克珠利、托曲珠利；⑧其他类：尼卡巴嗪、氯苯胍、常山酮等。

(2) 兼用抗球虫药。①磺胺类：磺胺二甲嘧啶和增效磺胺制剂；②抗菌增效剂：二甲氧苄氨嘧啶；③抗生素类：林可霉素、土霉素、四环素等。

**2. 耐药性** 在防治球虫病时，长期以低浓度药物饲喂，可使球虫对某些抗球虫药物产生耐药性，甚至出现交叉耐药现象。耐药产生的速度因药物品种而异，最慢的是尼卡巴嗪和聚醚类，其次是氨丙啉和二硝托胺，再次为氯苯胍、磺胺类、呋喃类，较快的是氯羟吡啶，最快的是喹啉类。因此，为避免球虫耐药虫株的产生，在使用抗球虫药物时，除了选用高效、低毒、低残留药物，并按规定用药浓度和用药天数使用，注意轮换用药和联合用药外，还应根据球虫发育的不同阶段，掌握抗球虫药物的作用峰期（峰期是指药物适用于球虫发育的主要阶段），选择最佳的抗球虫药物突击使用。如作用于第一代无性增殖的药物，预防性强，但不利于动物对球虫免疫力的形成；作用于第二代裂殖体，有治疗作用的药物，对动物抗球虫免疫力影响不大。一般作用峰期在球虫感染第1、2天的药物，其抗球虫作用较弱，多用于预防和早期治疗；作用峰期在感染后第3、4天的药物，其抗球虫作用较强，多作治疗药应用。

不论使用何种抗球虫药，经长期反复使用势必诱使球虫产生抗药性。为避免或减少耐药性的产生，通常采用多种用药法，例如轮换用药、穿梭用药或联合用药。

作用峰期：指药物主要作用于球虫发育的某个生活周期，或药物对球虫发育起作用的主要阶段。

轮换用药：指一种抗球虫药连用数个月后，换用另一种作用机理不同的抗球虫药。

穿梭用药：指在同一个饲养期内，随着动物的不同生长期换用两种或两种以上不同性质的抗球虫药，即开始使用一种药物，到生长期时使用另一种抗球虫药物。

联合用药：指在同一饲养期内，通过使用两种或两种以上药物产生的协同作用，以期既可增强药效和减少用量又可延缓耐药虫株的产生的用药方法。

## (二) 常用抗球虫药

### 莫能菌素（Monensin）

**【性状】** 又称莫能星、莫能霉素或瘤胃素，为白色结晶性粉末。稍有特殊臭味。难溶于水，易溶苯、丙酮等有机溶剂。

**【作用与应用】** 本品为单价离子载体类抗生素，具有广谱抗球虫作用。对鸡的堆型、布氏、毒害、柔嫩、巨型艾美耳球虫等 6 种常见球虫均有高效杀灭作用；对火鸡腺艾美耳球虫和火鸡艾美耳球虫，鹌鹑的分散和莱泰艾美耳球虫、羔羊雅氏艾美耳球虫等也有效。其作用峰期为球虫感染后 2d，对子孢子及第一代裂殖体都有抑制作用，在球虫感染后第 2d 用药效果最好。此外，对产气荚膜梭菌亦有抑制作用，可预防坏死性肠炎的发生；还能促进动物生长发育，增加体重和提高饲料利用率。

临床用于预防鸡球虫病及肉牛的促生长，或辅助缓解奶牛酮病症状，提高产乳量。

**【应用注意】**①本品不可与泰乐菌素、泰妙菌素灵、竹桃霉素及其他抗球虫药合用，否则有中毒危险。②10 周龄以上火鸡、珍珠鸡及鸟类对本品敏感，不宜应用；产蛋期、马属动物禁用。③工作人员搅拌饲料时，应防止本品与皮肤和眼睛接触。

**【用法与用量】**以莫能菌素计。混饲：每1 000kg 饲料，禽 90～110g；肉牛，一日量，每头0.2～0.36g；奶牛（泌乳期添加），一日量，每头 0.15～0.45g。

**【制剂与休药期】**莫能菌素预混剂：鸡 5d。

### 盐霉素（Salinomycin）

又称沙利霉素、优素精。性状与莫能菌素相似。

**【作用与应用】**本品作用及机理均与莫能菌素相似，对鸡的毒害、柔嫩、堆型艾美耳球虫病均有明显效果。用于预防禽球虫病。此外，还可作猪的生长促进剂。

**【应用注意】**①配伍禁忌与莫能菌素相似。②安全范围较窄，应严格控制混饲浓度。若浓度过大或使用时间过长，会引起采食量下降、体重减轻、共济失调和腿无力，进而影响增重。③对成年火鸡、鸭毒性大，禁用；蛋鸡产蛋期禁用。

**【用法与用量】**以盐霉素计。混饲：每1 000kg 饲料，鸡 60g，牛 10～30g，猪 25～75g。

**【制剂与休药期】**盐霉素钠预混剂（盐霉素钠 10%）：牛、猪、鸡 5d。

### 甲基盐霉素（Narasin）

又称那拉菌素。其抗球虫效应大致与盐霉素相当同。对鸡的堆型、布氏、巨型、毒害艾美耳球虫的抗球虫效果有显著差异。用于预防鸡的球虫病，并可用于猪的促生长，提高饲料转化率。

**【应用注意】**本品毒性较盐霉素更强，对鸡安全范围较窄，使用时必须准确计算用量。

**【用法与用量】**以甲基盐霉素计。混饲：每1 000kg 饲料，鸡 60～80g，猪（体重 20kg 以上）15～30g。

**【制剂与休药期】**甲基盐霉素预混剂：鸡 5d，猪 3d。

### 拉沙菌素（Lasalocid）

又称拉沙洛西。通常用其钠盐。性状与莫能菌素相似。

**【作用与应用】**为二价聚醚类离子载体抗生素。除对鸡的堆形艾美耳球虫作用稍差外，对柔嫩、巨型和缓艾美耳球虫等的作用较强。对球虫子孢子，第一、二代裂殖子均有抑杀作用。此外，还能促进动物生长，增加体重和提高饲料利用率。

主要用于防治鸡的球虫病。本品可与泰妙菌素或其他促生长剂合用，而且增重效果优于单独用药。

【应用注意】①严格按规定浓度使用，过高时，会导致鸡生长抑制和中毒。②蛋鸡产蛋期禁用；马属动物禁用。

【用法与用量】以拉沙洛西计。混饲：每1 000kg 饲料，鸡 75～125g；肉牛 10～30g（肉牛每头每日 100～300mg，草原放牧牛每头每日 60～300mg）。

【制剂与休药期】拉沙洛西钠预混剂：鸡 3d，肉牛 0。

## 马度米星（Maduramicin）

又称马杜霉素。通常用其铵盐。性状与莫能菌素相似。

【作用与应用】为一价单糖苷离子载体抗球虫药，抗球虫谱广，其活性较其他聚醚类抗生素强。对鸡的毒害、巨型、柔嫩、堆型、布氏、变位等 6 种艾美耳球虫有效，而且也能有效控制对其他聚醚类抗球虫药具有耐药性的虫株。主要是干扰球虫发育的子孢子和第一代裂殖体。临床用于预防鸡球虫病。

【应用注意】①本品的毒性较大，安全范围窄，较高浓度（7mg/kg 饲料混饲）即可引起鸡不同程度的中毒。对牛、羊、猪等动物更敏感，易引起中毒。②产蛋期禁用。

【用法与用量】以马度米星计。混饲：每1 000kg 饲料，鸡 5g。

【制剂与休药期】马度米星铵预混剂（含马杜霉素 1%）：鸡 7d。

## 地克珠利（Diclazuril）

【性状】又名氯嗪苯乙氰，杀球灵，为类白色或淡黄色粉末。几乎无臭。在二甲基酰胺中略溶，在四氢呋喃中微溶，在水、乙醇中几乎不溶。

【作用与应用】本品为三嗪类新型、低毒、广谱抗球虫药，具有杀球虫作用，对球虫的各个阶段均有作用，是目前混饲浓度最低的一种抗球虫药。对鸡的柔嫩、堆形、毒害、布氏、巨型等艾美耳球虫、鸭球虫及兔球虫等均有良好的效果。作用峰期是在子孢子和第一代裂殖体的早期阶段。长期用药易出现耐药性，故应穿梭用药或短期使用。

主要用于预防家禽球虫病。

【应用注意】①本品混饲浓度极低，药料应充分拌匀。②应用时，必须连续用药，以防球虫病再度爆发。③混饮的溶液稳定期仅为 4h，必须现用现配。④蛋鸡产蛋期禁用。

【用法与用量】以地克珠利计。混饲：每1 000kg 饲料，禽、兔 1g；混饮：每 1L 水，鸡 0.5～1mg。

【制剂与休药期】地克珠利预混剂、地克珠利溶液：鸡 5d。

## 托曲珠利（Toltrazuril）

又称甲苯三嗪酮，属三嗪酮类新型广谱抗球虫药。市售 2.5%托曲珠利溶液，又名百球清。

【作用与应用】主要作用于球虫裂殖生殖和配子生殖阶段。对鸡、火鸡堆型、布氏、巨型、和缓、毒害、柔嫩艾美耳球虫及鹅、鸽球虫均有杀灭作用，且对其他抗球虫药耐药的虫株亦敏感。安全范围较大，禽可耐受 10 倍以上推荐剂量。主要用于治疗和预防鸡球虫病。对哺乳动物球虫、住肉孢子虫和弓形虫也有效。

【用法与用量】以托曲珠利计。混饮：每 1L 水，鸡 25mg，连用 2d。

【制剂与休药期】托曲珠利溶液：鸡 8d。

### 尼卡巴嗪（Nicarbazine）

【性状】又称力更生。为浅黄色结晶。几乎无味。微溶于水、乙醚及氯仿。

【作用与应用】本品主要抑制球虫第二个无性增殖期裂殖体的生长繁殖，其作用峰期是感染后第 4 天。对鸡的艾美耳球虫有良好的防治效果。主要用于鸡、火鸡球虫病。球虫对本品不易产生耐药性，且对其他抗球虫药有耐药性的球虫，本品仍有效。

【应用注意】①夏天高温季节应慎用，否则会增加应激和鸡死亡率。②本品能使产蛋率、受精率及蛋品质量下降和棕色蛋壳色泽变浅，故蛋鸡产蛋期及种鸡禁用。

【用法与用量】以本品计。混饲：每1 000kg 饲料，鸡 500g。

【制剂与休药期】尼卡巴嗪预混剂（含尼卡巴嗪 20%）：鸡 4d。尼卡巴嗪、乙氧酰胺苯甲酯预混剂：鸡 9d。

### 氨丙啉（Amprolium）

【性状】又称安保宁、氨丙嘧吡啶。为白色或类白色结晶粉末。易溶于水，有吸湿性。

【作用与应用】本品结构与硫胺相似，是硫胺颉颃剂，能抑制球虫硫胺代谢而发挥抗球虫作用。对鸡柔嫩、堆型艾美耳球虫作用最强，但对毒害、布氏、巨形、和缓艾美耳球虫作用稍差。临床常与乙氧酰胺苯甲酯、磺胺喹噁啉等并用，以扩大抗球虫范围，增强疗效。主要作用于第一代裂殖体，对有性繁殖阶段和子孢子亦有抑制作用，峰期为感染后的第 3 天。用于防治禽球虫病。

【应用注意】①饲料中维生素 $B_1$ 的含量在 10mg/kg 以上时与本品有明显的颉颃作用，抗球虫作用降低。因此，在用氨丙啉治疗时，应适当减少饲料中的维生素 $B_1$ 用量。②蛋鸡产蛋期禁用。

【用法与用量】以氨丙啉计。治疗球虫病：混饮，每 1L 水，鸡 240mg。连用 5～7d。

盐酸氨丙啉、乙氧酰胺苯甲酯预混剂：以本品计，混饲，每1 000kg 饲料，鸡 500g。盐酸氨丙啉、乙氧酰胺苯甲酯、磺胺喹噁啉预混剂：以本品计，混饲，每1 000kg 饲料，鸡 500g。

【制剂与休药期】盐酸氨丙啉可溶性粉。复方盐酸氨丙啉可溶性粉：休药期 7d。盐酸氨丙啉、乙氧酰胺苯甲酯预混剂：3d。盐酸氨丙啉、乙氧酰胺苯甲酯、磺胺喹噁啉预混剂：10d。

### 氯羟吡啶（Clopidol）

【性状】又称球定、克球粉、可爱丹。为白色结晶粉末。无臭。难溶于水。

【作用与应用】本品属于吡啶类抗球虫药。对鸡各种艾美耳球虫均有效，尤其是对柔嫩艾美耳球虫作用最强，对兔球虫亦有一定的效果。其作用峰期是子孢子期，即感染后第 1 天。在用药后，能使子孢子在上皮细胞内停止发育长达 60d。因此，必须在雏鸡感染球虫前或感染时给药，才能充分发挥抗球虫作用。主要用于预防鸡、兔球虫病。

【应用注意】①适用于预防用药，对球虫病治疗无意义。②能抑制鸡对球虫产生免疫力，过早停药往往导致球虫病暴发。③球虫对氯羟吡啶易产生耐药性，必须按计划轮换用药。

④产蛋期禁用。

【用法与用量】氯羟吡啶预混剂（含氯羟吡啶 25%），以本品计，混饲：每1 000kg 饲料，鸡 500g，兔 800g；复方氯羟吡啶预混剂，以本品计，混饲：每1 000kg 饲料，鸡 500g。

【制剂与休药期】氯羟吡啶预混剂（含氯羟吡啶 25%）：鸡、兔 5d；复方氯羟吡啶预混剂：7d。

### 常山酮（Halofuginone）

【性状】又称速丹，是中药常山中提取的一种生物碱，现已人工合成。为白色或灰白色结晶性粉末。微溶于水。

【作用与应用】本品是较新型的广谱抗球虫药，具有用量小，无交叉耐药性等优点，其抗虫指数超过某些聚醚类抗球虫药，对其他药物耐药的球虫，使用本品仍然有效；对球虫孢子、第 1 代裂殖体和第 2 代裂殖体均有明显抑杀作用，用药后能明显控制球虫病症状，并完全抑制卵囊排出，从而减少再感染的机会。主要用于家禽球虫病。

【应用注意】①本品对珍珠鸡敏感，禁用；能抑制鹅、鸭生长，应慎用。②混料浓度达 6mg/kg 时可影响适口性，使鸡采食减少，9mg/kg 时大部分鸡拒食。因此，药料应充分拌匀，否则影响疗效。③鱼及水生生物对其很敏感，故喂药鸡粪及盛药容器切勿污染水源。④12周龄以上火鸡、8 周龄以上雏鸡及蛋鸡产蛋期禁用。⑤禁与其他抗球虫药合用。

【用法与用量】氢溴酸常山酮预混剂（含常山 0.6%），以本品计，混饲：每1 000kg 饲料，鸡 500g。

【制剂与休药期】氢溴酸常山酮预混剂：鸡 5d。

### 磺胺喹噁啉（Sulfaquinoxaline）

【性状】又称磺胺喹沙啉。为黄色粉末。无臭。在乙醇中极微溶解，其钠盐易溶于水。

【作用与应用】本品对鸡巨型、堆型、柔嫩、毒害艾美耳球虫作用较强，对柔嫩及毒害艾美耳球虫作用较弱，与氨丙啉或增效剂合用可增强药效。其作用峰期在第 2 代裂殖体，即球虫感染第 4 天，不影响禽对球虫的免疫力。主要用于治疗鸡、火鸡球虫病，对家兔、羔羊、犊牛球虫病也有效。

【应用注意】①本品对雏鸡有一定毒性，可产生红细胞和淋巴细胞减少等症状。因此，连续饲喂不得超过 5d。②可致产蛋率下降，蛋壳变薄等现象，产蛋期禁用。③与其他磺胺类药物之间容易产生交叉耐药性。

【用法与用量】磺胺喹噁啉二甲氧苄啶预混剂，以本品计，混饲：每1 000kg 饲料，鸡 500g；磺胺喹噁啉钠可溶性粉，以本品计，混饮：每 1L 水，鸡 3～5g；复方磺胺喹噁啉钠可溶性粉，以本品计，混饮：每 1L 水，鸡 0.4g。连用 5～7d。全部用药期不得超过 14d。

【制剂与休药期】磺胺喹噁啉二甲氧苄啶预混剂、磺胺喹噁啉钠可溶性粉、复方磺胺喹噁啉钠可溶性粉：鸡 10d。

### 磺胺氯吡嗪钠（Sulfachlorpyrazine Sodium）

【性状】又称三字球虫粉。为白色或淡黄色粉末。易溶于水。

【作用与应用】本品内服后，在消化道迅速吸收，3～4h 血药浓度达高峰，并迅速从泌尿道排出。其抗球虫作用特点与磺胺喹噁啉相似，但抗菌作用更强，尤其是对巴氏杆菌、沙门氏菌作用效果明显。主要用于禽、兔、球虫病，多在球虫病暴发时使用。

**【应用注意】**①毒性虽较磺胺喹噁啉低，但长期应用亦可发生磺胺药中毒症状，因此，按推荐饮水浓度连续饮用不得超过 5d；②禁用于 16 周龄以上鸡群和产蛋期；③不得在饲料中长期添加使用。

**【用法与用量】**以磺胺氯吡嗪钠可溶性粉计，混饮：每 1L 水，肉鸡、火鸡 1g，连用 3d。混饲：每1 000kg 饲料，肉鸡、火鸡，2 000g，连用 3d。兔2 000g，连用 5～10d。内服：羊 1.2mL（配成 10%水溶液），连用 3～5d。

**【制剂与休药期】**磺胺氯吡嗪钠可溶性粉：火鸡 4d，肉鸡 1d。

## 二、抗锥虫药

家畜锥虫病是由寄生于血液和组织细胞间的锥虫引起的一类疾病。危害动物的锥虫主要有伊氏锥虫和马媾疫锥虫。防治本类疾病，除应用抗锥虫药外，还要消灭传播媒介——吸血昆虫，才能杜绝本病的发生。

### 三氮脒（Diminazene Aceturate）

**【性状】**又称贝尼尔、血虫净。为黄色或橙色结晶性粉末。无臭，味微苦。在水中溶解，在乙醇中几乎不溶。遇光、热变为橙红色。在低温下水溶液中析出结晶。

**【作用与应用】**本品对家畜的锥虫、梨形虫及边虫（无形体）均有作用，是治疗梨形虫病和锥虫病的高效药，但预防作用差，如对牛双芽巴贝斯虫、马驽巴贝斯虫、犬巴贝斯虫和吉氏巴贝斯虫引起的临床症状均有明显消除作用，但不能完全使虫体消失。对牛环形泰勒虫、边虫、马媾疫锥虫有一定作用，对猫巴贝斯虫无效。主要用于家畜巴贝斯梨形虫病、泰勒梨形虫病、伊氏锥虫病和媾疫锥虫病的治疗。

**【不良反应】**本品毒性大，安全范围小。应用治疗量，有时也会出现起卧不安、频繁排尿、肌肉震颤等不良反应。

**【应用注意】**①骆驼对本品敏感，忌用大剂量；水牛较黄牛敏感，连续应用时应慎重。剂量过大，可致奶牛产乳量减少。②局部肌内注射有刺激性，可引起肿胀，应分点深层肌内注射。

**【用法与用量】**肌内注射：一次量，每千克体重，马 3～4mg；牛、羊 3～5mg；犬 3mg。临用时以注射用水或生理盐水配成 5%～7%溶液，深层肌内注射。

**【制剂与休药期】**注射用三氮脒：牛、羊 28d，弃乳期 7d。

### 喹嘧胺（Quinapyramine）

**【性状】**又称安锥赛。本品有甲硫喹嘧胺和喹嘧氯胺两种。两者均为白色或淡黄色结晶性粉末。无臭，味苦。前者易溶于水，后者难溶于水。

**【作用与应用】**喹嘧胺抗锥虫范围较广，对伊氏锥虫、马媾疫锥虫、刚果锥虫、活跃锥虫作用明显，但对布氏锥虫作用较差。主要用于治疗马媾疫和马、牛、骆驼的伊氏锥虫病。当剂量不足时，锥虫易对本品产生耐药性。

**【应用注意】**①本品有刺激性，能引起注射部位肿胀、酸痛、硬结，一般在3～7d 后消散；②

马属动物较敏感，注射后15min至2h，出现兴奋、肌肉震颤、出汗、体温升高、腹痛、频排粪尿、口吐白沫、呼吸困难等症状，一般可在5～6h内消失。重症者则需用阿托品解救。

**【制剂的用法与用量】** 注射用喹嘧胺，肌内、皮下注射：一次量，每千克体重，马、牛、骆驼 4～5mg。为两种喹嘧胺的混合盐，临用前以注射用水配成10%混悬液，用时摇匀。

## 三、抗梨形虫药

家畜梨形虫病是一种由蜱传播，寄生于宿主红细胞内的原虫病。多出现发热、贫血、黄疸等临床症状，常可引起患畜大批死亡。抗梨形虫病除了在抗锥虫药中介绍的三氮脒外，还有双脒苯脲、间脒苯脲和硫酸喹啉脲等。

### 双脒苯脲（Imidocarb）

**【性状】** 又称咪唑苯脲，为双脒唑啉苯基脲。常用其二盐酸盐或二丙酸盐，均为无色粉末。易溶于水。

**【作用与应用】** 本品为新型抗梨形虫药，兼具预防和治疗作用。其疗效和安全范围都优于三氮脒，且毒性较其他抗梨形虫药小，但应用治疗量时，仍有某些动物出现类似抗胆碱酯酶作用的不良反应，一般能自行恢复，症状严重者，可用硫酸阿托品解救。临床上多用于治疗或预防牛、马、犬的巴贝斯虫病。

**【应用注意】** ①禁止静脉注射，较大剂量皮下或肌内注射时，有一定的刺激性。②马属动物较敏感，忌用高剂量。③在食用组织中残留期较长，休药期为28d。

**【用法与用量】** 皮下、肌内注射：10%无菌水溶液，一次量，每千克体重，马 2.2～5mg，牛 1～2mg（锥虫病 3mg），犬 6mg。

### 硫酸喹啉脲（Quinurone Sulfate）

**【性状】** 又称阿卡普林。为淡绿黄色或黄色粉末。易溶于水。

**【作用与应用】** 本品为传统抗梨形虫药。对家畜的巴贝斯虫有特效。对马巴贝斯虫、驽巴贝斯虫，牛双芽巴贝斯虫以及牛、羊、猪、犬巴贝斯虫等均有良好的效果。对牛早期的泰勒虫病也有一些效果，对边虫效果较差。主要用于家畜巴贝斯梨形虫病。

**【应用注意】** ①本品毒性较大，应用大剂量可发生血压骤降，导致休克死亡。治疗量可出现胆碱能神经兴奋的症状，一般持续 30～40min 逐渐消失。为减轻或防止不良反应，可将总剂量分成 2～3 份，间隔几小时应用，也可在用药前注射小剂量硫酸阿托品或肾上腺素。②禁止静脉注射。

**【制剂的用法与用量】** 硫酸喹啉脲注射液，肌内或皮下注射：一次量，每千克体重，马 0.6～1mg，牛 1mg，羊、猪 2mg，犬 0.25mg。

## 子单元三 杀虫药

杀虫药是指能杀灭体外寄生虫的药物。螨、蜱、虱、蚤、蚋、库蠓、蚊、蝇、蝇蛆、伤口蛆等节肢动物均属体外寄生虫，它们不仅能直接危害动物机体，夺取营养，损害皮毛，影响增重，给畜牧业造成经济损失，而且传播许多人畜共患病，严重危害人体健康。因此，选用高效、安全、经济、方便的杀虫剂及时防治外寄生虫病具有极其重要的意义。

杀虫药物一般对虫卵无效，重复用药应间隔一定时间。同时，杀虫药对动物机体都有一定的毒性，甚至在规定剂量范围内，也会出现程度不等的不良反应，因此在选用杀虫药时，除严格掌握剂量、浓度和使用方法外，还要密切观察用药后动物的反应，特别是马，对杀虫药最为敏感，遇有中毒症状，应立即采取抢救措施。

杀虫药主要有两种使用方式，即局部用药和全身用药。局部用药，多用于个体局部杀虫，一般应用粉剂、溶液、混悬液、油剂、乳剂和软膏等局部涂擦、浇淋和撒布等；全身用药，多用于群体杀虫，一般采用喷雾、喷洒、药浴，适用于温暖季节。

常用杀虫药可分为有机磷类、拟除虫菊酯类、大环内酯类和其他类。

## 一、有机磷类

本类药物是传统杀虫药，目前仍广泛用于治疗畜禽外寄生虫病。具有杀虫效力强，杀虫谱广，残效期短等特点，对人、畜毒性较大的特点。常用的有机磷杀虫剂有马拉硫磷、敌敌畏、甲基吡啶磷、巴胺磷、二嗪农、辛硫磷等。有机磷类杀虫剂一般不适用于泌乳奶牛。

### 敌百虫（Trichlorfon，Dipterex）

除驱除家畜消化道各种线虫（见驱线虫药）外，对动物体外寄生虫也有很好的杀灭作用，可用于杀灭蝇蛆、螨、蜱、蝇、虱、蚤等。①杀灭羊鼻蝇蛆：按每千克体重50～75mg的剂量内服，或以2.4%溶液大群喷雾。②杀灭马胃蝇蛆：按每千克体重50～75mg的剂量混入饲料，或按每千克体重30～40mg的剂量配成15%水溶液胃管投服。③杀灭牛皮蝇蛆：用2%溶液涂擦或浇洒牛背部；但要控制用药面积不能过大，以防中毒。④杀螨：用1%～3%溶液局部涂抹或用0.2%～0.5%溶液药浴。⑤杀蜱、虱、蚤、蝇、蚊：以0.1%～0.5%溶液喷洒畜体和环境。

### 敌敌畏（Dichlorvos，DDVP）

**【性状】**为淡黄色油状液体。稍带香味。易挥发。在强碱和沸水中易水解，在酸性溶液中较稳定。

**【作用与应用】**本品是一种广谱、高效、速效的杀虫药。对动物的多种体外寄生虫和马胃蝇、牛皮蝇、羊鼻蝇，具有胃毒、接触毒和熏杀毒作用，其杀虫效力比敌百虫强8～10倍，且毒性亦高于敌百虫。目前，广泛用作环境卫生杀虫药；也用于驱杀马胃蝇蚴、羊鼻蝇蚴以及家畜外寄生虫，如蚊、虱、蚤、蜱等。我国已将敌敌畏制成犬、猫用的灭蚤项圈，戴用后，可驱灭虱、蚤达三个月之久。

**【应用注意】**①本品加水稀释后易分解，宜现用现配。原液及乳油应避光密闭保存。②对人畜毒性大，易通过皮肤吸收，用时应慎重。家畜中毒后可用阿托品和碘解磷定解救。③禽、鱼、蜜蜂对本品敏感，应慎用。

**【制剂的用法与用量】**敌敌畏溶液，喷洒或涂擦：用0.1%～0.5%溶液，喷洒空间、地面和墙壁，每100m$^2$面积约1L；畜禽粪便，0.5%溶液喷洒。喷雾：用1%药液喷雾于动物被毛、头、背、四肢、体侧。每头牛每天用量不得超过60mL。

### 二嗪农（Diazinon）

【性状】为无色油状液体。有淡酯香味。难溶于水，易溶于乙醇、丙酮、二甲苯。性质不稳定，在水和酸性溶液中均迅速分解。

【作用与应用】本品为新型杀虫、杀螨剂。具有触杀、胃毒、熏蒸和较弱的内吸作用。对各种螨类、蝇、虱、蜱均有良好杀灭效果。喷洒后在皮肤、被毛上的附着力强，能维持长期的杀虫作用，一次用药有效期可达6～8周。主要用于驱杀寄生于动物体表的疥螨、痒螨、及蜱、虱等。

【应用注意】①本品对禽、猫及蜜蜂毒性较大，慎用。②药浴时必须精确计量药液浓度，动物全身浸泡 1min 为宜。为提高对猫疥癣病的治疗效果，可用软刷助洗。③禁止与其他有机磷化合物和胆碱酯酶抑制剂合用。

【用法与用量】药浴：每1 000L 水，绵羊，初次浸泡用 250g，补充药液添加 750g。牛，初次浸泡用 625g，补充药液添加 750g。

喷淋：每1 000L 水，牛、羊 600mg，猪 250mg。

二嗪农项圈：犬、猫，每只一次 1 条，使用期 4 个月。

【制剂与休药期】二嗪农溶液 250、二嗪农溶液 600：牛、羊、猪 14d，弃乳期 3d；二嗪农项圈。

### 马拉硫磷（Malathion）

马拉硫磷可在害虫体内被氧化为马拉氧磷，后者抗胆碱酯酶活性增强 1000 倍，但马拉硫磷对人畜的毒性很低。可用于治疗畜禽体表寄生虫病，如牛皮蝇、牛虻、体虱、羊痒螨、猪疥螨等。也可用于杀灭蚊、蝇、虱、臭虫、蟑螂等卫生害虫。药浴或喷淋，配成 0.2%～0.3%水溶液；喷洒体表，稀释成 0.5%溶液；泼洒厩舍、池塘、环境，稀释成 0.2%～0.5%水溶液，每平方米泼洒 2g。

【应用注意】①本品对眼睛、皮肤有刺激性；对蜜蜂有剧毒，对鱼类毒性也较大。②家畜体表用马拉硫磷后数小时内应避日光照射和风吹；必要时隔 2～3 周可再药浴或喷雾一次。③为增加其水溶液的稳定性和除去药物的臭味，可在 50%马拉硫磷溶液 100mL 中加 1g 过氧化苯甲酰，振荡至完全溶解，可获良好效果。

## 二、拟除虫菊酯类

除虫菊酯具有杀灭各种昆虫的作用，特别是击倒力很强，对各种害虫有高效速杀作用，对人、畜无毒。拟除虫菊酯类化合物是在天然除虫菊酯化学结构基础上，人工合成的一系列除虫菊拟似物，这类药物具有高效、速效、广谱、低毒，低残留、性质稳定、残效期长等优点。缺点是多数品种无熏蒸和内吸作用，长期使用亦易产生耐药性，用药时应予注意。兽医临床常用的有氰戊菊酯、溴氰菊酯、氟氰胺菊酯和氟氯苯氰菊酯等。

### 溴氰菊酯（Coumaphos）

【性状】又称敌杀死。为白色粉结晶性粉末。难溶于水，易溶于丙酮、苯等有机溶剂，遇碱迅速分解。

【作用与应用】本品是使用最广泛的一种拟菊酯类杀虫药。具有广谱、高效、速效、残效期长、低残留等优点。对虫体有胃毒和触毒，无内吸作用。对畜禽外寄生虫，如蚊、家蝇、厩蝇、羊蜱蝇、牛皮蝇、羊痒螨、牛羊各种虱、猪血虱及禽羽虱等均有良好杀灭作用，一次用药能维持药效近 1 个月。本品对有机磷、有机氯耐药的虫体仍有高效。广泛用于防治家畜体外寄生虫病以及杀灭环境、仓库等卫生昆虫。

**【应用注意】**①本品对人、畜毒性虽小，但对皮肤、黏膜、眼睛、呼吸道有较强的刺激性，特别对大面积皮肤病或组织损伤者影响更为严重，用时注意防护。②本品对鱼类及其他冷血动物毒性较大，使用时切勿将残余药液倾入鱼塘。蜜蜂、家禽亦较敏感。③对塑料制品有腐蚀性；0℃以下易析出结晶。

**【用法与用量】**以溴氰菊酯计，药浴、喷淋：每1 000L 水中 5～15g（预防），30～50g（治疗）。必要时间隔 7～10d 重复处理。

**【制剂与休药期】**溴氰菊酯乳油：28d。

### 氰戊菊酯（Fenvalerate）

**【性状】**为淡黄色粉末。在丙酮或乙酸乙酯中易溶，在甲醇中溶解，在石油醚中略溶，在水中几乎不溶。

**【作用与应用】**用于驱杀畜禽体表寄生虫如螨、虱、蜱、虻等。也用于杀灭环境、畜禽厩舍有害昆虫，如蚊、蝇等。

**【应用注意】**①配制溶液时，水温以 12℃为宜，如水温超过 25℃会降低药效，水温超过 50℃时则失效。②避免使用碱性水，并忌与碱性药物合用，以防药液分解失效。③治疗畜禽外寄生虫病时，无论是喷淋、喷洒还是药浴，都应保证畜禽的被毛、羽毛被药液充分湿透。④本品对蜜蜂、鱼虾、家蚕毒性较强，使用时不要污染河流、池塘、桑园、养蜂场所。

**【用法与用量】**以氰戊菊酯计，药浴、喷淋：每 1L 水，马、牛螨病 20mg；猪、羊、鸡、犬、兔螨病 80～200mg；牛、猪、兔、犬虱 50mg；鸡虱及刺螨 40～50mg；杀灭蚤、蚊、蝇及牛虻 40～80mg。

喷雾：稀释成 0.2%浓度，每 $1m^3$ 鸡舍 3～5mL，喷雾后密闭 4h。

**【制剂与休药期】**氰戊菊酯溶液：28d。

## 三、大环内酯类

本类药物包括阿维菌素类和美贝菌素类药物，具有高效驱杀线虫、体外昆虫和螨的作用，一次用药可同时驱杀体内外寄生虫（详见本单元的子单元一）。

## 四、其 他 类

兽医临床常用的体外杀虫药有双甲脒、升华硫、环丙氨嗪和非泼罗尼等药物及其制剂。

### 双甲脒（Amitraz）

**【性状】**又称特敌克。为白色或类黄色结晶性粉末。在丙酮中易溶，在水中几乎不溶，在乙醇中缓慢分解。

**【作用与应用】**本品为接触性广谱杀虫药，兼有胃毒和内吸作用，对各种螨、蜱、蝇、虱等均有效。本品杀虫作用较慢，一般在用药后 24h 才能使虱、蜱等解体，48h 可使螨从患部皮肤自行脱落。残效期长，一次用药可维持药效6～8周，可保护畜体不再受外寄生虫的侵袭。对人、畜安全，对蜜蜂相对无害。

主要用于防治牛、羊、猪、兔的体外寄生虫病，如疥螨、痒螨、蜱、虱等。

【应用注意】①双甲脒对皮肤有刺激作用，防止药液沾污皮肤和眼睛。②对鱼有剧毒，用时谨慎，勿将药液污染鱼塘、河流。③产乳山羊和水生食品动物禁用。

【用法与用量】药浴、喷洒、涂擦：家畜配成0.025%～0.05%溶液（以双甲脒计）。

【制剂与休药期】双甲脒溶液：牛、羊21d，猪8d，弃乳期48h。双甲脒项圈，用于驱杀犬体外寄生虫。每只犬1条，使用期4个月（驱蜱）、1个月（驱毛囊虫）。

### 环丙氨嗪（Cyromazine）

【作用与应用】环丙氨嗪为昆虫生长调节剂，可抑制双翅目幼虫的蜕皮，特别是幼虫第1期蜕皮，使蝇蛆繁殖受阻，而致蝇死亡。鸡内服给药，即使在粪便中含药量极低也可彻底杀灭蝇蛆。主要用于控制动物厩舍内蝇蛆的繁殖生长，杀灭粪池内蝇蛆，以保护环境卫生。

【应用注意】①本品饲喂浓度过高对鸡可能产生一定的影响。药料浓度达25mg/kg时，可使饲料消耗量增加，500mg/kg以上才使饲料消耗量减少，1 000mg/kg以上长期喂养可能因摄食过少而死亡。②每公顷土地以用饲喂本品的鸡粪1～2t为宜，超过9t以上可能对植物生长不利。

【用法与用量】混饲：每1 000kg饲料，鸡5g（以环丙氨嗪计）。连用4～6周。浇洒：环丙氨嗪可溶性粉，每20m$^2$以20g溶于15L水中，浇洒于蝇蛆繁殖处。

【制剂与休药期】环丙氨嗪可溶性粉、环丙氨嗪预混剂、环丙氨嗪可溶性颗粒剂：3d。

# 知识拓展

## 一、抗蠕虫药的合理选用

本类药物很多，要据蠕虫对药物的敏感性，药物对虫体的作用特点，地区性情况，提出首选和次选药物。表2-7供临床选用药物者参考。

表2-7　抗蠕虫药的合理选用

| 药物类别 | 畜别 | 寄生虫 | 选药顺序 |
|---|---|---|---|
| 驱线虫药 | 马 | 蛔虫、副蛔虫 | 枸橼酸哌嗪、敌百虫、阿苯达唑 |
| | | 圆形线虫 | 阿苯达唑、伊维菌素、枸橼酸哌嗪 |
| | | 尖尾线虫 | 阿苯达唑、敌百虫、甲噻嘧啶、伊维菌素 |
| | 牛羊 | 胃肠道主要线虫 | 左旋咪唑、伊维菌素、阿苯达唑、敌百虫 |
| | | 毛首线虫 | 盐酸羟嘧啶、左旋咪唑、敌百虫 |
| | | 网尾线虫 | 左旋咪唑、阿苯达唑、敌百虫 |
| | 猪 | 蛔虫 | 左旋咪唑、阿苯达唑、伊维菌素、敌百虫 |
| | | 食道口线虫 | 噻苯咪唑、枸橼酸哌嗪、敌百虫 |
| | | 毛首线虫 | 敌百虫、左旋咪唑、阿苯达唑 |
| | | 后圆线虫 | 左旋咪唑、阿苯达唑、伊维菌素 |
| | 鸡 | 蛔虫、异刺线虫 | 左旋咪唑、阿苯达唑、枸橼酸哌嗪 |
| | 犬 | 胃肠道线虫 | 伊维菌素、敌百虫、阿苯达唑 |

（续）

| 药物类别 | 畜别 | 寄生虫 | 选药顺序 |
|---|---|---|---|
| 驱吸虫药 | 牛羊 | 肝片吸虫<br>矛形歧腔吸虫<br>前后盘吸虫 | 硝氯酚、硫双二氯酚、阿苯达唑<br>阿苯达唑、吡喹酮<br>硫双二氯酚、氯硝柳胺 |
| | 猪 | 姜片吸虫 | 敌百虫、硫双二氯酚、吡喹酮 |
| | 牛 | 血吸虫 | 吡喹酮、敌百虫、硝柳氰醚 |
| 驱绦虫药 | 马 | 裸头科绦虫 | 氯硝柳胺、硫双二氯酚 |
| | 牛羊 | 莫尼茨绦虫<br>曲子宫绦虫<br>无卵黄腺绦虫 | 氯硝柳胺、硫双二氯酚<br>氯硝柳胺、硫双二氯酚<br>氯硝柳胺、硫双二氯酚 |
| | 犬 | 细粒棘球绦虫<br>复孔绦虫 | 氢溴酸槟榔碱<br>氯硝柳胺 |
| | 鸡 | 赖利绦虫 | 氯硝柳胺、阿苯达唑、硫双二氯酚 |
| | 鸭鹅 | 剑带绦虫 | 氢溴酸槟榔碱 |
| | 家畜 | 绦虫蚴虫 | 吡喹酮、阿苯达唑 |
| 肝片吸虫与绦虫混合感染 | | | 硫双二氯酚、吡喹酮 |
| 各种线虫与绦虫混合感染 | | | 阿苯达唑 |

## 二、球虫病的有关知识

球虫病是由艾美耳属、等孢子属、泰泽属和温扬属的原虫寄生于各种畜禽而引起的一类疾病。球虫具有严格的宿主特异性和寄生部位的选择性。各种畜禽的球虫不发生交叉感染，除截形艾美耳球虫寄生于鹅的肾上皮细胞外，其他已知的各种球虫均寄生于宿主消化系统的某些器官和组织的细胞内。如鸡的柔嫩艾美耳球虫寄生于盲肠，毒害艾美耳球虫寄生于小肠的中 1/3 段。

牛以邱氏艾美耳球虫和牛艾美耳球虫为最常见，致病性也最强。兔以寄生于胆管上皮细胞内的斯氏艾美耳球虫为最普遍，危害最大。鹅以寄生于肾小管上皮细胞的截形艾美耳球虫最有害。对鸡危害最大的有柔嫩艾美耳球虫（盲肠球虫），主要侵害 15～60 日龄的雏鸡，毒害艾美耳球虫（小肠球虫），主要侵害 8～20 周龄育成鸡、青年鸡。常用抗球虫药物作用峰期如图 2-4。

## 三、抗球虫药的合理应用

**1. 重视药物预防作用，加强饲养管理** 目前应用的抗球虫药，多数是抑杀球虫发育过程的无性生殖阶段，待临床出现血便等症状时，球虫发育基本完成了无性生殖而开始进入有性生殖阶段，这时用药为时已晚。同时，畜禽舍内潮湿、卫生条件恶劣及病鸡、兔或带虫鸡、兔的粪便污染等，均可诱发球虫病。因此，在早期预防用药期间，应加强饲养管理，减少球虫病的传播，以提高抗球虫药物的防治效果。

**2. 合理选用不同作用峰期的药物** 一般来说，作用峰期在感染后 1～2d 的药物，其抗球虫作用较弱，多用于预防和早期用药；而作用峰期在感染后34d 的药物，其抗球虫作用较

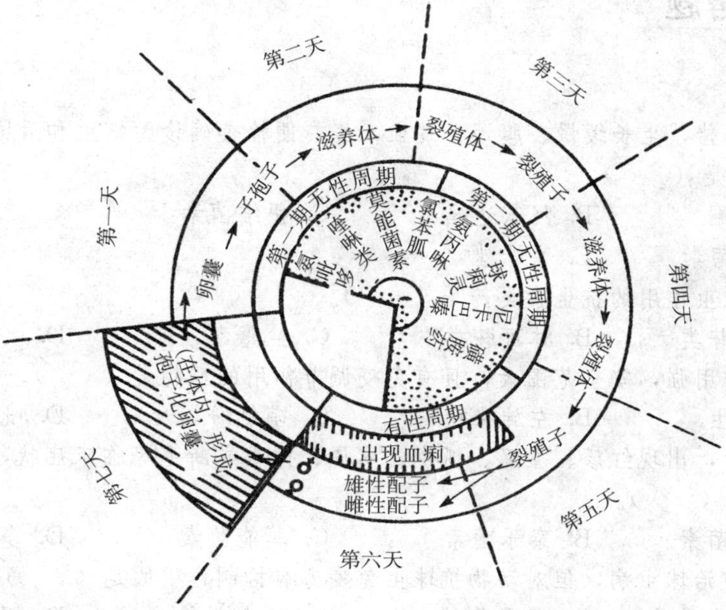


图 2-4　代表性抗球虫药对鸡脆弱艾美耳球虫的作用峰期

强，多作为治疗药物。由于球虫的致病阶段是在发育史的裂殖生殖和配子生殖阶段，尤其是第二代裂殖生殖阶段，因此应选择作用峰期与球虫致病阶段相一致的抗球虫药作为治疗性药物。

抗球虫药抑制球虫发育阶段的不同，直接影响鸡对球虫产生免疫力。作用于第一代裂殖体的药物，影响鸡产生免疫力，多用于肉鸡，不宜或一般不用于蛋鸡和肉用种鸡；作用于第二代裂殖体的药物，不影响鸡产生免疫力，可用于蛋鸡和肉用种鸡。

**3. 采用轮换用药、穿梭用药或联合用药方法**　若长期低剂量使用抗球虫药物，可诱发球虫产生耐药性，甚至会对结构相似或作用机理相同的同类药物产生交叉耐药性，以致使抗球虫药物的有效性降低或完全无效。实践证明，有计划地在短期内轮换或穿梭使用作用机理不同、抗球虫作用峰期不同的抗球虫药，不仅可减少或避免耐药性的产生，而且可提高药物防治效果。

**4. 选择适当的给药方法、注意配伍禁忌**　因患球虫病的鸡一般是食欲减退，甚至废绝，但饮欲正常，甚至增加，故通过饮水给药可使病鸡获得足够的药量，且混饮给药比混料更方便，治疗性用药宜提倡混饮给药。同时，选择药物时，还要考虑配伍禁忌问题，如莫能霉素、盐霉素禁止与泰妙菌素、竹桃霉素合用，否则会造成鸡只生产发育受阻，甚至中毒死亡。

**5. 剂量合理，疗程充足**　有些抗球虫药物的推荐治疗量与中毒量很接近，在应用时，要了解饲料中已添加的品种，以避免治疗时重复使用同一种药物，造成药物中毒。如马度米星的预防量为每千克饲料添加 5mg，中毒剂量为每千克饲料添加 9mg，重复用药会造成药物中毒。

**6. 严格遵守我国兽药残留和休药期规定，保障动物性食品消费者健康**　严格遵守我国《动物性食品中兽药最高残留限量》的规定，认真监控抗球虫药的残留；遵守《中国兽药典》（2010 年版）关于抗球虫药休药期的规定以及其他有关的注意事项。

## 复习思考题

### 一、选择题

1. 某 4 月龄猪，生长缓慢、腹泻、贫血，经粪便检查确诊为蛔虫和后圆线虫混合感染，最佳的治疗药物是（　　）。

A. 吡喹酮　　B. 阿苯达唑　　C. 伊维菌素

D. 莫能菌素　　E. 左咪唑

2. 具有抗球虫作用的抗生素类药是（　　）。

A. 氨基苷类　　B. 林可胺类　　C. 盐霉素　　D. 妥曲珠利

3. 驱线虫作用强，安全范围大，且有免疫调节作用的药物是（　　）。

A. 敌百虫　　B. 左旋咪唑　　C. 硝氯酚　　D. 吡喹酮

4. 一松狮犬，出现红疹、瘙痒、抓挠、皮屑、掉毛或断毛等临床症状，诊断为疥螨病，可用治疗药物是（　　）。

A. 伊维菌素　　B. 泰乐菌素　　C. 莫能菌素　　D. 多西环素

5. 可用于防治球虫病，但对动物抗球虫免疫力有抑制作用的是（　　）。

A. 磺胺喹噁啉钠　　B. 青霉素　　C. 地克珠利　　D. 甲硝唑

6. 禁止与马杜霉素合用，否则毒性增强的药物是（　　）。

A. 青霉素　　B. 新霉素　　C. 竹桃菌素　　D. 地克珠利

7. 某牛体温高达 41℃，角根发热，食欲减退，反刍迟缓，心跳加快，胸壁震颤。眼结膜苍白至黄染，有出血点，粪便带黏液及血液，经兽医诊断为梨形虫病，选用治疗药物是（　　）。

A. 三氮脒　　B. 地克珠利　　C. 球痢灵　　D. 金刚烷胺

8. 对伊维菌素叙述正确的是（　　）。

A. 对线虫、吸虫、绦虫有效　　B. 仅对线虫有效

C. 对线虫及体表的寄生虫有效　　D. 对吸虫、绦虫有效

9.（　　）为高效低毒的灭蝇蚊药物。

A. 氨丙啉　　B. 盐霉素　　C. 环丙氨嗪　　D. 敌百虫

10. 治疗鸡的小肠球虫病，需要及时补充的维生素是（　　）。

A. 维生素 C　　B. 维生素 B 族　　C. 维生素 K　　D. 维生素 D

11.（　　）为高效低毒的灭蝇蚊药物。

A. 氨丙啉　　B. 盐霉素　　C. 环丙氨嗪　　D. 敌百虫

12. 可用于驱除动物体内线虫和体外螨虱等寄生虫的抗生素是（　　）。

A. 伊维菌素　　B. 泰乐菌素　　C. 莫能菌素　　D. 多西环素

13. 治疗伊氏锥虫病的药物是（　　）。

A. 甲硝唑　　B. 喹嘧胺　　C. 三氯苯唑　　D. 伊维菌素

14. 可用于驱除猫、犬胃肠道吸虫的药物是（　　）。

A. 哌嗪　　B. 左旋咪唑　　C. 吡喹酮　　D. 氯苯胍

15. 可用于治疗猪囊尾蚴的有效药物是（　　）。

A. 阿维菌素　B. 左旋咪唑　C. 敌百虫　D. 吡喹酮

16. 对猪附红细胞体有效的药物是（　　）。

A. 三氮脒　B. 噻嘧啶　C. 甲硝唑　D. 甲砜霉素

17. 可用于蜜蜂螨虫防治的药物是（　　）

A. 辛硫磷　B. 溴氰菊酯　C. 双甲脒　D. 敌敌畏

## 二、问答题

1. 驱虫药分哪几类？理想抗寄生虫药的条件有哪些？

2. 常用抗线虫药的作用特点及应用注意。

3. 为什么许多农村养殖户多用敌百虫作猪驱虫药？如果发生中毒，怎样解救？

4. 简述常用抗球虫药物的作用特点及应用注意。

5. 猪附红细胞体病是夏季的一种多发性疾病，传播媒介是吸血昆虫蚊、蝇、蚤、虱等，该病主要特征是病猪反复高热，皮肤发红，渐变青紫，急性黄疸性贫血。请你制定猪附红细胞体病的防治方案。

# 单元四 作用于中枢神经系统的药物

## 子单元一 全身麻醉药

全身麻醉药简称全麻药，是指能引起中枢神经系统部分机能暂停，表现为意识与感觉特别是痛觉消失，反射与肌肉张力部分或完全消失，但仍保持延脑生命中枢功能的药物。全麻药主要用于外科手术，根据给药途径可分为吸入麻醉药和非吸入麻醉药两大类。

全麻药对中枢神经系统的抑制程度与药物在该部位的浓度有关，小剂量产生镇静作用，随着剂量的增加可产生催眠、镇静、意识丧失和失去运动功能等作用，甚至引起动物麻痹、死亡。全麻药种类很多，但每种药物单独应用都不理想，为了增强麻醉效果，减少用量，降低毒副作用，扩大应用范围，临床常采用复合麻醉方式或配用安定药与肌松药，以便进行手术。

### 一、吸入性麻醉药

吸入性麻醉药包括挥发性液体和气体（环丙烷等），其优点是：由肺部吸入、呼出，体内代谢破坏少，麻醉剂量和深度、停药时间容易控制；缺点是麻醉自始至终必须有专人控制，需要特殊的麻醉装置，一些药物易燃、易爆，对支气管黏膜有一定的刺激作用。兽医临床上很少用于大动物麻醉。

临床药物有乙醚、氟烷、甲氧氟烷、恩氟烷、异氟烷、氧化亚氮、环丙烷等。

#### 麻醉乙醚（Anesthetic Ether）

**【性状】**为无色透明易挥发液体。易燃易爆。有特臭，味微甜有刺激性。遇光和热易分解，需遮光密封保存。

**【作用与应用】**本品能广泛抑制中枢神经系统，随血药浓度的升高，首先抑制大脑皮层，使各种感觉逐渐消失，骨骼肌松弛。本品诱导期和苏醒期较长，安全范围广。主要用于犬、猫等中小动物或实验动物的全身麻醉。

**【应用注意】**麻醉浓度乙醚对呼吸道黏膜有刺激作用。肝功能严重损害、急性上呼吸道感染患畜禁用。

**【用法与用量】**犬吸入乙醚前注射硫喷妥钠、硫酸阿托品（每千克体重 0.1mg），然后用麻醉口罩吸入乙醚，直至出现麻醉体征。猫、兔、大鼠、小鼠、鸡、鸽等可直接吸入乙醚，至达到麻醉体征为止。

### 异氟烷（Isoflurane）

**【性状】**又称为异氟醚、活宁。为无色澄明液体。不燃烧爆炸。带乙醚样气味。对金属、橡胶和塑料腐蚀作用。

**【作用与应用】**本品对黏膜无刺激性，诱导麻醉比乙醚快。麻醉时肌松作用较强，但比乙醚弱。具有良好的麻醉作用，诱导麻醉与苏醒均较快，药物在体内较少分解，以原形从呼吸道呼出。本品在麻醉较深时对循环与呼吸系统均有抑制作用，但不易发生术后呕吐，故可用于各种手术的麻醉。

**【用法与用量】**诱导麻醉：浓度 1%～5%（在吸入气体中所占比例），犬、猫 3～5L/min，牛、驹、猪 5～7L/min，成年鸟 5L/min，小鸟 1～3L/min。

## 二、非吸入性麻醉药

非吸入麻醉药是一类可内服、灌肠、肌内注射、静脉注射和腹腔内注射而使用的全麻药，而多数可以静脉注射产生麻醉效应，故又称静脉麻醉药。其优点是：易于操作，进入外科麻醉期快速，诱导期不明显；对呼吸道不易产生刺激作用；不需要特殊的设备。缺点是：不易控制药量、麻醉深度与麻醉时间；排泄慢、苏醒期长。临床常用药物有巴比妥类、水合氯醛、氯胺酮、舒泰、速眠新等。

### 巴 比 妥 类

巴比妥类药物系巴比妥酸的衍生物。能抑制脑干网状结构上行激活系统，具有镇静、催眠、抗惊厥和麻醉作用。根据作用时间的长短，分为超短效（硫喷妥钠）、短效（戊巴比妥钠）、中效（异戊巴比妥钠）及长效（苯巴比妥钠）四种类型。

### 硫喷妥钠（Thiopental Sodium）

**【性状】**为乳白色或淡黄色粉末。有蒜臭，味苦。有引湿性，易溶于水，水溶液不稳定，放置后缓慢分解。

**【作用与应用】**本品具有高度亲脂性，属超短时作用的巴比妥类药。静脉注射后动物迅速进入麻醉状态，持续时间很短，如按每千克体重静脉注射 10mg，麻醉持续 7～10min。麻醉诱导期（仅持续 0.5～3min）和苏醒期也较短。松弛肌肉作用差，镇痛作用很弱。麻醉剂量能明显抑制呼吸，给予过大剂量时可抑制心血管功能。

主要用于各种动物的诱导麻醉和基础麻醉，单独应用仅适用于外科小手术；也可用于中枢兴奋药中毒，破伤风以及脑炎引起的惊厥。

**【应用注意】**①能使反刍兽大量分泌唾液，故在麻醉前先注射阿托品。②肝、肾功能不全，禁用。③若导致呼吸和血液循环抑制时，可用戊四氮等解救。

**【用法与用量】**静脉注射：一次量，每千克体重，马、牛、羊、猪 10～15mg，犊牛 15～20mg，犬、猫 20～25mg。临用时用注射用水或生理盐水配成 2.5%溶液。

**【制剂】**注射用硫喷妥钠。

## 苯巴比妥（Phenobarbital）

**【性状】** 又称鲁米那。其钠盐为白色片状结晶或粉末。无臭，味苦。易溶于水。

**【作用与应用】** 为长效巴比妥类药物，对中枢抑制作用随剂量而异，具有镇静、催眠和抗惊厥作用。在低于催眠剂量时即有抗惊厥作用，亦可抗癫痫。是目前最好的抗癫痫药，对各种癫痫发作都有效。本品镇痛作用弱，但能增强解热镇痛抗炎药的镇痛效果。

常用于缓解脑炎、破伤风等疾病及中枢兴奋药如士的宁中毒所致的惊厥；亦可用于犬、猫的镇静和癫痫的治疗。

**【不良反应】** ①本品是肝药酶强效诱导剂，可使许多药物代谢加快，药效降低。②用药后，犬可表现抑郁与躁动不安综合征，犬、猪有时出现运动失调。③猫对本品敏感，易致呼吸抑制。

**【应用注意】** ①用量过大抑制呼吸中枢时，可用安钠咖、尼可刹米等中枢兴奋药解救。②肝肾功能障碍、支气管哮喘或呼吸抑制的患畜禁用；严重贫血、心脏疾病的患畜及孕畜慎用。③应用本品过量引起的呼吸与循环抑制，可用戊四氮等解救。

**【用法与用量】** 内服：一次量，每千克体重，犬、猫 6～12mg。肌内注射：一次量，羊、猪 0.25～1g；每千克体重，犬、猫 6～12mg。

**【制剂与休药期】** 苯巴比妥片。注射用苯巴比妥钠：28d，弃乳期 7d。

## 异戊巴比妥钠（Amobarbital Sodium）

又称导眠钠、阿米奴巴比妥钠。本品作用与苯巴比妥相似。小剂量有镇静、催眠作用，随着剂量增加，能产生麻醉和抗惊厥作用，麻醉维持时间约为 30min。主要用于中小动物的镇静、抗惊厥和基础麻醉。也用于实验动物麻醉。

**【应用注意】** ①苏醒期较长，且在苏醒期有较强烈的兴奋现象，故手术后应加强护理。②肝、肾、肺功能不全患畜禁用。③静脉注射不宜过快，中毒可用戊四氮解救。

**【用法与用量】** 静脉注射：一次量，每千克体重，猪、犬、猫、兔 2.5～10mg，临用前用灭菌用水配成 3%～6%溶液。

## 水合氯醛（Chloral Hydrate）

**【性状】** 为白色或无色透明的结晶。有刺激性特臭，味微苦。在空气中渐渐挥发易潮解。极易溶于水，易溶于乙醇、乙醚和氯仿。

**【药理作用】** 小剂量产生镇静、催眠作用，大剂量可产生抗惊厥和麻醉作用。麻醉特点是：吸收快，兴奋期短，麻醉期长（1～2h），无蓄积作用，但由于其麻醉剂量与中毒剂量很接近，而且对心脏和呼吸中枢的毒性较大，安全范围小，所以水合氯醛不是一个理想的全麻药。特别是反刍动物，由于其庞大的瘤胃压迫胸腔，且水合氯醛能引起支气管腺的大量分泌，易致呼吸抑制，故一般不宜用于反刍动物。临床多与酒精或硫酸镁合用或以本品造成浅麻醉，局部配合普鲁卡因。

**【应用】** ①作麻醉药。主要用于马属动物和猪。用于牛时，为减少其不良反应，在麻醉前 15min 给予阿托品。②作镇静、解痉和抗惊厥药。用于过度兴奋、痉挛性疝痛、痉挛性咳嗽，子宫、阴道和直肠脱出的整复，肠阻塞、胃扩张、消化道和膀胱括约肌痉挛以及破伤风、士的宁中毒引起的惊厥发作。

**【不良反应】**水合氯醛刺激性强，易引起恶心、呕吐。对肝、肾有一定的损害作用。

**【应用注意】**①刺激性大，静脉注射时不可漏出血管，内服或灌注时，宜用10%的淀粉浆配成5%～10%的浓度应用；②能抑制体温中枢，使体温下降1～3℃，在寒冷季节尤其注意保温；③静脉注射时，先注入2/3的剂量，余下1/3剂量应缓慢注入，待动物出现后驱摇摆、站立不稳时，即可停止注射并助其缓慢倒卧；④牛、羊有严重心、肝、肾疾病均病畜禁用。

**【用法与用量】**内服、灌肠：镇静，一次量，马、牛10～25g，猪、羊2～4g，犬0.3～1g。催眠：一次量，马30～50g，猪、羊5～10g。静脉注射（麻醉）：一次量，每千克体重，马0.08～0.12g，猪0.15～0.17g，骆驼0.1～0.11g。

**【制剂】**水合氯醛粉、水合氯醛硫酸镁注射液、水合氯醛酒精注射液。

## 盐酸氯胺酮（Ketamine Hydrochloride）

**【性状】**又称开他敏。为白色结晶性粉末。溶于水，水溶液呈酸性（pH3.5～5.5），微溶于乙醇。应遮光、密闭保存。

**【药动学】**吸收后首先大量分布于脑组织，继而又迅速地再分布于其他组织，易通过胎盘屏障，所以作用时间短。在肝内迅速地转化成苯环已酮而随尿排出。代谢产物仍具轻度的麻醉作用。

**【药理作用】**是一种新型镇痛性麻醉药。其作用与经典的全麻药不同，它能选择性地阻断痛觉冲动经丘脑向大脑皮质传导，同时又对网状结构及边缘系统呈现兴奋作用，引起感觉与意识分离，这种双重效应称为“分离麻醉”。故氯胺酮为分离麻醉药。麻醉期间，动物意识模糊，但各种反射，如咳嗽、吞咽、光反射和角膜反射依然存在；肌肉张力不变或增加，在一些动物可出现程度不等的强直或“木僵样”症状，但痛觉完全消失。因此，不能用反射反应与肌肉松弛度来判定麻醉深度。氯胺酮毒性小，常用剂量对心血管系统无明显抑制作用。

**【应用】**兽医临床常将氯胺酮作为马、牛、猪、羊及野生动物的基础麻醉和镇静保定药（麻醉前给药可用阿托品，复合麻醉可用塞拉嗪、氯丙嗪等）。单独使用时，仅适用于不需要肌肉松弛的小手术和诊疗操作等。多以静脉注射方式给药，作用快，维持时间短。

**【应用注意】**①驴、骡对该药不敏感，禽类用该药可导致惊厥，故不宜应用。②静脉注射宜缓慢，以免出现心跳过快等不良反应。

**【用法与用量】**盐酸氯胺酮注射液，静脉注射：一次量，每千克体重，马、牛2～3mg，羊、猪2～4mg。肌内注射：一次量，每千克体重，羊、猪10～15mg，犬10～20mg，猫20～30mg，灵长类动物5～10mg，熊8～10mg，鹿10mg，水貂6～14mg。

复方氯胺酮注射液，肌内注射：一次量，每千克体重，猪0.1mL，犬0.033～0.067mL，猫0.017～0.02mL，马鹿0.015～0.025mL。

**【制剂与休药期】**复方氯胺酮注射液。盐酸氯胺酮注射液：28d，弃乳期7d。

## 异丙酚（Propofol）

**【性状】**又称丙泊酚。在水中不溶。制剂是用豆油、甘油和卵磷脂制成的水包油型乳剂。

**【作用与应用】**本品为烷基酚类的短效静脉麻醉药。与巴比妥类相同，静脉注射给药后迅速分布全身，在十余秒内可产生睡眠，进入麻醉状态，起效迅速，麻醉强度较硫喷妥钠强1.6～1.8倍，苏醒快。单次用药后，犬、猫的苏醒期为20～30min；多次静脉注射苏醒期也不会明显延长。本品没有镇痛作用，单用不是优良的外科麻醉药，与阿片类合用效果好。

主要用作诱导麻醉药（在使用阿片类或镇静药作麻醉前给药之后）和短效维持麻醉药。也可作为眼科手术的诱导麻醉药。

**【用法与用量】**诱导麻醉：每千克体重，犬6.5mg，猫8.0mg。麻醉前给药：每千克体重，犬4.0mg，猫6.0mg。

### 速眠新（Sumianxin）

又名846合剂。为无色透明液体。主要成分：二甲苯胺噻唑、氟哌啶醇（神经安定药）、噻芬太尼（镇痛药）、氯胺酮等。具有中枢性镇痛、镇静及肌松作用。麻醉时间可达40～90min。用于大小动物的保定及麻醉。

皮下、静脉注射：一次量，每千克体重，犬0.1mL，猫0.1～0.2mL。

### 特拉唑尔（Telazol）

为噻环乙胺和唑氟卓等量混合的制剂。主要用作麻醉药和镇痛药。犬、猫每千克体重肌内注射6～13mg，可产生麻醉时间30～60min。本品可与氯胺酮（每千克体重1.1mg）合用，犬可产生70min良好的肌松和麻醉效果。噻环乙胺经肾排泄，所以肾病患畜禁用，胰腺、心和肺患病的动物也禁用。

## 子单元二 化学保定药

化学保定药又称制动药，是指能在不影响动物意识和感觉的情况下，使动物安静、嗜眠和肌肉松弛，从而停止抗拒和挣扎，以达到类似保定的药物。这类药物主要用于动物园、经济饲养场中野生动物的锯茸、繁殖配种、诊治疾病和野外野生动物的捕捉，马、牛等大家畜的运输、人工授精、诊疗检查等工作，也可作为麻醉的辅助用药用于全身麻醉。

根据化学保定药的作用特点，可将其分为四类：①麻醉性化学保定药，如氯胺酮等。②安定性化学保定药，如乙酰丙嗪。③镇痛性化学保定药，如赛拉嗪、赛拉唑等。④肌松性脂学保定药，如氯化琥珀胆碱等。目前，国内兽医临床常用有赛拉唑、赛拉嗪及其制剂。

## 一、镇痛性化学保定药

### 赛拉唑（Xylazole）

**【性状】**又称二甲苯胺噻唑、静松灵。为白色结晶性粉末。味略苦。难溶于水，可溶于氯仿、乙醚和丙酮中。

**【作用与应用】**本品为我国合成的一种具有镇静、镇痛与中枢性肌松作用的化学保定药。其作用的强度和持续的时间与给药剂量有关。小剂量起镇静作用，用药后动物呈现镇静和嗜睡状态，站立不稳、肌肉松弛，针刺反应迟钝。可持续1h左右。大剂量起麻醉作用，持续1～2h，且在用药过程中无兴奋不安表现。反刍动物牛比较敏感。肌内注射后常可诱导猫呕吐，犬亦偶尔出现呕吐。

临床主要作镇静保定药，使狂躁兴奋、难于控制的动物安静，便于诊疗和外科操作的顺利进行，也常用于捕捉野生动物和制服动物园内凶禽猛兽；作配合麻醉药，与普鲁卡因配合使用，用于锯角、锯茸、去势和剖腹术、穿鼻术等手术。

**【应用注意】**①牛大剂量应用时，应先停饲一定时间，并注射阿托品；手术时应采用伏卧姿势，并将头部放低，以免唾液及瘤胃液吸入肺内，并应防止瘤胃臌胀。妊娠后期牛不宜应用。②马静脉注射速度宜慢，给药前先注射小剂量阿托品，以免心脏传导阻滞。③给犬、猫用药，可引起呕吐。④有呼吸抑制、心脏病、肾功能不全等症状的患畜，慎用。

**【用法与用量】**肌内注射：一次量，每千克体重，马、骡 0.5～1.2mg，驴 1～3mg，黄牛、牦牛、牛 0.2～0.6mg，水牛 0.4～1mg，羊 1～3mg，鹿 2～5mg。

**【制剂与休药期】**盐酸赛拉唑注射剂：休药期 28d，弃乳期 7d。

### 赛拉嗪（Xylazine）

又称隆朋。为国外合成的镇痛性化学保定药。其作用、应用及注意事项与赛拉唑相似。为减少全麻药用量增强效果，可与水合氯醛、戊巴比妥钠或硫喷妥钠等合用。主要用于家畜和野生动物的化学保定及基础麻醉。

**【用法与用量】**肌内注射：一次量，每千克体重，马 1～2mg，牛 0.1～0.3mg，羊 0.1～0.2mg，犬、猫 1～2mg，鹿 0.1～0.3mg。

**【制剂与休药期】**盐酸赛拉嗪注射剂：牛、羊 14d，鹿 15d。

## 二、肌松性化学保定药

本类药物为 $N_2$ 胆碱受体阻断药。其主要作用于神经肌肉接头，能与 $N_2$-胆碱受体结合，产生神经肌肉阻断作用，使骨骼肌松弛，故称骨骼肌松弛药，代表药物为琥珀胆碱。

### 琥珀胆碱（Succinylcholine）

**【性状】**又称司可林。为白色或近似白色结晶粉末。无臭，味苦。易溶于水，水溶液酸性。在碱性溶液中易失效。

**【药理作用】**为超短时除极化型肌松药。其作用快、持续时间短，如肌内注射本品后 2～3min开始起效，维持 10～30min。肌松顺序是：先从头、眼部肌肉开始，随后是喉、胸、腹肌、四肢肌肉，最后为膈肌。当过量时，常因隔肌麻痹而窒息死亡。

临床上用作肌松性保定药，如用于梅花鹿、马鹿等在锯茸时进行保定。还可作外科手术的辅助麻醉。

**【不良反应】**①本品使肌肉持久去极化而释放出钾离子，使血钾升高。②使用过量易引起呼吸肌麻痹。

**【用法与用量】**肌内注射：一次量，每千克体重，马 0.07～0.2mg，牛 0.01～0.016mg，猪 2mg，犬、猫 0.06～0.11mg，鹿 0.08～0.12mg。

**【制剂】**氯化琥珀胆碱注射液。

# 子单元三 镇静、安定和抗惊厥药

## 一、镇静、安定药

镇静药是指对中枢神经系统产生轻度的抑制作用，使动物机能活动减弱、缓解躁动不安，恢复安静的一类药物。其特点是对中枢神经系统的抑制作用有明显剂量依赖关系，小剂量镇静，较大剂量催眠，大剂量还可呈现抗惊厥和麻醉作用。

安定药是指能缓解焦虑而又不产生过度镇静的药物。安定药分为强、弱两类。强安定药有吩噻嗪类（氯丙嗪）和丁酢酰苯类和罗夫木全碱类；弱安定药有苯二氮卓类（地西泮）和安宁（眠尔通）类。由于安定药严重地污染动物源食品，对人体产生多方面的毒性作用，我国已禁止本类药物在食品动物饲养过程中使用。

### 盐酸氯丙嗪（Chlorpromazine Hydrochloride）

**【性状】**又称冬眠灵、氯普马嗪。为白色或乳白色结晶性粉末。有微臭，味极苦。有吸湿性。易溶于水和乙醇，水溶液呈酸性反应。粉末或水溶液遇空气、阳光和氧化剂渐成黄色、粉红色，最后呈棕紫色，毒性随之增强。

**【作用与应用】**氯丙嗪为中枢多巴胺受体阻断剂，具有多种药理活性。主要作用：①中枢抑制作用：能使精神不安或狂躁的动物转入安定和嗜睡状态，使性情凶猛的动物变得较驯服和易于接近，呈现安定作用。还有一定的镇痛作用。②止吐作用：小剂量时能抑制延髓的化学催吐区，大剂量能直接抑制延脑的呕吐中枢。但对刺激消化道或前庭器官反射性兴奋呕吐中枢引起的呕吐无效。③降温作用：抑制体温调节中枢，降低基础代谢，体温下降1～2℃，与一般解热药不同，本品能使正常体温降低。④抗休克作用：可阻断外周$\alpha$受体，直接扩张血管，解除小动脉与小静脉痉挛，改善微循环。同时又因本品扩张静脉的作用大于动脉系统的作用，从而降低心脏前负荷，在左心衰时可改善心功能。

主要用于使动物安静和猫、犬止吐；麻醉前给药和外科手术的镇痛和防止休克；减少高温季节运输畜禽时的应激反应。

**【应用注意】**①禁用作食品动物的促生长剂。②过量引起的低血压，禁用肾上腺素解救，但可选用去甲肾上腺素。③静脉注射前应进行稀释，注射速度宜慢。有黄疸、肝炎、肾炎患畜及年老体弱动物慎用。

**【用法与用量】**内服：一次量，每千克体重，犬、猫2～3mg。肌内注射：一次量，每千克体重，马、牛0.5～1mg，羊、猪1～2mg，犬、猫1～3mg，虎4mg，熊2.5mg，单峰骆驼1.5～2.5mg，野牛2.5mg，恒河猴、豺2mg。

**【制剂与休药期】**盐酸氯丙嗪片、盐酸氯丙嗪注射液：28d，弃乳期7d。

### 乙酰丙嗪（Acepromazine）

**【性状】**又称乙酰普马嗪。为黄色结晶性粉末。无臭。溶于水、乙醇。

**【作用与应用】**其作用类似氯丙嗪。具有显著的安定、镇吐、抗惊厥、降温、降血压及表面麻醉作用。还有轻度中枢性肌肉松弛、抗心律失常及较弱的抗组织作用。与止痛药、催眠药、局部麻醉药等合用时能加强其作用，并能延长吗啡的作用时间。

本品是兽医上最常用的安定药。主要用于犬、猫和马的麻醉前给药或与麻醉药合用。

**【用法与用量】** 内服：一次量，每千克体重，犬、猫 2～3mg。皮下、肌内注射：一次量，每千克体重，犬，猫 0.1～0.5mg，马、牛 0.02～0.11mg。静脉注射：一次量，每千克体重，犬，猫 0.05～0.1mg，马、牛 0.01～0.06mg。

### 地西泮（Diazepam）

**【性状】** 又称安定、苯甲二氮唑。为白色或淡黄色结晶性粉末。无臭，味极苦。丙酮或氯仿中易溶，在乙醇中溶解，在水中几乎不溶。宜遮光密封保存。

**【药理作用】** 地西泮为长效类的苯二氮卓类药物。具有镇静、催眠、抗惊厥、抗癫痫及中枢性肌肉松弛作用。小于镇静剂量的地西泮可明显缓解狂躁不安等症状，较大剂量时可产生镇静、中枢性肌松作用，使兴奋不安的动物安静，使有攻击性、狂躁的动物变为驯服，易于接近和管理。还具有较好的抗癫痫作用，对癫痫持续状态疗效显著，但对癫痫小发作效果较差，对电惊厥、戊四氮与士的宁等中毒所引起的惊厥有强效。

用于狂躁动物的安静、保定、抗惊厥和抗癫痫，如治疗犬癫痫、破伤风及士的宁中毒，防止水貂等野生动物攻击等；也可用于动物的基础麻醉及术前给药，如牛和猪麻醉前给药等。

**【不良反应】** ①镇静剂量时，马可引起肌肉震颤和共济失调。②猫可产生行为改变（受刺激、抑郁等），并可能引起肝损害。③犬可出现兴奋效应，不同个体可出现镇静或癫痫两种极端效应。

**【应用注意】** ①对食品动物，禁止用作促生长剂。②肝、肾功能障碍患畜慎用，新生幼畜和孕畜忌用。③与镇痛药（如哌替啶）合用时，应将后者的剂量减少 1/3。④静脉注射宜缓慢，以防造成心血管和呼吸抑制。

**【用法与用量】** 内服：一次量，犬 5～10mg，猫 2～5mg，水貂 0.5～1mg。肌内、静脉注射：一次量，每千克体重，马 0.1～0.15mg，牛、羊、猪 0.5～1mg，犬、猫 0.6～1.2mg，水貂 0.5～1mg。

**【制剂与休药期】** 地西泮片。地西泮注射液：28d。

## 二、抗惊厥药

抗惊厥药是指能对抗或者缓解中枢神经过度兴奋症状，消除或缓解全身骨骼肌不自主强烈收缩的一类药物。主要用于全身强直性痉挛或间歇性痉挛的对症治疗，如癫痫性发作、破伤风、士的宁及农药中毒等。常用的药物有硫酸镁注射液、巴比妥类药物、水合氯醛、地西泮等。

### 硫酸镁注射液（Magnesium Sulfate Injection）

**【作用与应用】** 硫酸镁注射给药主要发挥镁离子的作用。镁为机体生活必需元素之一，对神经冲动传导及神经肌肉应激性的维持均起重要作用，亦是机体多种酶功能活动不可缺少的离子。当血液中镁离子浓度过低时，出现神经及肌肉组织过度兴奋，可致激动。注射硫酸镁可使血中镁离子浓度升高，出现中枢神经抑制作用；镁离子颉颃钙离子的作用，可减少运动神经末梢乙酰胆碱的释放，在神经肌肉接头阻断神经冲动的传导而使骨骼肌松弛。此外，过量的镁离子还可直接松弛内脏平滑肌和扩张外周血管，使血压降低。故硫酸镁注射给药能产生较强的抗惊厥、解痉和降低血压作用。

常用于破伤风及其他痉挛性疾病，如缓解破伤风、脑炎、士的宁等中枢兴奋药中毒所致的惊厥等。

【不良反应】本品安全范围小。稍微过量或注射速度过快时，能使动物呼吸中枢麻痹、血压下降、心脏传导阻滞、肌腱反射消失。如不及时抢救，动物将很快死亡。一旦出现中毒症状时，应立即静脉注射5%氯化钙注射液解救。因钙离子与镁离子在化学性质上很相似，能互相竞争神经细胞膜上的同一受体，钙离子浓度增加时，可以排斥镁离子与受体结合，从而解除镁离子对中枢神经系统的抑制作用。

【用法与用量】静脉、肌内注射：一次量，马、牛10～25g，羊、猪2.5～7.5g，犬、猫1～2g。

## 子单元四　麻醉性镇痛药

临床上缓解疼痛的药物，按其作用特点与机理可分为两大类：一类是能选择性地作用于中枢神经系统，缓解疼痛作用较强，用于剧痛的一类药物，称镇痛药。另一类作用部位不在中枢神经系统，缓解疼痛作用较弱，多用于钝痛，同时还具有解热消炎作用，即解热镇痛抗炎药，临床多用于肌肉痛、关节痛、神经痛等慢性疼痛（此内容在单元十介绍）。

镇痛药可选择性地抑制中枢神经系统痛觉中枢或其受体，以减轻和缓解疼痛，但对其他感觉无影响并保持意识清醒。由于反复应用在人易成瘾，故又称麻醉性镇痛药或成瘾性镇痛药。此类药物多数属于阿片类生物碱，如吗啡、可待因等，也有一些是人工合成代用品，如哌替啶等，属于须依法管制的药物

### 吗　啡（Morphine）

【性状】为白色、有丝光的针状结晶或结晶性粉末。无臭。溶于水。

【作用与应用】

**1. 对中枢神经系统作用**

①本品为阿片受体激动剂，可以与中枢不同部位的阿片受体结合，产生强大的中枢性镇痛作用。镇痛范围广，对各种痛觉都有效。②对中枢神经系统的作用，有明显的种属差异，如猫用药后，表现极度兴奋，可持续数小时之久；而犬初期表现短时的兴奋，继而出现睡眠状态。③治疗量能抑制呼吸中枢，降低呼吸中枢对二氧化碳的敏感性，使呼吸频率减慢，过大剂量可致呼吸衰竭死亡。急性中毒常因呼吸中枢麻痹、呼吸停止而致死。④有强大的镇咳作用，对各种原因引起的咳嗽均有效。

**2. 对消化系统的作用**　小剂量可缓解反刍动物及马肠道痉挛，但能提高括约肌张力而呈现继发便秘；大剂量能使消化液分泌增多，蠕动加强。

主要用于剧痛和犬的麻醉前给药，以减少中枢抑制药的用量、缓解疼痛、抗腹泻。

【应用注意】①不宜用于产科阵痛。②本品对牛、犬、猫易引起强烈兴奋，须慎用。③胃扩张、肠阻塞及膨胀者禁用吗啡。肝、肾功能异常，慎用。④幼畜对本品敏感，

宜慎用或不用。

**【用法与用量】**皮下、肌内注射：一次量，每千克体重，镇痛，马 0.1～0.2mg，犬 0.5～1mg。麻醉前给药，犬 0.5～2mg。

**【制剂】**盐酸吗啡注射液。

### 哌替啶（Meperidine，Pethidine）

**【性状】**又称杜冷丁。其盐酸盐为白色结晶性粉末。无臭，味苦。易溶于水、乙醇和氯仿。久置变为深红色，不可供注射用。

**【作用与应用】**为人工合成的麻醉性镇痛药。与吗啡相比，镇痛作用较弱（为吗啡的1/10～1/7），对呼吸的抑制强度相同，但作用时间较短，能解除平滑肌痉挛（强度为阿托品的1/20～1/10）。对催吐化学感受区也有兴奋作用，易引起恶心、呕吐。

主要用于缓解创伤性疼痛和某些内脏疾患的剧痛；也可用于犬、猫、猪等麻醉前给药。

**【不良反应】**①可导致猫过度兴奋。②过量中毒可致呼吸抑制、惊厥、心动过速、瞳孔散大等。

**【应用注意】**①不宜用于妊娠怀孕动物、产科手术。②中毒时，除用纳洛酮对抗呼吸抑制外，尚须配合使用巴比妥类药物以对抗惊厥。③患有慢性阻塞性肺部疾患、支气管哮喘、肺源性心脏病和严重肝功能减退的患畜，禁用。

**【用法与用量】**皮下、肌内注射：一次量，每千克体重，马、牛、羊、猪 2～4mg，犬、猫 5～10mg。

**【制剂】**盐酸哌替啶注射液。

## 子单元五 中枢兴奋药

中枢兴奋药是能选择性兴奋中枢神经系统，提高其机能活动的一类药物。其作用的强弱、范围与药物的剂量和中枢神经系统的机能状态有关。根据中枢兴奋药主要作用部位不同，可分为大脑兴奋药、延髓兴奋药与脊髓兴奋药三类。

①大脑兴奋药可提高大脑皮层神经细胞的兴奋性，促进脑细胞代谢，改善大脑机能，如咖啡因、苯丙胺等。②延髓兴奋药主要兴奋延髓呼吸中枢，直接或间接作用于该中枢，增加呼吸频率和呼吸深度，又称呼吸兴奋药，对血管运动中枢也有不同程度的兴奋作用，如尼可刹米、樟脑制剂、戊四氮等。③脊髓兴奋药是能够选择性兴奋脊髓的药物，如士的宁、一叶荻碱等。

不同的中枢神经兴奋药对中枢各部位敏感性不一样，但其主要作用部位是相对的，随着剂量的增加或反复用药，不仅药物作用强度增强，而且作用的范围也随之扩大，甚至可引起动物中毒死亡。如咖啡因剂量过大时，兴奋可扩散到延髓乃至脊髓，产生过度的兴奋，导致反射亢进，肌肉抽搐甚至发生惊厥，继而转为中枢抑制，且不能被中枢神经兴奋药所对抗，此时可危及动物的生命。多数中枢神经兴奋药的治疗量与中毒量比较接近，作用时间都较短，常需反复用药。因此，中枢神经兴奋药绝大多数属毒、剧药物，在使用时要严格控制剂量和给药的间隔时间，以免发生中毒。

## 咖啡因（Caffeine）

**【性状】**为白色或微带黄绿色、有丝状的针状结晶。味苦。难溶于冷水，能溶于热水。临床上常用其苯甲酸钠形成的复盐，称为苯甲酸钠咖啡因或安钠咖。

**【药动学】**内服或注射给药，均易吸收。吸收后能分布各组织，脂溶性高易透过血脑屏障，可通过胎盘进入胎儿循环。大部分药物在体内脱去一部分甲基并被氧化，以甲基尿酸的形式迅速排出，作用时间较短，安全范围较大，不易产生蓄积作用。

**【药理作用】**

**1. 对中枢神经的作用**　咖啡因对中枢神经各部分都有兴奋作用。以大脑皮层最敏感。小剂量就能兴奋大脑皮层，家畜表现精神活泼，使役能力和耐力增强。较大剂量能兴奋延脑呼吸中枢和血管运动中枢，呼吸加深加快，换气增加，血压升高，当呼吸中枢抑制时这种作用更为明显，中毒剂量时可兴奋脊髓，使反射增强，产生强直性惊厥，导致中枢神经麻痹。

**2. 对心血管系统的作用**　本品对心血管系统的作用受多种因素的影响，对于心脏，较小剂量时兴奋迷走神经中枢，使心率减慢。治疗量时，直接兴奋心肌的作用占优势，心率、心肌收缩力和心输出量均增高。对于血管，较小剂量时兴奋血管运动中枢，使血管收缩。治疗量时，直接使血管平滑肌松弛，使冠状血管、肺血管、肾血管和全身血管均有不同程度的扩张。

**3. 利尿作用**　通过抑制肾小管对 $Na^+$ 和 $H_2O$ 的重吸收，肾血管扩张和强心作用的共同结果，导致尿量增多。

**4. 其他作用**　可增强骨骼肌的收缩，提高肌肉的工作能力和减轻疲劳，能松弛支气管平滑肌和胆管平滑肌，有轻微的止喘和利胆作用。还有升高血糖和血中脂肪酸的作用。

**【应用】**①作中枢兴奋药：用于重病、中枢抑制药过量、过度劳役引起的精神沉郁、血管运动中枢和呼吸中枢衰竭，牛产后麻痹和肌红蛋白尿症。②作强心药：用于高热、中毒、中暑等引起的急性心力衰竭。③作利尿药：用于心、肝和肾病引起的水肿。

**【应用注意】**①剂量过大可引起心跳和呼吸急促、体温升高、流涎、呕吐、腹痛，甚至发生强直性痉挛而死亡。中毒时可用中枢抑制药解救。②代偿性心力衰竭和器质性心功能失常、末梢性血管麻痹以及动物心动过速（每分钟搏动 100 次以上）的病畜，禁用。

**【用法与用量】**静脉、肌内或皮下注射：一次量，马、牛 2～5g，犬 0.1～0.3g。

**【制剂】**安钠咖注射液。

## 尼可刹米（Nikethmide，Coramine）

**【性状】**又称可拉明。为无色澄明或淡黄色的澄明油状液体。放置冷处，即成结晶性团块。有轻微的特臭，味苦。能与水、乙醇、氯仿或乙醚任意比例混合。

**【药理作用】**本品直接兴奋延髓呼吸中枢，也可刺激颈动脉体和主动脉弓化学感受器，反射性兴奋呼吸中枢，使呼吸加深加快，并提高呼吸中枢对 $CO_2$ 的敏感性。对大脑、血管运动中枢和脊髓有较弱的兴奋作用，对其他器官无直接兴奋作用。安全范围较宽，但大剂量也可引起惊厥。

**【应用】**用于各种原因引起的呼吸中枢抑制的解救。如中枢抑制药中毒、因各种疾病引起的中枢性呼吸抑制、CO 中毒、溺水、新生仔畜窒息等。

【应用注意】注射速度不宜过快，以静脉注射间歇给药方法为佳。

【用法与用量】静脉、肌内或皮下注射：一次量，马、牛 2.5～5g，羊、猪 0.25～1g，犬 0.125～0.5g。

【制剂】尼可刹米注射液。

### 戊四氮（Pentetrazole）

本品为延髓兴奋药。作用迅速而有力，在呼吸中枢抑制时尤为显著。对血管运动中枢有一定的兴奋作用，本品能使血压微升，微循环改善。其效力较尼可刹米为强。但安全范围窄小，作用剧烈，应用时应严格掌握剂量。

主要用于解救各种原因所致的呼吸抑制，也可用以对抗巴比妥类药物中毒，但本品安全范围小，现已很少应用。

### 回苏灵（Dimefline）

【性状】又称二甲弗林。是人工合成的黄酮衍生物，为白色结晶性粉末。味微苦。溶于水和乙醇，不溶于乙醚和氯仿。

【作用与应用】本品可直接兴奋呼吸中枢，药效强于尼可刹米和戊四氮，可增加肺换气量，降低动脉血的二氧化碳分压，提高血氧饱和度。回苏灵见效快，疗效显著，并有苏醒作用。

主要用于中枢抑制药过量、某些传染病及某些药物中毒所致的中枢性呼吸抑制。

【应用注意】①本品过量易引起惊厥，可用短效巴比妥类解救。孕畜禁用。②静脉注射时需用葡萄糖注射液稀释后缓慢注入。

【用法与用量】肌内、静脉注射：一次量，马、牛 40～80mg，猪、羊 8～16mg。

【制剂】回苏灵注射液。

### 士的宁（Strychnine）

又称番木鳖碱。其硝酸盐为无色针状结晶或白色结晶性粉末。味极苦。易溶于水。

【作用与应用】士的宁能选择性地提高脊髓兴奋性。治疗量的士的宁可增强脊髓反射的应激性，缩短脊髓反射时间，神经冲动易传导，骨骼肌张力增加。中毒剂量对中枢神经系统所有部位皆产生兴奋作用，肌肉紧张度升高，伸肌和屈肌不能协调，可使全身骨骼肌发生强直性收缩，发生强直性惊厥。

临床用于治疗脊髓性不全麻痹，如后躯麻痹、膀胱麻痹、阴茎下垂等。

【应用注意】士的宁毒性大，安全范围小，若剂量过大或反复应用，易造成蓄积性中毒。中毒时可用水合氯醛或巴比妥类药物解救，并保持环境安宁，避免光、声音等各种刺激。

【用法与用量】皮下注射：一次量，马、牛15～30mg，羊、猪2～4mg，犬0.5～0.8mg。

【制剂】硝酸士的宁注射液。

## 相关链接

## 一、麻醉的分期

为了掌握麻醉深度，取得外科麻醉的效果，防止麻醉时发生事故，常根据动物在麻醉过程中的表现将其分为三个时期。

第一期（诱导期）：是麻醉的最初期，动物表现不随意运动性兴奋、挣扎、嘶鸣、呼吸不规则、脉搏频数、血压升高、瞳孔扩大、肌肉紧张，各种反射都存在。

第二期（麻醉期）：又分浅麻期和深麻期。

浅麻期：动物的痛觉、意识完全消失。肌肉松弛，呼吸浅而均匀，瞳孔逐渐缩小，痛觉反射消失，角膜和跖反射仍存在，但较迟钝。一般手术可在此期进行或配合局部麻醉药进行大手术。

深麻期：麻醉继续深入，动物出现以腹式呼吸为主的呼吸式，角膜和跖反射也消失，舌脱出不能回缩，由于深麻期不易控制而易转入延脑麻痹期，使动物发生危险，故常避免进入此期。

第三期（苏醒期或麻痹期）：麻醉由深麻期继续深入，动物瞳孔扩大，呼吸困难，呈现陈-施二氏呼吸，心跳微弱而逐渐停止，最后麻痹死亡，称延脑麻痹期。如动物逐渐苏醒而恢复，称苏醒期。苏醒过程中，动物虽然醒觉，但站立不稳，易于跌撞，应加以防护。

## 二、麻醉的方式

为了克服全麻药的不足，增强麻醉效果，常采用联合给药或辅以其他药物的方式。

**1. 麻醉前给药**　在麻醉前给予某种药物，以减少全麻药的毒副作用和用量，扩大安全范围。如在麻醉前给予阿托品，以防止在麻醉中唾液和支气管腺分泌过多而引起异物性肺炎，并可阻断迷走神经对心脏的影响，防止心率减慢或骤停。

**2. 混合麻醉**　将数种麻醉药混合在一起进行麻醉，取长补短，往往可以达到较为安全可靠的麻醉效果。如唑拉西泮十替拉他明、速眠新等。

**3. 配合麻醉**　是以某种全麻药为主，配合局部麻醉药进行的麻醉。如先用静松灵，然后在术部使用局麻药普鲁卡因等，这种方式安全范围大，临床常用。

## 三、应用麻醉药的注意事项

**1. 麻醉前**　麻醉前要仔细检查动物体况，对于衰弱、消瘦或有严重心血管疾病或呼吸系统、肝疾病的病畜及怀孕母畜，不宜进行全身麻醉。

**2. 麻醉过程中**　在麻醉过程中，要不断观察呼吸和瞳孔的变化情况，检查脉搏数和心搏的强弱、节律、以免麻醉过深。如发现瞳孔异常，应立即停止麻醉并进行对症处理。如打开口腔、引出舌头、进行人工呼吸或注射中枢兴奋药。

**3. 准确选用全麻药**　要根据动物种类和手术需要选择适宜的全麻药和麻醉方式。一般马属动物和猪对全麻药较能耐受，但巴比妥类易引起马产生明显的兴奋过程，反刍动物在麻醉前宜停饲12h以上，且不宜单用水合氯醛做全身麻醉，多以水合氯醛与普鲁卡因进行配合麻醉。

# 复习思考题

### 一、选择题

1. 颈静脉注射时，漏注可引起较严重颈静脉周围炎的注射液是（　）。

A. 5%水合氯醛　B. 复方氯化钠注射液　C. 5%葡萄糖溶液
D. 0.9%氯化钠溶液

2. 咖啡因的药理作用不包括（　　）。
A. 扩张血管　B. 抑制呼吸　C. 松弛平滑肌
D. 增强心肌收缩力　E. 兴奋中枢神经系统

3. 某犬突然倒地、惊厥，发生阵发性痉挛，肌肉抽搐，牙关紧闭，口吐白沫，首选药物是（　　）。
A. 硫喷妥钠　B. 戊巴比妥　C. 肾上腺素
D. 苯巴比妥

4. 具有分离麻醉作用的全麻药是（　　）。
A. 水合氯醛　B. 苯巴比妥　C. 硫喷妥钠
D. 氯胺酮

5. 对惊厥治疗无效的药物是（　　）。
A. 苯巴比妥　B. 地西泮　C. 内服硫酸镁
D. 注射硫酸镁

6. 氯丙嗪的中枢药理作用不包括（　　）。
A. 抗休克　B. 镇吐　C. 降低血压
D. 降低体温　E. 加强中枢抑制药的作用

7. 延脑兴奋药是（　　）。
A. 咖啡因　B. 回苏灵　C. 士的宁
D. 麻黄碱

8. 硫喷妥麻醉引起呼吸抑制的解救药是（　　）。
A. 咖啡因　B. 肾上腺素　C. 氨茶碱
D. 尼可刹米

9. 有止吐作用和降温作用的药物是（　　）。
A. 胃复安　B. 盐酸氯丙嗪　C. 阿司匹林
D. 安乃近

10. 水合氯醛全身麻醉时，下面说法正确的是（　　）。
A. 麻醉期短　B. 麻醉量小　C. 安全范围小
D. 无兴奋期

11. 窒息时的呼吸兴奋药是（　　）。
A. 尼可刹米　B. 扑尔敏　C. 地塞米松
D. 肾上腺素

12. 化学性保定药是（　　）。
A. 静松灵　B. 水合氯醛　C. 巴比妥
D. 硫酸镁

## 二、问答题

1. 理想的吸入麻醉药应具备哪些条件？常用的药物有哪些？

2. 麻醉过程分为哪几个时期？一般外科手术在哪一期进行？为什么？
3. 全身麻醉药、镇静药、抗惊厥药、化学保定药的概念及其作用有何不同？
4. 比较咖啡因、尼可刹米的作用和应用特点。

# 实践技能

## 实训十一　水合氯醛的全身麻醉作用及氯丙嗪的增强麻醉作用

**【目的要求】** 观察水合氯醛的全身麻醉作用及主要的体征变化，理解氯丙嗪的增强麻醉作用。

**【材料】**

**1. 动物**　家兔。

**2. 药物**　10%水合氯醛、2.5%氯丙嗪。

**3. 器材**　兔固定器、注射器（5mL、1mL）、5 号针头。

**【方法和步骤】**

（1）取健康家兔 3 只，称重，观察其正常情况，如呼吸、脉搏、体温、痛觉反射，翻正反射、瞳孔大小、角膜反射、骨骼肌紧张度等。

（2）分别给各家兔注射药物。甲兔按每千克体重 1.2mL 的全麻醉量，静脉注射 10%水合氯醛溶液；乙兔按每千克体重 0.6mL 的半麻醉量，静脉注射 10%水合氯醛溶液；丙兔先按每千克体重 0.12mL 静脉注射 2.5%氯丙嗪注射液，然后再按每千克体重 0.6mL 的半麻醉量，静脉注射 10%水合氯醛溶液。观察各家兔的反应及体征。

将观察结果记入下表：

| 兔号 | 体重（kg） | 药　物 | 麻醉时间 | | 痛觉反射 | | 角膜反射 | | 肌肉紧张度 | |
|---|---|---|---|---|---|---|---|---|---|---|
| | | | 出现时间 | 麻醉时间 | 用药前 | 用药后 | 用药前 | 用药后 | 用药前 | 用药后 |
| 甲 | | 全麻量水合氯醛 | | | | | | | | |
| 乙 | | 半麻量水合氯醛 | | | | | | | | |
| 丙 | | 氯丙嗪+半麻量水合氯醛 | | | | | | | | |

**【作业】**

（1）全身麻醉要观察哪些体征？麻醉过程中要注意哪些事项？有何临床意义？

（2）氯丙嗪作为麻醉前给药有什么好处？

（3）撰写实验报告。

# 单元五　作用于外周神经系统的药物

外周神经系统是由脑神经和脊神经发出的大量神经纤维组成。按其功能可分为传入神经纤维（感觉神经纤维）和传出神经纤维（运动神经和植物神经）两大类，故作用于外周神经系统的药物包括传入神经药物和传出神经药物两大部分。作用于传入神经的药物又分为局部麻醉药、保护药和刺激药。本单元主要介绍局部麻醉药和传出神经药物。

## 子单元一　局部麻醉药

### 一、概　　述

局部麻醉药简称局麻药，是指在低浓度时能选择性、可逆性地阻断神经干或神经末梢冲动传导，使其所支配的相应组织暂时失去痛觉的药物。

#### （一）作用机理

神经冲动的产生和传导有赖于神经细胞膜对离子通透性的一系列变化。在静息状态下，钙离子与细胞膜上的磷脂蛋白结合，阻止钠离子内流。当神经受到刺激兴奋时，钙离子离开结合点，钠离子通道开放，钠离子大量内流，产生动作电位，从而产生神经冲动与传导。局部麻醉药的作用在于它能与钙离子竞争，并牢固地占据神经细胞膜上的钙离子结合点，钠离子通道封闭，钠离子内流受阻，当神经兴奋到达时，抑制去极化过程而阻滞神经冲动的传导。

#### （二）作用特点及常见的局部麻醉方式

局麻药在低浓度时就能阻断感觉神经冲动的传导。当浓度升高时，对神经组织的任何部位都有作用，但不同的神经纤维对局麻药的敏感度不同。这与神经纤维的粗细、分布的深浅及有无髓鞘等有关。感觉神经纤维最细，多分布在表面，大多数无髓鞘，故易被麻醉。而在感觉神经纤维中，痛觉神经纤维最细，故在感觉中痛觉最先消失，依次是冷、温、触、关节感觉和深压感觉，恢复时顺序相反。

常见的局部麻醉方式有如下几种。

**1. 表面麻醉**　将药液直接滴于、涂布或喷雾于皮肤或黏膜表面，使感觉神经末梢麻醉、感觉消失。适用于眼、鼻、咽喉、气管、尿道手术。

**2. 浸润麻醉**　将药液注入皮下、皮内和肌层组织中，药物从注射部位扩散到周围组织，使感觉神经纤维和末梢麻醉。适用于浅表小手术及大手术的术野麻醉。

**3. 传导麻醉**　也称区域麻醉或神经干麻醉，是将药液注入神经干或神经丛周围，使其所支配的区域失去感觉（图 2-5）。此法用药量少，麻醉范围较广。常用于跛行诊断、四肢和腹壁手术。

**4. 硬膜外麻醉** 将药液注入硬脊膜外腔（犬和猪一般为腰骶部，马和奶牛为第一、二尾椎部，有时称为尾部麻醉），阻断通过此腔穿出椎间孔的脊神经，使后躯麻醉。常用于难产、剖宫产、阴茎及后躯其他手术。牛、马慎用。

**5. 封闭疗法** 将药液注入患部周围或神经通路，阻断病灶部不良冲动向中枢传递，以减轻疼痛，改善神经营养。常用于治疗蜂窝织炎、关节炎、久不愈合的创伤和风湿病等。也可进行四肢环状封闭和穴位封闭。

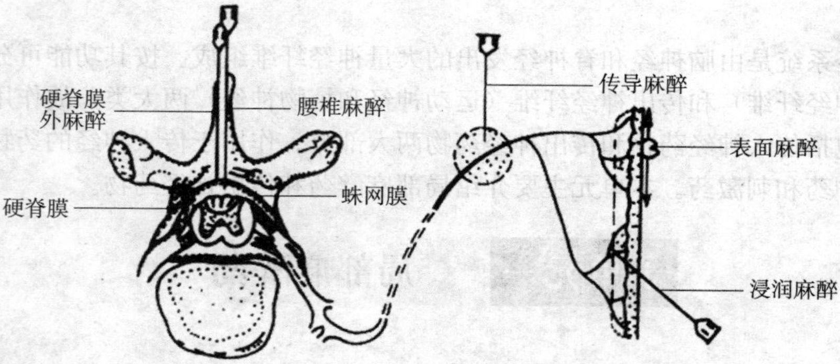


图 2-5　局部麻醉方式

## 二、常用的局部麻醉药

### 普鲁卡因（Procaine）

【性状】又称奴佛卡因。为白色结晶或结晶性粉末。无臭，味微苦。易溶于水，水溶液不稳定，遇光、久贮、受热后效力下降。遮光、密闭保存。

【作用与应用】本品为短效酯类局麻药。其麻醉效果好，毒性低，作用快，注射后 1～3min 起效，可维持 45～60min，若在药液中加入微量盐酸肾上腺素（每 100mL 药液中加入 0.1%盐酸肾上腺素溶液 0.2～0.5mL），可延长药效 1～1.5h。本品对组织无刺激性，但对黏膜的穿透力及弥散性较弱，不宜作表面麻醉。本品吸收入血后，小剂量对中枢神经系统轻微抑制，大剂量出现兴奋，并降低心脏的兴奋性和传导性。低浓度缓慢静脉滴注时具有镇静、镇痛、解痉作用。

临床常用于浸润麻醉、传导麻醉、硬脊膜外麻醉及封闭疗法。也可用于马的痉挛疝及某些过敏性疾病等。

【应用注意】①禁止与磺胺类药物、洋地黄、抗胆碱酯酶药、肌松药（琥珀胆碱）、碳酸氢钠、巴比妥类、硫酸镁等合并应用。②为了减少吸收，延长时效，减轻毒性，可在溶液中加入少许肾上腺素。③剂量过大易出现吸收作用，可引起中枢神经系统先兴奋后抑制的中毒症状，应进行对症治疗。马对本品比较敏感。

【用法与用量】浸润麻醉、封闭疗法：0.25%～0.5%的溶液；传导麻醉：2%～5%的溶液；每个注射点，大动物 10～20mL，小动物 2～5mL；硬脊膜外麻醉：2%～5%溶液，马、牛 20～30mL。

**【制剂】**盐酸普鲁卡因注射液。

### 利多卡因（Lidocaine）

**【性状】**又称昔罗卡因。其盐酸盐为白色结晶粉末。无臭，味微苦，继有麻木感。易溶于水。

**【作用与应用】**本品属酰胺类中效局麻药。穿透能力强，作用快，扩散广，可用于表面麻醉。局麻作用比普鲁卡因强 1～3 倍，作用时间长（1～2h）。随着浓度升高，毒性超过普鲁卡因。扩张血管作用不明显，吸收作用表现为中枢神经抑制。静脉注射能抑制心室的自律性，影响房室传导。

主要用于动物的表面麻醉、浸润麻醉、传导麻醉及硬膜外腔麻醉，也可用作窦性心动过速，治疗心律失常。

**【应用注意】**①硬脊膜外麻醉和静脉注射时，不宜加入肾上腺素。②剂量过大易出现吸收作用，引起中枢抑制、共济失调、肌肉震颤。

**【用法与用量】**浸润麻醉：0.25%～0.5%溶液；表面麻醉：2%～5%溶液；传导麻醉：2%溶液，每个注射点，马、牛 8～10mL，羊 3～4mL；硬膜外腔麻醉：2%溶液，马、牛 8～12mL，犬 1～10mL，猫 2mL。

**【制剂】**盐酸利多卡因注射液。

### 丁卡因（Tetracaine）

又称地卡因。本品为长效酯类局麻药。其脂溶性高，组织穿透力强，麻醉作用强度是普鲁卡因的 10～15 倍。麻醉时效比普鲁卡因长 1 倍，可达 3h 左右。但用药后，作用产生较慢，5～15min。毒性为普鲁卡因的 10～12 倍，一般不作浸润麻醉。主要用于眼科、泌尿道等黏膜表面麻醉。

0.5%～1%等渗溶液用于眼科表面麻醉，1%～2%溶液用于鼻、喉头喷雾或气管插管，0.1%～0.5%溶液用于泌尿道黏膜麻醉。

## 子单元二 传出神经药物

作用于传出神经系统的药物，其基本作用是直接作用于受体或通过影响递质的释放、储存和转化产生兴奋或抑制效应。根据药物作用的主要部位（受体）及作用性质分为四类，在兽医临床中常用的主要有三类，即有拟胆碱药、抗胆碱药、拟肾上腺素药。作用于传出神经系统的药物分类见表 2-8。

**表 2-8　作用于传出神经系统的药物分类**

| 分　类 | | 药　物 | 作用部位及性质 |
|---|---|---|---|
| 拟胆碱药 | 节前、节后拟胆碱药 | 乙酰胆碱、氨甲酰胆碱、槟榔碱 | 兴奋 N、M 胆碱受体 |
| | 节后拟胆碱药 | 氨甲酰甲胆碱、毛果芸香碱 | 兴奋 M 胆碱受体 |
| | 抗胆碱酯酶药 | 新斯的明、毒扁豆碱、加兰他敏 | 抑制胆碱酯酶 |

（续）

| 分类 | | 药物 | 作用部位及性质 |
|---|---|---|---|
| 抗胆碱药 | 节后抗胆碱药 | 阿托品、山莨菪碱 | 阻断 M 胆碱受体 |
| | 骨骼肌松弛药 | 琥珀胆碱、筒箭毒碱、潘克罗宁 | 阻断 $N_2$ 胆碱受体 |
| 拟肾上腺素药 | | 肾上腺素 | 兴奋 α、β 受体 |
| | | 麻黄碱 | 兴奋 α、β 受体并促进递质释放 |
| | | 去甲肾上腺素 | 兴奋 α 受体 |
| | | 异丙肾上腺素 | 兴奋 β 受体 |
| 抗肾上腺素药 | | 酚妥拉明 | 阻断 α 受体 |
| | | 心得安 | 阻断 β 受体 |

## 一、拟胆碱药

拟胆碱药是一类药理作用与递质乙酰胆碱相类似的药物。

### 氨甲酰胆碱（Bethanechol）

**【性状】**又称碳酰胆碱、卡巴可。为白色或淡黄色结晶粉末。有潮解性，其氯化物极易溶于水，难溶于乙醇，水溶液稳定，加热煮沸不被破坏。

**【作用与应用】**能直接兴奋 M 受体和 N 受体，并促进胆碱能神经末梢释放乙酰胆碱而发挥作用。性质稳定，不易为胆碱酯酶水解破坏，故作用强而持久。尤其对腺体及胃肠、膀胱、子宫等平滑肌器官作用强，小剂量即可促使消化液分泌，加强胃肠蠕动，促进内容物迅速排出，增强反刍兽的反刍机能。对心血管系统作用较弱。一般剂量时对骨骼肌无明显影响，但大剂量可引起肌束震颤、麻痹。

主要用于瘤胃积食、前胃弛缓、肠臌气、大肠便秘及子宫弛缓、胎衣不下、子宫蓄脓等。亦可点眼用于治疗青光眼。

**【注意事项】**①老年、瘦弱、妊娠、心肺疾患及机械性肠梗阻等患畜，禁用。②禁止肌内和静脉注射。为避免不良反应，可将一次剂量分作 2～3 次注射，每次间隔 30min 左右的时间。

**【用法与用量】**皮下注射：一次量，马、牛 1～2mg，猪、羊 0.25～0.5mg，犬 0.025～0.1mg；点眼：0.75%～0.3%的溶液滴入 1～2 滴，4～8h 一次。

**【制剂】**氨甲酰胆碱注射液。

### 氨甲酰甲胆碱（Bethanechol）

**【性状】**又称比赛可灵、乌拉坦碱。为白色结晶。易潮解，易溶于水，溶于乙醇。密封保存。

**【作用与应用】**本品直接作用于 M 受体，表现 M 样作用，对 N 胆碱受体几乎无作用。其特点是对胃肠道、膀胱平滑肌作用显著，在体内不易被胆碱酯酶水解，作用可持续 3～4h，对心血管系统作用很弱。临床应用较安全，用于治疗便秘症、肠弛缓、术后肠管麻痹、牛前胃弛缓及产后子宫复旧不全、胎衣不下、子宫蓄脓等。注意事项同氨甲酰胆碱。

【用法与用量】皮下注射：一次量，每千克体重，马、牛 0.05～0.1mg，犬、猫 0.25～0.5mg。

【制剂】氯化氨甲酰甲胆碱注射液。

## 毛果芸香碱（Pilocarpine）

【性状】又称匹鲁卡品。为白色结晶粉末。无臭，味苦，易溶于水，水溶液稳定。遇光易变质。

【作用与应用】能直接作用于 M 受体，呈现 M 样作用。对腺体、胃肠平滑肌作用显著，对心血管系统的作用较弱。①对腺体和平滑肌作用：对汗腺和唾液腺作用最为显著。也能增强泪腺、消化腺、支气管腺的分泌。对肠管等平滑肌有明显的兴奋作用，给马皮下注射后 3～5min 即开始再现作用，10min 后作用最明显，持续 1～3h。由于胃肠分泌加强和蠕动加快，可促进粪便排出。②对眼睛的作用：能使瞳孔括约肌收缩，瞳孔缩小，降低眼内压。

临床主要用于治疗不全阻塞性肠便秘、肠道迟缓、前胃弛缓、手术后肠麻痹、猪食道梗塞等。0.25%～0.3%溶液作为缩瞳剂，与阿托品交替使用，治疗虹膜炎或青光眼，以防止虹膜与晶状体粘连。

【应用注意】①治疗马便秘时，用药前应大量灌水、补液，并注射安钠咖等强心剂，以防脱水或加重心力衰竭。②本品易引起呼吸困难和肺水肿，用药后应保持患畜安静，加强护理，必要时采取对症治疗，如注射氨茶碱以扩张支气管，注射氯化钙以制止渗出。③完全阻塞的肠便秘以及体弱、妊娠、心肺疾患等动物，禁用。④过量中毒时可用阿托品解救。

【用法与用量】皮下注射：一次量，马、牛 30～300mg，猪 5～50mg，羊 10～50mg，犬 1～2mg；点眼：0.25%～0.3%溶液滴入 1～2 滴，4～8h 一次。

【制剂】毛果芸香碱注射液。

## 新斯的明（Neostigmine，Prostigmine）

【性状】又称普洛色林。为白色结晶粉末。无臭，味稍苦。易溶于水，遇光易变成粉红色。应遮光密封保存。

【作用与应用】本品能可逆性地抑制胆碱酯酶的活性，使乙酰胆碱的分解破坏减少，乙酰胆碱在体内浓度增高，呈现拟胆碱样作用。对心血管系统、腺体及支气管平滑肌的作用较弱，对胃肠、子宫、膀胱平滑肌的作用强。本品还能直接作用于骨骼肌运动终板的 $N_2$ 受体，并能促进运动神经末梢释放乙酰胆碱，所以对骨骼肌的兴奋作用很强，能提高骨骼肌的收缩力。治疗量不良反应较小，过量可引起出汗、心动过缓、肌肉震颤或肌麻痹。

临床主要用于治疗重症肌无力，还可用于前胃弛缓、肠弛缓、便秘疝、手术后腹气胀、尿潴留及牛产后子宫复位不全等。

【应用注意】①腹膜炎、肠道或尿道机械性阻塞患畜及妊娠后期动物禁用。②癫痫、哮喘动物慎用。③中毒时可用阿托品解救。

【用法与用量】皮下或肌内注射：一次量，马 4～10mg，牛 4～20mg，猪、羊 2～5mg，犬 0.25～1mg。

【制剂】新斯的明注射液。

## 二、抗胆碱药

抗胆碱药（又称胆碱受体阻断药）是指能阻断受体，使神经递质不能激动受体而发生效应的药物。根据药物作用部位可分为M胆碱受体阻断药、N胆碱受体阻断药和中枢性抗胆碱药。目前，兽医临床常用前两种药物。N胆碱受体阻断药表现为骨骼肌松弛作用，参见有关单元。下面重点介绍M胆碱受体阻断药。

### 阿托品（Atropine）

**【性状】**为无色结晶或白色结晶性粉末。无臭。极易溶解于水，易溶于乙醇。

**【药理作用】**本品是M胆碱受体阻断药，能与乙酰胆碱竞争M胆碱受体，它与受体结合后，并不引起效应器细胞的胆碱能反应，而是阻断乙酰胆碱和拟胆碱药对M胆碱受体的兴奋作用，使乙酰胆碱不能表现出M样作用。当剂量很大，接近中毒剂量时也能阻断$N_1$受体。阿托品的作用性质、强度取决于剂量及组织器官机能状态和类型。

（1）对平滑肌的作用。对胃肠、支气管、输尿管、胆管、膀胱等平滑肌有松弛作用，但这一作用与剂量的大小和内脏平滑肌的机能状态有关。治疗量的阿托品对正常活动的平滑肌影响较小，而当平滑肌处于过度收缩和痉挛时，松弛作用就很明显。

（2）对腺体的作用。对多种腺体有抑制作用，能明显地抑制唾液腺和支气管腺等的分泌。用药后可引起口干舌燥、皮肤干燥、吞咽困难等症状。

（3）解毒作用。家畜发生有机磷中毒时，由于体内乙酰胆碱的大量堆积，而出现强烈的M样和N样作用。此时应用阿托品治疗，能迅速有效地解除M样作用的中毒症状。

（4）对心脏的作用。阿托品可引起心率加快，这是因为在生理情况下，迷走神经对心脏的抑制作用被阿托品解除所致。阿托品加快心率作用的强度取决于动物迷走神经的紧张度，如马、犬和猫等迷走神经紧张度高的动物，阿托品增加心率的作用很明显。

（5）改善微循环。大剂量的阿托品能使痉挛的血管平滑肌松弛，解除小动脉痉挛，使微循环血流通畅，组织得到正常的血液供应，从而改善全身血液循环。

（6）散瞳作用。阿托品可使虹膜括约肌松弛，使瞳孔散大。由于瞳孔散大使虹膜向外缘扩展，压迫眼前房角间隙，阻碍房水流入巩膜静脉窦，引起房水积蓄，眼内压升高。

（7）兴奋中枢神经。大剂量的阿托品有明显的中枢兴奋作用，除迷走和呼吸中枢外，也可兴奋大脑皮质运动区和感觉区，对治疗感染性休克和有机磷中毒有一定的意义。

**【应用】**①用于肠痉挛、肠套叠、急性肠炎和毛粪石等病例，能缓解疼痛，调节肠蠕动。②用于有机磷、拟胆碱药中毒的解救及呈现胆碱能神经兴奋症状的中毒（如农药呋喃丹）。③对锑剂中毒引起的心传导阻滞，心律失常及硫酸喹啉脲等抗原虫药引起的严重不良反应有一定的防治作用。④作为麻醉前给药，可在麻醉前15～20min皮下注射小剂量阿托品，能抑制呼吸道腺体分泌，防止呼吸道阻塞和吸入性肺炎及反射性的心跳停止。⑤大剂量阿托品可用于失血性休克及感染中毒性休克，如中毒性菌痢、中毒性肺炎等并发的休克。⑥用0.4%～1%溶液点眼，与毛果芸香碱交替使用，可防止急性炎症时晶状体、睫状体和虹膜粘连。

**【应用注意】**①本品治疗剂量时有口干、便秘、皮肤干燥等不良反应。一般停药后可逐渐消失。剂量过大，除出现胃肠蠕动停止、臌气、心动过速、体温升高外，还可出现一系列中枢兴奋症状，如狂躁不安、惊厥，继而由兴奋转入抑制，出现昏迷、呼吸麻痹等中枢中毒症状。②中毒解救时，多以对症治疗为主，极度兴奋时可使用毒扁豆碱、短效巴比妥类、水合氯醛等药物。禁用吩噻嗪类药物如氯丙嗪治疗。③肠梗阻、尿潴留等患畜禁用。

**【用法与用量】**内服：一次量，每千克体重，犬、猫 0.02～0.04mg；肌内、皮下或静脉注射：一次量，每千克体重，麻醉前给药，马、牛、羊、猪、犬、猫 0.02～0.05mg；解除有机磷中毒：一次量，每千克体重，马、牛、羊、猪 0.5～1mg，犬、猫 0.1～0.15mg，禽 0.1～0.2mg；治疗马迷走神经兴奋性心律不齐：一次量，每千克体重，0.045mg；治疗犬、猫心动过缓：一次量，每千克体重，0.02～0.04mg。

**【制剂】**硫酸阿托品片、硫酸阿托品注射液。

### 东莨菪碱（Scopolamine）

**【性状】**为无色结晶或白色结晶性粉末。无臭。易溶于水，略溶于乙醇。

**【作用与应用】**作用与阿托品基本相似，抑制腺体分泌和散瞳作用比阿托品强，抗震颤作用是阿托品的 10～20 倍，对心血管、支气管和胃肠道平滑肌的作用较弱。对中枢作用因动物种属、剂量不同而异。如小剂量使犬、猫出现抑制，大剂量兴奋；对马属动物均为兴奋。

主要用于胃肠道平滑肌痉挛、腺体分泌过多，有机磷酸酯中毒的解救及麻醉前给药。

**【用法与用量】**皮下注射：一次量，牛 1～3mg，猪、羊 0.2～0.5mg。

**【制剂与休药期】**氢溴酸东莨菪碱注射液：28d，弃乳期 7d。

## 三、拟肾上腺素药

拟肾上腺素药（又称肾上腺素受体激动药）是指能引起类似肾上腺素能神经兴奋效应的药物。根据其选择作用的受体不同，分为 α 受体激动药、α、β 受体激动药及 β 受体激动药三类。兽医临床主要应用前两类药物。

### 肾上腺素（Epinephrine）

**【性状】**为白色或类白色结晶性粉末。无臭，味苦。与空气接触或受日光照射，易氧化变质。在中性或碱性水溶液中不稳定。饱和水溶液显弱碱性反应。

**【药动学】**皮下注射，因局部血管收缩而延迟（可配合局麻药使用）。

内服给药迅速破坏，达不到有效血药浓度。常采用皮下或肌内注射，皮下注射时因局部血管收缩可使吸收延缓，作用持久；肌内注射时因肌肉血管收缩作用较弱，较皮下注射吸收快，作用时间短；静脉注射时作用迅速，只用于抢救危急病例；肾上腺素溶液经呼吸道吸入能产生局部扩支气管作用。少量以原形及其代谢产物与葡萄糖醛酸结合由尿排出。

**【药理作用】**本品为 α、$\beta_1$ 和 $\beta_2$ 受体激动剂。对 β 受体作用强于 α 受体。主要作用表现在以下方面。

**1. 对心脏的作用** 激动心脏 $\beta_1$ 受体，加强心肌收缩力，加快心率，加速传导，增加心输出量。扩张冠状血管，改善心肌供血。但可增加心肌耗氧量，提高心肌兴奋性，如剂量过大或静脉注射过快，可引起心律失常，甚至心室纤颤。

**2. 对血管的作用** 肾上腺素对血管有收缩和舒张两种作用，这与体内各部位血管的肾上腺素受体种类不同有关。对以α受体占优势的皮肤、黏膜及内脏（如肾）的血管产生收缩作用。对以β受体占优势的血管（如冠状动脉和骨骼肌血管）则有舒张作用，因而可改善心肌的血液供应。对肺和脑血管的收缩作用很微弱，有时由于血压升高反而被动的扩张。

**3. 对平滑肌的作用** 通过兴奋β受体使支气管平滑肌松弛，特别是在支气管痉挛时这种作用更为明显。对胃肠道和膀胱的平滑肌松弛作用较弱，但对其括约肌则引起收缩。对子宫平滑肌的作用因动物种类和生理状态不同而有不同的表现，如对已怀孕猪的子宫，静脉注射肾上腺素可引起强烈收缩而致流产，对未怀孕牛的子宫产生兴奋，已孕牛子宫则被抑制，对马的子宫作用不明显。

**4. 升高血压** 对血压的影响与剂量有关，小剂量使收缩压升高，舒张压不变或下降；大剂量使收缩压和舒张压均升高。

**5. 其他** 能促进肝糖原与肌糖原分解，血糖升高，血中乳酸含量增加，并能加速脂肪分解，使血中游离脂肪酸增多，糖和脂肪的代谢加快，细胞耗氧量增加。能加强马、羊汗腺的分泌等。

**【应用】**①用于溺水、一氧化碳中毒、手术意外以及心脏传导阻滞等所引起的心脏骤停的抢救。②与普鲁卡因等局麻药配用，以延长局麻药的作用时间，减少局麻药的吸收毒性。③治疗各种过敏性疾病，如支气管痉挛、药物过敏（如青霉素）、免疫血清和疫苗引起的过敏。④作局部止血药，临床用于鼻黏膜出血、齿龈出血等。

**【应用注意】**①心血管器质性病变及肺出血的病畜禁用。②本品能提高心肌兴奋性，可导致心律失常，甚至心室颤动，故应严格控制剂量。也不宜与强心苷、氯化钙等具有强心作用的药物并用。③一般只作皮下或肌内注射。急救时，可根据病情将0.1%肾上腺素注射液作10倍稀释后缓慢静脉注射，必要时可作心内注射。

**【用法与用量】**皮下注射：一次量，马、牛2～5mL，羊、猪0.2～1.0mL，犬0.1～0.5mL，猫0.1～0.2mL（犬、猫需稀释10倍后注射）；静脉注射：一次量，马、牛1～3mL，羊、猪0.2～0.6mL，犬0.1～0.3mL，猫0.1～0.02mL，用时以生理盐水稀释10倍。

**【制剂】**盐酸肾上腺素注射液。

### 麻黄碱（Ephedrine）

**【来源与性状】**为麻黄科植物麻黄中提出的一种生物碱，也可由人工合成。其盐酸盐为白色结晶。无臭。味苦。易溶于水，能溶于乙醇。应密封保存。

**【药动学】**本品内服、皮下注射都易吸收而且完全。吸收后，可透过血脑屏障进入。不易被单胺氧化酶等代谢，少量在肝内代谢，大部分以原形从尿排出。亦可在乳中发现。

**【作用与应用】**麻黄碱的作用与肾上腺素相似。但松弛支气管平滑肌、扩张支气管的作用比肾上腺素缓和而持久。本品性质稳定，可内服给药。吸收后易于透过血脑屏障，有明显的中枢兴奋作用。临床上主要用作平喘药，治疗支气管哮喘。但连续用药易产生快速耐受性，作用迅速减弱甚至完全消失。与肾上腺素有协同作用，交替使用可减少用量。

**【注意事项】**本品对中枢的兴奋作用较强，用量过大，动物易产生躁动不安，甚至发生惊厥等中毒症状。严重时可用巴比妥类等缓解。

**【用法与用量】**内服：一次量，马、牛50～300mg，羊、猪20～50mg，犬10～30mg；

皮下注射：一次量，马、牛 50～300mg，猪、羊 20～50mg，犬 10～30mg；滴鼻：用 0.5%～1%溶液。

【制剂】盐酸麻黄碱片、盐酸麻黄碱注射液。

### 异丙肾上腺素（Isoproterenol）

【作用与应用】本品对 $\beta_1$ 及 $\beta_2$ 受体具有强烈兴奋作用，对 α 受体无作用。是强效扩支气管药，药效是肾上腺素的 10 倍。本品能有效增强心肌的收缩力，加快心率，但会引起心动过速，增加氧耗，使外周血管扩张，血压下降。

主要用作平喘药，治疗急性支气管痉挛，亦用于心脏骤停和休克的治疗，治疗休克必先补足血容量。

【用法与用量】肌内、皮下注射：一次量，犬、猫 0.1～0.2mg，每 6h 一次，静脉滴注：一次量，马、牛 1～4mg，羊、猪 0.2～0.4mg，犬、猫 0.05～0.1mg，可加入等渗葡萄糖溶液中滴注。

### 克仑特罗（Clenbuterol）

为 $\beta_2$ 受体激动剂。能显著舒张支气管平滑肌，缓解呼吸困难。见效快，作用持续时间长。主要用于呼吸系统疾病治疗，如支气管哮喘、肺气肿等。在大剂量情况下，可激动 $\beta_1$ 受体，引起心悸、心室早搏、骨骼肌震颤等。另外，还能促进脂肪分解和增加蛋白质合成作用，可使动物瘦肉率增加。

过去曾有人非法将本品用作增加瘦肉的饲料添加剂，造成在动物可食性组织蓄积，这种残留导致消费者（人）产生严重的毒性反应，甚至死亡，严重危害人的身体健康。故现在国内外均禁止将克仑特罗用于食品动物。

## 四、抗肾上腺素药

抗肾上腺素药又称肾上腺素受体阻断药，能与肾上腺素受体结合，阻碍去甲肾上腺素能神经递质或拟肾上腺素药与肾上腺素受体结合，从而产生抗肾上腺素作用。根据抗肾上腺素药物对受体选择性的不同，将其分为 α 肾上腺素受体阻断药（酚妥拉明）和 β 肾上腺素受体阻断药（普萘洛尔）两类。

### 酚妥拉明（Phenotolamine）

【作用与应用】酚妥拉明与 α 受体结合力弱，作用时间短暂，属于短效类 α 受体阻断药。由于本品对 $\alpha_1$ 受体的阻断作用，加之对血管的直接扩张效应，表现为：血管舒张，血压下降，同时亦出现心脏收缩力增强，心率加快，心输出量增加的心脏兴奋效应。另外，还具有拟胆碱作用，表现为使胃肠道平滑肌张力增强。主要用于犬休克治疗。使用时须补充血容量，最好与去甲肾上腺素配伍使用。

【用法与用量】静脉滴注：一次量，犬、猫 5mg，以 5%葡萄糖注射液 100mL 稀释滴注。

【制剂】甲基磺酸酚妥拉明注射液。

### 普萘洛尔（Propranolol）

【作用与应用】又称心得安。其有较强的β受体阻断作用，但对$\beta_1$、$\beta_2$受体的选择性较低，且无内在拟交感活性。可阻断心脏的$\beta_1$受体，抑制心脏收缩力与房室传导，减慢心率，减少循环血流量，降低血压及心肌耗氧量。可阻断平滑肌$\beta_2$受体，表现支气管和血管收缩。

主要用于抗心律失常，如犬心脏早搏。

【用法与用量】内服：一次量，马每450kg体重150～350mg，犬5～40mg，猫2.5mg，每日3次；静脉注射：一次量，马每100kg体重5.6～17mg，每日2次，犬1～3mg（以每分钟1mg的速度注入），猫0.25mg（稀释于1mL生理盐水中注入）。

【制剂】盐酸普萘洛尔片、盐酸普萘洛尔注射液。

## 相关链接

### 一、传出神经分类

**1. 按解剖学分类** 传出神经可分为植物性神经和运动神经两大类，前者主要支配心肌、平滑肌和腺体等效应器的活动，后者支配骨骼肌的运动。植物性神经又分为交感神经和副交感神经两类。根据是否更换神经元，到达效应器，又有节前神经纤维和节后神经纤维之分。运动神经由中枢神经系统发出后，不更换神经元，直接到达所支配的骨骼肌，故无节前纤维和节后纤维之分。

**2. 按递质分类** 传出神经末梢释放的递质主要有乙酰胆碱（Ach）和去甲肾上腺素(NE)。它们通过作用突触后膜上相应的受体，影响下一级神经元或效应器细胞的活动，完成神经冲动的传递。根据神经冲动时所释放的递质的不同，传出神经可分为胆碱能神经和去甲肾上腺素能神经两类（图2-6）。

（1）胆碱能神经。包括交感神经和副交感神经的节前纤维、副交感神经的节后纤维、极少数交感神经节后纤维（如汗腺的分泌神经和有些动物骨骼肌的血管扩张神经）及运动神经。它们兴奋时释放的递质是乙酰胆碱。

（2）去甲肾上腺素能神经。几乎包括全部交感神经节后纤维。它们兴奋时释放的递质是去甲肾上腺。

### 二、传出神经递质

神经递质是传递神经冲动的物质，乙酰胆碱和去甲肾上腺素是传出神经末梢释放的两种递质。

**1. 递质的生物合成及贮存** 乙酰胆碱主要在神经末梢处合成。参与合成的酶类有胆碱乙酰化酶及乙酰辅酶A。乙酰胆碱合成后，即转运至囊泡并贮存，另有一部分以游离形式存在于胞浆。去甲肾上腺素的合成是在细胞体与轴突内，但此处含量较少，神经末梢处含量多。合成去甲肾上腺素的原料是酪氨酸，去甲肾上腺素合成后也贮存于囊泡中。

**2. 递质的释放** 当神经冲动到达神经末梢产生去极化时，神经细胞膜的通透性发生改变，$Ca^{2+}$内流，促使突触前膜中的囊泡膜与突触前膜融合形成裂孔，使囊泡内的递质等排至突触间隙。

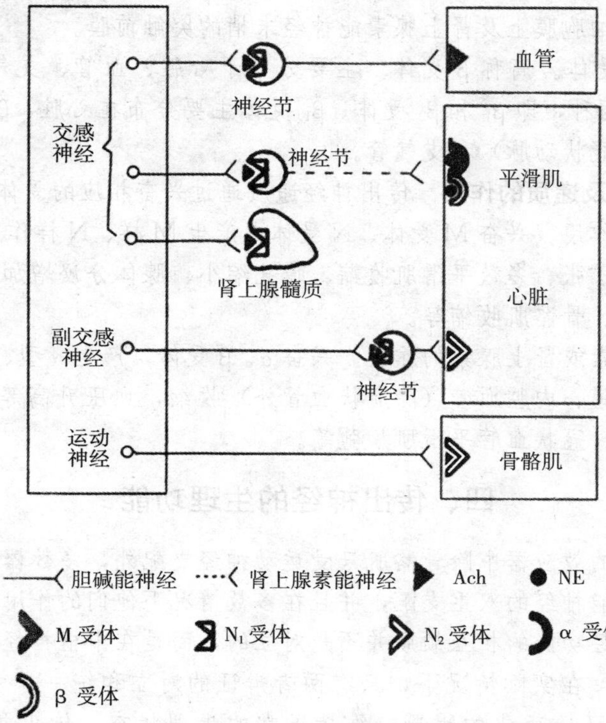


图 2-6 传出神经的分类、递质及受体分布示意

**3. 递质的消除** 乙酰胆碱主要被突触后膜中的胆碱酯酶水解失活。一般乙酰胆碱释放后，一至数毫秒之内即被水解失效，不被突触前膜摄取，但它的水解产物摄入神经末梢，作为合成乙酰胆碱的原料。释放出的去甲肾上腺素首先经神经或非神经组织摄取（有75%～95%被去甲肾上腺素能神经末梢再摄入末梢内），然后再经酶破坏、失活，排出体外。

## 三、传出神经受体

传出神经的生理机能是通过递质与受体结合而产生效应的。它能选择性地与某些递质或药物结合，产生一定的生理或药理效应。受体可分为两大类。

**1. 胆碱受体** 指能与乙酰胆碱结合的受体。这种受体又可分为以下几种。

（1）毒蕈碱型胆碱受体。简称M胆碱受体或M受体。对毒蕈碱作用比较敏感，主要分布于副交感神经节后纤维和一小部分释放乙酰胆碱的交感神经节后纤维所支配的效应器细胞膜上。

（2）烟碱型胆碱受体。简称N胆碱受体或N受体。对烟碱的作用比较敏感，主要分布于植物神经节细胞膜和骨骼肌细胞膜上，一般将植物神经节细胞膜上的受体称 $N_1$ 受体，骨骼肌细胞膜上的受体称 $N_2$ 受体。

**2. 肾上腺素受体** 指能与去甲肾上腺素或肾上腺素结合的受体。此种受体可分为以下几种。

（1）α肾上腺素受体。简称α受体。主要分布于皮肤、黏膜、内脏的血管，虹膜辐射肌和腺体细胞等效应器细胞膜上及肾上腺素能神经末梢的突触前膜。

（2）β肾上腺素受体。简称β受体。主要分布于心脏、血管、支气管等效应器细胞膜上。β受体又可分为两种，即$\beta_1$和$\beta_2$受体。$\beta_1$受体主要分布在心脏，$\beta_2$受体主要分布在血管（骨骼肌、内脏、冠状动脉）和支气管。

**3. 传出神经受体及递质的作用** 传出神经递质通过兴奋相应的受体产生作用。

（1）乙酰胆碱的作用。兴奋M受体、N受体，产生M样、N样作用。M样作用主要表现为心脏抑制、血管扩张、多数平滑肌收缩、瞳孔缩小、腺体分泌增加等；N样作用主要表现为植物神经节兴奋、骨骼肌收缩等。

（2）去甲肾上腺素或肾上腺素的作用。兴奋α、β受体，产生α型、β型作用。α型作用主要表现为皮肤、黏膜、内脏血管（除冠状血管外）收缩，血压升高等；β型作用主要表现为心肌兴奋，支气管、冠状血管平滑肌松弛等。

## 四、传出神经的生理功能

传出神经所支配的效应器中除骨骼肌只受运动神经支配外，多数器官都同时接受去甲肾上腺素能神经与胆碱能神经的双重支配，并且在多数情况下他们的作用表现互相颉颃，但从整体来看，这两类神经功能的相互颉颃并不是对立的，而是在中枢神经系统调节下，使它们的功能既对立又统一。在实际情况下，只有两者辩证的对立和统一，才能使机体的生理机能更好地适应内、外环境变化的需要，维持正常的生理状态。传出神经的主要功能见表2-9。

**表2-9 传出神经所支配的效应器上受体分布与效应**

| 效应器官 | | | 肾上腺能神经兴奋 | | 胆碱能神经兴奋 | |
|---|---|---|---|---|---|---|
| | | | 效应 | 受体 | 效应 | 受体 |
| 心脏 | 心肌 | | 收缩力加强 | $\beta_1$ | 收缩力减弱 | |
| | 窦房结 | | 心率加快 | $\beta_1$ | 心率减慢 | |
| 平滑肌 | 血管 | 皮肤、黏膜 | 收缩 | α | 扩张 | |
| | | 腹腔内脏 | 收缩*、扩张 | α*、$\beta_2$ | | |
| | | 骨骼肌 | 扩张* | α、$\beta_2$* | 扩张(交感神经) | |
| | | 冠状动脉 | 扩张* | α、$\beta_2$* | | |
| | 支气管 | | 松弛 | $\beta_2$ | 收缩 | M |
| | 胃肠、膀胱 | | 松弛 | $\beta_2$ | 收缩 | |
| | 胃肠、膀胱括约肌 | | 收缩 | α | 松弛 | |
| | 眼虹膜 | | 辐射肌收缩（散瞳） | α | 括约肌收缩（缩瞳） | |
| 腺体 | 唾液腺 | | 分泌少量稠液 | α | 分泌多量稀液 | |
| | 汗腺 | | 分泌（马、牛）** | α | 分泌（交感神经） | |
| 植物神经节 | | | | | 兴奋 | |
| 肾上腺髓质 | | | | | 分泌（交感神经节前纤维） | $N_1$ |
| 骨骼肌 | | | | | 收缩 | $N_2$ |

注：*表示占优势；**马、牛支配汗腺的一小部分交感神经属肾上腺素能神经。

# 复习思考题

## 一、选择题

1. 临床上不能作为表面麻醉的药物是（　　）。
   A. 普鲁卡因　　B. 利多卡因　　C. 丁卡因
   D. 麻黄碱
2. 局麻药的麻醉方式以下正确的是（　　）。
   A. 浸润麻醉　　B. 麻醉前给药　　C. 配合麻醉
   D. 混合麻醉
3. 青霉素过敏反应严重休克时可选用的解救药是（　　）。
   A. 氨甲酰胆碱　　B. 阿托品　　C. 肾上腺素
   D. 新斯的明
4. 利多卡因与普鲁卡因的不同点是利多卡因可用于（　　）。
   A. 表面麻醉　　B. 浸润麻醉　　C. 传导麻醉
   D. 封闭麻醉
5. 下列药物属于抑制胆碱酯酶的是（　　）。
   A. 新斯的明　　B. 毛果芸香碱　　C. 阿托品　　D. 麻黄碱
6. 为延缓局麻药浸润麻醉时的吸收和延长其作用时间通常在其药液中加入适量（　　）。
   A. 安乃近　　B. 安定　　C. 肾上腺素
   D. 去甲肾上腺素
7. 可用于解除肠道痉挛的药物是（　　）。
   A. 阿托品　　B. 阿司匹林　　C. 麻黄碱
   D. 新斯的明
8. 可直接激动M、N受体的药物是（　　）。
   A. 琥珀胆碱　　B. 氨甲酰胆碱　　C. 毛果云香碱
   D. 毒扁豆碱
9. 毛果芸香碱的药理作用是（　　）。
   A. 镇静　　B. 镇痛　　C. 缩小瞳孔
   D. 抑制腺体分泌　　E. 抑制胃肠平滑肌收缩
10. 治疗动物充血性心力衰竭的药物是（　　）。
   A. 樟脑　　B. 咖啡因　　C. 氨茶碱
   D. 肾上腺素　　E. 洋地黄毒苷
11. M样作用是指（　　）。
   A. 烟碱样作用　　B. 心脏兴奋，血管扩张，平滑肌松弛
   C. 骨骼肌收缩　　D. 心脏抑制，腺体分泌增加，胃肠平滑肌收缩

## 二、问答题

1. 外周神经药物分为哪几类？常用药物有哪些？

2. 常用拟胆碱药和抗胆碱药主要有哪几种？请说明其作用和应用。

3. 常用局部麻醉药有哪些？请说明其作用与应用。

4. 临床上阿托品中毒会出现哪些症状？该如何解救？

5. 为什么兽医临床上常在局麻药液中加入适量的肾上腺素？

# 实践技能

## 实训十二　肾上腺素对普鲁卡因局部麻醉作用的影响

【目的要求】观察肾上腺素对普鲁卡因局部麻醉作用时间的增效作用。

【材料】

**1. 动物**　家兔。

**2. 药品**　2%盐酸普鲁卡因注射液、0.1%盐酸肾上腺素。

**3. 器材**　注射器（2mL）、针头（9号）、剪毛剪、大头针等。

【方法和步骤】

（1）取健康家兔一只，称重，观察其正常活动情况，用针刺后肢，观察有无疼痛，并记录。

（2）在两侧坐骨神经周围（使兔自然俯卧，在尾部坐骨嵴与股骨头之间摸到一凹陷处，即为注射处）分别按每千克体重2mL注入2%盐酸普鲁卡因注射液和加有肾上腺素的普鲁卡因注射液（每10mL2%普鲁卡因注射液中加0.1%盐酸肾上腺素注射液0.1mL）。

（3）注射后第1min、2min、5min以针刺试注射部位的痛觉反射。以后每10min测试一次，并比较两种药液的麻醉作用维持时间及注射部位皮肤颜色有何不同。

结果记入下表：

| 药　物 | 用药前反应 | 用药后的反应（min） | | | | | | | |
|---|---|---|---|---|---|---|---|---|---|
| | | 1 | 2 | 5 | 10 | 20 | 30 | 40 | 50 |
| 普鲁卡因 | | | | | | | | | |
| 普鲁卡因＋肾上腺素 | | | | | | | | | |

【作业】

（1）分析实验结果，说明普鲁卡因与肾上腺素合用的临床意义。

（2）撰写实验报告。

# 单元六　作用于消化系统的药物

消化系统疾病是家畜常发病。由于畜禽种类不同，消化系统的解剖结构和生理机能各异，因而发病类型和发病率也有差异。如马常发疝痛性疾病，家禽和猪的胃肠炎，牛常发前胃迟缓、瘤胃积食和瘤胃臌气，犬易发胃肠炎等。

作用于消化系统的药物，种类很多，这些药物主要通过调节胃肠道的运动和消化腺的分泌机能，维持胃肠道内环境和微生态平衡，从而改善和恢复消化系统机能。根据其药理作用和临床应用可分为健胃药、助消化药、瘤胃兴奋药（反刍促进药）、制酵药、消沫药、泻药及止泻药等。

## 子单元一　健胃药与助消化药

### 一、健胃药

健胃药是指能促进唾液和胃液的分泌，调整胃的机能活动，从而提高食欲、加强消化的一类药物。健胃药分为苦味健胃药、芳香健胃药和盐类健胃药三类。

**（一）苦味健胃药**

本类药物具有强烈的苦味，内服能刺激舌的味觉感受器，反射性地兴奋食物中枢，加强唾液和胃液的分泌，从而提高食欲，促进消化。当动物食欲不振及消化机能不良时，作用更显著。但临床应用时应注意：必须经口给药，使药物接触到味觉感受器，不能胃管投药；给药时间合理，一般在饲前 5～30min 给药为宜；药量不宜过大，不宜长期反复使用同种药物，以免药效降低，动物产生耐受性。

**龙　胆**（Radix Gentianae）

**【来源与成分】**为龙胆科植物龙胆的干燥根茎和根，有效成分为龙胆苦苷、龙胆糖、龙胆碱等。其粉末为淡棕黄色。味极苦。应密闭干燥保存。

**【作用与应用】**本品内服可刺激舌的味觉感受器，反射性地引起食物中枢兴奋，促进消化，改进食欲。主要用于食欲不振、消化不良及某些热性疾病的恢复期。

常与其他健胃药配伍成散剂、酊剂、舔剂等剂型，如龙胆酊（由龙胆 10g、40%酒精 100mL 浸制而成）。

**【用法与用量】**内服（末）：一次量，马、牛 20～50g，羊 5～10g，猪 2～4g，犬 1～5g。

内服（酊）：以本品计，一次量，马、牛 50～100mL，羊 5～15mL，猪 3～8mL，犬 1～3mL。龙胆酊为 10g 龙胆，于 40％酒精 100mL 中浸制而成。

### 大　黄（Radix Rhei）

**【来源与成分】**是蓼科植物大黄的干燥根茎。味苦，内含苦味质、鞣质和蒽醌苷类衍生物（大黄素、大黄酚和大黄酸等）。

**【作用与应用】**其作用与用量有密切关系。内服小剂量时，苦味质发挥其苦味健胃的作用；中等剂量时，鞣酸发挥其收敛止泻作用；大剂量时，因蒽醌苷类被吸收，在体内水解成大黄素和大黄酸等，刺激大肠黏膜，使肠蠕动增加，引起下泻。致泻后往往继发便秘，故临床很少单独作为泻药，常与硫酸钠配合使用。此外，大黄还有极强的抗菌作用，能抑制金黄色葡萄球菌、大肠杆菌、痢疾杆菌、绿脓杆菌、链球菌及皮肤真菌等。

临床上主要用作健胃药，也可与硫酸钠配合治疗大肠便秘。大黄末与石灰粉（2∶1）配成撒布剂，可治疗化脓创；与地榆末配合调油，擦于局部，可治疗火伤和烫伤。

**【用法与用量】**内服（末）：健胃，一次量，马 10～25g，牛 20～40g，羊 2～5g，猪 1～2g，犬 0.5～2g；致泻，马、牛 100～150g，猪、羊 30～60g，驹、犊 10～30g，仔猪 2～5g，犬 2～4g。内服（大黄苏打片）：一次量，猪 5～10g，羔羊 0.5～2g。

### 马钱子酊（Strychnine Tinctrure）

**【来源与成分】**为马钱科植物马钱的干燥成熟的种子的醇制剂，其有效成分主要有番木鳖碱，亦称士的宁、马钱子碱等，以士的宁计，每毫升含量应为 1.19～1.31mL。

**【作用与应用】**内服后主要发挥苦味健胃作用，常用于治疗消化不良、食欲不振、前胃迟缓、瘤胃积食等。吸收后，可提高脊髓中枢的兴奋性，剂量过大易致中毒。故临床应用时，必须严格控制剂量，连续用药不能超过一周，以免发生蓄积中毒。中毒时，可用巴比妥类药物或水合氯醛解救，并保持环境安静，避免各种刺激。孕畜禁用，以免发生流产。

**【用法与用量】**内服（酊）：一次量，马 10～20mL，牛 10～30mL，羊、猪 1～2.5mL，犬 0.1～0.6mL。内服（流浸膏）：一次量，马 1～2mL，牛 1～3mL，羊、猪 0.1～0.25mL，犬 0.01～0.06mL。

**【制剂】**马钱子酊、马钱子流浸膏。

**（二）芳香性健胃药**

这类药物均含挥发油，内服除能刺激味觉感受器外，还能刺激消化道黏膜，通过迷走神经反射，增加消化液的分泌、促进胃肠蠕动，增进食欲；还有轻度抑制胃肠内细菌的作用，因而兼有健胃、驱风和制酵的功能。此外，挥发油被吸收后，一部分经呼吸道排出时，能促进呼吸道黏液的分泌，稀释痰液，有轻度的祛痰作用。临床上常将本类药物配成复方制剂，用于消化不良、胃肠内轻度发酵、积食等。常用药物有陈皮、大蒜、桂皮、干姜、小茴香、辣椒、豆蔻等制剂。

### 陈　皮（Pericarpium Citri Reticulatae）

**【来源与成分】**为芸香科植物橘及其栽培变种的干燥成熟果皮。含挥发油、川皮酮、橙皮苷、维生素 $B_1$ 和肌醇等。

【作用与应用】内服后发挥其芳香性健胃药的作用。能刺激消化道黏膜，增强消化液的分泌及胃肠蠕动，显现健胃驱风的功效。用于消化不良、积食胀气和咳嗽多痰等。

【用法与用量】内服：一次量，马、牛 30～100mL，羊、猪 10～20mL，犬、猫 1～5mL。

【制剂】陈皮酊（20%陈皮末制成酊剂）。

大 蒜（Garlic）

【来源与成分】为百合科植物大蒜的球茎，含挥发油、大蒜素。气味特异、辛辣。

【作用与应用】内服发挥芳香性健胃作用。内含的大蒜素具有明显抑菌止酵作用。实验证明，本品对多种革兰氏阳性菌与阴性菌均有一定抑制作用，对白色念珠菌、隐球菌等真菌和滴虫等原虫也有作用。

主要用于前胃迟缓、瘤胃臌胀、胃扩张、肠臌气和慢性胃肠卡他性炎症，禽及幼畜肠炎、下痢等。

【用法与用量】内服：一次量，马、牛 30～90g，羊、猪 15～30g，犬、猫 1～3g，家禽 2～4g；每千克体重，鱼 10～30g（拌饵投喂）。

【制剂】大蒜酊。

（三）盐类健胃药

主要有氯化钠、碳酸氢钠、人工盐等。内服少量盐类，通过渗透压作用，可轻度刺激消化道黏膜，反射性地引起胃肠蠕动增强，消化液分泌增加，促进消化。吸收后还可补充离子，调节体内离子平衡。

氯化钠（Sodium Chloride）

【性状】又称食盐。为无色结晶或白色结晶性粉末。味咸。易溶于水，水溶液呈中性。易潮解，应密封保存。

【作用与应用】①健胃作用：内服少量食盐时，首先以其咸味刺激味觉感受器，同时轻微地刺激口腔黏膜，反射性地增加唾液和胃液分泌，增进食欲。到达胃肠时，能刺激胃肠黏膜，增加消化液分泌，增强胃肠蠕动。氯化钠还参与胃酸的形成，促进消化过程。可将本品混入饲料或饮水中，用于食欲减退、消化不良。②消炎作用：1%～3%的溶液常用于洗涤创伤，有轻度刺激和防腐作用，并有引流和促进肉芽生长的功效。5%～10%的溶液可用于洗涤化脓创。等渗溶液可作为多种药物的溶媒，并可用以洗眼、冲洗子宫等。③等渗溶液静脉注射，能补充体液；高渗氯化钠注射液静脉注射，能促进瘤胃蠕动（参见有关单元）。

【应用注意】猪和家禽对食盐比较敏感，饲喂大量含食盐的饲料如酱渣、卤菜、咸鱼粉、肉汤等，易发生中毒，应予注意。一旦发生中毒，应予大量饮水，可给予溴化物、脱水药或利尿药进行紧急解救，并作对症治疗。

【用法与用量】内服（健胃）：一次量，马 10～25g，牛 20～50g，猪 2～5g，羊 5～10g。10%氯化钠注射液，静脉注射：一次量，每千克体重，马、牛、羊 0.1g。

碳酸氢钠（Sodium Bicarbonate）

【性状】又称小苏打。为白色结晶性粉末。无臭、味咸。易溶于水。在潮湿空气中可缓慢分解放出二氧化碳变为碳酸钠。应密闭保存。

【药理作用】①健胃作用：本品是一种弱碱，内服后能迅速中和胃酸，缓解幽门括约肌的紧张度；对胃黏膜卡他性炎症，能溶解炎症和改善消化；进入肠道后，尚能促进已被消化食物的吸收。②增加机体碱储量：吸收后，能增加血液中的碱储，降低血中 $H^+$ 浓度，临床上常用于防治代谢性酸中毒（详见酸碱平衡调节药物）。③碱化尿液：碳酸氢钠由尿中排泄，使尿液的碱性增高。这可增加磺胺类药物在尿中的溶解度，减少对肾的刺激作用。④祛痰作用：内服后，一部分从支气管腺体排泄，能增加腺体分泌、兴奋纤毛上皮、溶解黏液和稀释痰液而呈现祛痰作用。⑤消炎作用：用 2%～4%溶液冲洗污物，溶解炎性分泌物，疏松上皮，以减轻炎症。

【应用】①本品与大黄、氧化镁等配伍，治疗慢性消化不良。对胃酸过多所致的消化不良，应饲前给药。②静脉注射 5%碳酸氢钠注射液防治重症肠炎、败血症、大面积烧伤等疾病引起的酸中毒。③与磺胺类药物、水杨酸类药物配用以降低其对泌尿道的不良反应。④内服祛痰药时，可配合少量碳酸氢钠，便于痰液排出。⑤2%～4%的碳酸氢钠溶液冲洗，治疗阴道、子宫等黏膜的各种炎症。

【应用注意】①碳酸氢钠在中和胃酸时，能迅速产生大量的二氧化碳，刺激胃壁，促进胃酸分泌，会出现继发性胃酸增多。另外，大量的二氧化碳能增加胃内压，故禁用于马胃扩张，以免引起胃破裂。②静脉注射碳酸氢钠注射液时，宜稀释为 1.25%溶液缓慢静脉注射，勿漏出血管外（详见酸碱平衡调节药物）。

【用法与用量】内服：一次量，马 15～60g，牛 30～100g，羊 5～10g，猪 2～5g，犬 0.5～2g。

【制剂】碳酸氢钠片。

#### 人工盐（Artificial Carlsbad Salt）

【性状】又称人工矿泉水、卡尔斯泉盐。为干燥白色粉末。易溶于水，水溶液呈弱碱性。应密封保存。

【作用与应用】本品具有多种盐类的综合作用。小剂量能促进胃肠的分泌和蠕动，中和胃酸，加强消化，产生健胃作用，可用于消化不良、胃肠弛缓前胃迟缓和慢性胃肠卡他等。给予大剂量人工盐，并大量饮水能起缓泻作用，可用于便秘初期。

【应用注意】禁与酸性物质或酸类健胃药、胃蛋白酶等配用。

【用法与用量】内服（健胃）：一次量，马 50～100g，牛 50～150g，羊、猪 10～30g，兔 1～2g。内服（缓泻）：马、牛 200～400g，羊、猪 50～100g，兔 4～6g。

### 二、助消化药

助消化药一般是消化液中的主要成分，它可补充消化液中某些成分的不足，发挥替代疗法的作用，从而迅速恢复正常的消化功能。临床上常用稀盐酸、淀粉酶、胃蛋白酶、胰酶等。助消化药常配用健胃药。

#### 稀盐酸（Dilute Hydrochloric Acid）

【性状】为含 10%盐酸的溶液，为无色澄明液体。味酸，呈强酸性反应。应置玻璃塞瓶内密封保存。

【作用与应用】内服后能补充胃液中盐酸的不足，使胃蛋白酶原活化为胃蛋白酶，并提供胃蛋白酶作用所需要的酸性环境，促进蛋白膨胀变性，以利于消化；还能促使幽门括约肌开放，便于食糜进入十二指肠。酸性食糜进入十二指肠时，可反射性地增强胰液和胆汁的分泌，有助于脂肪及其他食物的进一步消化；能增加钙、铁等盐类的溶解与吸收。此外，稀盐酸还可抑制一些细菌的繁殖，有制酵和减轻胀气的作用。

主要用于因胃酸缺乏引起的消化不良、胃内发酵、食欲不振、前胃弛缓、马和骡急性胃扩张、碱中毒等。用时以水作50倍稀释（配制成0.2%的溶液）。

**【应用注意】**用量不宜过大，浓度不宜过高，否则因食糜酸度过高，反射性引起幽门括约肌痉挛，影响胃排空，产生腹痛。

**【用法与用量】**以本品计。内服（用前加水稀释成0.2%的溶液）：一次量，马10～20mL，牛15～30mL，羊2～5mL，猪1～2mL，犬0.1～0.5mL，禽0.1～0.3mL。

### 胃蛋白酶（Pepsin）

**【性状】**是从猪、牛、羊的胃黏膜中提取制得的。为白色或淡黄色粉末。无霉败臭。有吸湿性。能溶于水。在弱酸条件下较稳定。

**【作用与应用】**内服后，在胃中可使蛋白质水解为蛋白胨，有利于蛋白质的进一步分解吸收。常用于胃液分泌不足及幼畜胃蛋白酶缺乏引起的消化不良。本品在酸性条件下作用强，pH为1.8时其活性最强。常与0.2%～0.4%盐酸合用。

**【应用注意】**禁与碱性药物、鞣酸、金属盐等配用。温度超过70℃时迅速失效；剧烈搅拌可破坏其活性。

**【用法与用量】**内服：一次量，马、牛4 000～8 000IU，羊、猪800～1 600IU，驹、犊1 600～4 000IU，犬80～800IU，猫80～240IU。

### 胰　酶（Panereatin）

**【性状】**是从牛、羊、猪的胰提取制得。为淡黄色粉末。能溶于水，含胰蛋白酶、胰脂肪酶、胰淀粉酶等。遇酸、碱、重金属盐或加热易失效。

**【作用与应用】**本品能消化蛋白质、淀粉和脂肪，使其分解为氨基酸、单糖、脂肪酸和甘油，便于吸收。用于幼畜消化不良和病的恢复期，也用于胰腺机能障碍引起的消化不良。胰酶在中性或弱碱性环境中作用最强，故常与碳酸氢钠同服。

**【用法与用量】**内服：一次量，马、牛5～10g，猪、羊1～2g，犬0.2～0.5g，猫0.1～0.2g。

### 稀　醋　酸

**【性状】**为含醋酸5.5%～6.5%的无色澄明液体。味酸有臭。应密封保存。

**【作用与应用】**具有防腐、制酵和促进消化的作用。用于治疗消化不良和瘤胃臌胀等，临用时用水稀释成0.5%左右内服。稀醋酸外用有防腐、刺激和收敛作用。对挫伤或捻挫伤可用食醋或1%稀醋酸溶液与白陶土混合外敷；此外，尚可用2%～3%稀醋酸溶液冲洗脱垂的子宫或阴道，有抑菌及刺激子宫收缩作用，利于手术整复，也可用其洗涤口腔，治疗口腔炎。

**【用法与用量】**内服（临用前加水稀释成0.5%溶液）：一次量，马、牛10～40mL，羊、猪2～10mL，犬1～2mL。

### 乳酶生（Lactasin，Biofermine）

【性状】又称表飞鸣。系由人工培养的乳酸杆菌加入适量的淀粉混合制成，每1g含活乳酸杆菌1 000万个以上。白色粉末。无臭无味。难溶于水。

【作用与应用】本品是一种活的乳酸杆菌制剂。内服进入肠道后，能分解糖类生成乳酸，使肠内酸度增高，从而抑制肠道腐败杆菌的繁殖，防止蛋白质发酵产气。常用于幼畜下痢、消化不良、肠臌气等。

【应用注意】禁与抗生素、磺胺类药、防腐消毒药、酊剂、吸附剂、鞣酸等并用，并禁用热水调药，以免降低药效。一般宜于饲前给药。

【用法与用量】内服：一次量，驹、犊 10～30g，羊、猪 2～4g，犬 0.3～0.5g，禽 0.5～1g，水貂 1～1.5g，貂 0.3～1g。

### 干酵母（Saccharomyces Siccum，Yeast）

【性状】又称食母生。为酵母菌科植物麦酒酵母的干燥菌体。淡黄白色或黄棕色粉末、颗粒或薄片。有特异气味，味微苦。

【作用与应用】本品含有多种B族维生素及某些酶，如 $B_1$、$B_2$、烟酸、$B_6$、$B_{12}$、叶酸、肌醇、转化酶、麦芽糖酶等。这些成分多为体内酶系统的重要组成物质，故能参与体内糖、脂肪、蛋白质的代谢和生物氧化过程，因而能促进消化。常用于消化不良和B族维生素缺乏症。

【用法与用量】内服：一次量，马、牛 120～150g，羊、猪 30～60g，犬 8～12g，猫 2～4g。

## 子单元二 抗酸药

抗酸药是指能降低胃内容物酸度的弱碱性无机物质。抗酸药分为易吸收和不易吸收二大类。目前常用的是不易吸收的缓冲性抗酸药，包括碱性抗酸药（氧化镁、氢氧化镁、氢氧化铝）、抑制胃酸分泌药（奥美拉唑、溴丙胺太林、甲吡戊痉平）。

### 氢氧化镁（Magnesium Hydroxide）

【性状】为白色粉末。无臭，无味。几乎不溶于水，不溶于乙醇，溶于稀盐酸。

【作用与应用】内服难吸收，作用较强，可快速调节 pH 至 3.5。中和胃酸时不产生 $CO_2$。临床用于胃酸过多与胃炎等病症。若持久大量应用，可引发便秘和腹胀等现象。

【用法与用量】内服：一次量，犬 5～30mL，猫 5～15mL。

【制剂】镁乳。

### 溴丙胺太林（Propantheline Bromide）

【性状】又称普鲁本辛。为白色或类白色的结晶粉末。无臭，味极苦。微有引湿性。极易溶于水、乙醇或氯仿中，不溶于乙醚和苯。

【作用与应用】本品为节后抗胆碱药。对胃肠道M胆碱受体选择性高，有类似阿托品样作用。治疗剂量对胃肠道平滑肌的抑制作用强而持久，也会减少唾液、胃液和汗液的分泌。中毒剂量，可阻断神经肌肉传导，引起呼吸麻痹。本品不易通过血脑屏障，故很少发生中枢作用。

临床用于胃酸过多症及缓解胃肠痉挛。

**【用法与用量】**内服：一次量，小犬 5～7.5mg，中犬 15mg，大犬 30mg，猫 5～7.5mg，每 8h 一次。

**【制剂】**溴丙胺太林片。

## 子单元三　制酵药与消沫药

### 一、制酵药

制酵药是指能抑制细菌的活动，阻止胃肠内容物发酵，使其不产生过量气体的一类药物。主要用于治疗反刍动物的瘤胃臌胀，也用于马属动物的胃扩张及肠臌气。常用药物有鱼石脂、甲醛溶液、大蒜酊等。

#### 鱼石脂（Ichthammol）

**【性状】**又称依度。为棕黑色的黏稠液体。有特臭。在热水中溶解，溶液呈弱酸性。易溶于酒精。应密闭在阴凉处保存。

**【作用与应用】**内服能抑制胃肠道内微生物的繁殖，促进胃肠蠕动，防腐、制酵作用。外用对局部有温和的刺激作用，能消炎消肿，促进肉芽组织生长。

常用于瘤胃臌胀、急性胃扩张、前胃弛缓、胃肠气胀、消化不良和腹泻等。还可外用（配成 30%～50%软膏局部涂敷），治疗慢性皮炎、蜂窝织炎、腱炎、腱鞘炎、冻疮、湿疹等。

**【用法与用量】**内服：一次量，马、牛 10～30g，羊、猪 1～5g，兔 0.5～0.8g。临用时，先加倍量乙醇溶解，再用水稀释成 3%～5%的溶液。

#### 芳香氨醑（Aromatic Ammonia Spirit）

**【性状】**是由碳酸铵（3%）、浓氨溶液（6%）、柠檬油（0.5%）等制成的液体制剂。为无色澄明液体。久置后变黄，具芳香及氨臭味。

**【作用与应用】**本品中氨、乙醇、茴香中所含茴香醚及挥发油，均有挥发性、局部刺激性和抑菌作用。内服后可制止胃肠道细菌发酵和促进胃肠蠕动，有利于气体的排出。同时由于刺激胃肠道，增加消化液的分泌，可改善消化机能。常用于消化不良、瘤胃臌胀、急性肠臌气等。配用氯化铵也可治疗急、慢性支气管炎。

**【用法与用量】**以本品计。内服：一次量，马、牛 20～100mL，羊、猪 4～12mL，犬 0.6～4mL。

### 二、消沫药

凡能降低液体表面张力，使泡沫迅速破裂的药物，称为消沫药。如二甲硅油、松节油等。

牛的瘤胃臌胀一般有两种：一种是瘤胃内游离气体产生过多，而又不能排出所引起的，称气臌胀，这些气体多积聚于瘤胃上方，一般可用制酵药、瘤胃兴奋药，严重的可用套管针排气。另一种是采食了含皂苷较多的苜蓿、紫云英等豆科植物所引起。因皂苷能降低瘤胃内液体的表面张力，产生黏稠性小气泡夹杂于瘤胃内容物中，不能融汇成大气泡上升到瘤胃上部通过嗳气排出，这种臌胀称为泡沫性臌胀。此时单独应用制酵药往往无效，必须使用消沫药，使泡沫破裂、融合成大气泡或气体，聚升至瘤胃上部，通过嗳气排出。

### 二甲硅油（Dimethicone）

**【性状】** 为二甲基硅氧烷的聚合物。无色或微黄色澄明液体。不溶于水及乙醇。应密封保存。

**【作用与应用】** 内服后能迅速降低瘤胃内泡沫液膜的局部表面张力，使泡沫破裂，融合成大气泡，随嗳气排出，产生消除泡沫作用。其作用迅速，用药 5min 后起作用，15～30min 作用最强。常用于治疗瘤胃泡沫性臌胀。

**【用法与用量】** 内服：一次量，牛 3～5g，羊 1～2g。

**【制剂】** 二甲硅油片。

### 松节油（Terebintine）

**【性状】** 为无色或淡黄色澄清液体。具松节油特征气味。易溶于乙醇，不溶于水。

**【作用与应用】** 是常用的皮肤刺激药之一，也常用于消化道疾病，主要用作外用刺激剂。内服适量，能刺激消化道黏膜，有促进胃肠蠕动及抑菌制酵作用。同时，也能降低气体泡沫局部的表面张力，具有消沫作用。此外，其蒸气吸入时，对呼吸道黏膜有温和的刺激作用，使分泌增加，并有消毒防腐、抗菌消炎作用。

可用于胃肠臌胀、瘤胃气臌胀及泡沫性臌胀、胃肠弛缓等。还可用上呼吸道炎症的辅助治疗。

**【应用注意】** 本品禁用于屠宰家畜、泌乳母畜及有胃肠炎、肾炎的家畜。

**【用法与用量】** 内服：一次量，马 15～40mL，牛 20～60mL，猪、羊 3～10mL。

# 子单元四 止吐药和催吐药

## 一、止吐药

止吐药是指能通过不同环节抑制呕吐反应的药物。兽医临床主要用于制止犬、猫、猪及灵长类动物呕吐反应。

### 甲氧氯普胺（Metoclopramide）

**【性状】** 又称胃复安、灭吐灵。为白色结晶粉末。遇光变成黄色，毒性增强，勿用。

**【作用与应用】** 本品能抑制催吐化学感受区而呈现强大的中枢性止吐作用。此外，还能作为胃肠推动剂，促进食物和胃蠕动，加速胃的排空，改善呕吐症状。用于胃肠胀满、恶心呕吐及药物性呕吐等。

【应用注意】犬、猫妊娠时禁用。禁与阿托品、颠茄等制剂合用，以防止药效降低。

【用法与用量】内服：一次量，犬、猫 10～20mg。肌内注射：一次量，犬、猫 10～20mg。

【制剂】胃复安注射液、胃复安片。

### 氯苯甲嗪（Meclozine）

又称敏可静。可制止变态反应性及晕动病所致呕吐，止吐作用可持续 20h 左右。主要用于治疗犬、猫动物呕吐症。

内服：一次量，每千克体重，犬 1～4mg，猫 1～2mg。每日一次。

### 舒必利（Sulpiride）

又称止吐灵。为中枢止吐药，止吐作用强大。内服止吐效果是氯丙嗪的 166 倍，皮下注射时是氯丙嗪 142 倍。兽医临床常用作犬的止吐药，止吐效果优于胃复安。

舒必利片，内服：一次量，每 5～10kg 体重，犬 0.3～0.5mg。

## 二、催 吐 药

催吐药是指能引起呕吐的药物。催吐作用可由兴奋中枢呕吐化学敏感区引起，如阿扑吗啡；也可通过刺激食道、胃等消化道黏膜，反射性地兴奋呕吐中枢，引起呕吐，如硫酸铜。兽医临床主要用于犬、猫。

### 阿扑吗啡（Apomorphine Hydrochloride）

【性状】又称去水吗啡。为白色或浅灰色的光泽结晶或结晶性粉末。溶于水和乙醇，水溶液呈中性。无臭。置空气中遇光会变成绿色，勿用。

【作用与应用】本品为中枢反射性催吐药，能直接刺激延髓催吐化学感受区，反射性兴奋呕吐中枢，引起恶心呕吐。内服作用较弱而缓慢，皮注作用强烈。

常用于犬清除胃内毒物。猫不用。

【用法与用量】皮下注射：一次量，猪 10～20mg，犬 2～3mg，猫1～2mg。

【制剂】阿扑吗啡注射液。

# 子单元五 瘤胃兴奋药

瘤胃兴奋药又称促反刍药，是指能促进瘤胃平滑肌收缩，加强瘤胃运动，促进反刍，消除瘤胃积食与气胀的药物。促进瘤胃兴奋的药物有拟胆碱类药物（氨甲酰甲胆碱、毛果芸香碱、新斯的明等）、浓氯化钠注射液、酒石酸锑钾和甲氧氯普胺等。下文仅介绍浓氯化钠注射液。拟胆碱药对胃肠平滑肌有较强的兴奋作用，可视病情选用（见外周神经系统药物）。

### 浓氯化钠注射液（Concentrated Sodium Chloride Injection）

【作用与应用】本品为氯化钠的高渗灭菌水溶液（10%）。静脉注射后，可提高血液渗透压，使血容量增多，从而改善心脏血管活动。同时能反射性地兴奋迷走神经，促进胃肠蠕动及分泌，增强反刍。当胃肠机能减弱时，这种作用更加显著。常用于前胃弛缓、瘤胃积食、马骡便秘疝等。本品作用缓和，疗效良好，不良反应少。一般在用药后2～4h作用最强，经12～24h作用才逐渐消失。

**【应用注意】**①用时不宜稀释，注射速度宜慢，不可漏出血管外。②心力衰竭和肾功能不全病畜慎用。

**【用法与用量】**以氯化钠计。静脉注射：一次量，每千克体重，家畜0.1g。

**【制剂】**浓氯化钠注射液。

## 子单元六 泻药与止泻药

### 一、泻　药

泻药是指能促进肠管蠕动，增加肠内容积或润滑肠腔、软化粪便，从而促进粪便排出的药物。临床上主要用于治疗便秘或排除消化道内发酵腐败产物和有毒物质，或在服用驱虫药后，用以除去肠内残存的药物和虫体。

根据作用机理可将泻药分为容积性泻药、刺激性泻药、润滑性泻药、神经性泻药四类。

**（一）容积性泻药**

又称为盐类泻药。常用的有硫酸钠和硫酸镁。其水溶液含有不易被胃肠黏膜吸收的$SO_4^{2-}$、$Na^+$和$Mg^{2+}$等离子，在肠内形成高渗，保有大量水，软化结粪，增加肠内容积，并对肠黏膜产生机械性刺激，反射性地引起肠蠕动增强；同时，盐类的离子对肠黏膜也有一定的化学刺激作用，使肠蠕动加快，促进粪便排出。

盐类泻药的致泻作用与溶液的浓度和用量有很大关系。高渗溶液才能保持肠腔内水分，并能使体液的水分向肠腔转移，增大肠管容积，发挥致泻作用。硫酸钠的等渗溶液为3.2%，硫酸镁的等渗溶液为4%。致泻时，应配成6%～8%的溶液灌服。主要用于大肠便秘。单胃家畜服药后3～8h排粪，反刍动物约18h以上排粪。如果与大黄等植物性泻药配伍，可产生协同作用。

应当注意，盐类溶液浓度过高（10%以上）不仅会延长致泻时间，降低致泻效果，而且进入十二指肠后，能反射性地引起幽门括约肌痉挛，妨碍胃内容物排空，甚至能引起肠炎。

#### 硫酸钠（Sodium Sulfate，Anhydrous）

**【性状】**又称芒硝。为无色透明大块结晶或颗粒状粉末。味苦而咸。易溶于水，在干燥空气中易失去结晶水而风化。

**【作用与应用】**内服小量时，能适度刺激消化道黏膜，使胃肠的分泌与蠕动稍增加，故有健胃作用；内服大量时，在肠内离解出$SO_4^{2-}$、$Na^+$，不易被肠黏膜吸收，可保持大量水分，增加肠内容积，软化粪便，刺激肠道蠕动，促进排粪。

主要应用：①治疗大肠便秘，配成6%～8%溶液灌服，常配合大黄等。一般不用于小肠阻塞。②用于排除肠内毒物、异物或辅助驱虫药排除虫体。③10%～20%溶液外用冲洗化脓创和瘘管等。

**【用法与用量】**内服（健胃）：一次量，马、牛15～50g，猪、羊3～10g。内服（致泻）：

马 200～500g，牛 400～800g，羊 40～100g，猪 25～50g，犬 10～20g，猫 2～5g，鸡 2～4g，鸭 10～15g，貂 5～8g。

### 硫酸镁（Magnesium Sulfate）

**【性状】** 为无色针状结晶。味苦而咸。易溶于水，在空气中易风化。须密封保存。

**【作用与应用】** 硫酸镁内服后的致泻作用及用途与硫酸钠相似。此外，内服少量硫酸镁可刺激十二指肠黏膜，反射性地使总胆管括约肌松弛和胆囊排空，故有利胆作用。静脉注射硫酸镁溶液有抑制中枢神经作用，并能缓解骨骼肌痉挛，详见惊厥药。

**【用法与用量】** 内服（致泻）：马 200～500g，牛 300～800g，羊 50～100g，猪 25～50g，犬 10～20g，猫 2～5g。用时配成 6%～8%溶液。

**（二）刺激性泻药**

本类药物内服后，在胃内一般无变化，到达肠道后，能分解出有效成分，对肠黏膜产生化学性刺激，反射性促进肠管蠕动和增加肠液分泌，产生泻下作用。临床常用药物有大黄、蓖麻油、芦荟、番泻叶等。

### 蓖麻油（Castor Oil）

**【来源与成分】** 是大戟科植物蓖麻籽中制取的植物油。为淡黄色澄明的黏稠液体。不溶于水，易溶于醇。

**【作用与应用】** 蓖麻油本身无刺激性，内服到达十二指肠后，一部分被胰脂肪酶分解为蓖麻油酸和甘油。前者在小肠中与钠结合为蓖麻油酸钠，可刺激肠黏膜，增强肠蠕动而引起泻下。未被分解的蓖麻油对肠道和粪块有润滑作用。本品主要用于幼畜及小动物小肠便秘。中、小家畜内服后，经 3～8h 发生泻下。对大家畜特别是牛致泻效果不确实。

**【应用注意】** ①不易长期反复应用，以免影响消化功能。②孕畜、肠炎患畜及应用脂溶性驱虫药时，禁用本品。

**【用法与用量】** 内服：一次量，马 250～400mL，牛 300～600mL，羊、猪 50～150mL，犬 10～30mL。

**（三）润滑性泻药**

本类药物又称油类泻药。内服后，多以原形通过肠道，起润滑肠壁、阻止水分吸收、软化粪便的作用。临床常用药物有液体石蜡和一些植物油如豆油、菜籽油、棉籽油等。

### 液状石蜡（Liquid Paraffin）

**【来源与成分】** 为无色透明的油状液体。无臭无味。呈中性反应。不溶于水和乙醇，能与多数油类任意混合。

**【作用与应用】** 内服后，在肠道内不起变化，也不被肠壁吸收，以原形通过肠管，并被覆于肠黏膜表面，阻止肠壁对水分吸收，对肠道黏膜只起润滑和保护作用，并能软化粪块。本品泻下作用缓和，无刺激性，比较安全。

适用于治疗瘤胃积食、小肠便秘、大肠阻塞、患肠炎的病畜和孕畜的便秘。

**【应用注意】** 不宜多次服用，以免影响消化，阻碍脂溶性维生素及钙、磷的吸收。

【用法与用量】内服：一次量，马、牛 500～1500mL，驹、犊 60～120mL，羊 100～300mL，猪 50～100mL，犬 10～30mL，猫 5～10mL。可加温水灌服。

### (四) 神经性泻药

包括拟胆碱药如氨甲酰胆碱、毛果芸香碱，抗胆碱酯酶药如新斯的明等。它们能兴奋胆碱能神经，增加消化腺分泌，促进胃肠蠕动而致泻。其作用迅速而强大，且不良反应也大，宜慎用，并严格控制剂量（详见作用于外周神经系统的药物）。

## 二、止泻药

止泻药是指能制止腹泻，保护肠黏膜、吸附有毒物质或收敛消炎的药物。

腹泻是临床上常见的一种症状或疾病。一般来说，腹泻本身对机体具有一定的保护意义，可将有害物质排出体外，但过度腹泻不仅影响营养物质的吸收和利用，而且会引起机体脱水和钾、钠、氯等电解质紊乱，甚至发生酸中毒。因此，必须适时应用止泻药。腹泻时应根据病因和病情，采用综合治疗措施。首先应消除病因如排泄毒物、抑制病原微生物、改善饲养管理等，再应用止泻药和对症治疗，如补充水分和电解质、纠正酸中毒等。但对细菌感染引起的腹泻，主要是选用抗菌药物以控制感染。

根据药理作用特点，止泻药分为三类：①收敛性止泻药，如鞣酸蛋白、次碳（硝）酸铋等。这类药物具有收敛作用，形成蛋白膜而保护肠黏膜。②吸附性止泻药，如药用炭、白陶土、矽炭银等，具有吸附作用。能吸附毒素、毒物等，从而减少对肠黏膜的刺激。③抑制肠蠕动止泻药，如阿托品、颠茄酊、阿片酊等，可松弛肠道平滑肌，减少蠕动和分泌，制止腹泻，消除腹痛。

### (一) 收敛性止泻药

#### 鞣　酸（Tannic Acid）

【性状】为淡黄色至淡棕色粉末。微有特臭，味极涩。极易溶于水，水溶液显酸性反应，久置后缓缓分解。

【作用与应用】鞣酸是一种蛋白沉淀剂，内服后首先与胃黏膜蛋白结合成鞣酸蛋白，被覆于胃肠黏膜起保护作用。鞣酸蛋白到达小肠后再分解，释放出鞣酸，产生收敛止泻作用。另外，鞣酸还能与一些生物碱结合发生沉淀。临床常内服作为某些生物碱中毒的解毒剂；也可用于湿疹、创伤等。

【用法与用量】内服：一次量，马、牛 5～30g，羊、猪 2～5g。洗胃：配成 0.5%～1% 溶液。外用：配成 5%～10%溶液。

#### 鞣酸蛋白（Albuminate）

【性状】为淡黄色粉末，含鞣酸 50%。无臭，几乎无味。不溶于水及乙醇。

【作用与应用】鞣酸蛋白本身无活性，在胃内酸性环境中稳定，到达小肠内遇碱性肠液，蛋白质被消化而释放出鞣酸，鞣酸发挥收敛止泻作用。这种作用较持久，能达到肠管后部。主要用于急性肠炎和非细菌性腹泻。

【用法与用量】内服：一次量，马 10～20g，牛 10～25g，羊 3～5g，猪 2～5g，犬 0.3～2g。

### 碱式碳酸铋（Bismuthi Subcarbonas）

**【性状】**又称次碳酸铋。为白色或黄白色粉末。无臭无味。不溶于水和醇，能溶于酸。遇光缓慢变质。

**【作用与应用】**内服难吸收，在胃肠道内小部分缓慢离解出铋离子，铋离子与蛋白质结合产生收敛保护黏膜作用。大部分次碳酸铋覆盖于肠黏膜表面，且在肠内与硫化氢结合，形成不溶的硫化铋，覆盖在肠黏膜表面，呈机械性保护作用，并使硫化氢对肠黏膜的刺激减少，肠道蠕动变慢而发挥止泻作用。可用于胃肠炎及腹泻。

外用时，碱式碳酸铋在炎性组织中能缓慢地解离出铋离子，铋离子与细菌和组织的表层蛋白质结合，产生抑菌和收敛作用。故可用本品撒布剂或10%软膏治疗烧伤、湿疹等。

**【用法与用量】**内服：一次量，马、牛15～30g，羊、猪、驹、犊2～4g，犬0.3～2g。

### 碱式硝酸铋（Bismuth Subnitrate）

本品作用、应用基本同碱式碳酸铋，但不良反应较大，次硝酸铋存在肠道中能被细菌如大肠杆菌等还原，生成亚硝酸根离子引起中毒。故在治疗肠炎、腹泻时多用碱式（次）碳酸铋。内服剂量同碱式碳酸铋。

**（二）吸附性止泻药**

### 药用炭（Medicinal Charcoal Tablets）

**【性状】**又称活性炭。为黑褐色微细的疏松粉末。无臭无味。不溶于水。

**【药理作用】**药用炭粉末细小，表面积很大（500～800$m^2/g$），具有多孔性，因而吸附性强。内服后，不被消化也不被吸收，能吸附有害物质，如病原微生物、发酵产物、气体、毒物、毒素及生物碱等。并能覆盖在肠黏膜表面，保护肠黏膜免受刺激，使肠道蠕动变慢而发挥止泻作用。内服治疗肠炎、腹泻、药物或毒物中毒等。

**【应用注意】**①禁与抗生素、乳酶生合用，因其易被吸附而降低药效。②本品也能吸附营养物质，不易反复应用。③其吸附作用是可逆的，用于吸附毒物时，应随后给予盐类泻药促使排出。

**【用法与用量】**内服：一次量，马20～150g，牛20～200g，羊5～50g，猪3～10g，犬0.3～2g。

### 白陶土（Kaolin）

**【性状】**又称高岭土。为白色粉末。不溶于水。药用白陶土必须经150℃干燥灭菌2～3h。

**【作用与应用】**具有一定的吸附作用，但吸附能力稍逊于药用炭。另外，兼有收敛作用。内服用于胃肠炎、幼畜腹泻等。外用作敷剂和撒布剂的基质。

**【应用注意】**参见活性炭。

**【用法与用量】**内服：一次量，马、牛50～150g，羊、猪10～30g，犬1～5g。

### 盐酸地芬诺酯（Diphenoxylate Hydrochloride，Lomotil）

又称苯乙哌啶、止泻宁。

【作用与应用】本品为哌替啶的衍生物。通过直接作用于肠平滑肌，抑制肠黏膜感受器，减弱肠蠕动。同时可增强肠的节段性收缩，延缓肠内容物后移，促进肠内水分的再吸收。长期使用能产生依赖性，若配以阿托品可减少依赖性发生。主要用于急慢性功能性腹泻、慢性肠炎等对症治疗。

【用法与用量】内服：一次量，犬 2.5mg、猫 0.6mg，每日 3 次。

【制剂】复方地芬诺酯片。

(三) 抑制肠蠕动止泻药

当腹泻不止或有剧烈腹痛时，为了制止脱水、消除腹痛，可应用胃肠平滑肌抑制药，如阿托品、颠茄酊、阿片酊等，通过抑制胃肠平滑肌蠕动而止泻。但这类药物不良反应较大，常会继发胃肠弛缓、瘤胃臌气等，宜控制剂量（见作用于外周神经系统药物）。

## 知识拓展

### 一、健胃药与助消化药的合理选用

健胃药与助消化药可用于动物的食欲不振、消化不良，临床上常配伍应用。但食欲不振、消化不良往往是许多全身性疾病或饲养管理不善的临床表现，因此，必须在对因治疗和改善饲养管理的前提下，配合选用本类药物，则能提高疗效。

马属动物出现口干、色红、苔黄、粪干小等消化不良症状时，选用苦味健胃药龙胆酊、大黄酊、陈皮酊等；如果口腔湿润、色青白、舌苔白、粪便松软带水，则选用芳辛性健胃药配合人工盐等较好。

当消化不良兼有胃肠弛缓或胃肠内容物有异常发酵时，应选用芳辛性健胃药，并配合鱼石脂等制酵药。

猪的消化不良，一般选用人工盐或大黄苏打片。

吮乳幼畜的消化不良，主要选用胃蛋白酶、乳酶生、胰酶等。

草食动物吃草不吃料时，亦可选用胃蛋白酶，配合稀盐酸。牛摄入蛋白质丰富的饲料后，在瘤胃内产生大量的氨，影响瘤胃活动，早期可用稀盐酸或稀醋酸，疗效良好。

### 二、制酵药与消沫药的合理选用

由于采食大量容易发酵或腐败变质的饲料导致的臌胀，或急性胃扩张，除危急者可以穿刺放气外，一般可用制酵药或瘤胃兴奋药，加速气体排出。对其他原因引起的臌胀，除制酵外，主要应对因治疗。

在常用的制酵药中以甲醛的作用确实可靠，但由于对局部组织刺激性强，加之能杀灭多种机体有益的肠道微生物和纤毛虫，因此，除严重气胀外，一般情况均不宜选用。鱼石脂的制酵效果较好，刺激作用比较缓和，所以比较多用。鱼石脂与酒精配合应用效果好。

泡沫性臌胀时，如果选用制酵药，仅能制止气体的产生，对已形成的泡沫无消除作用。因此，必须选用消沫药。

### 三、泻药与止泻药的合理选用

**1. 泻药的合理选用** 大肠便秘的早、中期，一般首选盐类泻药如硫酸钠或硫酸镁，也可大剂量灌服人工盐（200～400g）缓泻。

小肠阻塞的早、中期，一般以选用液体石蜡、植物油为主。优点是容积小，对小肠无刺激性，且有润滑作用。

排除毒物，一般选用盐类泻药，不宜用油类泻药，以防促进脂溶性毒物吸收而加重病情。

便秘后期，局部已产生炎症或其他病变时，一般只能选用润滑性泻药，并配合补液、强心、消炎等。

在应用泻药时，要防止因泻下作用太猛，水分排出过多而引起病畜脱水或继发肠炎。对泻下作用峻烈的泻药一般只投药一次，不宜多用。用药前应注意给予充分饮水。对幼畜、孕畜及体弱患畜的便秘，多选用人工盐或润滑性泻药。单用泻药不能奏效时，应进行综合治疗，如治疗便秘时，泻药与制酵药、强心药、体液补充剂配合应用，效果较好。

**2. 止泻药的合理选用** 治疗腹泻时，应先查明腹泻的原因，然后根据需要，选用止泻药。如细菌性腹泻，特别是严重急性肠炎时，应给予抗菌药止泻，一般不选用吸附药和收敛药；对大量毒物引起的腹泻，不急于止泻，应先用盐类泻药以促进毒物排出，待大部分毒物从消化道排出后，方可用碱式硝酸铋等保护受损的胃肠黏膜，或用活性炭吸附毒物；一般的急性水泻，往往导致脱水，电解质紊乱，应首先补液，然后再用止泻药。

## 复习思考题

### 一、选择题

1. 毛果芸香碱的药理作用是（　　）。

A. 镇静　　B. 镇痛　　C. 缩小瞳孔
D. 抑制腺体分泌　　E. 抑制胃肠平滑肌收缩

2. 具有增加场内容积、软化粪便、加速粪便排泄作用的药物是（　　）。

A. 稀盐酸　　B. 硫酸钠　　C. 鱼石脂
D. 铋制剂　　E. 鞣酸蛋白

3. 某30日龄仔猪，结膜潮红，呼吸增快，体温39℃，食欲不振、喜饮，起卧不安，频频作排粪动作，粪便干硬带有少量血丝。该病可能是（　　）；该病的治疗药物可用（　　）。

A. 胃炎　　B. 肠炎　　C. 肠便秘
D. 肠扭转　　E. 肠套叠　　F. 阿托品
G. 活性炭　　H. 硫酸镁　　I. 庆大霉素
J. 次硝酸铋

4. 治疗幼畜消化不良时胃蛋白酶常配用（　　）。

A. 稀盐酸　　B. 碳酸氢钠　　C. 胰酶
D. 维生素K

5. 某一患牛，瘤胃内容物软硬度失常，蠕动音减弱，次数减少，左腹部膨大突起，确诊为过食引起瘤胃积食。可用治疗药物是（　　），该药的给药途径是（　　）。

A. 10%NaCl　　B. 硫酸钠　　C. 0.9% NaCl

D. 液体石蜡　　　E. 鱼石脂　　　F. 内服

G. 肌内注射　　　H. 静脉给药　　　I. 皮下注射

6. 孕畜、患有肠炎的动物便秘应选用药物是（　　）。

A. 硫酸镁　　　B. 蓖麻油　　　C. 石蜡油

D. 氨甲酰胆碱

7. 胃酸不足引起的消化不良可用药物是（　　）。

A. 1%的稀盐酸　　　B. 胃蛋白酶　　　C. 0.2%的稀盐酸

D. 碳酸氢钠

8. 治疗泡沫性臌胀可用药物是（　　）。

A. 鱼石脂　　　B. 松节油　　　C. 福尔马林

D. 胃复安

9. 草食动物只吃草不吃精料时，可选用稀盐酸配用药物是（　　）。

A. 胃蛋白酶　　　B. 乳酶生　　　C. 胰酶

D. 干酵母

10. 为排除毒物和虫体，一般选用药物是（　　）。

A. 硫酸钠　　　B. 毛果芸香碱　　　C. 大黄

D. 液状石蜡　　　E. 阿托品

11. 属于收敛性止泻药物是（　　）。

A. 鞣酸蛋白　　　B. 白陶土　　　C. 磺胺脒

D. 药用炭　　　E. 次碳酸铋

12. 既有泻下作用，又有镇静解痉作用药物是（　　）。

A. 硫酸镁　　　B. 硫酸钠　　　C. 液状石蜡

D. 氯化钠

## 二、问答题

1. 治疗食欲不振、消化不良时，通常将健胃药与助消化药配用，为什么？

2. 抗酸药分哪几类？简述常用药物的主要作用与应用。

3. 简述止吐药和催吐药的主要作用与应用。

4. 反刍兽采食含有皂苷类的食物引起的瘤胃膨胀，为什么必须选用松节油、二甲基硅油，而选用鱼石脂治疗效果不好？

5. 泻药包括哪几类？各类包括哪些药物？常用药物的作用特点和临床应用是什么？

# 实践技能

## 实训十三　泻药作用实验

【目的要求】观察盐类和油类泻药的泻下作用，掌握泻药的合理选用及应用。

【材料】

**1. 动物**　家兔。

**2. 药物**　6.5%硫酸镁溶液、20%硫酸镁溶液、生理盐水、液体石蜡、10%水合氯醛。

**3. 器材** 兔固定板、手术刀、手术剪、注射器（1mL、5mL）、纱布、药棉、温度计、温水、茶缸、镊子、缝合针、缝合线、针头（6号）。

**【方法和步骤】**

（1）取家兔1只，称重，按每千克体重1.5mL耳静脉注入10%水合氯醛使之麻醉后，仰卧固定。剖开腹腔，找出小肠，观察其正常蠕动和充盈状况。在不损伤肠系膜血管的情况下，用线将肠管结扎成四段，使之互不相通，每段长约3cm。然后于各段分别注入6.5%硫酸镁溶液、20%硫酸镁溶液、液状石蜡、生理盐水各0.5mL。

（2）注射完毕后，立即将肠管放回腹腔内，用缝线缝合腹壁（或以止血钳夹住），盖以温湿纱布，并注意保温。经40min后，打开腹腔，观察各段肠管充盈情况，以注射器抽取肠管内液体，比较各段肠管内液体的量有无差异。剪开肠管观察肠黏膜充血情况并记录。

结果记入下表：

| 项　目 | 6.5%硫酸镁溶液 | 20%硫酸镁溶液 | 液状石蜡 | 生理盐水 |
|---|---|---|---|---|
| 肠管充盈度 | | | | |
| 液体数量（mL） | | | | |
| 肠黏膜颜色 | | | | |

**【注意事项】**

（1）实验动物在试验前要给予充足的饮水。

（2）结扎肠管时，不要损坏血管和神经，长度要尽量相同，各段互不相通。

**【作业】** 分析各段肠管所产生变化的原因，说明应用盐类泻药以多大浓度为宜，为什么？完成实验报告。

# 单元七　作用于呼吸系统的药物

呼吸系统是由呼吸道和肺组成，在呼吸中枢调节下，进行正常的气体交换，对维持机体内环境的平衡具有十分重要的作用。因其直接与外界环境接触，容易受到内在及环境因素影响而发生各种常见疾病，如上呼吸道感染、支气管咽炎、肺炎、支气管哮喘等。咳、痰、喘是呼吸系统常见症状，三者往往同时存在，互为因果。如痰多可引起咳嗽，也可阻塞支气管引起喘息；喘息可引起咳嗽，又往往会增加痰液。过度的痰、咳、喘可严重影响呼吸系统和循环系统的正常机能。引起呼吸系统疾病的原因很多，如病原微生物和寄生虫侵入、化学刺激、过敏反应、神经功能失调、气候骤变等。对动物来说，常见的是微生物引起的炎症性疾病，所以一般先应进行对因治疗，同时适当配用祛痰、镇咳、平喘药，以缓解症状，促进病畜的康复。

## 子单元一　祛 痰 药

祛痰药是指能增加呼吸道分泌，使痰液变稀并易于排出的药物。祛痰药还有间接的镇咳作用，因为炎性的刺激使支气管分泌增多，或因黏膜上皮纤毛运动减弱，痰液不能及时排出，黏附气管内并刺激黏膜下感觉器引起咳嗽，痰液排出后，减少刺激，便可缓解咳嗽。

根据药理作用特点，祛痰药可分两类：①刺激性祛痰药（如氯化铵、碘化钾、酒石酸锑钾）；②黏痰溶解药（如乙酰半胱氨酸、盐酸溴己新）。

### 氯化铵（Ammonium Chloride）

**【性状】**又称卤砂、氯化铔。无色结晶或白色结晶性粉末。无臭。味咸。易溶于水，略溶于醇。有吸湿性。

**【作用与应用】**内服后能刺激胃黏膜，经迷走神经反射，引起支气管腺体分泌增加，使稠痰稀释，易于咳出，因而对支气管黏膜的刺激减少，咳嗽也随之缓解。同时，吸收后的氯化铵一部分经呼吸道排出，可带出水分，使稠痰变稀，黏度下降，易于咳出，对止咳也起一定作用。此外，氯化铵还有酸化体液、尿液及轻微的利尿作用。

临床常用于呼吸道炎症初期，痰液黏稠不易咳出的病例。也可纠正碱中毒。

**【应用注意】**单胃动物用后有呕吐反应。肝、肾机能障碍时，慎用或禁用。

**【用法与用量】**内服：一次量，马 8～15g，牛 10～25g，猪 1～2g，羊 2～5g，犬、猫 0.2～1g，每天 2～3 次。

**【制剂】**氯化铵片。

### 碘化钾（Potassium Iodide）

【性状】为白色立方体结晶或粉末。无臭。味咸，带苦味。易溶于水，能溶于乙醇。微有吸湿性，应密封遮光保存。

【作用与应用】内服后部分从呼吸道腺体排出，刺激支气管黏膜，使腺体分泌增加，痰液变稀，易于咳出，呈现祛痰作用。因本品刺激性较强，不适于急性支气管炎症，常用于亚急性或慢性支气管炎的治疗。

【应用注意】①长期服用易发生碘中毒现象（皮疹、脱毛、黏膜卡他、消瘦和食欲不振等），应暂停用药5～6d；②禁用于活动性肺结核及有肝、肾疾病的患畜。

【用法与用量】内服：一次量，马、牛5～10g，猪、羊1～3g，犬0.2～1g，猫0.1～0.2g，鸡0.05～0.1g，每天2～3次。

【制剂】碘化钾片。

### 溴苄环己铵（Bromhexine）

【性状】又称溴己新。为白色结晶性粉末。微溶于水，能溶于醇。

【临床应用】本品能裂解痰液中酸性黏多糖纤维，使痰液黏度下降，易于咳出。还能抑制痰液中酸性糖蛋白的合成，使痰液中唾液酸的含量减少，黏度下降，内服后尚有恶心性祛痰作用，使痰液易于咳出，但对脱氧核糖核酸无作用，故对黏性脓痰效果较差。适用于慢性支气管炎的黏稠痰液不易咳出症。

【用法与用量】内服：一次量，每千克体重，马0.1～0.25mg，牛、猪0.2～0.5mg，犬1.6～2.5mg，猫1mg。肌内注射：一次量，每千克体重，马0.1～0.25mg，牛、猪0.2～0.5mg。

【制剂】盐酸溴己新片、盐酸溴己新注射液。

### 乙酰半胱氨酸（Acetylcysteine）

【性状】又称痰易净、易咳净。白色结晶性粉末。可溶于水及乙醇。

【作用与应用】乙酰半胱氨酸的结构中所含的巯基（—SH）能使痰液中的黏性成分糖蛋白多肽链中的二硫键（—S—S—）断裂，降低痰液的黏度，使之易于咳出。对脓性和非脓性痰液均有效。为黏痰溶解性祛痰剂。

临床用于急、慢性支气管炎，支气管扩张，喘息，肺炎，肺气肿等。也用于小动物扑热息痛中毒的诊治。

【用法与用量】喷雾：用10%～20%溶液喷至咽喉部，中等动物，一次量2～5mL，每天2～3次，一般喷雾2～3d或连续7d。气管滴入：用5%溶液，自气管插管或直接滴入气管内，一次量，牛、马3～5mL，每天2～4次。

## 子单元二 镇咳药

镇咳药是指能降低咳嗽反射、抑制咳嗽中枢兴奋性，减轻或制止咳嗽的药物。咳嗽主要是呼吸道受异物或炎症产物的刺激而引起的防御性反射，可清除进入呼吸道的异物或炎性产物。因此，轻微的咳嗽有助于祛痰，对机体有利，此时不宜镇咳。但频繁而剧烈的干咳或胸膜炎等所致的频咳，易加重呼吸道损伤，造成肺气肿、心功能障碍等不良后果，此时，除积极对因治疗外，还应配合应用镇咳药。对有痰的剧烈咳嗽，在应用祛痰药的同时，可配合少量作用缓和的镇咳药，如甘草合剂、喷托维林等药物，以缓解咳嗽症状。一般不用作用强烈的可待因等。

### 喷托维林（Pentoxyverine）

**【性状】**又称咳必清。人工合成镇咳药。白色结晶性粉末，味苦、无臭，有吸湿性。易溶于水，水溶液呈酸性。

**【作用与应用】**具有选择性抑制咳嗽中枢作用。部分经呼吸道排出时，对呼吸道黏膜产生轻度局部麻醉作用。大剂量有阿托品样作用，可使痉挛的支气管平滑肌松弛。常与祛痰药合用治疗伴有剧烈干咳的急性呼吸道炎症。

**【应用注意】**心功能不全并伴有肺淤血的患畜忌用。

**【用法与用量】**内服：一次量，马、牛 0.5～1g，猪、羊 0.05～0.1g。

**【制剂】**枸橼酸喷托维林片。

### 甘　草（Radix Glycyrrhizae）

为豆科甘草属植物甘草的根和根状茎。味甜。主要成分是甘草甜素，即甘草酸。甘草酸水解产生甘草次酸及葡萄糖醛酸。前者有镇咳作用，并能促进咽喉及支气管腺体分泌，发挥祛痰作用；后者有解毒及抗炎作用。故本品有镇咳、祛痰、平喘作用。适用于一般炎性咳嗽。

复方甘草合剂：本品为棕色液体。由甘草流浸膏 12%、复方樟脑酊 12%、酒石酸锑钾 0.024%、亚硝酸乙酯醑 3%、甘油 12%和蒸馏水适量制成。内服，一次量，马、牛 50～100mL，猪、羊 10～30mL。一日 3 次。

## 子单元三　平 喘 药

平喘药是指能解除支气管平滑肌痉挛，扩张支气管，缓解气喘症状的药物。按其作用特点分为支气管扩张药和抗过敏药。如麻黄碱、异丙肾上腺素等拟肾上腺素类药物，阿托品等抗胆碱药，苯海拉明等抗过敏药，这类药物已在有关单元详细论述。

### 氨茶碱（Aminophylline）

**【来源与成分】**是茶碱和乙二胺的复盐。为白色或淡黄色颗粒或粉末。易结块。微有氨臭。味苦。易溶于水，微溶于醇。

**【作用与应用】**氨茶碱具有兴奋呼吸中枢、强心、松弛平滑肌等作用。其中松弛支气管平滑肌的作用较突出。当支气管平滑肌处于痉挛状态时，氨茶碱的作用更为明显。临床上主要用于缓解支气管哮喘症状，也用于心功能不全或肺水肿的患畜，如牛、马肺气肿，犬的心性气喘症。

**【应用注意】**①本品对局部有刺激性，应深部肌内注射或静脉注射。②静脉注射不宜太快或用量过大，并用葡萄糖溶液稀释至 2.5%以下浓度，缓慢注入。③内服可引起呕吐反应。肝功能低下，心衰患畜慎用。④不宜与维生素 C 等酸性药物配用。

**【用法与用量】**内服：一次量，每千克体重，马、牛 5～10mg，犬、猫 10～15mg。肌内、静脉注射：一次量，马、牛 1～2g，猪、羊 0.25～0.5g，犬 0.05～0.1g。

**【制剂】**氨茶碱片、氨茶碱注射液。

## 知识拓展

### 祛痰、镇咳与平喘药的合理选用

呼吸道炎症初期，痰液黏稠而不易咳出，可选用氯化铵祛痰；呼吸道感染，伴有发热等全身症状，应以抗菌药控制感染为主，同时选用刺激性较弱的祛痰药如氯化铵；当痰液黏稠度高，频繁咳嗽亦难以咳出时，选用碘化钾或其他刺激性药物如松节油等蒸汽吸入。

痰多咳嗽或轻度咳嗽，不应选用镇咳药止咳，要选用祛痰药将痰液排出，咳嗽就会减轻或停止；对长时间频繁而剧烈的疼痛性干咳，应选用镇咳药可待因等止咳，或选用镇咳药与祛痰药配伍应用，如复方甘草合剂、复方枸橼酸喷托维林糖浆等；对急性呼吸道炎症初期引起的干咳，可选用喷托维林；小动物干咳可选二氧丙嗪。

对因细支气管积痰而引起的气喘，镇咳、祛痰后气喘可得到缓解；因气管痉挛引起的气喘，可选平喘药治疗；一般轻度气喘，可选氨茶碱或麻黄碱平喘，辅以氯化铵、碘化钾等祛痰药进行治疗。但不宜应用可待因或喷托维林等镇咳药，因能阻止痰液的咳出反而加重喘息。糖皮质激素、异丙肾上腺素等均有平喘作用，适用于过敏性喘息。

祛痰、镇咳和平喘药均为对症治疗。用药时要先考虑对因治疗，并有针对性的选用对症药治疗。

## 复习思考题

(1) 简述常用祛痰、镇咳、平喘药物的作用特点及应用。

(2) 简述临床如何合理选用祛痰、镇咳和平喘药物。

(3) 2009 年 9 月下旬，广东省台风暴雨仍断续发生，茂名市一养殖户反映其两栏保育猪出现咳嗽现象。到其猪场查看：发现两栏猪精神状态不佳，食欲降低，体温接近 40℃，打喷嚏，鼻流清涕，鼻孔沾很多饲料，有时咳嗽，尿液发黄，眼有分泌物、结膜潮红，有两头病重猪耳尖、四肢下部发凉，被毛无光，发病 3d 尚无猪只死亡。且不传染其他猪只。请根据症状开写处方。

# 单元八　作用于血液循环系统的药物

血液循环系统药物的主要作用是能影响心血管和血液的功能。根据兽医临床应用，本单元主要介绍强心药、止血药、抗凝血药及抗贫血药。

## 子单元一　强 心 药

### 一、治疗充血性心力衰竭的药物

凡能提高心肌兴奋性，加强心肌收缩力，改善心脏功能的药物称为强心药。常用强心药物有肾上腺素、咖啡因、强心苷等。它们的作用机制、适应证均有所不同，如肾上腺素适用于心脏骤停时的急救，咖啡因则适用于过劳、中暑、中毒等过程中的急性心衰，而强心苷适用于急、慢性充血性心力衰竭。

心功能不全（心力衰竭）是指心肌因收缩力减弱或衰竭，致使心排出血量减少，静脉回流受阻等而呈现的全身血液循环障碍的一种临床综合征。此病以伴有静脉系统充血为特征，故又称充血性心力衰竭。临床表现为以呼吸困难、水肿及发绀为主的综合征状。临床对本病的治疗除消除原发病外，主要是使用能改善心脏功能、增强心肌收缩力的药物。强心苷至今仍是治疗充血性心力衰竭的首选药物；强心苷类药物对心脏作用基本相似，主要是加强心肌收缩力，但其作用强弱、快慢、长短不同。为了便于临床选用，一般按作用快慢分为两类：

（1）快作用类。作用出现快，维持时间短，在体内代谢快，蓄积性小，适用于急性心功能不全或慢性心功能不全急性发作。有毒毛花苷 K、毛花丙苷、地高辛等适用于急性心力衰竭。

（2）慢作用类。作用出现慢，维持时间长，在体内代谢缓慢，蓄积性大，适用于慢性心功能不全。有洋地黄、洋地黄毒苷。

#### 洋地黄毒苷（Digitoxin）

**【性状】**为白色和类白色的结晶粉末。无臭。不溶于水，微溶于乙醇或乙醚。

**【药动学】**单胃动物内服后，在肠内吸收良好，蛋白结合率高，犬为 70%～90%。部分洋地黄经胆汁排至肠腔，再经肠壁吸收，形成肝肠循环，使作用时间延长，连续用药，易引起蓄积中毒。半衰期个体间差异较大，犬为 8～49h，猫可长达 100h，一般不推荐用于猫。

成年反刍动物内服洋地黄，在前胃内易遭破坏，不宜内服。

**【作用与应用】**强心苷对心脏具有高度选择作用，治疗剂量能明显加强衰竭心脏的收缩力，使心输出量增加和心肌耗氧量降低；并通过增强迷走神经活性、降低交感神经活性，减慢心率和房室传导速率。在强心苷作用下，衰竭的心功能得到改善，使肾的血流量和肾小球滤过率增加，继发产生利尿作用。

临床主要用于慢性充血性心力衰竭，阵发性室上性心动过速和心房颤动等。

**【应用注意】**①强心苷安全范围窄，用药时，要监测心电图变化，以免发生毒性反应，一旦中毒，可皮下注射阿托品。对轻度的洋地黄中毒可补充钾盐。②肝、肾功能障碍患畜应酌减用量；心内膜炎、急性心肌炎、创伤性心包炎等患畜禁用。③洋地黄排泄慢，有蓄积作用，在用药前应先询问用药史，只有在2周内未曾用过洋地黄的病畜才能按常规给药。④动物处于休克、贫血、尿毒症等情况下，不宜使用本品。

**【用法与用量】**洋地黄酊（每1mL的效价相当于一个洋地黄单位），内服：一日量，马，20～50mL，猪2～3mL，犬0.5～1mL。洋地黄毒苷注射液，静脉注射：全效量，每100kg体重，马、牛0.6～1.2mg，犬0.1～1mg；维持量酌情减少。

洋地黄制剂的应用方法一般分为两个步骤。首先在短期内给予足够剂量以达到显著的疗效，这个量称为全效量（亦称饱和量或洋地黄化量），达到全效量的标准是心脏功能改善，心率减慢接近正常，尿量增加；然后每天给予较小剂量以维持疗效，这个量称为维持量，维持量约为全效量的1/10。全效量的给药方法有缓给法和速给法两种：

缓给法：适用于慢性、病情较轻的病畜。将洋地黄全效量分为8剂，每8小时内服一剂。首次投药量为全效量的1/3，第二次为全效量的1/6，第三次及以后每次为全效量的1/12。

速给法：适用于急性、病情较重的病畜。可缓慢静脉注射洋地黄毒苷注射液，首次注射全效量的1/2，以后每隔2h注射全效量的1/10，达到洋地黄化后，每天给予一次维持量（全效量的1/10）。应用维持量的时间长短视病情而定，往往需要维持用药1～2周或更长时间，用量也可按病情作适当调整。

### 毒毛花苷K（Strophanthin K）

为白色和微黄色的粉末。遇光易变质。在水或乙醇（90%）中溶解。内服吸收很少，静脉注射作用快，3～10min即显效，0.5～2h作用达高峰，作用持续时间10～12h。适用于急性心功能不全或慢性心功能不全的急性发作。本品在体内排泄快，蓄积性小。其他事项参见洋地黄毒苷注射液。

**【用法与用量】**静脉注射：一次量，马、牛1.25～0.5mg，犬0.25～0.5mg。用前以5%葡萄糖注射液稀释，缓慢注射。

**【制剂】**毒毛花苷K注射液。

## 二、抗心律失常药物

心律失常可见于各种器质性心脏病，尤其是在发生心力衰竭或急性心肌梗死时。抗心律失常药物在兽医临床上的应用多见于宠物诊疗。常用药物及应用见表2-10。

表 2-10 抗心律失常药使用表

| 药物名称 | 作用范围与用途 | 用法与用量 |
| --- | --- | --- |
| 硫酸奎尼丁 | 治疗早搏。常用于治疗心房颤动或扑动，以恢复窦性节律。也可治疗阵发性室上性心动过速 | 内服：犬第 1 日 50～100mg/次，第 2、3 日按每千克体重 7～13mg/次，每日 4～5 次 |
| 盐酸普鲁卡因酰胺 | 阵发性心动过速、早搏、心房颤动与扑动 | 内服：犬 0.25g/次，隔 4～6h 1 次。肌内注射：犬 0.25g/次，每 2h 1 次 |
| 苯妥英钠（大仑丁） | 强心苷所致的心律失常，如早搏、室性心动过速。对强心苷中毒的房性心律失常也有效，但对非强心苷引起的房性心律失常大多无效 | 静脉注射：犬每千克体重 5～10mg/次 |
| 盐酸利多卡因（普罗卡因） | 本品原为局麻药，后发展为安全有效的抗室性心律失常药。用于治疗室性早搏、室性心动过速和心室颤动。本品出现作用快，持续时间短，内服无效，常作静脉注射给药 | 静脉注射：犬每千克体重 1～2mg/次 |
| 盐酸乙吗噻嗪 | 治疗房性和室性早搏，房性、室性心动过速 | 内服：犬、猫 100～300mg/日，分 2～3 次服用。静脉注射：犬、猫 50～124mg/次。肌内注射：犬、猫 25～50mg/次 |
| 琥珀酸西苯唑啉 | 预防阵发性、室上性心动过速，治疗心房颤动和扑动 | 内服：犬、猫 50～100mg/次 |
| 盐酸醋丁洛尔（醋丁心安） | 室性早搏，减少早搏次数，室性异位搏动等 | 内服：犬、猫 200～400mg/次，分 2 次内服 |
| 盐酸普罗帕酮（心律平、丙苯酮、丙胺苯丙酮） | 预防和治疗室性或室上性异位搏动、室性或室上性心动过速等 | 内服：犬、猫 50～100mg/次，每日 2～3 次。静脉注射：犬、猫 100～250mg/次，每日 1 次 |
| 哌克昔林（双环己哌啶、沛心达、心舒宁） | 能扩张冠状动脉，增加冠脉血流量。本品能减慢心率，减轻左心室负荷，降低心肌氧耗量。适用于室性心律失常，对其他抗心律失常药无效者，该药往往能奏效 | 内服：犬、猫开始 50mg/次，每日 2 次，以后增加至 150～200mg/d |

## 子单元二 止血药

止血药（促凝血药）是指能促进血液凝固和制止出血的药物。

凝血过程是机体的一种保护性反应，也是一个复杂的生化反应过程。它的重要环节首先是形成凝血酶原激活物——凝血活素，促使凝血酶原转变为凝血酶。在凝血酶的催化下，将纤维蛋白原转变为密集的纤维蛋白丝网，网住血小板和血细胞，形成血凝块。凝血过程可分三个步骤：

**1. 凝血活素的形成** 凝血活素的形成有两个途径。①血液系统机制：当血管损伤，血液内原来无活性的接触因子Ⅻ与创面或异物接触被激活，并与血小板因子、$Ca^{2+}$ 及血液中的一些凝血因子（Ⅺ、Ⅸ、Ⅷ、Ⅹ、Ⅴ）起反应，形成凝血活素。②组织系统机制：各种组织中含有一种能促进凝血的脂蛋白，称为组织因子。当组织受损伤，组织因子被释放而同血液相混合，并与 $Ca^{2+}$ 及一些凝血因子（Ⅶ、Ⅹ、Ⅴ）起反应，形成凝血活素。

**2. 凝血酶的形成** 在凝血活素和 $Ca^{2+}$ 的参与下，血浆中无活性的凝血酶原转变为有活性的凝血酶。

**3. 纤维蛋白的形成** 血浆中处于溶解状态的纤维蛋白原，在凝血酶的作用下转变为纤维蛋白单体。纤维蛋白单体经多分子聚合作用，形成纤维蛋白多聚体，即不溶性纤维蛋白细丝，将血细胞网在其中，形成血凝块，堵住创口，制止出血。

正常血液中还存在着纤维蛋白溶解系统，简称纤溶系统。其主要包括纤维蛋白溶酶原（纤溶酶原）及其激活因子，能使血液中形成的少量纤维蛋白再溶解。机体内的凝血和抗凝血之间相互作用，保持着动态平衡（图 2-7）。

临床上将止血药分为局部止血药和全身止血药两类。

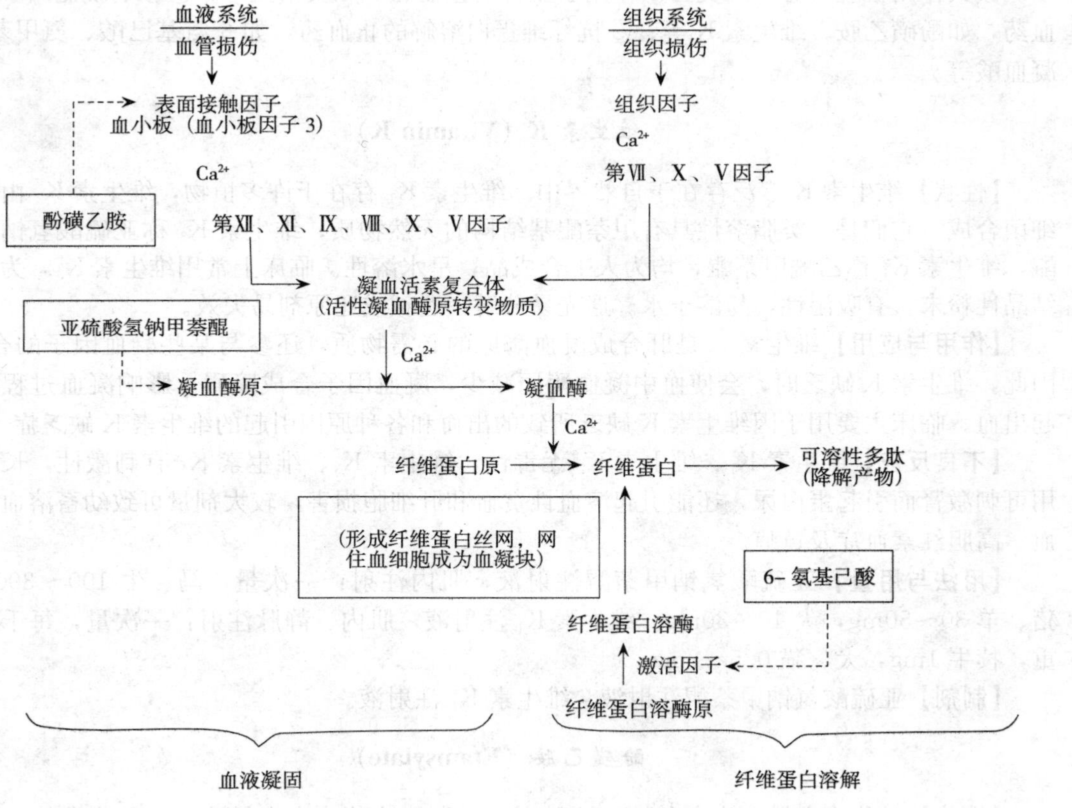


图 2-7 血液凝固、纤维蛋白溶解及止血药作用的环节

注：虚线表示止血药作用的环节。

## 一、局部止血药

### 明 胶（Gelatin）

**【性状】** 为淡黄色至黄色、半透明、微带光泽的粉粒或薄片。在水中久浸即吸水膨胀并软化，重量可增加数倍。

**【作用与应用】** 具有多孔和表面粗糙的特点，敷于出血部位，能吸收大量血液，并促使血小板破裂释出凝血因子而促进血液凝固。另外，吸收性明胶海绵敷于出血处，对创面渗血有机械性压迫止血作用。用于创口渗血区止血，如外伤性出血、手术止血、毛细血管渗血、鼻出血等。

【应用注意】①本品为灭菌制品，使用过程中要求无菌操作，以防污染。②包装打开后，不宜再消毒，以免延长吸收时间。

【用法与用量】根据出血创面的形状，将本品切成所需大小，贴于出血处，再用干纱布压迫。

另外，0.1%肾上腺素、凝血质、5%明矾溶液等也常用作局部止血药

## 二、全身性止血药

按其作用机理可分为三类：①作用于血管的止血药，如安络血等；②影响凝血因子的止血药，如酚磺乙胺、维生素K等；③抗纤维蛋白溶解的止血药，如6-氨基己酸、氨甲苯酸、凝血酸等。

### 维生素K（Vitamin K）

【性状】维生素K广泛存在于自然界中。维生素$K_1$存在于许多植物，维生素$K_2$由肠道细菌合成，它们是一类脂溶性具有甲萘醌基结构的天然物质；维生素$K_3$称亚硫酸氢钠甲萘醌，维生素$K_4$称乙酰甲萘醌，均为人工合成品，呈水溶性。临床上常用维生素$K_3$，为白色结晶性粉末。有吸湿性，易溶于水。遇光易分解，遇碱或还原剂易失效。

【作用与应用】维生素K是肝合成凝血酶原的必需物质，还参与某些凝血因子的合成。因此，维生素K缺乏时，会使血中凝血酶原减少，凝血因子合成障碍，影响凝血过程而引起出血。临床主要用于因维生素K缺乏所致的出血和各种原因引起的维生素K缺乏症。

【不良反应】维生素$K_1$、维生素$K_2$无毒性。维生素$K_3$、维生素$K_4$有刺激性，长期应用可刺激肾而引起蛋白尿，还能引起溶血性贫血和肝细胞损害，较大剂量可致幼畜溶血性贫血、高胆红素血症及黄疸。

【用法与用量】亚硫酸氢钠甲萘醌注射液，肌内注射：一次量，马、牛100～300mg，猪、羊30～50mg，犬10～30mg。维生素$K_1$注射液，肌内、静脉注射：一次量，每千克体重，犊牛1mg，犬、猫0.5～2mg。

【制剂】亚硫酸氢钠甲萘醌注射液、维生素$K_1$注射液。

### 酚磺乙胺（Etamsylate）

【性状】又称止血敏。为白色结晶性粉末。无臭，味苦。水中易溶，乙醇中溶解。有引湿性。

【作用与应用】本品能促进血小板的增生，增强血小板凝集并促进释放凝血因子，缩短凝血时间；还可增强毛细血管抵抗力，降低毛细血管通透性，防止血液外渗。其作用迅速，静脉注射后1h作用最强，可维持4～6h。可用于防治各种出血性疾病，如手术前后预防出血及止血、鼻出血、消化道出血、膀胱出血、子宫出血等。

【用法与用量】肌内、静脉注射：一次量，马、牛1.25～2.5g；猪、羊0.25～0.5g。一般在手术前15～30min用药。

【制剂】酚磺乙胺注射液。

### 安络血（Carbazochromum）

【性状】又称安特诺新、肾上腺色腙。为肾上腺色素缩氨脲与水杨酸钠生成的水溶性复

合物。橙红色粉末，易溶于水。

**【作用与应用】**主要作用于毛细血管，增强毛细血管对损伤的抵抗力，降低毛细血管通透性，使受伤血管断端回缩而止血。临床适用于毛细血管损伤或通透性增加的出血，如鼻出血、紫癜等；也用于产后出血、手术后出血、内脏出血和尿血等。

**【用法与用量】**肌内注射：一次量，马、牛 5～20mL，猪、羊 2～4mL。

**【制剂】**安络血注射液。

### 6-氨基己酸（6-Aminocaproic Acid）

**【性状】**为白色或黄色结晶性粉末。能溶于水，其 3.52%水溶液为等渗溶液。

**【作用与应用】**6-氨基己酸是抗纤维蛋白溶解药，能抑制血液中纤维蛋白溶酶原的活性因子，阻碍纤维蛋白溶酶原转变为纤维蛋白溶酶，从而抑制纤维蛋白的溶解，达到止血作用。高浓度时，有直接抑制纤维蛋白溶酶的作用。临床上适用于纤维蛋白溶解症所致的出血，如大型外科手术出血，淋巴结、肺、脾、上呼吸道、子宫及卵巢出血等。

**【应用注意】**本品主要由肾排泄，在尿中浓度高，容易形成凝块，造成尿路阻塞，故泌尿系统手术后，血尿时慎用或不用。

**【用法与用量】**静脉滴注：首次量，马、牛 20～30g，加于 500mL 生理盐水或 5%葡萄糖溶液中；猪、羊 4～6g，加于 100 mL5%葡萄糖溶液或生理盐水中。维持量，马、牛 3～6g，猪、羊 1～1.5g，每小时 1 次。

**【制剂】**6-氨基己酸注射液。

## 子单元三 抗凝血药

凡能延缓或阻止血液凝固的药物称抗凝血药，简称抗凝剂。临床常用于输血、血样保存、实验室血样检查、体外循环以及防治具有血栓形成倾向的疾病。常用药物有肝素钠、枸橼酸钠、草酸钠、华法林、阿司匹林、尿激酶等。

### 枸橼酸钠（Sodium Citrate）

**【性状】**又称柠檬酸钠。为白色结晶性粉末。易溶于水，味咸。有风化性，应密封保存。

**【作用与应用】**枸橼酸钠的枸橼酸根离子与血浆中钙离子形成难解离的可溶性复合体，使血浆钙离子浓度迅速降低，而产生抗凝血作用。主要用于体外抗凝血。现已很少用于输血。

**【应用注意】**①输血时，枸橼酸钠用量不可过大，否则血钙迅速降低，使动物中毒甚至死亡。此时可静脉注射钙剂缓解。②枸橼酸钠碱性较强，不适合血液生化检查。

**【用法与用量】**体外抗凝，配成 2.5%～4%灭菌溶液，每 100mL 全血中加 10mL。

**【制剂】**枸橼酸钠注射液。

### 草酸钠（Sodium Oxalate）

作用机理与枸橼酸钠相似，可用于实验室血样的抗凝，每 100mL 血液中加入 2%草酸钠溶液 10mL 即可。草酸钠毒性很大，仅供外用，严禁用于输血或作体内抗凝。

### 肝　素（Heparin）

**【来源与性质】** 肝素是动物体内天然的抗凝血因素，药用肝素是从牛、羊、猪的肺、肝和小肠黏膜提取的一种黏多糖硫酸酯。为白色粉末。易溶于水。

**【药理作用】** 本品在体内、体外均有很强的抗凝血作用，对凝血过程的各个环节几乎都有抑制作用。其作用原理是对抗凝血活素，阻碍凝血酶原变为凝血酶，在较低浓度时就有这种作用；对抗凝血酶，阻碍纤维蛋白原转变为纤维蛋白，其本身抗凝血酶的作用不大，但能与血浆中的一种 $\alpha$-球蛋白共同作用，使凝血酶不能发挥作用，阻止血小板的凝集和裂解。

**【应用】** 主要用作输血、体外循环、动物交叉循环等的抗凝剂，也用于化验室血样的抗凝剂和防治血栓、栓塞性疾病。

**【不良反应】** ①应用过量，可引起各部位自发性出血。②连续应用可引起红细胞的显著减少。

**【应用注意】** ①出血性素质和伴有凝血迟缓的各种疾病，禁用；肾功能不全动物、孕畜，产后、流产、外伤及手术后动物，慎用。②当出现肝素过量引起的严重出血可静脉注射鱼精蛋白注射剂急救。

**【用法与用量】** 皮下、静脉注射：治疗血栓、栓塞症，一次量，每千克体重，犬 150～250IU，猫 250～375IU，1 日 3 次；治疗弥散性血管内凝血，马 25～100IU，小动物 75IU。若静脉注射，以 5%葡萄糖或生理盐水稀释后滴注。

**【制剂】** 肝素钠注射液。

## 子单元四　抗贫血药

贫血是指血容量降低，或单位容积内红细胞数或血红蛋白含量低于正常值的病理状态。凡能增进机体造血机能，补充造血物质，改善贫血状态的药物称抗贫血药。

贫血的种类很多，病因各异，治疗药物也不同。临床上按病因可分为三种类型，即缺铁性贫血、巨幼红细胞性贫血和再生障碍性贫血。兽医常用的抗贫血药主要是用于防治缺铁性贫血和巨幼红细胞性贫血的药物。如硫酸亚铁、右旋糖酐铁和葡聚糖铁钴注射液、叶酸和维生素 $B_{12}$ 等。

### 硫酸亚铁（Ferrous Sulfate）

**【性状】** 为淡蓝绿色柱状晶体或颗粒。无臭，味咸、涩。在水中易溶，在乙醇中不溶。在干燥空气中即风化，在湿空气中即迅速氧化变质，表面生成黄棕色的碱式硫酸铁。

**【作用与应用】** 铁是构成血红蛋白、肌红蛋白和多种酶的重要成分。因此，机体铁代谢异常及铁缺乏不但会引起贫血，也可能影响其他生理功能。动物哺乳期、妊娠期和某些缺铁性贫血情况下，对铁的需求量增加，补铁能纠正因铁缺乏而引起的生理异常和血红蛋白水平的下降。本品用于防治缺铁性贫血。

**【应用注意】** ①稀盐酸可促进铁剂吸收，与之合用可提高疗效。②维生素 C 为还原物质，也有利于铁的吸收。③钙剂和磷酸盐类、含鞣酸药物、抗酸药等均可使铁沉淀，妨碍铁吸收。④铁剂与四环素类可形成络合物，互相妨碍吸收。⑤内服对胃肠道黏膜有刺激性，大量内服可致肠坏死、出血，严重者可致休克；铁与肠道内硫化氢的结合产生硫化铁，可致便秘及排黑便。禁用于消化道溃疡及肠炎。

**【用法与用量】** 内服：一次量，马、牛 2～10g；羊、猪 0.5～3g；犬 0.05～0.5g；猫 0.05～0.1g。临用前，配成 0.2%～0.1%溶液。

### 右旋糖酐铁（Iron Dextran Injection）

**【作用与应用】** 本品作用同硫酸亚铁。肌内注射后，右旋糖酐铁主要通过淋巴系统缓慢吸收。注射 3d 内吸收约 60%，1～3 周后吸收 90%，余下可在数月内被缓慢吸收。从右旋糖酐中解离的铁立即与蛋白分子结合形成含铁血黄素、铁蛋白或转铁蛋白。而右旋糖酐则被代谢或排泄。

适用于重症缺铁性贫血或不宜内服铁剂的缺铁性贫血。临床主要用于仔猪缺铁性贫血。

**【应用注意】** ①猪注射偶尔会出现肌肉软弱、站立不稳，严重时可致死亡。②肌内注射时可引起局部疼痛，宜深部肌内注射。③需防冻，久置可发生沉淀。

**【用法与用量】** 以铁计。肌内注射：一次量，仔猪 100～200mg，驹、犊 200～600mg，幼犬 20～200mg，狐狸 50～200mg，水貂 30～100mg。右旋糖酐铁钴注射液（又名铁钴针注射液），肌内注射：一次量，仔猪 2mL。

### 维生素 $B_{12}$（Vitamin $B_{12}$）

**【性状】** 又称氰钴胺。为深红色结晶或结晶性粉末。无臭，无味。吸湿性强。在水或乙醇中略溶。

**【作用与应用】** 维生素 $B_{12}$具有广泛的生理作用。参与机体的蛋白质、脂肪和糖类代谢，帮助叶酸循环利用，促进核酸的合成，为动物生长发育、造血、上皮细胞生长及维持神经髓鞘完整性所必需。缺少维生素 $B_{12}$时，常可导致猪的巨幼红细胞性贫血，犊牛发育停滞，猪、犬、鸡等生长发育障碍，鸡蛋孵化率降低，猪运动失调等。成年反刍兽瘤胃内能合成维生素 $B_{12}$，其他草食动物也可在肠内合成。

主要用于治疗维生素 $B_{12}$缺乏所致的巨幼红细胞性贫血和幼畜生长迟缓。

**【应用注意】** 在防治巨幼红细胞贫血时，本品与叶酸配合应用可取得更为理想的效果。

**【用法与用量】** 肌内注射：一次量，马、牛 1～2mg，猪、羊 0.3～0.4mg，犬、猫 0.1mg。

**【制剂】** 维生素 $B_{12}$注射液。

### 叶　酸（Folic Acid）

**【性状】** 为黄橙色结晶粉。无臭，无味。在水、乙醇、丙酮、三氯甲烷或乙醚中不溶；在氢氧化钠或碳酸钠溶液中易溶。

**【作用与应用】** 叶酸是核酸和某些氨基酸合成所必需的物质。当叶酸缺乏时，红细胞的成熟和分裂停滞、造成巨幼红细胞性贫血和白细胞减少；雏鸡发育停滞，羽毛稀疏，有色羽毛褪色；母鸡产蛋率和孵化率下降，食欲不振、腹泻等。病猪表现生长迟缓、贫血；家畜消化道内微生物能合成叶酸，一般不易发生缺乏症。但长期使用磺胺类等肠道抗菌药时，也可能发生叶酸缺乏症。雏鸡、猪、狐、水豹等必须从饲料中摄取补充叶酸。

主要用于防治因叶酸缺乏所致的畜禽和犬、猫贫血症。与维生素 $B_{12}$ 合用效果更好。

【应用注意】①对甲氧苄啶等所致的巨幼红细胞性贫血无效。②对维生素 $B_{12}$ 缺乏所致的"恶性贫血"，大剂量叶酸治疗可纠正血象，但不能改善神经症状。

【用法与用量】内服：一次量，犬、猫 2.5～5mg。

【制剂】叶酸片。

## 知识拓展

### 止血药的合理选用

出血的原因很多，在临床上应用止血药时，要根据出血原因、出血性质并结合各种药物的功能和特点选用，详见表 2-11。

表 2-11　止血药的合理应用

| 出血类型 | 止血方式 | 可选用药物 |
|---|---|---|
| 较大的静脉、动脉出血 | 结扎、止血钳夹或烧烙 | 6-氨基己酸、钙剂等辅助止血 |
| 体表小血管、毛细血管出血 | 局部压迫止血 | 明胶海绵、淀粉海绵（脑部不宜）、止血棉、凝血质 |
| 出血性紫癜、鼻出血、外科小手术出血 | 增强毛细血管对损伤的抵抗力，促进断端毛细血管回缩 | 安络血 |
| 手术前后出血、内脏出血 | 增加血小板生成，促进凝血活性物质释放 | 酚磺乙胺、新凝灵 |
| 幼雏出血性疾病、双香豆素类物质中毒 | 促进凝血酶原生成 | 维生素 K |
| 纤维蛋白溶解症所致出血、大型外科手术出血 | 抑制纤溶活性因子生成 | 6-氨基己酸、氨甲苯酸、凝血酸 |

## 复习思考题

1. 简述强心苷的作用特点与应用。
2. 止血药、抗凝血药的作用特点与临床应用有哪些？
3. 简述常用抗贫血药的作用特点与应用。
4. 仔猪补铁制剂时，不应用四环素、土霉素等抗菌类药物，为什么？

## 实践技能

### 实训十四　止血药及抗凝血药的作用观察

【目的要求】观察止血药及抗凝血药对机体的作用。

【材料】

**1. 动物**　家兔。

**2. 药品** 维生素 $K_3$ 注射液、安络血注射液、生理盐水、4%枸橼酸钠溶液、0.02%肝素钠注射液。

**3. 器材** 载玻片、平皿、大头针、湿润棉花、试管。

**【方法和步骤】**

(1) 取家兔3只，分别测定其正常的血凝时间。测定血凝时间通常有毛细血管法和针挑血滴法两种。下面介绍针挑血滴法：按照耳缘静脉采血的操作程序，采取血液1滴于清洁玻片上，血滴直径约5mm，放置在有湿润棉花的平皿上（防止血液干燥，如空气相对湿度在90%以上，可以直接在室内进行）。每隔半分钟用大头针横过血滴向上挑1次，直至针尖能挑起纤维蛋白丝为止。记录从血滴滴于玻片上至能挑起纤维蛋白丝的时间（血凝时间）。连续做3次，取平均值。

(2) 各兔分别注射下列各药。

甲兔：肌内注射3.84mg/mL维生素 $K_3$ 注射液，每千克体重1mL。

乙兔：静脉注射0.5%安络血注射液，每千克体重0.5mL。

丙兔：作为对照，静脉注射生理盐水，每千克体重1mL。

(3) 注射完毕后10min，再测定血液凝固时间，以后每10min测定一次，共3次。比较各种药物的作用。结果记入下表：

| 兔号 | 药 物 | 血 凝 时 间 (min) | | | | | |
|---|---|---|---|---|---|---|---|
| | | 给药前 | | | 给药后 | | |
| | | 第1次 | 第2次 | 第3次 | 10min | 20min | 30min |
| 甲 | 维生素 $K_3$ | | | | | | |
| 乙 | 安络血 | | | | | | |
| 丙 | 生理盐水 | | | | | | |

(4) 上面实验完毕之后，用丙兔从心脏采血3mL，分别在下列三个试管中，各放入血液1mL。

甲试管：内有0.1mL的4%枸橼酸钠溶液。

乙试管：内有0.1mL的0.02%肝素钠注射液。

丙试管：内有0.1mL的生理盐水。

血液放入试管后，摇动片刻，然后置于试管架上，20min左右观察各试管中血液有无凝固现象。结果记入下表：

| 试 管 | 药物 | 20min后血液凝固情况 |
|---|---|---|
| 甲 | 枸橼酸钠 | |
| 乙 | 肝素钠 | |
| 丙 | 生理盐水 | |

**【作业】**

(1) 讨论各种止血药、抗凝血药的作用特点与临床应用。

(2) 写出实训报告。

# 单元九　作用于泌尿生殖系统的药物

## 子单元一　利尿药与脱水药

### 一、利尿药

利尿药是指直接作用于肾，增加水和电解质的排泄，使尿量增多的药物。主要用于治疗各种类型的水肿，急性肾功能衰竭及促进毒素和尿道结石的排出。

根据作用部位和强度，利尿分为三类：高效利尿药（呋塞米、依他尼酸、布美他尼），中效利尿药（氢氯噻嗪、氯噻嗪、氯噻酮），低效利尿药（螺内酯、氨苯蝶啶螺内酯、阿米洛利）。

尿液的形成是通过肾小球的滤过、肾小管和集合管的再吸收及分泌而实现的。利尿药通过影响这三个环节，尤其是影响肾小管的重吸收而实现其利尿作用，其作用机理如下（图 2-8）。

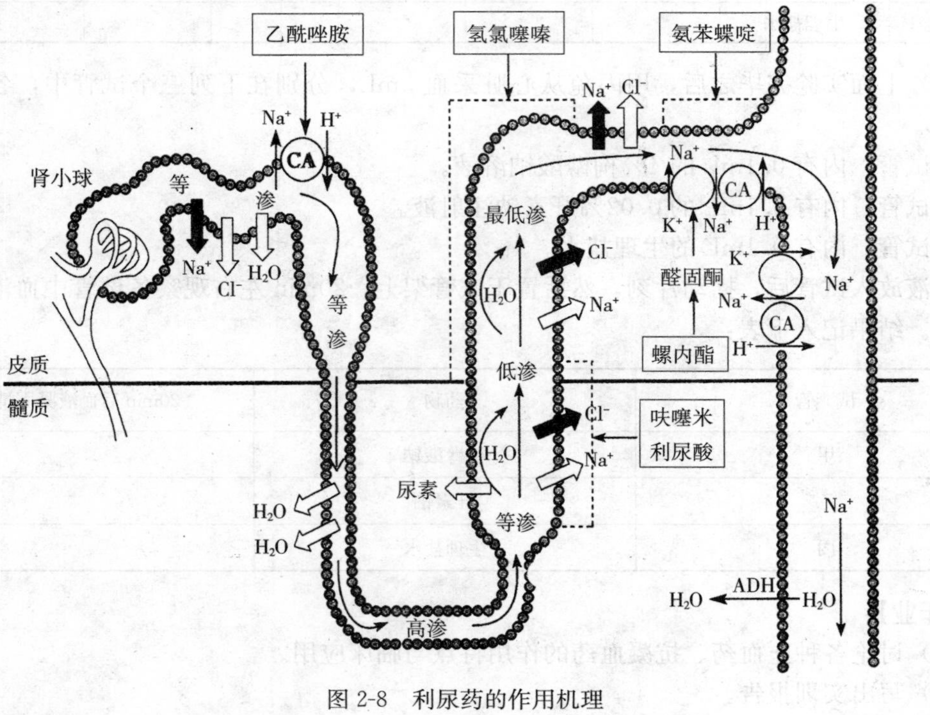


图 2-8　利尿药的作用机理

**1. 肾小球滤过** 血液流经肾小球时，除蛋白质和血细胞外，其他成分均可滤过而形成原尿。原尿量的多少决定于有效滤过压。凡能增加有效滤过压的药物都可利尿。如氨茶碱、咖啡因等，通过增加心肌收缩性，增加肾血流量及小球滤过率而利尿，但其利尿作用极弱，一般不作利尿用。

**2. 肾小管和集合管的重吸收及分泌**

(1) 近曲小管。原尿中 $NaHCO_3$ 及部分 NaCl 在此段被再吸收。$Na^+$ 的重吸收主要靠 $Na^+$-$H^+$ 交换进行，而 $H^+$ 的产生来自 $H_2O$ 与 $CO_2$ 在细胞内碳酸酐酶的作用下生成 $H_2CO_3$，然后再解离成 $H^+$ 和 $HCO^{3-}$，$H^+$ 将 $Na^+$ 换入细胞内，然后由 $Na^+$ 泵将 $Na^+$ 送至组织间液。

$$H_2O+CO_2 \xrightleftharpoons{\text{碳酸酐酶（CA）}} H_2CO_3 \rightleftharpoons H^+ + HCO_3^-$$

乙酰唑胺通过抑制碳酸酐酶的活性而使 $H_2CO_3$ 合成减少，从而 $H^+$ 的生成减少，$Na^+$-$H^+$ 交换减少，致使 $Na^+$ 的再吸收减少而引起利尿。但作用弱，易致代谢性酸血症，故现少用。

(2) 髓袢升支粗段的髓质和皮质部。原尿中 30%～35%的 $Na^+$，$Cl^-$ 在此段重吸收，水不重吸收。小管液由肾乳头部流向肾皮质时，逐渐由高渗变为低渗，进而形成无溶质的净水，这就是肾对尿液的稀释功能。同时 NaCl 被再吸收到髓质间质后，由于髓袢的逆流倍增作用，以及在尿素的共同参与下，使髓袢所在的髓质组织间液的渗透压逐步提高，形成呈渗透压梯度的髓质高渗区。当尿液流经集合管时，由于管腔内液体与高渗髓质间存在着渗透压差，并受抗利尿激素（ADI）的影响，大量的水被重吸收回髓质间液，这即是肾对尿液的浓缩功能。当髓袢升支粗段的髓质和皮质部 NaCl 的重吸收减少，肾的稀释功能和浓缩功能都降低，结果导致强大的利尿作用。

高效利尿药呋塞米、利尿酸等通过抑制髓袢升支粗段髓质和皮质部对 NaCl 的重吸收产生利尿作用。中效利尿药噻嗪类等仅能抑制髓袢升支粗段皮质部（远曲小管开始部分）对 NaCl 的重吸收。

(3) 远曲小管及集合管。原尿中 5%～10%的 $Na^+$ 在此段重吸收，同时远曲小管和集合管还可向管腔分泌 $H^+$ 和 $K^+$，与 $Na^+$ 形成 $Na^+$-$H^+$ 交换和 $K^+$-$Na^+$ 交换。而 $K^+$-$Na^+$ 交换部分是依赖醛固酮调节的，盐皮质激素受体颉颃剂螺内酯对 $Na^+$-$K^+$ 交换可产生竞争性抑制作用；氨苯蝶啶能直接抑制 $Na^+$-$K^+$ 交换，从而产生排钠保钾的利尿作用。

### 呋塞米（Furosemide）

**【性状】** 又称速尿、呋喃苯氨酸、利尿磺胺。为白色或类白色结晶性粉末。无臭，无味。不溶于水，可溶于乙醇。

**【作用与应用】** 本品选择性作用于肾小管髓袢升支的髓质部和皮质部，抑制 $Cl^-$ 的主动重吸收和 $Na^+$ 的被动重吸收。由于 $Na^+$ 排出量增加，使远曲小管和集合管的 $K^+$-$Na^+$ 交换过程加强，导致 $K^+$ 排出增加，伴随 $Cl^-$、$Na^+$、$K^+$ 的排出，带走大量水分，故产生强大的利尿作用。

主要用于各种原因引起的全身水肿，如肺水肿、心性水肿、肾性水肿、胸膜积水等；也可用于预防急性肾功能衰竭以及药物中毒时加速药物排出。

【应用注意】①长期大量用药会出现脱水、低血钾、低血氯症，故用药期间应补钾或与保钾性利尿药配伍或交替使用。②大剂量静脉注射可能使犬听觉丧失。③可引起胃肠功能紊乱、贫血、白细胞减少和衰弱等症状。

【用法与用量】内服：每千克体重，一次量，马、牛、羊、猪2mg，犬、猫2.5～5mg。肌内注射或静脉注射：每千克体重，一次量，马、牛、羊、猪0.51mg，犬、猫1～5mg。

【制剂】呋塞米片、呋塞米注射液。

### 氢氯噻嗪（Hydrochorothiazide）

【性状】为白色结晶性粉末。无臭，味微苦。不溶于水。

【作用与应用】本品主要作用于髓袢升支皮质部和远曲小管的前段，抑制 $Na^+$、$Cl^-$ 的重吸收，从而起到排钠利尿作用。由于流入远曲小管和集合管的 $Na^+$ 的增加，促进 $K^+$-$Na^+$ 的交换。

临床用于各种类型的水肿，尤其对心性水肿疗效好，是轻、中度心性水肿的首选药。也可用于治疗局部组织消肿，如产前浮肿，牛乳房水肿等，以及某些急性中毒加速毒物排出。

【应用注意】长期大量应用，会出现低血钾症、低血氯性碱中毒、胃肠道反应等，故用药期间应配合使用氯化钾。

【用法与用量】内服：每千克体重，一次量，马、1～2mg，猪、羊2～3mg，犬、猫3～4mg。

【制剂】氢氯噻嗪片。

### 螺内酯（Spironolactone）

【性状】又称安体舒通，为淡黄色粉末。味稍苦。溶于水和乙醇中。

【作用与应用】本品是醛固酮的颉颃剂。主要影响远曲小管与集合管的 $K^+$-$Na^+$ 交换过程，抑制 $K^+$ 的排出，起保 $K^+$ 排 $Na^+$ 作用，故称保钾性利尿药。在排 $Na^+$ 的同时，带走 $Cl^-$ 和水分而产生利尿作用。

兽医临床很少单独应用，常与强效、中效利尿药合用治疗各种水肿，并纠正低血钾的不良反应。

【用法与用量】内服：一次量，每千克体重，犬、猫2～4mg。

【制剂】螺内酯片。

## 二、脱 水 药

脱水药是指能消除组织水肿的药物。由于此类药物在体内不被代谢或不易代谢，静脉注射后能迅速提高血浆渗透压，而引起组织脱水和增加尿量，故亦称为渗透性利尿药。主要用于消除肺水肿、脑水肿等局部组织水肿。

常用药物有甘露醇、山梨醇、尿素、高渗葡萄糖溶液。但葡萄糖、尿素均能能携带水分透过血脑屏障，进入脑脊液及脑组织中，使颅内压升高，出现“反跳”现象。

### 甘露醇（Mannitol）

【性状】为白色结晶性粉末。无臭，味甜。易溶于水。等渗溶液为5.07%，临床用20%

的高渗溶液。

【作用与应用】静脉注射高渗甘露醇后可提高血浆渗透压，使组织（包括眼、脑、脑脊液）细胞间液水分向血浆转移，产生组织脱水作用，从而可降低颅内压和眼内压。由于本品在体内不被代谢，易经肾小球滤过，并很少被肾小管重吸收，在肾小管内形成高渗，从而产生利尿作用。

临床主要用于降低眼内压、创伤性脑水肿及其他组织水肿；治疗因急性肾衰竭所引起的少尿症或无尿症；还用于加快某些毒物的排泄。

【应用注意】①静脉注射要缓慢，勿漏出血管外。②严重脱水、肺充血或肺水肿、充血性心力衰竭以及进行性肾衰竭患畜禁用。③脱水动物在治疗前应补充适当体液。

【用法与用量】静脉注射：一次量，马、牛1 000～2 000mL，羊、猪 100～250mL，每千克体重，犬、猫 0.25～0.5mg，一般稀释成 5%～10%溶液（缓慢静脉注射，4mL/min）。

【制剂】甘露醇注射液。

### 山梨醇（Sorbitol）

山梨醇是甘露醇的同分异构体，作用与应用、注意事项同甘露醇。但山梨醇进入体内部分转化为果糖而降低其高渗性，故作用较弱。但由于溶解度较大，价格便宜，不良反应较轻，临床上也常使用。一般使用 25%的高渗溶液消除水肿。用法用量同甘露醇。

## 子单元二 生殖系统药物

哺乳动物在受到内外因素的作用后，可引起丘脑下部促性腺激素释放激素（GnRH）的分泌，该激素作用于垂体前叶，导致促黄体素（LH）和促卵泡素（FSH）等促性腺激素的释放，促性腺激素作用于卵巢、睾丸等生殖器官，促进生殖器官分泌雌激素、孕激素、雄激素等性激素，动物表现为卵泡发育、排卵、精子生成、发情等系列现象。当性激素增加到一定水平时，又可通过负反馈作用，使下丘脑促性腺激素释放激素和垂体前叶促性腺激素的分泌减少（图 2-9）。

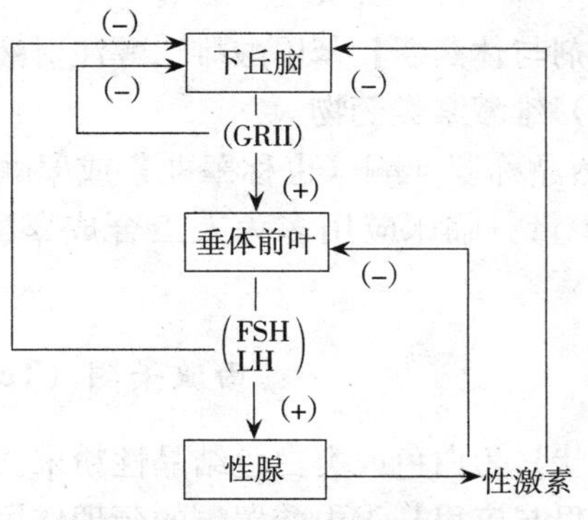


图 2-9 生殖激素调节示意
（+）兴奋 （−）抑制

## 一、性激素

### （一）雌激素类药物

常用天然激素雌二醇。人工合成品有己烯雌酚和己烷雌酚。

### 雌二醇（Estradiol）

【性状】为天然激素，常制成各种酯类应用，如苯甲酸雌二醇为白色结晶性粉末。无臭。

难溶于水，微溶于乙醇或植物油。

**【作用与应用】**

(1) 促进母畜发情。雌激素能恢复生殖道的正常功能和形态结构，如促进生殖器官血管增生、黏膜腺体分泌，引起发情。牛对雌激素很敏感，小剂量的雌二醇两次注射，就可使切除卵巢的青年母牛在 3d 内发情。雌激素所诱导的发情不排卵，动物配种不怀孕。

(2) 对生殖道的作用。雌激素可促进性器官的发育和第二性征出现；对成熟母畜还能促进输卵管的肌肉和黏膜生长发育。加强输卵管和子宫平滑肌收缩。增强子宫对催产素的敏感性，使子宫颈周围的结缔组织松软，子宫颈口松弛。

(3) 对乳腺的作用。可促进母畜乳导管的发育和泌乳。与孕酮配合，效果更好。但大量使用，可抑制催乳素分泌，导致泌乳停止。

(4) 对代谢的影响。可增进食欲，促进蛋白质合成，增加体重。但由于肉品中残留的雌激素对人体有致癌作用及危害未成年人的生长发育，故禁止用雌激素作促生长剂和皮下埋植剂。

(5) 对公畜的作用。能对抗雄激素的作用，抑制第二性征发育，降低性欲。

临床用于卵巢功能正常而发情不明显家畜的催情；治疗子宫内膜炎、子宫蓄脓、胎衣不下、死胎排出等；治疗老年犬或阉割犬的尿失禁、母畜性器官发育不全、犬过度发情、假孕犬的乳房胀痛等。还可用于诱导泌乳。

**【应用注意】** 妊娠早期的动物禁用，以免引起流产或胎儿畸形。大剂量或长期应用，可导致卵巢囊肿或慕雄狂、流产、卵巢萎缩及性周期停止等不良反应。

**【用法与用量】** 肌内注射：一次量，马 10～20mg，牛 5～20mg，猪 3～10mg，羊 1～3mg，犬、猫 0.2～0.5mg。

**【制剂与休药期】** 苯甲酸雌二醇注射液：28d，弃乳期 7d。

### (二) 雄激素类药物

天然品称睾丸酮（也称睾丸素或睾酮），由睾丸间质细胞分泌，肾上腺皮质及卵巢也能分泌少量。临床应用多为人工合成睾酮及其衍生物，如甲睾酮、丙酸睾酮、苯丙酸诺龙等。

#### 丙酸睾酮（Testosterone Propionate）

**【性状】** 为白色或类白色结晶性粉末。无臭。不溶于水，易溶于乙醇、乙醚。

**【作用与应用】** ①丙酸睾酮的药理作用与天然睾酮相同，可促进雄性生殖器官及副性征的发育、成熟，引起性欲及性兴奋。大剂量睾酮通过负反馈机制，抑制黄体生成素，进而抑制精子生成。②对抗雌激素，抑制母畜发情。③具有同化作用，可促进蛋白质合成，引起氮、钠、钾、磷的潴留，减少钙的排泄。④通过兴奋红细胞生成刺激因子，刺激红细胞生成。

临床主要用于雄性动物机能不全，促进小动物疾病恢复与增重，再生障碍性贫血的辅助治疗药。

**【应用注意】** 具有水钠潴留作用，肾、心或肝功能不全病畜慎用。

**【用法与用量】** 肌内、皮下注射：一次量，每千克体重，家畜 0.25～0.5mg。

**【制剂】** 丙酸睾酮注射液。

### 苯丙酸诺龙（Nandrolone Phenylpropionate）

【性状】又称苯丙酸去甲睾酮。为白色或乳白色结晶性粉末。有特殊臭味。几乎不溶于水，略溶于植物油，溶于乙醇。

【作用与应用】本品为蛋白同化激素。其同化作用比丙酸睾酮强而持久，雄性激素作用较弱。能促进蛋白质合成和抑制蛋白质异化作用，并有促进骨组织生长、刺激红细胞生成等作用。临床上主要用于慢性消耗性疾病所引起的体质衰弱、严重的营养不良、贫血、发育迟缓及犬瘟热、严重的寄生虫病等。以及组织修复期，如大手术后、骨折、创伤后。

【应用注意】①禁止作促生长剂应用；②肝、肾功能不全时慎用。

【用法与用量】皮下、肌内注射：一次量，每千克体重，家畜 0.2～1mg。两周一次。

【制剂与休药期】苯丙酸诺龙注射液：28d，弃乳期 7d。

## （三）孕激素类药物

### 黄体酮（Progesterone）

【性状】又称孕酮、黄体素、助孕酮。为白色或类白色结晶性粉末。不溶于水，可溶于乙醇、植物油。

【作用与应用】

（1）对子宫的作用。在雌激素作用的基础上，使子宫内膜增生，腺体分泌子宫乳，为受精卵的着床及胚胎早期发育提供营养需要；抑制子宫肌收缩，减弱子宫对催产素的敏感性，起“安胎”作用；使子宫颈口关闭，分泌黏稠液，阻止精子或病原体进入子宫。

（2）对卵巢的作用。大剂量黄体酮，通过反馈作用，使垂体前叶促性腺激素和下丘脑促性腺激素释放激素分泌减少，从而抑制发情和排卵。一旦停药，孕酮的作用消除，动物的垂体分泌促性腺激素，促进卵泡生长和动物发情。

（3）对乳腺的作用。与雌激素共同作用，刺激乳腺腺泡发育，为泌乳作准备。

临床可用于预防和治疗因黄体分泌不足引起的早期流产或习惯性流产，与维生素 E 合用效果更佳；治疗牛卵巢囊肿引起的慕雄狂，可皮下埋植黄体酮来对抗发情；用于母畜的同期发情，在用药后数日内即可发情和排卵，但第一次发情时配种受胎率低，故在第二次发情时配种，受胎率可达 90％～100％。

【应用注意】①长期应用可使妊娠期延长；②泌乳奶牛禁用。

【用法与用量】肌内注射：一次量，马、牛 50～100mg，羊、猪 15～20mg，犬 2～5mg。插入阴道内，一次量，每头牛一个弹性橡胶圈（注：12d 后取出残余胶圈，并在 48～72h 内配种）。

【制剂与休药期】黄体酮注射液：30d。复方黄体酮缓释圈。

### 醋酸氟孕酮（Flugestone Acetate）

醋酸氟孕酮作用、应用注意事项与黄体酮相似，但作用较强。只是醋酸氟孕酮常制成阴道海绵，主要用于绵羊、山羊的诱导发情或同期发情。禁用于泌乳期及食品动物。

【用法与用量】阴道给药：一次量，羊 1 个。给药后 12～14d 取出。

【制剂与休药期】醋酸氟孕酮阴道海绵：羊 30d。

## 二、促性腺激素和促性腺激素释放激素

### 卵泡刺激素（Follicle Stimulateing Hormone）

【性状】又称垂体促卵泡素，简称 FSH。为白色或类白色冻干块状物或粉末。易溶于水。

【作用与应用】主要是刺激卵泡的生长和发育。与黄体生成素合用，促进卵泡成熟和排卵，使卵泡分泌雌激素，引起母畜发情；对公畜可促进精原细胞的生成和精子形成。

主要用于母畜催情，使不发情母畜发情和排卵，提高同期发情的效果；治疗持久黄体、多卵泡症、卵巢发育不良等疾病；用于超数排卵，牛、羊在发情的前几天注射本品，可出现超数排卵，供卵移植或提高产仔率。

【应用注意】剂量过大或长期应用，可引起卵巢囊肿；能引起单胎动物多发性排卵。

【用法与用量】肌内注射：一次量，马、驴 200～300IU，每天或隔天 1 次，2～5 次为一疗程；奶牛 100～150IU，隔两天 1 次，2～3 次为一疗程。

【制剂】注射用垂体促卵泡素。

### 黄体生成素（Luteinizing Hormone，LH）

【性状】又称促黄体激素、垂体促黄体素，简称 LH。为白色或类白色冻干块状物或粉末。易溶于水。

【作用与应用】在卵泡刺激素作用的基础上，可促进母畜卵泡成熟和排卵。排卵后形成黄体，分泌黄体酮，具有早期安胎作用；对公畜则作用于睾丸间质细胞，增加睾丸酮的分泌，提高公畜性欲，促进精子形成。

主要用于治疗成熟卵泡排卵障碍、卵巢囊肿、习惯性流产、母畜久配不孕及公畜性欲减退、精液量减少等。治疗卵巢囊肿时，剂量应加倍。

【用法与用量】肌内注射：一次量，马 200～300IU，牛 100～200IU。临用前，用灭菌生理盐水 2～5mL 稀释。

【制剂】注射用垂体促黄体素。

### 绒促性素（Chorionic Gonadotrophin）

【性状】又称绒毛膜促性腺激素，简称 HCG。为白色或灰白色粉末。易溶于水，水溶液不稳定易失效。

【作用与应用】本品具有促卵泡素（FSH）和促黄体素（LH）样作用。对母畜可促进卵泡成熟、排卵和黄体生成，并刺激黄体分泌孕激素。对未成熟卵泡无作用。对公畜可促进睾丸间质细胞分泌雄激素，促使性器官、副性征的发育、成熟，使隐睾病畜的睾丸下降，并促进精子生成。

临床主要用于诱导排卵、同期发情，治疗卵巢囊肿、习惯性流产和公畜性机能减退。

【应用注意】不宜长期应用，以免产生抗体和抑制垂体促性腺功能。

【用法与用量】肌内注射：一次量，马、牛 1 000～5 000IU，猪 500～1 000IU，羊 100～500IU，犬 25～300IU。每周 2～3 次。临用前用注射用水或生理盐水溶解。

【制剂】注射用绒促性素。

### 促黄体素释放激素（Luteinizing Hormone Releasing Hormone）

【作用与应用】促黄体素释放激素能促使动物垂体前叶释放促黄体素（LH）和促卵泡素（FSH）。兼具有促黄体素和促卵泡素作用。主要用于治疗奶牛排卵迟滞、卵巢静止、持久黄体、卵巢囊肿及早期妊娠诊断，也可用于鱼类诱发排卵。

【应用注意】使用本品后一般不能再用其他类激素，剂量过大时可致催产失败。

【用法与用量】肌内注射：一次量，奶牛，治疗排卵迟滞，输精的同时注射12.5～25μg。治疗卵巢静止25μg，每天1次，可连用1～3次，总剂量不超过75μg。治疗持久黄体或卵巢囊肿，25μg，每天1次，可连续注射1～4次，总剂量不超过100μg。早期妊娠诊断，配种后5～8d，12.5～25g，35d内无重发情判为已妊娠。

【制剂】注射用促黄体素释放激素 $A_2$、注射用促黄体素释放激素 $A_3$。

### 马促性素（Preglant Mare Serum Gonadotrophin）

【性状】又称孕马血清、血促性素，简称PMSG。为白色或类白色粉末。易溶于水，水溶液不稳定易失效。

【作用与应用】对母畜主要表现卵泡刺激素样作用，促进卵泡的发育和成熟，引起母畜发情；也有轻度黄体生成素样作用，促使成熟卵泡排卵甚至超数排卵。对公畜主要表现黄体生成素样作用，能促进雄激素分泌，提高性欲。

临床用于母畜催情或促进卵泡发育，也用于胚胎移植时的超数排卵。

【应用注意】反复使用，可产生抗马促性素抗体而影响药效，有时会引起过敏反应。

【用法与用量】皮下、肌内注射：一次量，催情，马、牛1 000～2 000IU，羊100～500IU，猪200～800IU，犬25～200IU，猫25～100IU，兔、水貂30～50IU。超排，母牛2 000～4 000IU，母羊600～1 000IU。临用前用灭菌生理盐水2～5mL稀释。

【制剂】注射用马促性素。

## 三、前列腺素

### 甲基前列腺素 $F_{2\alpha}$（Carboproste $F_{2\alpha}$）

【性状】简称 $PGF_{2\alpha}$，为棕色油状液体。有臭味。微溶于水。

【作用与应用】前列腺素具有溶解黄体，增强子宫平滑肌张力和收缩力等作用。主要用于同期发情、同期分娩；也用于治疗持久性黄体、诱导分娩和排除死胎，以及治疗子宫内膜炎等。

【应用注意】妊娠母畜禁用，以免流产；剂量过大，可引起腹泻、腹痛等不良反应。

【用法与用量】肌内或宫颈内注射：一次量，每千克体重，马、牛2～4mg，羊、猪1～2mg。

【制剂与休药期】甲基前列腺素 $F_{2\alpha}$ 注射液：牛、猪、羊1d。

### 氯前列醇（Cloprostenol）

【性状】本品为淡黄色油状黏稠液体。为前列腺素 $F_{2\alpha}$ 的同系物，不溶于水。

【作用与应用】本品为人工合成的前列腺素 $F_{2\alpha}$同系物。具有强大的溶解黄体的作用，能迅速引起黄体消退，并抑制其分泌；对子宫平滑肌有直接的兴奋作用，可引起子宫平滑肌收缩，子宫颈松弛。对性周期正常的动物，治疗后一般在 2～5d 内发情；对妊娠 10～150d 的怀孕牛，一般在注射用药后 2～3d 出现流产。

临床可用于诱导母畜同期发情、同期分娩；治疗黄体囊肿、持久黄体和卵泡囊肿；也可用于治疗产后子宫疾病，如子宫复原不全、胎衣不下、内膜炎症等。

【应用注意】①可诱导流产及急性支气管痉挛；②易通过皮肤吸收，皮肤接触后应尽快用肥皂水清洗；③不能与非类固醇类抗炎药同时应用。

【用法与用量】以氯前列醇计。氯前列醇钠注射液，肌内注射：一次量，牛 0.2～0.3mg，猪妊娠第 112～113 天，0.05～0.1mg。注射用氯前列醇钠，肌内注射：一次量，牛 0.4～0.6mg，11d 后再用药一次，猪预产期前 3d 内，0.05～0.2mg。

【制剂与休药期】氯前列醇钠注射液、注射用氯前列醇钠：牛、猪 1d。

## 四、子宫收缩药

### 缩宫素（Oxytocin）

【性状】又称催产素。为白色结晶性粉末。能溶于水，水溶液呈酸性。

【作用与应用】本品能直接兴奋子宫平滑肌，加强其收缩。其作用强度与用药剂量、体内激素水平有关。对非妊娠子宫，小剂量缩宫素能加强子宫的节律性收缩，大剂量则可引起子宫的强直性收缩，使子宫肌层内的血管受压迫而起止血作用；对妊娠子宫，在妊娠早期不敏感，妊娠后期，敏感性逐渐加强，临产时作用最强，产后对子宫的作用又逐渐降低。雌激素可提高子宫对缩宫素的敏感性，而孕激素则相反。催产时，缩宫素对子宫体的收缩作用强，对子宫颈的收缩作用较弱，有利于胎儿娩出。此外，本品还能增强乳腺平滑肌收缩，促进排乳。

临床主要用于子宫收缩无力时催产、引产及产后子宫出血、胎衣不下、子宫复原不全等的治疗。

【应用注意】①催产时，胎位不正、产道狭窄、子宫颈尚未开放时禁用；②严格掌握剂量，以免引起子宫强直性收缩，造成胎儿窒息或子宫破裂。

【用法与用量】皮下、肌内注射：催产，一次量，马、牛 30～100IU，羊、猪 10～50IU，犬 2～10IU。

【制剂】缩宫素注射液。

### 垂体后叶素（Hypophysin，Pituitrin）

【作用与应用】垂体后叶素含缩宫素和加压素。对子宫的作用与缩宫素相同，其所含加压素有抗利尿和升高血压的作用。用于催产、产后子宫出血和胎衣不下等。

【应用注意】临产时，若产道阻塞、胎位不正、骨盆狭窄、子宫颈尚未开放等禁用。用量大时可引起血压升高、少尿及腹痛。

【用法与用量】皮下、肌内注射：一次量，马、牛 30～100IU，猪、羊 10～50IU，犬 2～10IU，猫 2～5IU。

【制剂】垂体后叶素注射液。

### 麦角新碱（Ergometrine）

【性状】为白色或类白色结晶性粉末。无臭。微有吸湿性。略溶于水，微溶于乙醇，遇光易变质。

【作用与应用】本品对子宫平滑肌具有很强的选择性兴奋作用，与缩宫素不同的是作用强大而持久，且引起子宫体和子宫颈同时收缩，剂量稍大即可引起子宫强直性收缩，压迫胎儿难以娩出而使胎儿窒息，甚至子宫破裂。故不用于催产或引产。用于产后子宫出血、产后子宫复原不全和胎衣不下等。

【应用注意】胎儿未娩出前或胎盘未剥离排出前均禁用。

【用法与用量】肌内、静脉注射：一次量，马、牛 5～15mg，羊、猪 0.5～1mg，犬、猫 0.1～0.5mg。

【制剂】马来酸麦角新碱注射液。

## 知识拓展

### 利尿与脱水药的合理选用

（1）中度、轻度的心性水肿除按常规应用强心苷外，一般选氢氯噻嗪；重度心性水肿除用强心苷外，首选速尿。

（2）急性肾功能衰竭时，一般首选大剂量速尿。急性肾炎所引起的水肿，宜选高渗葡萄糖及中草药，一般不用利尿药。慢性肾炎所引起的水肿，选利尿中草药或氢氯噻嗪，并按常规补钾。

（3）心功能降低、肾循环障碍且肾小球滤过率低下时，可用氨茶碱。

（4）各种因素引起的脑水肿，首选甘露醇，次选速尿。

（5）肺充血引起的肺水肿，选甘露醇。

（6）食盐、巴比妥类、溴化物等中毒时，一般配合输液，选用氢氯噻嗪或速尿。

## 复习思考题

### 一、选择题

1. 速效利尿药是（　　）。

A. 氯噻嗪　　B. 氢氯噻嗪　　C. 呋塞米　　D. 螺内酯

2. 某怀孕母猪，食欲减退，精神不安、体温略升高，乳房肿胀，阴道黏膜充血，后从阴门流出羊水或污红色分泌物，表现出流产的早期症状，可用药物是（　　）。

A. 己烯雌酚　　B. 黄体酮　　C. 绒毛膜促性腺素　　D. 雄激素

3. 子宫阵缩无力引起的难产可用药物（　　）。

A. 缩宫素　　B. 己烯雌酚　　C. 益母草　　D. 麦角新碱

4. 肺充血引起的肺水肿选用药物是（　　）。

A. 甘露醇　　B. 氢氯噻嗪　　C. 山梨醇　　D. 高渗葡萄糖

5. 某奶牛产后超过 12h 胎衣不下，首选药物是（　　）。

A. 垂体后叶素　　B. 马促性素　　C. 益母草　　D. 麦角新碱

6. 母猪发情周期紊乱，表现出一系列类似妊娠的变化，经确诊为持久黄体，可用药物（　　）。

A. 促黄体素释放激素　B. 马促性素　C. 己烯雌酚　D. 卵泡刺激素

7. 给患畜长期应用利尿药物，需要补充的是（　　）。

A. 抗生素　B. 氢氯噻嗪　C. 5%葡萄糖溶液　D. 氯化钾

8. 动物多次使用高效利尿药易出现不良反应是（　　）。

A. 低血糖症　B. 低血钾症　C. 高氯性血症　D. 高血钾症

二、简答题

1. 长期使用呋塞米、氢氯噻嗪为什么要补充氯化钾？
2. 简述甘露醇的药理作用及临床应用。
3. 比较官缩素与麦角新碱作用的异同点。
4. 用于母畜同期发情的药物有哪些？其作用的异同点是什么？
5. 用于母畜同期分娩的药物有哪些？其作用的异同点是什么？

# 实践技能

## 实训十五　利尿药与脱水药作用实验

【目的要求】观察呋塞米、甘露醇对家兔的利尿作用。

【材料】

**1. 动物**　雄性家兔3只，体重2～3kg。

**2. 药物**　1%呋塞米注射液、20%甘露醇注射液、生理盐水、液体石蜡。

**3. 器材**　兔固定板3块、开口器1个、10号导尿管3条、20mL量筒3个、5mL注射器3个、5号针头3个、台秤1台、胶布。

【方法和步骤】

(1) 取家兔3只，分别称重并做标记，分别按每千克体重50mL灌服蒸馏水。

(2) 30min后，将兔分别仰卧保定在固定板上。

(3) 将用液体石蜡润滑的10号导尿管由尿道口缓慢插入膀胱，见有尿液滴出即可，并把导尿管用胶布固定在兔体，以防滑落。

(4) 压迫兔的下腹部，以排空膀胱，在导尿管的体外端接一量筒以收集尿液，先记录15min内正常尿量。

(5) 按每千克体重5mL分别给3只家兔耳静脉注射生理盐水、1%呋塞米注射液、20%甘露醇注射液。

(6) 记录每只家兔的给药时间，观察经多长时间后尿量开始增多，从增多时起记录10min内的尿量。将实验结果记入下表：

| 药物 | 给药前15min尿量（mL） | 给药时间（min） | 尿量增多时间（min） | 给药后15min内的尿量（mL） |
|---|---|---|---|---|
| 生理盐水 | | | | |

（续）

| 药物 | 给药前 15min 尿量（mL） | 给药时间（min） | 尿量增多时间（min） | 给药后 15min 内的尿量（mL） |
|---|---|---|---|---|
| 呋塞米注射液 | | | | |
| 甘露醇注射液 | | | | |

**【注意事项】**

（1）选公兔或性未成熟的母兔较好，且在实验前 24h 应供给充足的饮水和青绿饲料。

（2）给药前尽量排空各兔膀胱，插导尿管时动作要轻缓，以免损伤尿道。

**【作业】**

（1）根据实验结果分析各药物对家兔的利尿作用特点，明确其临床应用。

（2）撰写实验报告。

# 单元十　抗过敏药物与解热镇痛药物

## 子单元一　抗过敏药物

抗过敏药是指能缓解或消除过敏反应症状，防治过敏性疾病的物质。兽医临床上常用的抗过敏药有四类：抗组胺药、糖皮质激素类药、拟肾上腺素类药和钙制剂。本单元主要介绍抗组胺药，其他三类药物参见有关单元。

组胺是由组氨酸脱羧而成，广泛分布于哺乳动物的组织中，其中与外界相通的组织（如消化道、呼吸道和皮肤）浓度最高。正常状态下组胺以肝素-蛋白复合物形式存在，不具有生物活性，当机体受寒冷、外伤、炎症、变态反应等不良刺激后，局部组织就会激活和释放大量组胺，组胺再参与机体的一系列病理反应，如过敏、炎症、增加胃酸分泌等。

组胺的生物学作用是通过兴奋靶细胞上的组胺受体而实现。组胺受体分 $H_1$ 受体、$H_2$ 受体和 $H_3$ 受体。$H_1$ 受体兴奋时，皮肤血管扩张，通透性增加，支气管、胃肠道和子宫平滑肌收缩，称为 $H_1$ 效应；$H_2$ 受体兴奋时，胃壁腺分泌增加，心跳加快，血管扩张，血压下降，称为 $H_2$ 效应；$H_3$ 受体兴奋时，负反馈性调节组胺的合成与释放。

抗组胺药又称组胺颉颃药，是指能与组胺竞争靶细胞上组胺受体，使组胺不能与受体结合，从而阻断组胺作用的药物。根据其对组胺受体的选择性作用不同，可分三类：$H_1$ 受体阻断药（传统抗组胺药），如苯海拉明、盐酸异丙嗪、马来酸氯苯那敏、阿斯咪唑；$H_2$ 受体阻断药（新型抗组胺药），如西咪替丁、雷尼替丁、法莫替丁、尼扎替丁等；$H_3$ 受体阻断药的临床应用尚在研究中。

### 盐酸苯海拉明（Diphenhydramine Hydrochloride）

**【性状】**为白色结晶性粉末。无臭，味苦，且随后有麻痹感。易溶于水、乙醇。

**【作用与应用】**本品能解除支气管和胃肠道平滑肌痉挛，降低毛细血管的通透性，还有较强的镇静、嗜睡等中枢抑制作用和局麻、轻度抗胆碱作用。作用快，维持时间短。单胃动物内服后，30min 即显效，作用维持约 4h。反刍动物内服不易吸收，宜注射给药。

临床主要用于治疗过敏性疾病，如荨麻疹、湿疹、皮肤瘙痒症、水肿、神经性皮炎、药物过敏等；因组织损伤伴有组胺释放的疾病，如烧伤、湿疹、脓毒性子宫炎等。对过敏性胃肠痉挛、腹泻也有一定疗效。本品常与氨茶碱、维生素 C 或钙剂配合使用，可增强疗效。

**【应用注意】**大剂量静脉注射时常出现中毒症状，以中枢神经系统过度兴奋为主。可静脉注射短效巴比妥类（如硫喷妥钠）解救，但不可使用长效或中效巴比妥。

**【用法与用量】**内服：一次量，牛 600～1 200mg，马 200～1 000mg，猪、羊 80～120mg，犬 30～60mg，猫 40mg。肌内注射：一次量，牛、马 100～500mg，猪、羊 40～60mg；每千克体重，犬 0.5～1mg。

**【制剂】**盐酸苯海拉明注射液、盐酸苯海拉明片。

### 盐酸异丙嗪（Promethazine Hydrochloride）

**【性状】**又称为非那根。为白色或类白色结晶性粉末或颗粒。几乎无臭，味苦。在空气中日久变为蓝色。易溶于水、乙醇。

**【作用与应用】**本品为氯丙嗪的衍生物，有较强的中枢抑制作用，但比氯丙嗪弱。还有降温、止吐作用，可加强局麻药、镇静药和镇痛药的作用。抗组胺作用较苯海拉明强而持久，作用时间超过 24h。应用同苯海拉明。有较强刺激性，不宜皮下注射；注射如呈紫红色乃绿色时，不可使用。

**【用法与用量】**内服：一次量，马、牛 250～1 000mg，羊、猪 100～500mg，犬 50～200mg。肌内注射：一次量，马、牛 250～500mg，羊、猪 50～100mg，犬、猫 25～100mg。

**【制剂】**盐酸异丙嗪片、盐酸异丙嗪注射液。

### 马来酸氯苯那敏（Chlorphenamine Maleate）

**【性状】**又称为扑尔敏、氯苯吡胺。为白色结晶性粉末。无臭，微苦。易溶于水，水溶液呈酸性。

**【作用与应用】**抗组胺作用较苯海拉明强而持久，但中枢抑制作用较轻。应用同苯海拉明。

**【用法与用量】**内服：一次量，马、牛 80～100mg，羊、猪 10～20mg，犬 4～8mg，猫 1～2mg。肌内注射：一次量，马、牛 60～100mg，羊、猪 10～20mg。

**【制剂】**马来酸氯苯那敏片、马来酸氯苯那敏注射液。

### 阿司咪唑（Astemizole）

**【性状】**又称息斯敏。为白色结晶性粉末。无臭，微苦。易溶于水。

**【作用与应用】**为新型 $H_1$ 受体抗剂。抗组胺作用强而持久，无中枢镇静作用，有较强的抗胆碱作用。临床主要用于过敏性鼻炎、过敏性结膜炎、荨麻疹及其他过敏性疾病。

小动物，内服，一次量，2.5～10mg。每日一次。

**【制剂】**阿司咪唑片。

### 西咪替丁（Cimetidine）

**【性状】**又称为甲氰咪胍、甲氰咪胺。为白色或类白色结晶性粉末。无臭，味苦。可溶于甲醇、乙醇，不溶于水，易溶于稀盐酸。

**【作用与应用】**本品能减少胃液的分泌量和降低胃液中氢离子浓度。还可抑制胃蛋白酶和胰酶的分泌。主要用于中、小动物胃炎、胃肠溃疡、胰腺炎和急性胃肠出血。

本品可抑制肝药酶的活性，降低肝血流量，并能干扰某些药物的吸收。

【用法与用量】内服：一次量，猪 300mg。每千克体重，牛 8～16mg，犬、猫 5～10mg。每日 2 次。

【制剂】西咪替丁片。

### 雷尼替丁（Ranitidine）

【性状】又称为甲硝呋胍、呋喃硝胺。为类白色或淡黄色结晶性粉末。有异臭，味微苦带涩。极易潮解，吸潮后颜色变深。易溶于水、甲醇。

【作用与应用】本品抑制胃酸分泌作用比西咪替丁强约 5 倍，毒副作用较小，作用维持时间较长。临床应用同西咪替丁。

【应用注意】肝、肾功能不全的患畜慎用。

【用法与用量】内服：一次量，驹 150mg；每千克体重，马、犬 0.5mg。每日 2 次。

【制剂】雷尼替丁片。

# 子单元二 解热镇痛抗炎药物

## 一、概　　述

解热镇痛抗炎药亦称非甾体类抗炎药，具有解热、镇痛作用，其中多数药物还有抗炎、抗风湿作用。这类药物在化学结构上虽然各不相同，但其作用都与能抑制体内前列腺素（PG）的生物合成和释放有关（图 2-10）。

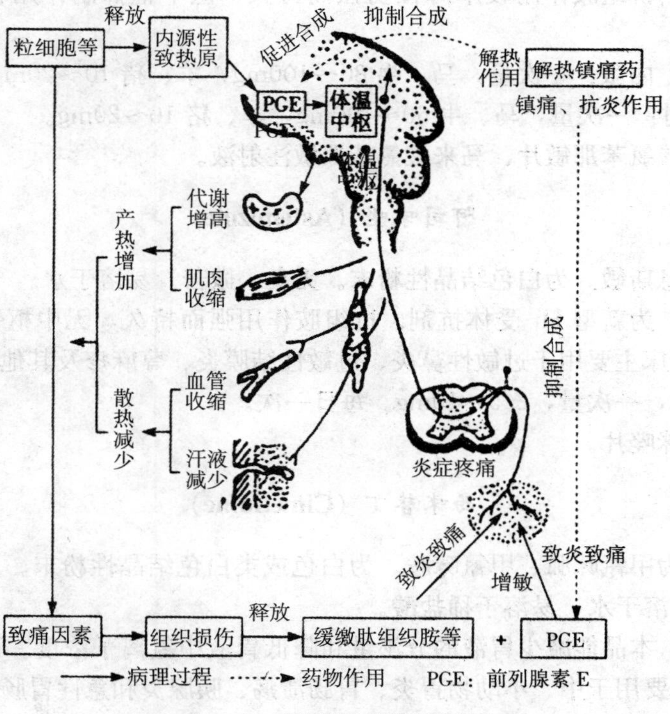


图 2-10　解热镇痛药的作用

### （一）解热作用

本类药物对各种原因引起的高热，都具有一定的解热作用，但对正常体温无影响。当机体受到病原体及其毒素等外源性致热源作用时，刺激体内中性粒细胞，使之产生并释放内源性致热源（如白细胞介素-1、白细胞介素-6、肿瘤坏死因子等），后者进入中枢神经系统，作用于视前区-下丘脑的前部，促使前列腺素（PGE）大量合成和释放。PGE使体温调节中枢的调定点上移，致使机体产热增加，散热减少，体温升高，动物出现所谓“发热”的现象。解热镇痛抗炎药能抑制PGE的合成，使调定点下移，并通过神经体液调节使皮肤血管扩张，排汗增加，呼吸加快等途径增加散热，从而使体温降至正常，但对产热过程无影响。

由于发热是机体的一种防御性反应，发热的热型有助于诊断疾病，且解热镇痛药物只能作对症治疗，而不能根除发热的原因。故用解热药要慎重，不要见热就退，更不要过量使用，以免出汗过多，引起虚脱，只有在明确诊断，高热持续不退而对机体带来危害时才考虑使用解热药。

### （二）镇痛作用

本类药物镇痛作用部位主要在外周。组织损伤或发炎时，局部产生与释放某些致痛化学物质（也是致炎物质），如缓激肽等，同时产生与释放PG。缓激肽作用于痛觉感受器引起疼痛，PG则可使痛觉感受器对缓激肽等致痛物质的敏感性提高。因此，在炎症过程中，PG的释放对炎性疼痛起到了放大作用，而PG（$E_1$、$E_2$及$F_{2\alpha}$）本身也有致痛作用。解热镇痛药可防止炎症时PG的合成，同时作用于中枢下丘脑，能阻断痛觉经丘脑向大脑皮层的传递，发挥其镇痛作用。本类药物仅有中等程度的镇痛作用，常用于治疗慢性钝痛，如头痛、牙痛、神经痛、肌肉或关节痛。对各种严重创伤性剧痛及内脏平滑肌绞痛无效。

### （三）抗炎、抗风湿作用

除苯胺类外，多数药物都具有抗炎、抗风湿作用，但不能消除病因，只是减轻炎症的红、肿、热、痛等临床症状。抗炎作用在于抑制PG合成酶，阻止PG的合成；稳定溶酶体膜，减少水解酶的释放；抑制缓激肽的生成，加强对其的破坏。抗风湿作用则是本类药物解热、镇痛和抗炎作用的综合结果。

### （四）抗血小板凝集作用

血小板受聚集诱发剂作用时，释放出的花生四烯酸，在环氧酶的作用下，最终生成血栓素$A_2$，使血小板凝集，形成血栓。应用该类药物（阿司匹林）可抑制环氧酶的作用，从而阻止血栓的形成。因其纤溶作用而使创伤部位血块溶解，疏通微循环，加速炎症消散。

### （五）分类

按照化学结构，解热镇痛药物可分为苯胺类、吡唑酮类和有机酸类等。有机酸又分甲酸类（水杨酸类、芬那酸类）、乙酸类（吲哚类）、丙酸类（含苯丙酸类和萘酸类）。各类药物均具有镇痛作用，但在解热、抗炎、抗风湿作用方面则各具特点。吲哚类和芬那酸类对炎性疼痛较好；苯胺类、吡唑酮类和水杨酸类解热作用较强；阿司匹林、吡唑酮类、吲哚类的抗炎、抗风湿作用较强，其中阿司匹林为抗风湿首选药，苯胺类无抗风湿作用。其分类及作用特点见表2-12。

表 2-12　常用解热镇痛抗炎药分类及作用特点

| 分类 | 代表药物 | 解热 | 镇痛 | 抗炎 | 抗风湿 | 毒副作用 |
|---|---|---|---|---|---|---|
| 苯胺类 | 非那西丁 | 强 | 弱 | 弱 | 弱 | 高铁血红蛋白血症 |
| | 扑热息痛 | 较强 | 较弱 | 较弱 | 较弱 | 高铁血红蛋白血症 |
| 吡唑酮类 | 氨基比林 | 强 | 强 | 强 | 强 | 粒细胞减少症 |
| | 安乃近 | 强 | 较强 | 一般 | 一般 | 粒细胞减少症、出血 |
| | 保泰松 | 弱 | 弱 | 强 | 强 | 血象异常 |
| 水杨酸类 | 阿司匹林 | 较强 | 较强 | 强 | 强 | 出血、胃肠溃疡 |
| 吲哚类 | 吲哚美辛 | 较强 | 较弱 | 强 | 强 | 消化道溃疡、肝及造血功能损害 |
| | 苄达明 | 较强 | 一般 | 强 | 强 | 食欲不振、恶心、呕吐 |
| 苯丙酸衍生物 | 布洛芬 | 强 | 较强 | 强 | 强 | 毒副作用低 |
| | 酮洛芬 | 强 | 强 | 强 | 强 | 毒副作用低 |
| 萘丙酸衍生物 | 萘普生 | 强 | 强 | 强 | 强 | 出血和胃肠道反应 |
| 芬那酸类 | 甲芬那酸 | 较强 | 较强 | 较强 | 较强 | 嗜睡、恶心、腹泻 |
| | 甲氯芬酸 | 较强 | 较强 | 较强 | 较强 | 毒副作用低 |
| | 双氯芬酸 | 强 | 强 | 强 | 强 | 毒副作用低 |
| 其他 | 氟尼新葡甲胺 | 强 | 强 | 强 | 强 | 胃肠道损伤，出血 |
| | 替泊沙林 | — | 强 | 强 | — | 胃肠道反应 |

## 二、常用药物

### 对乙酰氨基酚（Paracetamol）

**【性状】** 又称扑热息痛、醋氨酚。为白色结晶或结晶性粉末。易溶于热水和乙醇，溶于丙酮，略溶于水。密封保存。

**【作用与应用】** 本品具有解热、镇痛作用，不良反应小。内服吸收快，3min 后血药达峰浓度。解热作用与阿司匹林相当，但镇痛和镇炎效果较弱。主要用作中、小动物的发热、肌肉痛、关节痛和风湿症。

**【应用注意】** 大剂量可引起肝、肾损害，在给药后 12h 内使用乙酰半胱氨酸或蛋氨酸可以预防肝损害。肝肾功能不全的患畜及幼畜慎用。对猫可引起红细胞溶解和肝坏死，不宜应用。

**【用法与用量】** 内服：一次量，马、牛 10～20g，羊 1～4g，猪 1～2g，犬 0.1～1g。肌内注射：一次量，马、牛 5～10g，羊 0.5～2g，猪 0.5～1g，犬 0.1～0.5g。

**【制剂】** 对乙酰氨基酚片、对乙酰氨基酚注射液。

### 氨基比林（Aminopyrine，Aminophenazone）

**【性状】** 又称匹拉米洞。为白色结晶性粉末。无臭，味微苦。易溶于乙醇或氯仿，溶于水，水溶液呈碱性，见光易变质，遇氧化剂易被氧化。本品与巴比妥混合制成复方氨基比林注射液，又称安痛定。

**【作用与应用】** 本品解热作用强而持久，为安替比林的 3～4 倍，亦强于对乙酰氨基酚，与巴比妥类药物合用能增强镇痛作用。常用于发热性疾病、神经痛、肌肉痛、关节痛、马骡的疝痛等。还有抗炎、抗风湿作用，可治疗急性风湿性关节炎，疗效与水杨酸类相近。本品长期连续使用，可引起粒细胞减少症。

**【用法与用量】**内服：一次量，马、牛 8～20g，羊、猪 2～5g，犬 0.13～0.4g。肌肉或皮下注射：一次量，马、牛 0.6～1.2g，羊、猪 50～200mg。

**【制剂与休药期】**氨基比林片、复方氨基比林注射液：休药期 28d，弃乳期 7d。

### 安乃近（Metamizole Sodium，Analgin）

**【性状】**又称诺瓦尔精。是氨基比林与亚硫酸钠的合成物，为白色或略带微黄色的结晶或结晶性粉末。无臭，味微苦。易溶于水。

**【作用与应用】**本品解热镇痛作用较氨基比林强而快，肌内注射吸收迅速，药效维持3～4h。有一定的抗炎和抗风湿作用。应用同氨基比林。

本品长期应用可引起粒细胞减少；可抑制凝血酶原形成，加重出血的倾向；剂量过大出汗过多而引起虚脱。

**【用法与用量】**内服：一次量，牛、马 4～12g，猪、羊 2～5g，犬 0.5～1g。肌内注射：一次量，牛、马 3～10g，猪 1～3g，羊 1～2g，犬 0.3～0.6g。

**【制剂与休药期】**安乃近片、安乃近注射液：牛、羊、猪 28d，弃乳期 7d。

### 阿司匹林（Aspirin，Acetylsalicylic Acid）

**【性状】**又称乙酰水杨酸、醋柳酸。为白色结晶性粉末，无臭或微带醋酸臭，味微苦，微溶于水，易溶于乙醇，遇湿气缓慢水解为醋酸和水杨酸，刺激性增强。

**【药动学】**内服后在胃肠道前部吸收，犬、猫、马吸收快，牛、羊慢。反刍动物的生物利用度为 70%，血药达峰时间为 2～4h，半衰期为 3.7h。分布广泛，能进入关节腔、脑脊液和乳汁，也能透过胎盘屏障。主要在肝内代谢，生成甘氨酸和葡萄糖醛酸结合物。药物以原形和代谢物经肾迅速排泄，碱化尿液能加速其排泄。

**【作用与应用】**本品解热、镇痛效果好，消炎和抗风湿作用强。可抑制抗体产生和抗原一抗体的结合反应，抑制炎性渗出，对急性风湿症有特效。能抑制血小板凝集，防止血栓的形成。较大剂量时还可抑制肾小管对尿酸的重吸收，增加尿酸排泄，故有抗痛风作用。常用于发热，风湿症，肌肉和关节痛，软组织炎症和痛风症的治疗。

**【不良反应】**①本品能抑制凝血酶原合成，连用有出血倾向，可用维生素 K 治疗。②对消化道有刺激性，剂量较大可导致食欲不振、恶心、呕吐乃至消化道出血，故不宜空腹投药。与碳酸钙同服可减少对胃的刺激性。③本品为酚类衍生物，对猫毒性大。

**【应用注意】**①胃炎、胃溃疡、出血、肾功能不全患畜慎用。②治疗痛风时，可同服等量碳酸氢钠，以防尿酸在肾小管沉积。

**【用法与用量】**内服：一次量，马、牛 15～30g，羊、猪 1～3g，犬 0.2～1g。

**【制剂】**阿司匹林片。

### 萘普生（Naproxen）

**【性状】**为白色或类白色结晶性粉末。几乎无臭。可溶于脂类物质，几乎不溶于水。

【作用与应用】以抗炎作用为主，也有解热、镇痛作用。对前列腺素合成酶的抑制作用为阿司匹林的20倍。对类风湿性关节炎、骨关节炎、痛风、运动系统等慢性疾病以及轻中度疼痛，均有一定疗效，药效比保泰松强。用于肌炎、软组织炎疼痛所致的跛行和关节炎等。

【不良反应】①能明显抑制白细胞游走，对血小板黏着和聚集亦有抑制作用，可延长出血时间。②有胃肠道反应，甚至出血，尤其是犬对本品敏感，可见上述症状。

【应用注意】①消化道溃疡患畜禁用。②长期应用应注意肾功能损害。

【用法与用量】内服：一次量，每千克体重，马5～10mg，犬2～5mg。静脉注射：一次量，每千克体重，马5mg。

【制剂】萘普生片、萘普生注射液。

### 吲哚美辛（Indomethacin，Indocin）

【性状】又称消炎痛。为白色或微黄色结晶性粉末。几乎无臭无味。不溶于水，略溶于乙醇。

【作用与应用】消炎作用较强，强于氢化可的松；解热镇痛作用较弱，但对炎性疼痛的效果好于保泰松、安乃近和水杨酸类；对痛风性关节炎、骨关节炎的疗效最好。主要用于慢性风湿性关节炎、神经痛、腱炎、腱鞘炎、肌肉损伤等。

【用法与用量】内服：一次量，每千克体重，马、牛1mg，羊、猪2mg。

【制剂】吲哚美辛片。

### 酮洛芬（Ketoprofen）

【性状】又称优洛芬、酮基布洛芬。白色结晶性粉末。无臭或几乎无臭。几乎不溶于水，易溶于乙醇。

【作用与应用】抗炎、镇痛、解热作用强。尤其是治疗风湿性关节炎，疗效强于阿司匹林、萘普生、布洛芬、双氯芬酸钠。镇痛效果优于哌替啶、镇痛新，药效长于扑热息痛—可待因合用。主要用于治疗马、犬的类风湿性关节炎、骨关节炎等风湿性疾病。

【应用注意】①主要是胃肠道反应，表现为消化不良、恶心、呕吐、腹痛等。胃与十二指肠溃疡患者禁用。②此外可引起头痛、头昏、耳鸣、皮疹、肾损害等。

【用法与用量】静脉注射：马，一次量，每千克体重2.2mg，每日1次，连用5d。

【制剂】酮洛芬注射液。

### 布洛芬（Ibuprofen，Fenbid）

【作用与应用】又称芬必得，异丁苯丙酸。具有较好的解热、镇痛、抗炎作用。但镇痛作用不如阿司匹林，毒副作用比阿司匹林少。犬内服后迅速吸收，血药峰时为0.5h，生物利用度为60%～80%。主要用于犬的肌肉、骨骼系统功能障碍伴发的炎症和疼痛。

【应用注意】犬用2～6d可见呕吐，2～6周可见胃肠受阻。

【用法与用量】内服：一次量，每千克体重，犬10mg。

【制剂】布洛芬片。

### 氟尼新葡甲胺（Flunixin Meglumin）

**【性状】** 为白色或类白色结晶性粉末。无臭，有引湿性。溶于水、乙醇和甲醇，不溶于乙酸乙酯。

**【作用与应用】** 本品是一种强效环氧化酶抑制剂，具有镇痛、解热、抗炎和抗风湿作用。本品不影响马的胃肠道蠕动，并能改善败血性休克动物的血液动力学。

用于家畜及小动物的发热性、炎性疾患，肌肉痛和软组织痛等。注射给药可控制牛呼吸道疾病和内毒素血症所致的高热；马和犬的发热；马、牛、犬的内毒素血症所致的炎症。内服可治疗马属动物的肌肉炎症及疼痛。

**【不良反应】** ①马长期大剂量使用本品可导致胃肠溃疡。按推荐剂量连用 2 周以上，能发生口腔和胃溃疡。②犬发生呕吐和腹泻，极高剂量或长期使用可引起胃肠溃疡。③牛连用超过 3d，可能出现血便和血尿。

**【应用注意】** ①胃肠溃疡、胃肠道及其他组织出血、心血管疾病、肝肾功能紊乱及脱水患畜，禁用。②种马、种公牛不用，怀孕家畜慎用。③犬对本品敏感，建议只用一次，或连用不超过 3d。④不与其他非甾体抗炎药配用。

**【用法与用量】** 以氟尼辛计。内服：一次量，每千克体重，犬、猫 2mg。一天 1～2 次，连用不超过 5d。肌内、静脉注射：一次量，每千克体重，猪 2mg，犬、猫 1～2mg。一天 1～2 次，连用不超过 5d。

**【制剂与休药期】** 氟尼新葡甲胺颗粒。氟尼新葡甲胺注射液：猪 15d。

## 复习思考题

### 一、选择题

1. 解热镇痛药的退热作用机制是（　　）。
   A. 抑制中枢 PG 合成　　B. 抑制外周 PG 合成
   C. 抑制中枢 PG 降解　　D. 抑制外周 PG 降解
   E. 增加中枢 PG 释放
2. 解热镇痛药镇痛的主要作用部位在（　　）。
   A. 导水管周围灰质　　B. 脊髓　　C. 丘脑　　D. 脑干　　E. 外周
3. 治疗类风湿性关节炎的首选药的是（　　）。
   A. 水杨酸钠　　B. 阿司匹林　　C. 保泰松　　D. 吲哚美辛
   E. 对乙酰氨基酚
4. 可防止脑血栓形成的药物是（　　）。
   A. 水杨酸钠　　B. 阿司匹林　　C. 保泰松　　D. 吲哚美辛　　E. 布洛芬
5. 丙磺舒增加青霉素疗效的机制是（　　）。
   A. 减慢其在肝代谢　　B. 增加其对细菌膜的通透性
   C. 减少其在肾的排泄　　D. 对细菌起双重杀菌作用
   E. 增加其与细菌蛋白结合力
6. 解热镇痛药的抗炎作用机制是（　　）。

A. 促进炎症消散　　B. 抑制炎症时 PG 的合成
C. 促进 PG 从肾排泄　　D. 激活黄嘌呤氧化酶

7. 具有解热、镇痛而无抗风湿作用的是（　）。
A. 非那西丁　　B. 水杨酸钠　　C. 阿司匹林　　D. 消炎痛

8. 动物专用的解热镇痛抗炎药是（　）。
A. 安乃近　　B. 萘普生　　C. 阿司匹林　　D. 氨基比林
E. 氟尼新葡甲胺

9. 不用于抗炎的药物是（　）。
A. 水杨酸钠　　B. 羟基保泰松　　C. 吲哚美辛　　D. 布洛芬
E. 对乙酰氨基酚

10. 抗过敏作用强的是（　）；用药后，无镇静安定作用的是（　）；中枢抑制作用较强的是（　）。
A. 阿司咪唑　　B. 马来酸氯苯那敏　　C. 盐酸异丙嗪　　D. 盐酸苯海拉明
E. 西咪替丁

## 二、问答题

1. 抗过敏药有哪些？各有什么特点？
2. 抑制动物胃酸过多的药物有哪些？说出其作用特点与应用。
3. 阿司匹林与氯丙嗪对体温的影响在机制、作用和应用上有何不同？
4. 犬手术后使用解热镇痛抗炎药（替泊沙林除外）镇痛是否合理？为什么？
5. 阿司匹林通过什么机制防止血栓形成？有何临床意义？
6. 试述解热、镇痛、抗炎药作用机制。哪类药物无抗炎作用？

# 实践技能

## 实训十六　解热镇痛药及氯丙嗪的降温作用

**【目的要求】** 观察药物的降温作用，掌握其实验方法。

**【材料】**

**1. 动物**　家兔。

**2. 药品**　10%氨基比林溶液、30%安乃近注射液、1%盐酸氯丙嗪注射液、0.9%氯化钠注射液。

**3. 器材**　台秤、体温计、注射器、针头等。

**【方法和步骤】**

（1）取健康成年家兔 4 只，称重，编号为甲、乙、丙、丁，并分别测量体温。

（2）在实验前 3h 左右，按每千克体重 1g 分别肌内注射 10%蛋白胨溶液（或每只皮下注射 5mL 灭菌脱脂牛乳，使其发热，注射后每隔 30min 检查一次，当体温增高 0.5℃以上时，分别注射解热药。

（3）甲兔、乙兔按每千克体重 2mL，分别静脉注射（或肌内注射）10%氨基比林（或 10%安替比林）、30%安乃近注射液；丙兔按每千克体重 1mL 静脉注射（或肌内注射）1%

盐酸氯丙嗪注射液，丁兔按每千克体重 2mL，静脉注射（或肌内注射）生理盐水，同时记录给药时间。

（4）给药后 30min、60min 各测体温一次，将实验结果记录于下表：

| 兔号 | 正常体温（℃） | 用药前体温（发热）（℃） | 药物 | 用药后体温（℃） | |
|---|---|---|---|---|---|
| | | | | 30min | 60min |
| 甲 | | | 氨基比林 | | |
| 乙 | | | 安乃近 | | |
| 丙 | | | 氯丙嗪 | | |
| 丁 | | | 生理盐水 | | |

**【注意事项】** 测体温时，将体温计刻度甩至 35℃以下，并涂以液体石蜡轻轻插入肛门 4～5cm，3min 后取出读数。

**【作业】**

（1）实验结果说明什么问题？临床上应用解热镇痛药应注意什么问题？

（2）撰写实验报告。

# 单元十一 皮质激素类药物

## 子单元一 概 述

肾上腺皮质激素简称皮质激素，为肾上腺皮质分泌的甾体激素的总称。根据它们对机体生理功能的不同，可分为三类：①糖皮质激素类——由肾上腺皮质的束状带细胞合成、分泌，在生理水平调节糖、脂肪、蛋白质三大营养物质的代谢；在药理治疗剂量下，具有良好的抗炎、抗过敏、抗毒素、抗休克等作用。②盐皮质激素类——由肾上腺皮质的球状带细胞分泌，在生理水平时调节水、盐等矿物质的代谢，特别是对钠潴留和钾排泄的作用很强；在药理治疗剂量下，仅作为肾上腺皮质功能不全的替代疗法，在兽医临床实用价值不大。③氮皮质激素——由肾上腺皮质的网状带细胞分泌，包括雄激素和雌激素。

临床常用的皮质激素是指糖皮质激素。

### （一）体内过程

糖皮质激素内服吸收迅速，一般在2h内达到峰浓度。肌内或皮下注射后，1h内达到峰浓度。关节囊、滑膜腔、皮肤等局部给药，也可吸收，但吸收缓慢，仅起局部作用。吸收入血的糖皮质激素，大部分与血浆蛋白结合，小部分以游离型在靶器官发挥作用。当游离型药物被靶细胞或在肝代谢消除后，结合型的药物就释放出来，以维持正常的血药浓度。合成的糖皮质激素，在肝内被代谢成葡萄糖醛酸或硫酸的结合物，代谢物或原形药物从尿液和胆汁中排泄。糖皮质激素的血浆消除半衰期因药而异，其长短取决于生物转化的速度。本品与其他多数药物不同，它们的血浆半衰期与其生物半衰期不一致，如氢化可的松的生物半衰期比其血浆半衰期长。

根据它们的生物半衰期，将糖皮质激素药物分为：短效激素（小于12h），如氢化可的松、可的松、泼尼松。中效激素（12～36h），如强的松、强的松龙、去炎松。长效激素（大于36h），如地塞米松、倍他米松。

### （二）药理作用

**1. 抗炎作用** 糖皮质激素对各种原因所致的炎症及炎症反应的各个阶段均有强大的抗炎作用。炎症早期，可抑制炎症局部的血管扩张，降低血管通透性，减少血浆渗出、水肿，以及抑制炎性细胞浸润与其吞噬功能，从而减轻或消除炎症部位的红、肿、热、痛等症状；炎症后期，可抑制毛细血管和成纤维细胞增生以及纤维合成，延缓肉芽组织生长，防止粘连及瘢痕形成，减轻后遗症。必须指出，炎症是机体应对有害刺激的一种防御机能，糖皮质激素能减轻炎症的症状，只是保护机体组织免受有害刺激引起的损伤，降低机体对致炎因子引起的病理性反应，但不能消除引起炎症的原因，同时还降低了机体的防御机能和抑制组织修复，易使感染扩散和阻碍创伤愈合，故必须结合对因治疗。

**2. 抗免疫作用** 糖皮质激素能抑制免疫过程的许多环节，如小剂量时，能抑制巨噬细胞对抗原的吞噬和处理，破坏具有免疫活性的淋巴细胞；大剂量时，可抑制浆细胞合成抗体，干扰体液免疫。此外，还能抑制组胺等活性物质的释放，可对抗各型变态反应，缓解过敏性疾病的症状。

**3. 抗毒素作用** 能提高机体对细菌内毒素的耐受力，如对抗内毒素对机体的损害，减轻细胞损伤，缓解毒血症状，降高热、改善病情等。但不能中和毒素，对细菌外毒素的损害无保护作用。糖皮质激素在感染性毒血症中的解热与改善中毒症状的作用，与其稳定溶酶体膜、减少致热因子的释放、降低体温调节中枢对内致热原的敏感性有关。

**4. 抗休克作用** 可用于各种休克，特别是中毒性休克。其机理除与抗炎、抗毒素及免疫抑制作用的综合因素有关外，主要的药理基础是糖皮质激素能稳定溶酶体膜，减少溶酶体酶的释放，降低体内活性物质，如组胺、缓激肽、儿茶酚胺的浓度，以及减少心肌抑制因子的形成，防止因此所致的心收缩力减弱、心输出量降低、内脏血管收缩等循环衰竭。此外，大剂量的糖皮质激素能降低外周血管阻力，改善微循环阻滞，增加回心血量，对休克也能起到良好的治疗作用。

**5. 影响代谢**

（1）糖代谢。能增加肝糖异生作用，降低外周对葡萄糖的利用，使肝糖原和肌糖原含量增多，血糖升高。

（2）蛋白质代谢。可加速蛋白质分解，抑制蛋白质合成和增加尿氮排出，导致负氮平衡。长期大剂量使用，可导致肌肉萎缩、伤口愈合不良、幼畜生长缓慢等。

（3）脂肪代谢。能促进脂肪的分解，并抑制其合成。长期使用可使脂肪重新分布，即四肢脂肪向面部和躯干积聚，出现向心性肥胖。

（4）水盐代谢。对水盐代谢的影响较小，尤其是人工半合成品。大剂量糖皮质激素能增加钠的重吸收，促进钾、钙、磷的排出，长期大量使用，可致水、钠潴留，最终导致水肿，骨质疏松。

**6. 对血细胞的作用** 能刺激骨髓造血机能，使红细胞、血小板、嗜中性粒细胞数量增多，增加血红蛋白和纤维蛋白的数量。对淋巴细胞有明显影响，在肾上腺皮质功能减退者，淋巴组织增生，淋巴细胞增多；相反，淋巴组织萎缩，淋巴细胞减少。

### （三）临床应用

**1. 严重的感染性疾病** 如各种中毒性菌痢、中毒性肺炎、败血症、腹膜炎、产后急性子宫内膜炎等，可迅速缓解症状，但必须配伍足量有效的抗菌药物。

**2. 过敏性疾病** 如荨麻疹、血清病、过敏性哮喘、过敏性皮炎、过敏性湿疹等，能迅速缓解症状，但不能根治。

**3. 代谢性疾病** 如牛酮血病、羊妊娠毒血症，可使血糖上升，并使酮体降低。

**4. 休克** 对各种休克都有较好的疗效，是抢救严重休克不可缺少的药物，如中毒性休克、过敏性休克、创伤性休克等。

**5. 局部性炎症** 如关节炎、腱鞘炎、黏液囊炎、乳房炎、结膜炎、角膜炎等。近年来证明，糖皮质激素对关节的作用与剂量有关，小剂量保护软骨，大剂量则损伤软骨并抑制成骨细胞活性，导致股骨头坏死，引起所谓“激素性关节炎”。故治疗关节炎时，应使用小剂量。

**6. 引产** 地塞米松已被用于牛、羊、猪的同步分娩。在怀孕后期的适当时候（牛多在怀孕第286天后）给予，一般可在48h内分娩。糖皮质激素的引产作用，可能因使雌激素分泌增加，黄体浓度下降所致。

**7. 预防手术后遗症** 如剖宫产、瘤胃切开、肠吻合等外科手术后，以防脏器与腹膜粘连，减少创口瘢痕化，但同时也会影响创口愈合。故根据病况需要选用。

**（四）不良反应及应用注意**

**1. 诱发或加重感染** 长期使用糖皮质激素，可抑制机体的防御机能，使机体的抵抗力降低，易诱发细菌感染或加重感染，甚至使病灶扩大或散播，导致病情恶化。故严重感染性疾病应与足量的抗菌药物配合使用，在激素停用后还要继续用抗菌药物治疗。对一般感染性疾病不宜使用激素治疗。在病毒性感染和缺乏有效抗菌药治疗的细菌感染时，禁用。

**2. 扰乱代谢平衡** 糖皮质激素的保钾排钠作用可导致动物出现水肿、低血钾症；增加钙、磷排泄和促进蛋白质异化作用，可导致动物肌肉萎缩、骨质疏松、幼畜生长停滞、影响创伤愈合等。故用药期间应补充维生素D、钙及蛋白质，孕畜、幼畜不宜长期使用；骨软症、骨折和外科手术后均不宜使用。

**3. 肾上腺皮质机能不全** 长期或大量用药时，由于负反馈作用，抑制丘脑下部和垂体前叶，减少促肾上腺皮质激素（ACTH）的释放，导致肾上腺皮质萎缩和机能不全。如突然停药，可出现停药综合征，动物表现为发热、无力、精神沉郁、食欲不振、血糖和血压下降等。有的病畜在突然停药后，可出现比治疗前更为严重的病症（称“反跳”），因此，必须采取逐渐减量、缓慢停药的方法。必要时用ACTH治疗，以促进肾上腺皮质机能的恢复。

**4. 免疫抑制作用** 糖皮质激素能抑制机体免疫反应。故在结核菌素或鼻疽菌素诊断期和疫苗接种期等不能使用。

## 子单元二 常用药物

### 氢化可的松（Hydrocortisone）

**【性状】**为天然糖皮质激素。白色或近白色结晶性粉末。无臭，初无味，随后有持续的苦味。遇光渐变质。不溶于水，略溶于乙醇或丙酮。遇光渐变质。

**【作用与应用】**本品有较强的抗炎、抗毒素、抗休克和免疫抑制作用，水钠潴留作用较弱。常用其静脉注射治疗严重的中毒性感染或其他危急病例。局部应用有较好疗效，用于乳房炎、眼科炎症、皮肤过敏性炎症、关节炎和腱鞘炎等治疗。作用时间不足12h。

**【用法与用量】**静脉注射：一次量，牛、马0.2～0.5g，猪、羊0.02～0.08g，犬0.005～0.02g。用前用生理盐水或5%葡萄糖注射液稀释，缓慢静脉注射，每日1次。关节腔内注射：牛、马0.05～0.1g，每日1次。

**【制剂与休药期】**氢化可的松注射液：0。

### 醋酸泼尼松（Prednisone Acetate）

**【性状】**又称强的松、去氢可的松。为人工合成品。白色或几乎白色的结晶性粉末。无臭，味苦。不溶于水，微溶于乙醇，易溶于氯仿。遮光、密封保存。

**【作用与应用】**本品进入体内后转化为氢化泼尼松而起作用。其抗炎作用较天然的氢化可的松强4～5倍，水钠潴留作用较小。本品主要供内服和局部应用，用于腱鞘炎、关节炎、皮肤炎症、眼科炎症及严重的感染性、过敏性疾病等。给药后作用时间为12～36h。

**【用法与用量】**内服：一次量，牛、马100～300mg，猪、羊10～20mg。每千克体重，犬、猫0.5～2mg。皮肤涂擦：1%醋酸泼尼松软膏。眼部外用：0.5%醋酸泼尼松眼膏，每日2～3次。

**【制剂与休药期】**醋酸泼尼松片：0；醋酸泼尼松软膏；醋酸泼尼松眼膏。

### 地塞米松（Dexamethasone）

**【性状】**又称氟美松。为人工合成品。其磷酸钠盐为白色或微黄色粉末。无臭，味微苦。有引湿性。溶于水或甲醇，几乎不溶于丙酮或乙醚。

**【作用与应用】**本品的糖原异生作用较氢化可的松强25倍，抗炎作用强30倍，而水钠潴留的不良反应极弱，仅为氢化可的松的3/4。给犬肌内注射后快速出现全身作用，0.5h达峰值，半衰期为48h，主要从粪便和尿排泄。用于炎症性、过敏性疾病，牛酮血症和羊妊娠毒血症，也用于母畜牛、羊和猪的同步分娩。

**【用法与用量】**肌内、静脉注射：一日量，马2.5～5mg，牛5～20mg，猪、羊4～12mg，犬、猫0.125～1mg。用前用生理盐水或5%葡萄糖注射液稀释，缓慢静脉注射。关节腔内注射：牛、马2～10mg。乳房内注入：一次量，每乳室10mg。内服：一日量，马5～10mg，牛5～20mg，犬、猫0.125～1mg。

**【制剂与休药期】**地塞米松磷酸钠注射液：牛、羊、猪21d，弃乳期72h；醋酸地塞米松片：马、牛0。

### 倍他米松（Betamethasone）

**【作用与应用】**为人工合成品，是地塞米松的同分异构体。本品抗炎作用与糖原异生作用强于地塞米松，为氢化可的松的30倍，水钠潴留作用稍弱于地塞米松。作用、应用与地塞米松相似。

**【用法与用量】**内服：一次量，犬、猫0.25～1mg。

**【制剂与休药期】**倍他米松片。

### 醋酸氟氢松（Fluocinolone Acetate）

**【作用与应用】**又称肤轻松。为外用糖皮质激素，作用最强、不良反应小的人工合成品。显效快，止痒效果好，低浓度（0.025%）即有明显效果。主要用于各种皮肤病，如湿疹、过敏性皮炎、脂溢性皮炎等。

**【用法与用量】**外用涂擦患处，每日3～4次。

**【制剂】**醋酸氟轻松软膏。

### 曲安西龙（Triamcinolone，Fluoxyprednisolone）

**【作用与应用】**又称去炎松，氟羟氢化泼尼松。人工合成品。抗炎作用为氢化可的松的

5倍，钠潴留作用极弱。其他全身作用与同类药物相当。

【用法与用量】内服：一次量，犬0.125～1mg，猫0.125～0.25mg。每日2次，连服7d。肌内或皮下注射：一次量，马12～20mg，牛2.5～10mg；每千克体重，犬、猫0.1～0.2mg。关节腔内或滑膜腔内注射：一次量，马、牛6～18mg，犬、猫1～3mg。必要时3～4d后再注射1次。

【制剂】去炎松片、醋酸去炎松混悬液。

## 复习思考题

### 一、选择题

1. 地塞米松治疗呼吸道疾病时，可配用药物（ ）。
   A. 维生素C　B. 青霉素　C. 葡萄糖　D. 氨茶碱
2. 糖皮质激素的药理作用是（ ）。
   A. 抗炎　B. 灭活病毒　C. 杀菌　D. 增强免疫
3. 针对破伤风病因的治疗措施是（ ）。
   A. 清创处理　B. 加强护理　C. 解痉镇静　D. 内服防风散
   E. 注射抗毒素
4. 糖皮质激素诱发与加重细菌性感染的主要原因是（ ）。
   A. 激素剂量不足　B. 激素抗菌力下降
   C. 激素降低机体防御机能　D. 激素激活菌体繁殖力
5. 关于糖皮质激素抗毒素作用，说法正确的是（ ）。
   A. 提高机体对内毒素的耐受力　B. 提高机体对外毒素的耐受力
   C. 中和毒素　D. 增强机体修复能力

### 二、问答题

1. 一犬患细小病毒病，兽医除了应用相应抗体治疗外，还给犬静脉注射头孢曲松和地塞米松磷酸钠。请分析头孢曲松和地塞米松磷酸钠在处方中的作用及应用注意。
2. 猪发生葡萄球菌性乳房炎时，仅应用地塞米松磷酸钠治疗，是否合理？为什么？
3. 糖皮质激素引起的不良反应有哪些？如何防止不良反应发生？
4. 说出常用糖皮质激素作用的异同点及应用特点。

# 单元十二　调节新陈代谢药物

## 子单元一　体液补充药

体液是机体的重要组成部分，由水分和溶于水中的电解质、葡萄糖和蛋白质等组成。体液分为细胞内液和细胞外液，细胞内液主要电解质为 $K^+$、$Mg^{2+}$、$PO_4^{3-}$ 离子；细胞外液又名“内环境”，主要电解质为 $Na^+$、$Cl^-$、$HCO_3^-$，是维持正常生命活动的必要条件。

正常情况下，体液占动物体重的 60%～70%，具有运输物质、调节酸碱平衡、维持细胞结构与功能等多方面作用。但在病理情况下，如腹泻、高热、创伤、休克时，体液大量排出，加之摄入量不足，将引起水盐代谢障碍和酸碱平衡紊乱，出现不同程度的脱水。如果损失体重 10%的体液，可引起机体严重的物质代谢障碍，损失体重 20%～25%的体液就会引起死亡。因此，为了维持动物机体正常的新陈代谢，恢复体液平衡，临床上常用水和电解质平衡药、酸碱平衡药、能量补充药、血容量扩充药等。

### 一、血容量扩充剂

大量失血、高热、烧伤呕吐、腹泻等，往往使机体大量丢失血液（或血浆）、体液，引起血容量降低，严重者可导致休克。迅速扩充血容量是防治休克的基本疗法。对血容量扩充剂的基本要求是能维持血液胶体渗透压；排泄较慢，作用持久；无毒；无抗原性。目前最常用的为右旋糖酐。

#### *右旋糖酐* (Dextran)

**【性状】**为葡萄糖的聚合物。白色粉末。无臭，无味。易溶于水。根据相对分子质量的大小分为：中分子（平均相对分子质量 7 万）、低分子（平均相对分子质量 4 万）和小分子（平均相对分子质量 1 万）三种右旋糖酐。前两种临床上比较常用，分别称为右旋糖酐 70 和右旋糖酐 40。

**【作用与应用】**

（1）补充血容量。静脉注射后，中分子右旋糖酐可增加血液胶体渗透压，吸引组织水分向血液转移，从而扩充血容量。因相对分子质量大，不易透过血管，由肾排泄较慢，一次静脉注射作用可维持 12h。主要用于治疗出血性休克、外伤性休克等。低分子右旋糖酐从肾排泄较快，作用维持时间较短，约 3h 左右。

（2）改善微循环。静脉注射低分子右旋糖酐能降低血液的黏稠度，增加红细胞膜外负电荷，制止或减少红细胞凝集，加速血液流动，疏通微循环，防止微血管内弥散性凝血。用于中毒性、外伤性或失血性休克。小分子右旋糖酐扩充血容量作用弱，但改善微循环作用好。

（3）渗透性利尿作用。右旋糖酐从肾排泄时，在肾小管中不被重吸收，增加肾小管内的渗透压，从而发挥渗透性利尿作用。可用于消除水肿，尤其用于低蛋白血症引起的营养性水肿。

本品中分子右旋糖酐用于低血容量性休克；低分子右旋糖酐用于低血容量性休克、预防术后血栓和改善微循环；小分子右旋糖酐用于解除弥散性血管内凝血和急性肾功能衰竭。

**【应用注意】**①静脉注射速度不宜过快，剂量不宜过大。②个别家畜会出现过敏反应，可用抗组胺药治疗。③肾功能不全、低蛋白血症、有出血倾向的患畜慎用。充血性心衰患畜禁用。

**【用法与用量】**静脉注射：一次量，马、牛500～1 000mL，羊、猪250～500mL。

**【制剂】**右旋糖酐 70 葡萄糖注射液、右旋糖酐 70 氯化钠注射液、右旋糖酐 40 氯化钠注射液、右旋糖酐 40 葡萄糖注射液。

## 二、能量补充药

能量是维持生命活动的基本要素。糖类、脂肪和蛋白质在体内转化为能量。常用的能量补充药物有葡萄糖、磷酸果糖、ATP 等，其中葡萄糖最为常用。

### 葡萄糖（Glucose）

**【性状】**为无色结晶或白色结晶性粉末。味甜，易溶于水，微溶于醇。宜密封保存。

**【作用与应用】**

（1）供给能量。葡萄糖在体内氧化代谢释放出能量，供机体需要。

（2）增强肝解毒功能。葡萄糖进入机体后，一部分合成肝糖原，增强肝的解毒能力；另一部分在肝中氧化成葡萄糖醛酸，可与毒物结合从尿中排出而解毒。

（3）强心利尿。葡萄糖供给心脏能量，改善心肌营养，增强心肌的收缩功能；继而心输出量增加，肾血流量增加，产生利尿作用。

（4）补液。5%葡萄糖溶液与体液等渗，输入机体后很快被组织利用，并供给机体水分。

（5）脱水。静脉注射高渗葡萄糖溶液，能提高血浆渗透压使组织脱水，从而消除脑水肿和肺水肿等。但作用较弱，维持时间短，易引起脑内压回升。

临床主要用于重病、久病、体质过度虚弱的家畜及仔猪低血糖症等，以供给能量，改善心脏功能；也可用作机体脱水、大失血、心力衰竭、酮血症、妊娠毒血症、某些化学药品和细菌毒素中毒等解救的辅助药物。

**【用法与用量】**静脉输注：一次量，马、牛 50～250g，羊、猪 10～50g，犬 5～25g。

**【制剂】**葡萄糖注射液、葡萄糖氯化钠注射液。

# 子单元二　电解质与酸碱平衡调节药

## 一、电解质平衡调节药

水和电解质的关系极为密切，在体液中总是以比较恒定的比例存在。水和电解质摄入过多或过少，或排泄过多或过少，均对机体的正常机能产生影响，使机体出现脱水或水肿。如腹泻、呕吐、大面积烧伤、过度出汗、失血等，往往引起机体大量丢失水和电解质。水和电解质按比例丢失，细胞外液的渗透压无大变化的称为等渗性脱水；水丢失多，电解质丢失少，渗透压升高的称为高渗性脱水，反之为低渗性脱水。水和电解质平衡药，是用于补充水和电解质丧失，纠正其紊乱，调节其失衡的药物。

### 氯化钠（Sodium Chloride）

**【作用与应用】**

（1）调节细胞外液的渗透压和容量。细胞外液中 90%的晶体渗透压由氯化钠来维持，具有调节细胞内外水分平衡的作用。0.9%氯化钠水溶液与哺乳动物体液等渗，故名生理盐水。

（2）参与酸碱平衡的调节。血液缓冲体系中的主要缓冲碱——$HCO_3^-$ 常因 $Na^+$ 的增减而升降，因而钠盐能调节酸碱平衡。

（3）维持神经肌肉的应激性。神经肌肉需要体液中各种电解质维持一定的比例和浓度，才能保证机体的正常功能。当 $Na^+$、$K^+$ 浓度增高时，应激性增高；$Ca^{2+}$、$Mg^{2+}$、$H^+$ 浓度增高时，应激性降低。氯化钠对消化系统的作用见消化系统药物单元。

等渗氯化钠溶液，可用于防治低血钠综合征和因高热、呕吐、腹泻及大面积烧伤等引起的等渗或低渗性脱水；也可用于维持血容量，如失血过多、血压下降或中毒；外用冲洗伤口、洗鼻、洗眼等；还常用于稀释其他注射液。

复方氯化钠溶液，含有氯化钠、氯化钾和氯化钙，也常作为水、电解质平衡调节药。另外，应用内服补液盐（氯化钠 3.5g、氯化钾 1.5g、碳酸氢钠 2.5g、葡萄糖粉 20g 和常水 1 000mL）补充机体损失的水分和电解质也可获得良好效果。

**【应用注意】**创伤性心包炎、心力衰竭、肺气肿、肾功能不全及颅内疾患等病畜应慎用。

**【用法与用量】**静脉注射：一次量，马、牛1 000～3 000mL，羊、猪 250～500mL，犬 100～500mL，猫 40～50mL。

**【制剂】**氯化钠注射液、复方氯化钠注射液。

### 氯化钾（Potassium Chloride）

**【性状】**为无色长棱形、立方形结晶或白色结晶性粉末。无臭，味咸涩。易溶于水，不溶于乙醇。密封保存。

**【作用与应用】**

（1）维持细胞内液渗透压和体液的酸碱平衡。钾离子是细胞内的主要阳离子，也是碳酸氢盐（$KHCO_3$）、磷酸盐（$K_2HPO_4$）缓冲系统的组成成分，对维持细胞内液渗透压和体液酸碱平衡非常重要。钾代谢失调，易导致水及酸碱平衡紊乱。

（2）维持神经肌肉兴奋性和心脏的自动节律。血液中适当浓度的钾离子是神经冲动传导和心脏自动节律作用所必需的物质。一般说来，缺钾可导致神经肌肉传导障碍，心肌自律性增高。

（3）参与糖及蛋白质代谢。细胞内糖原分解时，钾由细胞内释放到细胞外；当细胞内糖原合成时，钾从细胞外进入细胞内。同样，细胞内的蛋白质合成时，钾被潴留；而当分解时，则释放到细胞外。

主要用于钾摄入不足或排钾过量所致的钾缺乏症或低血钾症，也可用于解救洋地黄中毒时的心率不齐。

**【应用注意】**①本品内服刺激性大，内服时宜稀释成1%以下浓度，饲后给药。②静脉注射时，必须用5%的葡萄糖溶液稀释成0.3%以下的浓度，且速度不宜过快，防止血钾突然上升导致心搏骤停。③肾功能障碍、尿闭、脱水和循环衰竭等患畜禁用或慎用。

**【用法与用量】**静脉注射：一次量，马、牛2～5g，猪、羊0.5～1g。必须用0.5%葡萄糖注射液稀释成0.3%以下的浓度，且注射缓慢。

**【制剂】**氯化钾注射液。

## 二、酸碱平衡调节药

家畜正常血液的酸碱度（pH）在7.36～7.44，这种体液酸碱度的相对稳定性称为酸碱平衡。酸碱平衡是保证机体内酶的活性和生理活动的必要条件。酸碱平衡主要依赖血液中缓冲系统的调节来维持，其中最重要的是碳酸和碳酸氢盐组成的缓冲对。肺、肾功能障碍，机体代谢失常，高热、缺氧、剧烈腹泻或某些其他重症疾病，都会引起酸碱平衡紊乱。临床上以代谢性酸中毒较为常见。治疗时，除针对病因治疗外，还应使用酸碱平衡药物以改善病情。

### 碳酸氢钠（Sodium Bicarbonate）

**【作用与应用】**又称小苏打。本品内服或静脉注射后，能直接增加碱贮。因碳酸氢钠在体内离解为碳酸氢根离子，并与氢离子结合成碳酸，再分解为二氧化碳和水，前者经肺排出体外，致使体液的氢离子浓度降低，代谢性酸中毒得以纠正。本品作用迅速、可靠，是治疗代谢性酸中毒的首选药。另外，碳酸氢钠还具有碱化尿液、中和胃酸、祛痰、健胃等作用（见消化系统药物有关单元）。

**【应用注意】**①大量静脉注射可引起代谢性碱中毒、低血钾症，出现心律失常，肌肉痉挛。②剂量过大或肾功能不全患畜可出现水肿、肌肉疼痛等症状。③内服可产生大量$CO_2$，易引起胃肠充气。

**【用法与用量】**静脉注射：一次量，马、牛15～30g，羊、猪2～6g，犬0.5～1.5g。用2.5倍生理盐水或注射用水稀释成1.4%碳酸氢钠溶液注射。

**【制剂】**碳酸氢钠注射液。

### 乳酸钠（Sodium Lactate）

**【性状】**为无色或淡黄色块状或黏稠液体。无臭，易吸湿。易溶于水、乙醇、甘油。

**【作用与应用】**乳酸钠进入机体后，在有氧条件下，经肝乳酸脱氢酶脱氢氧化为丙酮酸，再进入三羧酸循环氧化脱羧为二氧化碳和水，前者转化为碳酸氢根离子，与钠离子结合成碳酸氢钠，从而发挥其纠正酸中毒作用。主要用于纠正代谢性酸中毒和高血钾症。其作用不及碳酸氢钠迅速、稳定，应用较少。

**【应用注意】**肝功能障碍、水肿、休克、缺氧、心功能不全和乳酸血症患者慎用。

**【用法与用量】**静脉注射：一次量，马、牛200～400mL，羊、猪40～60mL，用5倍生理盐水或注射用水稀释成1.9%的等渗溶液注射。

【制剂】乳酸钠注射液。

## 子单元三 维生素

维生素是维持动物体正常代谢和机能所必需的一类低分子化合物，大多数必须从食物中获得，仅少数可在体内合成或由肠道内微生物产生。动物机体每天对维生素的需要量很少，但其作用是其他物质无法替代的。现知多数维生素是体内某些酶的辅酶（或辅基）的组分，在物质代谢中起着重要的催化剂作用。每一种维生素对动物机体都有其特定的功能，机体缺乏时可引起相应的缺乏症，如代谢机能障碍，生长停滞，生产性能、繁殖力和抗病力下降等，严重的甚至可引起死亡。维生素类药物主要用于防治维生素缺乏症，临床上也可作为某些疾病的辅助治疗药物。

### 一、脂溶性维生素

脂溶性维生素易溶于大多数有机溶剂，不溶于水。在食物中常与脂类共存，脂类吸收不良时其吸收亦减少，甚至发生缺乏症。常用的脂溶性维生素包括维生素A、维生素D、维生素E、维生素K等。脂溶性维生素吸收后可在体内的肝、脂肪组织中贮存，长期超大剂量使用，超过机体的贮存限量时可引起动物中毒。

#### 维生素A（Vitamin A）

维生素A存在于动物组织、蛋及全乳中。植物中只含有维生素A的前体物——类胡萝卜素，它们在动物体内可转变为维生素A。

【作用与应用】

（1）维持视网膜的微光视觉。维生素A参与视网膜内视紫红质的合成，视紫红质是感光物质，能使动物在弱光下看清周围的物体。当其缺乏时，可出现视物障碍，在弱光中视物不清即夜盲症，甚至完全丧失视力。

（2）维持上皮组织的完整性。维生素A参与组织间质中黏多糖的合成，黏多糖对细胞起着黏合、保护作用，是维持上皮组织正常结构和机能所必需的物质。缺乏时，皮肤、黏膜、腺体、气管和支气管的上皮组织干燥和过度角化，可出现干眼病、角膜软化、皮肤粗糙等症状。

（3）参与维持正常的生殖机能，促进幼畜生长发育。缺乏时，公畜睾丸不能合成和释放雄激素，性机能下降。母畜发情周期紊乱，孕畜因胎盘损害胎儿被吸收、流产、死胎。

（4）促进生长发育。维生素A促进幼龄动物的生长发育，缺乏时则出现生长发育不良，肌肉萎缩，体重下降。另外，骨骼生长也需要维生素A参与，若维生素A缺乏，还可使动物发生软骨症。

临床主要用于防治维生素A缺乏症，如皮肤硬化症、干眼病、夜盲症、角膜软化症、母畜流产、公畜生殖力下降、幼畜生长发育不良。

【应用注意】①过量可致中毒。动物急性毒性表现为兴奋、视力模糊、脑水肿、呕吐；慢性毒性表现为厌食、皮肤病变、内脏受损等。②大剂量应用能对抗糖皮质激素的抗炎作用。③用药时应注意补充钙剂。

【用法与用量】内服：一次量，马、牛 20～60mL；羊、猪 10～15mL；犬 5～10mL，禽 1～2mL。肌内注射：一次量，马、牛 5～10mL，驹、犊、猪、羊 2～4mL，仔猪、羔羊 0.5～1mL。

【制剂】维生素 AD 油、维生素 AD 注射液。

### 维生素 D（Vitamin D）

为类固醇衍生物，主要有维生素 $D_2$（25-羟麦角钙化醇）和维生素 $D_3$（25-羟胆钙化醇）。植物中的麦角固醇（维生素 $D_2$ 原）、动物皮肤中的 7-脱氢胆固醇（维生素 $D_3$ 原），经日光或紫外线照射可转变为维生素 $D_2$ 和维生素 $D_3$。此外，鱼肝油、乳、肝、蛋黄中维生素 $D_3$ 含量丰富。

【作用与应用】维生素 D 对钙、磷代谢及幼畜骨骼生长有重要影响，主要生理功能是促进钙、磷在小肠内正常吸收。维生素 D 的代谢活性物质能调节肾小管对钙的重吸收，维持循环血液中钙的水平，并促进骨骼的正常发育。当维生素 D 缺乏时，钙、磷的吸收代谢机制紊乱，引起幼畜佝偻病、成畜骨软症、奶牛产乳量下降和鸡产蛋率降低且蛋壳易碎等。

临床上用于防治佝偻病和骨软化症等，亦可用于妊娠和泌乳期母畜，以促进钙、磷的吸收。也可用于骨折患畜，以促进骨的愈合。

【应用注意】①使用期间需补充钙剂。②维生素 D 过多可减少骨的钙化，软组织出现异位钙化，且表现为心律失常和神经功能紊乱等症状。

【用法与用量】维生素 $D_2$ 胶性钙注射液，皮下、肌内注射：一次量，马、牛 5～20mL，羊、猪 2～4mL，犬 0.5～1mL。维生素 $D_3$ 注射液，肌内注射：一次量，每千克体重，1 500～3 000IU。休药期 28d，弃乳期 7d。

### 维生素 E（Vitamin E）

又称生育酚。维生素 E 主要存在于绿色植物及种子中。是一种抗氧化剂。

【作用与应用】

（1）抗氧化作用。维生素 E 本身易被氧化，可保护其他物质不被氧化。在细胞内，维生素 E 可通过与氧自由基起反应，抑制有害的脂类过氧化物（如过氧化氢）产生，阻止细胞内或细胞膜上的不饱和脂肪酸被过氧化物氧化、破坏，保护细胞膜的完整性，维护其正常的功能。维生素 E 与硒有协同抗氧化作用。

（2）维护内分泌功能。维生素 E 可促进性激素分泌，调节性腺的发育和功能，有利于受精和受精卵的植入，并能防止流产，提高繁殖力。另外，维生素 E 还能提高动物对疾病的抵抗力，增强抗应激能力。

当维生素 E 缺乏时，动物表现生殖障碍、细胞通透性损害和肌肉病变。如公畜睾丸发育不全、精子量少且活力降低，母畜胚胎发育障碍、死胎、流产，幼畜白肌病，雏鸡渗出性素质和脑软化，猪肝坏死和黄脂病等。

临床上主要用于防治畜禽的维生素 E 缺乏症。

【应用注意】①本品毒性小，但过高剂量可诱导雏鸡、犬凝血障碍。日粮中高浓度，可抑制雏鸡生长，并可加重钙、磷缺乏引起的骨钙化不全。②偶尔可引起死亡、流产或早产等过敏反应，如出现这种反应立即注射肾上腺素或抗组胺药物治疗。③注射体积超过 5mL 时应分点注射。

**【用法与用量】**皮下、肌内注射：一次量，驹、犊 0.5～1.5g，羔羊、仔猪 0.1～0.5g，犬 0.03～0.1g。

**【制剂与休药期】**维生素 E 注射液：牛、羊、猪 28d。

## 二、水溶性维生素

水溶性维生素包括 B 族维生素和维生素 C，均易溶于水。已发现的 B 族维生素有 20 多种。动物胃肠道内微生物，尤其是反刍动物瘤胃内的微生物能合成部分 B 族维生素，所以成年反刍动物一般不会缺乏，但家禽、犊牛、羔羊等则需要从饲料中获得足够的 B 族维生素才能满足其生长发育需要。水溶性维生素在体内不易贮存，摄入的多余量全部由尿排出，因此毒性很低。

### 维生素 $B_1$（Vitamin $B_1$）

又称硫胺素。维生素 $B_1$ 广泛存在于种子外皮和胚芽中，动物肝和瘦猪肉中含量较多，反刍动物瘤胃和马的大肠内微生物也可合成，供机体吸收利用。

**【作用与应用】**

（1）参与糖代谢。维生素 $B_1$ 是丙酮酸脱氢酶系的辅酶，参与糖代谢过程中的 α-酮酸（如丙酮酸、α-酮戊二酸）氧化脱羧反应，对释放能量起重要作用。缺乏时，丙酮酸不能正常地脱羧进入三羧酸循环，造成丙酮酸堆积，能量供应减少，使神经组织功能受到影响。表现神经传导受阻，出现多发性神经炎症状，如疲劳、衰弱、感觉异常、肌肉酸痛、肌无力等。严重时，可发展为运动失调、惊厥、昏迷甚至死亡，还可导致心功能障碍。

（2）抑制胆碱酯酶活性。维生素 $B_1$ 可轻度抑制胆碱酯酶的活性，使乙酰胆碱作用加强。缺乏时，胆碱酯酶活性增强，乙酰胆碱水解加快，胃肠蠕动缓慢，消化液分泌减少，动物表现食欲不振、消化不良、便秘等症状。

家禽对维生素 $B_1$ 最敏感，其次是猪。成年反刍兽、马属动物及兔的消化道内，微生物可合成维生素 $B_1$，较少出现缺乏症。

临床上主要用于防治维生素 $B_1$ 缺乏症，也可作为神经炎、心肌炎的辅助治疗药。给动物大量输入葡萄糖时，可适当补充维生素 $B_1$，以促进糖代谢。

**【应用注意】**①维生素 $B_1$ 对多种抗生素都有灭活作用，不宜与抗生素混合应用。②维生素 $B_1$ 水溶液呈微酸性，不能与碱性药物混合应用。③可影响氨丙啉的抗球虫活性。

**【用法与用量】**内服：一次量，马、牛 100～500mg，猪、羊 25～50mg，犬 10～50mg，猫 5～30mg。

皮下、肌内注射：一次量，马、牛 100～500mg，猪、羊 25～50mg，犬 10～25mg，猫 5～15mg。

**【制剂】**维生素 $B_1$ 片、维生素 $B_1$ 注射液。

### 维生素 $B_2$（Vitamin $B_2$）

又称核黄素。维生素 $B_2$ 广泛存在于酵母、青绿饲料、豆类、麸皮中，家畜胃肠内微生物亦能合成。

**【作用与应用】**维生素 $B_2$ 是体内黄酶类的辅基，在生物氧化的呼吸链中起着递氢作用，参与糖类、脂肪、蛋白质和核酸代谢，还是动物正常发育的必须因子。

当缺乏时，雏鸡出现典型的足趾卷缩、腿软弱无力、生长停滞；母鸡产蛋率下降；猪表现腿肌僵硬、眼角膜炎、晶状体混浊、慢性腹泻、食欲不振，母猪早产，胚胎死亡及胎儿畸形；犊牛、羔羊可表现口角、嘴唇干裂、食欲不振、脱毛、腹泻等。

主要用于防治维生素 $B_2$ 缺乏症，如脂溢性皮炎、胃肠机能紊乱、口角溃烂、舌炎、阴囊皮炎等。也常与维生素 $B_1$ 合用，发挥复合维生素 B 的综合疗效。

**【应用注意】**维生素 $B_2$ 对多种抗生素都有灭活作用，不宜与抗生素混合应用。

**【用法与用量】**内服、皮下和肌内注射：一次量，马、牛 100～150mg，猪、羊 20～30mg，犬 10～20mg，猫 5～10mg。

**【制剂】**维生素 $B_2$ 片、维生素 $B_2$ 注射液。

### 维生素 $B_6$（Vitamin $B_6$）

维生素 $B_6$ 是吡哆醇、吡哆醛、吡哆胺的总称。

**【作用与应用】**维生素 $B_6$ 在体内经酶作用生成具有生理活性的磷酸吡哆醛和磷酸吡哆醇，是氨基转移酶、脱羧酶及消旋酶的辅酶，参与体内氨基酸、蛋白质、脂肪和糖的代谢。此外，维生素 $B_6$ 还在亚油酸转变为花生四烯酸等过程中发挥重要作用。

维生素 $B_6$ 缺乏的症状主要表现在皮肤和神经系统。当食物中缺乏维生素 B 族，每天又服用吡哆醇颉颃剂，几周内即可产生眼、鼻和口部皮肤脂溢样皮肤损害，伴有舌炎和口腔炎。服用吡哆醇后，皮肤损害迅速清除。神经系统方面表现为周围神经炎，伴有滑液肿胀和触痛。

临床上用于防治维生素 $B_6$ 缺乏症。也可用于长期大剂量服用抗结核药异烟肼所引起的周围神经炎，因抗癌药和放射治疗引起的胃肠道反应，以及粗皮病、妊娠呕吐、白细胞减少等症。

**【应用注意】**与维生素 $B_{12}$ 合用，可促进维生素 $B_{12}$ 的吸收。

**【用法与用量】**内服，皮下、肌内或静脉注射：一次量，牛、马 3～5g，猪、羊 0.5～1g，犬 0.02～0.08g。

**【制剂】**维生素 $B_6$ 片、维生素 $B_6$ 注射液。

### 复合维生素 B（Compound Vitamin B）

本品为维生素 $B_1$、维生素 $B_6$、维生素 $B_{12}$ 的复合物。主要用于营养不良、食欲不振、多发性神经炎、糙皮病以及因缺乏维生素 B 族所致的各种疾病的辅助治疗。

**【用法与用量】**内服：一日量，马、牛 30～70mL，猪、羊 7～10mL。混饮：每 1L 水，禽 10～30mL。肌内注射：一次量，马、牛 10～20mL，猪、羊 2～6mL，犬、猫、兔 0.5～1mL。

**【制剂】**复方维生素 B 溶液、复方维生素 B 注射液。

### 维生素 C（Vitamin C）

又称抗坏血酸。维生素 C 广泛存在于新鲜水果、蔬菜和青绿饲料中。

【作用与应用】

(1) 参与体内氧化还原反应。维生素C极易氧化脱氢，又有很强的还原性，在体内参与氧化还原反应而发挥递氢作用。

(2) 参与细胞间质合成。维生素C能参与胶原蛋白的合成，胶原蛋白是细胞间质的主要成分，故促进胶原组织、结缔组织、骨、软骨、皮肤等细胞间质的合成，保持细胞间质的完整性，增加毛细血管壁的致密性，降低其通透性及脆性。

(3) 解毒作用。维生素C在谷胱甘肽还原酶的催化下，使氧化型谷胱甘肽还原为还原型谷胱甘肽，还原型谷胱甘肽的巯基（—SH）能与金属铅、砷离子及细菌毒素、苯等相结合而排出体外，保护含巯基酶的—SH不被毒物破坏，具有解毒作用。

(4) 增强机体抗病力。维生素C能提高白细胞和吞噬细胞的功能，促进抗体形成，增强抗应激能力，维护肝的解毒功能，改善心血管功能。

(5) 抗炎与抗过敏作用。维生素C能颉颃组胺和缓激肽的作用，并直接作用于支气管β受体而松弛支气管平滑肌，还能抑制糖皮质激素在肝中的分解破坏，因而对炎症和过敏有对抗作用。

(6) 促进多种消化酶的活性。维生素C能激活胃肠道各种消化酶（淀粉酶除外）的活性，有助于消化。

临床常作为急性或慢性传染病、热性病、慢性消耗性疾病、中毒、慢性出血、高铁血红蛋白症及各种贫血的辅助治疗，也用于风湿病、关节炎、骨折与创伤愈合不良及过敏性疾病等的辅助治疗。

**【应用注意】**①本品在瘤胃内易被破坏，反刍动物不宜内服。②可破坏饲料中的维生素$B_{12}$，与饲料中的铜、锌离子发生络合，阻断其吸收。③对氨基糖苷类、β-内酰胺类、四环素类等多种抗生素具有不同程度的灭活作用。因此，不宜与这些抗生素混合注射。④不宜与维生素$K_3$、维生素$B_2$、碱性药物和铁离子等溶液配伍，可影响药效。

**【用法与用量】**内服：一次量，马1～3g，猪0.2～0.5g，犬0.1～0.5g。肌内、静脉注射：一次量，马1～3g，牛2～4g，猪、羊0.2～0.5g，犬0.02～0.1g。

**【制剂】**维生素C片、维生素C注射液。

## 氯化胆碱（Choline Chloride）

**【性状】**为白色结晶。极易潮解，有咸苦味。极易溶于水。在碱性溶液中不稳定。

**【作用与应用】**胆碱作为卵磷脂中的一个主要成分，对维持细胞膜的正常结构和功能，以及脂质代谢有重要作用，可防止肝脂肪沉积。胆碱还是合成神经递质——乙酰胆碱所必需的成分之一。在由同型胱氨酸（高胱氨酸）合成蛋氨酸，以及由胍基乙酸合成肌酸的反应中还充当甲基供体。

当动物体内胆碱缺乏时，表现为脂肪的代谢和转运障碍，发生脂肪变性、脂肪浸润、生长缓慢，骨和关节畸变。如猪生长速率下降、关节僵硬、繁殖性能下降，仔猪会出现“劈叉腿”；禽易患胫骨短粗、脂肪肝、产蛋率下降等。

临床中主要用于促生长和胆碱缺乏症。

**【用法与用量】**以本品计，混饲：每1 000kg饲料，猪250～300g，鸡500～800g。

# 子单元四 钙、磷与微量元素

钙和磷是动物的生长所必需矿物质。在畜牧业生产中，钙和磷常以骨粉或钙、磷制剂的形式按适当比例混合添加在动物日粮中，以保证畜禽健康生长。动物机体所必需的微量元素有铁、硒、钴、铜、锰、锌等，它们对动物的生长代谢过程起着重要的调节作用，缺乏时可引起各种疾病，并影响动物生长和繁殖性能，但过多也会引起中毒，甚至死亡。

## 一、钙、磷制剂

### 氯化钙（Calcium Chlorid）

【性状】为白色、坚硬的碎块或颗粒。无臭，味微苦。易溶于水，极易潮解。在乙醇中易溶。密封、干燥处保存。

【作用与应用】

(1) 促进骨骼、牙齿的钙化和保证骨骼正常发育。常用于钙、磷不足引起的骨软症和佝偻病。与维生素 D 联用，效果更好。

(2) 维持神经肌肉的正常兴奋性。当血钙浓度降低时，神经肌肉的兴奋性增高，甚至出现强直性痉挛；反之，则神经肌肉兴奋性降低，出现软弱无力等症状。临床上用于缺钙引起的抽搐、痉挛，牛的产前或产后瘫痪，猪的产前截瘫等。

(3) 消炎、抗过敏。钙离子能增加毛细血管的致密度，降低其通透性，减少渗出，达到消炎、消肿和抗过敏作用。临床上用于炎症初期及某些过敏性疾病的治疗，如皮肤瘙痒、血清病、荨麻疹、血管神经性水肿等。

(4) 对抗镁离子的作用。钙离子能对抗血镁过高引起的中枢抑制和横纹肌松弛作用，可解救镁盐中毒，亦可对抗链霉素的急性中毒。

(5) 促进凝血。钙离子是重要的凝血因子，参与凝血过程。可作为止血药，用于血斑病等出血性疾病。

【应用注意】①本品刺激性大，只宜静脉注射，且不可漏注血管外，以免引起局部肿胀和坏死。②静脉注射速度宜慢，以免血钙骤升，导致心律失常，使心脏停止于收缩期。③在应用强心苷类、肾上腺素期间或停药 7d 内禁止注射钙剂。

【制剂、用法与用量】氯化钙注射液，静脉注射：一次量，马、牛 5～15g，猪、羊 1～5g，犬 0.1～1g。氯化钙葡萄糖注射液，静脉注射：一次量，马、牛 100～300mL，猪、羊 20～100mL，犬 5～10mL。

### 葡萄糖酸钙（Calcium Gluconate）

【性状】为白色结晶或颗粒状粉末。无臭，无味。能溶于水，易溶于沸水，略溶于冷水，不溶于乙醇或乙醚等有机溶剂，水溶液显中性。

【作用与应用】与氯化钙相同。但刺激性小，比氯化钙安全。常用于钙缺乏，急性低血钙和低血抽搐，荨麻疹、急性湿疹、皮炎等。

【应用注意】①注射液在使用期内若出沉淀，宜微温溶解后使用。②静脉注射速度宜缓慢，且禁止与强心苷、肾上腺素等药物合用。

【制剂、用法与用量】葡萄糖酸钙注射液，静脉注射：一次量，马、牛 20～60g，猪、羊 5～15g，犬 0.5～2g，猫 0.5～1.5g。

### 碳酸钙（Calcium Carbonate）

【性状】为白色极细结晶性粉末。无臭，无味。几乎不溶于水。

【作用与应用】本品为钙补充药，用于治疗钙缺乏引起的佝偻病、软骨症及产后瘫痪等疾病，最好与维生素 D 联用。也用做治疗动物腹泻；还作抗酸药、治疗胃酸过多。

【用法与用量】内服：一次量，马、牛 30～120g，猪、羊 3～10g，犬 0.5～2g。

【应用注意】本品内服后药对胃肠道存在一定的刺激性。

### 磷酸二氢钠

【性状】为白色结晶或白色粉末，易溶于水。

【作用与应用】磷是骨、牙齿的组成成分，单纯缺磷也能引起佝偻病和骨软症；磷参与构成磷脂，以维持细胞膜的结构和功能；磷是三磷酸腺苷、脱氧核糖核酸与核糖核酸的组成成分，参与机体的能量代谢，对蛋白质合成、畜禽繁殖都有重要作用；磷还构成磷酸盐缓冲对，参与体液酸碱平衡的调节。

临床主要用于磷代谢障碍引起的疾病，如佝偻病、骨软症，也用于急性低血磷症或慢性缺磷症。

【应用注意】本品与补钙剂合用，可提高疗效。

【用法与用量】内服：一次量，马、牛 90g，一天 3 次。静脉注射（制成 10%～20%灭菌溶液）：一次量，马、牛 30～60g。

### 磷酸氢钙（Cakcuyn Gtdrigeb Ogisogate）

本品可兼具补充钙磷，且不影响钙磷平衡。多用于治疗佝偻病、骨软病、骨发育不全等。宜与维生素 D 合用。

内服：一次量，马、牛 12g，猪、羊 2g，犬、猫 0.6g。

## 二、微量元素

### 亚硒酸钠（Sodium Selenite）

【性状】为白色结晶性粉末，无臭。在空气中稳定。易溶于水，不溶于乙醇。

【作用与应用】

（1）抗氧化。硒是谷胱甘肽过氧化物酶的组成成分，参与所有过氧化物的还原反应，能防止细胞膜和组织免受过氧化物的损害。

（2）参与辅酶 Q 的合成。辅酶 Q 在呼吸链中起递氢作用，参与 ATP 的生成。

（3）维持畜禽正常生长。硒蛋白是肌肉组织的正常成分，缺乏时可发生白肌病样的严重肌肉损害，以及心、肝和脾的萎缩或坏死。

（4）维持精细胞的结构和机能。公猪缺硒，可致睾丸曲细精管发育不良，精子减少。此外，可降低汞、铅、银等重金属的毒性，增强机体免疫力。

硒在临床上用于防治羔羊、犊、驹、仔猪的白肌病和雏鸡渗出性素质，如与维生素 E 联用，效果更好。

**【应用注意】**硒安全范围较小，用量过大可发生中毒，表现运动失调、鸣叫、起卧、出汗，严重的体温升高、呼吸困难等。中毒后服用砷剂，可减少体内硒的吸收和促进硒从胆汁排出。

**【用法与用量】**亚硒酸钠注射液，肌内注射：一次量，马、牛 30～50mg，驹、犊 5～8mg，仔猪、羔羊 1～2mg。亚硒酸钠维生素 E 预混剂，混饲：每1 000g 饲料，畜、禽500～1 000g。亚硒酸钠维生素 E 注射液，肌内注射：一次量，驹、犊 5～8mL，仔猪、羔羊 1～2mL。

**【制剂与休药期】**亚硒酸钠维生素 E 注射液：牛 30d、羊、猪 14d。亚硒酸钠维生素 E 预混剂：牛、羊、猪 28d。

### 硫酸铜（Cupric Sulfate）

**【性状】**为蓝色透明结晶块、蓝色结晶性颗粒或粉末。有风化性。溶于水，微溶于乙醇。

**【作用与应用】**铜能促进骨髓生成红细胞和血红蛋白的合成，促进铁在胃肠道的吸收，并使铁进入骨髓。缺铜时，会引起贫血，红细胞寿命缩短，以及生长停滞等；铜是多种氧化酶如细胞色素氧化酶、抗坏血酸氧化酶、酪氨酸酶、单胺氧化酶、黄嘌呤氧化酶等的组成成分，与生物氧化密切相关；酪氨酸酶能催化酪氨酸氧化生成黑色素，维持黑的毛色。缺乏时，可使毛褪色、毛弯曲度降低或脱落；铜还能促进磷脂的生成而有利于大脑和脊髓的神经细胞形成髓鞘，缺乏时，脑和脊髓神经纤维髓鞘发育不正常或脱髓鞘。

饲料中缺铜或含量不足时，引起家畜铜缺乏症。症状一般为贫血、骨生长不良、新生幼畜生长迟缓、发育不良、被毛脱色或生长异常、心力衰竭、胃肠机能紊乱等。

硫酸铜（或碳酸铜）可用于家畜铜缺乏症。还可用于浸泡奶牛的腐蹄，做辅助治疗。

**【应用注意】**铜对机体有毒性，绵羊和犊牛较敏感，犬次之。家禽中鸡和鸭敏感，过量应用易引起中毒。

**【用法与用量】**治疗铜缺乏症，内服：一天量，牛 2g，犊 1g，每千克体重，羊 20mg。作生长促进剂，混饲：每1 000kg 饲料，猪 800g，鸡 20g。

### 硫酸锌（Zimc Sulfate）

**【性状】**为无色透明的棱柱状或细针状结晶，或颗粒性结晶性粉末。无臭、味涩，有风化性。极易溶于水，易溶于甘油，不溶于乙醇。

**【作用与应用】**锌在蛋白质的生物合成和利用中起重要作用。锌是碳酸酐酶、碱性磷酸酶、乳酸脱氢酶等的组成成分，决定酶的特异性。锌又是维持皮肤和黏膜的正常结构与功能，以及促进伤口愈合的必要因素。缺锌时动物生长缓慢，血浆碱性磷酸酶的活性降低，精子的产生及其运动性降低。锌对哺乳动物和禽类的毒性是较小的，仅在摄入量很高的情况下，才发生代谢紊乱。

**【应用注意】**锌摄入过多可影响蛋白质代谢和钙的吸收，并导致铜缺乏症。

【用法与用量】内服：一天量，牛 0.05～0.1g，驹 0.2～0.5g，羊、猪 0.2～0.5g，禽 0.05～0.1g。

### 硫酸锌（Zimc Sulfate）

【性状】为浅红色结晶性粉末。易溶于水，不溶于醇。

【作用与应用】体内硫酸软骨素的形成需要锰。硫酸软骨素是形成骨基质黏多糖的必要成分。因此，体内缺锰时，骨的形成和代谢发生障碍，主要表现为腿短而弯曲、跛行、关节肿大。仔畜可发生运动障碍。此外，体内缺锰时，母畜发情障碍，不易受孕；公畜性欲降低，不能生成精子。

【应用注意】畜禽很少发生锰中毒，但日粮中锰含量超过每千克体重2 000mg 时，可影响钙的吸收和钙、磷在体内的停留。

【用法与用量】混饲：每千克饲料，猪 50～500mg，禽 100～200mg。

### 氯化钴（Cobaltous Chloride）

【性状】为红色单斜晶系结晶。在室温下稳定，遇热变成蓝色，在潮湿空气中放冷又变为红色。极易溶于水或乙醇。

【作用与应用】钴是维生素 $B_{12}$ 的必需组成成分，是反刍动物的必需微量元素。反刍兽瘤胃内的微生物必须利用摄入的钴，合成自身所必需的维生素 $B_{12}$。能刺激骨髓的造血机能，有抗贫血作用。另外，钴还是核苷酸还原酶和谷氨酸变位酶的组成成分，参与脱氧核糖核酸的生物合成和氨基酸的代谢。钴缺乏时，血清维生素 $B_{12}$ 降低，引起动物尤其是反刍动物，出现食欲减退、生长减慢、贫血、肝脂肪变性、消瘦、腹泻等症状。内服钴制剂，能消除以上钴缺乏症。

【应用注意】钴摄入过量可导致红细胞增多症。本品仅可内服，不可注射。

【用法与用量】内服：治疗量，一次量，牛 500mg，犊牛 200mg，羊 100mg，羔羊 50mg；预防量，牛 25mg，犊 10mg，羊 5mg，羔羊 2.5mg。

【制剂】氯化钴片、氯化钴溶液。

## 相关链接

### 一、酸碱平衡及其调节

机体正常活动要求保持相对稳定的体液酸碱度，即体液 pH 的相对稳定性，称为酸碱平衡。家畜正常血液 pH 一般为 7.24～7.54。机体在代谢过程中，不断产生酸性和碱性物质，另外有一定量的酸性或碱性物质随饲料、饲草进入机体内。如糖、脂肪、蛋白质完全氧化产生 $CO_2$，进入血液与 $H_2O$ 形成碳酸；糖、脂肪、蛋白质和核酸在分解代谢中，还产生一些有机酸（如丙酮酸、乳酸、乙酰乙酸、$\beta$-羟丁酸等）、无机酸（如硫酸及磷酸等）和氨、碳酸氢钠等。但通过机体的调节，可维持酸碱平衡。机体酸碱平衡的调节主要途径是：

（1）血液的缓冲系统。血液中的缓冲对共有 4 对：碳酸氢盐-碳酸缓冲系统（在细胞内 $KHCO_3$-$H_2CO_3$，在细胞外液中为 $NaHCO_3$-$H_2CO_3$），是体内最强大的缓冲系；磷酸盐缓冲系统（$Na_2HPO_4$-$NaH_2PO_4$），是红细胞和其他细胞内的主要缓冲系统，特别是在肾小管内它的作用更为重要；蛋白缓冲系统（NaPr-HBr），主要存在于血浆和细胞中；血红蛋白缓冲系统（KHb-HHb 和 $KHbO_2$-$HHbO_2$），主要存在于红细胞内。缓冲系统能有效地将进入血液中的强酸转化为弱酸，强碱转化为弱碱，维持体液 pH 正常。如血液中乳酸增多，消耗 $NaHCO_3$，生成乳酸和 $H_2CO_3$，$H_2CO_3$ 分解成 $CO_2$ 和水，使血液中 $CO_2$ 浓度升高可兴奋呼吸中枢使之排出加快，使 $NaHCO_3/H_2CO_3$ 比值保持相对稳定。

(2) 肺的调节。肺可通过改变呼吸运动的频率和幅度，增加或减少 $CO_2$ 的排出量以控制血浆 $H_2CO_3$ 的浓度，从而调节血液的pH。当动脉血 $CO_2$ 分压升高、氧分压降低、血浆 pH 下降时，可反射性地引起呼吸中枢兴奋，呼吸加深加快，排出 $CO_2$ 增多，使血液中 $H_2CO_3$ 的浓度降低。当动脉血二氧化碳分压降低或血浆 pH 升高时，呼吸变慢变浅，排出二氧化碳减少，使血液中 $H_2CO_3$ 的浓度升高。

(3) 肾的调节。血液和肺的调节作用很迅速，肾的调节作用发生较慢，但维持时间较长。肾主要通过肾小管上皮细胞泌 $H^+$、泌铵和重吸收 $Na^+$ 并保留 $HCO_3^-$ 来维持血浆中 $NaHCO_3$ 的含量来调节酸碱平衡。

## 二、补充体液的原则

**1. 补液方法**　补液方法有多种，常采用内服、腹腔注射、静脉注射的方法。口补或静脉补充，能口补的尽量口补，不能口补的以及中、重度脱水采用静脉补充。静脉补液速度宜先快后慢，速度的调节要根据病畜的年龄、心肺功能和病情的实际情况而定。补液量按照重症者开始 4～8h 内补充液体总量的 1/3～1/2、其余在 24～48h 内补完。

**2. 补液量**　补液量通常以动物机体脱水程度来估算。如一头 300kg 体重的牛出现轻度脱水时，失水量占体重的 2%～3%（中度脱水，失水量占 4%～6%；重度脱水，失水量约占 7%以上），补液量为：300×2%＝6（L）。但在临床中，常根据具体情况给予小于上述计算的剂量。

# 复习思考题

### 一、选择题

1. 10%氯化钠注射液的静脉注射主要作用是（　　）。
   A. 健胃　　B. 泻下　　C. 促进胃肠蠕动　　D. 补液
2. 可用于动物体失血性的血容量扩充药是（　　）。
   A. 葡萄糖盐水注射液　　B. 右旋糖酐 70
   C. 浓氯化钠注射液　　D. 氯化钾注射液
3. 下面不属于小苏打作用的是（　　）。
   A. 健胃　　B. 兴奋瘤胃　　C. 碱化尿液　　D. 缓解酸中毒
4. 对动物钙、磷代谢及幼畜骨骼生长有重要影响的药物是（　　）。
   A. 维生素 A　　B. 维生素 $B_1$　　C. 维生素 C
   D. 维生素 D　　E. 维生素 E
5. 下列不能用于过敏性疾病的药物是（　　）。
   A. 葡萄糖酸钙　　B. 维生素 D　　C. 盐酸苯海拉明　　D. 维生素 C

6. 波尔山羊因异物阻塞导致前胃弛缓而发生代谢性酸中毒，首选用药物（　　）。

A. 碳酸氢钠　　B. 乳酸钠

C. 10%葡萄糖溶液　　D. 10%氯化钠溶液

7. 葡萄糖的解毒作用主要是由于（　　）。

A. 稀释毒物　B. 促进毒物排出　C. 增强肝解毒能力　D. 中和毒物

8. 治疗皮肤硬化症、夜盲症的是（　　）；治疗神经炎、心肌炎的是（　　）；治疗仔猪白肌病的是（　　）。

A. 维生素 A　B. 维生素 $B_1$　C. 维生素 E　D. 维生素 K

## 二、问答题

1. 简述葡萄糖和氯化钠的作用与应用及注意事项。

2. 简述维生素 $B_1$、维生素 C、维生素 D、维生素 E 的作用与应用。

3. 一条 6 月龄博美犬精神沉郁，站立时姿势异常，两前肢腕关节屈曲向前外方凸出，呈 O 形、且关节增粗，诊断为佝偻病。请给出治疗方案。

4. 某海兰蛋鸡群产蛋量下降、精神沉郁、脱毛、个别鸡只死亡。剖检肌肉坏死，腹部皮下水肿，有蓝色胶冻样物，诊断为硒缺乏症，请给出治疗方案。

5. 微量元素硒、锌、铜、钴可防治畜禽哪些疾病，如何选用？

# 单元十三　解毒药物

凡能阻止或解除毒物对动物机体毒性作用的药物称解毒药。解毒药一般可分为非特异性解毒药和特异性解毒药两大类。

## 子单元一　非特异性解毒药

非特异性解毒药又称一般解毒药，是指能阻止毒物继续被吸收、中和或破坏毒物以及促进其排出的药物。其解毒范围广，但作用无特异性，解毒效力较低，仅用作解毒的辅助治疗。在未能确定毒物的性质和种类之前，特别是急性中毒时，往往采取非特异性解毒药，可以缓解中毒症状，保护机体免遭毒物进一步的损害，赢得抢救时间，在实践中具有重要意义。常用的非特异性解毒药有以下几种。

### 一、物理性解毒药

**1. 吸附剂**　吸附剂可使毒物附着于其表面或孔隙中，以减少或延缓毒物的吸收，起到解毒的作用。吸附剂不受剂量的限制，任何经口进入畜体的毒物中毒都可以使用。使用吸附剂的同时配合使用泻剂或催吐剂。常用的吸附剂有药用炭、木炭末、通用解毒剂（药用炭50%、氧化镁25%和鞣酸25%混合后给中等动物每次服20～30g，大动物100～150g），其中药用炭最为常用。

**2. 催吐剂**　一般用于中毒初期，使动物发生呕吐，促进毒物排出。只适用于猪、猫和犬等具有呕吐反射的动物。常用的催吐剂有硫酸铜、吐根末、阿扑吗啡等。

**3. 泻药**　一般用于中毒的中期，促进胃肠道内毒物的排出，以避免或减少毒物的吸收。一般应用盐类泻药，但升汞中毒时不能用盐类泻药。在巴比妥类、阿片类、颠茄中毒时，可使肠蠕动受抑制，因而增加镁离子的吸收，尤其是肾功能不全的动物，能加深中枢神经及呼吸机能的抑制，不能用硫酸镁泻下，尽可能用硫酸钠。对发生严重腹泻或脱水的动物应慎用或不用泻药。

**4. 其他**　大部分毒物吸收后主要经肾排泄，因此可应用利尿剂促进毒物的排出，或通过静脉输入生理盐水、葡萄糖等，以稀释血液中毒物浓度，减轻毒性作用。

### 二、化学性解毒药

**1. 氧化剂**　利用氧化剂与毒物间的氧化反应破坏毒物，使毒物毒性降低或丧失。可用于生物碱类药物、氰化物、无机磷、巴比妥类、阿片类、士的宁、砷化物、一氧化碳、烟碱、毒扁豆碱、蛇毒、棉酚等的解毒，但有机磷毒物如1605、1059、3911、乐果等的中毒绝不能使用氧化剂解毒。常用的氧化剂有高锰酸钾、过氧化氢等。

**2. 中和剂** 利用弱酸弱碱类与强碱强酸类毒物间发生中和作用，使其失去毒性。常用的弱酸解毒剂有食醋、酸乳、稀盐酸、稀醋酸等。常用的弱碱解毒剂有氧化镁、石灰水上清液、小苏打水、肥皂水等。

**3. 还原剂** 维生素C的解毒作用与其参与某些代谢过程、保护含巯基的酶、促进抗体生成、增强肝解毒能力和改善心血管功能等有关。

**4. 沉淀剂** 沉淀剂使毒物沉淀，以减少其毒性或延缓吸收产生解毒作用。沉淀剂有鞣酸、浓茶、稀碘酊、钙剂、五倍子、蛋清、牛乳等。其中3%～5%鞣酸水或浓茶水为常用的沉淀剂，能与多种有机毒物（如生物碱）、重金属盐生成沉淀，减少吸收。

## 三、药理性解毒药

这类解毒药主要通过药物与毒物之间的颉颃作用，部分或完全抵消毒物的作用而产生解毒。常见的相互颉颃的药物或毒物如下：

（1）毛果云香碱、烟碱、氨甲酰胆碱、新斯的明等拟胆碱药与阿托品、颠茄及其制剂、曼陀罗、莨菪碱等抗胆碱药有颉颃作用，可互相作为解毒药。阿托品等对有机磷农药及吗啡类药物，也有一定的颉颃性解毒作用。

（2）水合氯醛、巴比妥类等中枢抑制药与尼克刹米、安钠咖、士的宁等中枢兴奋药及麻黄碱、山梗菜碱、美解眠（贝美格）等有颉颃作用。

## 四、对症治疗药

中毒时往往会伴有一些严重的症状，如惊厥、呼吸衰竭、心功能障碍、休克等，如不迅速处理，将影响动物康复，甚至危及生命。因此，在解毒的同时要及时使用抗惊厥药、呼吸兴奋药、强心药、抗休克药等对症治疗药以配合解毒，还应使用抗生素预防肺炎以度过危险期。

# 子单元二 特异性解毒药

特异性解毒药又称特效解毒药，是一类可特异性地对抗或阻断某些毒物中毒效应的解毒药。这类药物针对毒物中毒机理，解除毒性，所以其作用具有高度专属性，解毒效果好，在中毒的治疗中占有重要地位。临床常用的特异性解毒药根据解毒对象（毒物或药物）的性质，可分为以下几种。

## 一、有机磷酸酯类中毒的特异性解毒药

有机磷酸酯类（简称有机磷）属高效杀虫药，广泛用于农业、医学及兽医学领域，对防治农业害虫、杀灭人类疫病媒介昆虫、驱杀动物体内外寄生虫等都有重要意义。但其毒性强，在临床实践中经常因管理、使用不当，导致人畜中毒。

### （一）毒理

有机磷酸酯类化合物经消化道、皮肤、黏膜或呼吸道进入动物体内，与胆碱酯酶（ChE）结合形成磷酰化胆碱酯酶，使胆碱酯酶失活，不能水解乙酰胆碱，导致乙酰胆碱在

体内大量蓄积，引起胆碱受体兴奋，出现一系列胆碱能神经过度兴奋的临床中毒症状（M、N样症状及中枢神经先兴奋后抑制等）。此外，有机磷酸酯类还可抑制三磷酸腺苷酶、胰蛋白酶、胰凝乳酶、胃蛋白酶等酶的活性，导致中毒症状复杂化，加重病情。中毒过程可用下式表示：

有机磷酸酯类＋胆碱酯酶（有活性）⟶磷酰化胆碱酯酶（失去活性）

## （二）解毒机理

以胆碱酯酶复活剂结合生理颉颃剂进行解毒，配合对症治疗。

**1. 生理颉颃剂** 又称M胆碱受体阻断药，如阿托品、东莨菪碱、山莨菪碱等，可竞争性的阻断M胆碱受体与乙酰胆碱结合，而迅速解除有机磷酸酯类中毒的M样症状，大剂量时也能进入中枢神经消除部分中枢神经症状，而且对呼吸中枢有兴奋作用，可解除呼吸抑制，但其对骨骼肌震颤等N样中毒症状无效，也不能使胆碱酯酶复活，故单独使用时，只适宜于轻度中毒。中度或重度中毒时，应配用胆碱酯酶复活剂，才能取得满意效果。用药1h后，症状未见好转时，应重复用药，直至病畜出现口腔干燥、瞳孔扩大、呼吸平稳、心跳加快，即所谓“阿托品化”（莨菪碱化）时，逐渐减少剂量和用药次数。如在用药中，动物出现过度兴奋、心率过快、体温升高等阿托品中毒症状时，应减量或暂停给药。反刍兽用药后可能引起瘤胃臌气，应加强护理，严重时应穿刺放气。

**2. 胆碱酯酶复活剂** 碘解磷定、氯解磷定、双解磷和双复磷等“胆碱酯酶复活剂”在化学结构上均属季胺类化合物，分子中含有的肟基（—N—OH）具有强大的亲磷酸酯作用，能与磷原子牢固地结合，所以能夺取与有机磷结合的、已失去活性的磷酰化胆碱酯酶中带有磷的化学基团（磷酰化基团），与其结合后脱离胆碱酯酶，使ChE恢复原来状态，重新呈现活性。另外这类化合物也能直接与体内游离有机磷酸酯类的磷酰基结合，生成磷酰化碘解磷定等无毒物质由尿排出体外，解除有机磷的毒性作用。解毒过程可用下式表示：

胆碱酯酶复活剂＋磷酰化胆碱酯酶（无活性）⟶磷酰化胆碱酯酶复活剂＋胆碱酯酶（复活）

胆碱酯酶复活剂＋游离有机磷酸酯类（有毒性）⟶磷酰化胆碱酯酶复活剂＋卤化氢

如果中毒时间过久，超过36h，磷酰化胆碱酯酶即发生“老化”，胆碱酯酶复活剂难以使胆碱酯酶恢复活性，所以应用胆碱酯酶复活剂治疗有机磷中毒时，早期用药效果较好。

在解救有机磷酸酯类化合物中毒时，对轻度的中毒可用生理颉颃剂，缓解症状，但对中度和重度的中毒，必须以胆碱酯酶复活剂结合生理颉颃剂解毒，才能取得较好的效果。

## （三）常用药物

### 碘解磷定（Pralidoxime Iodide）

**【性状】**又称派姆，为最早合成的肟类胆碱酯酶复活剂。本品呈黄色颗粒状结晶或晶粉。无臭，味苦，遇光易变质。在水（1∶20）或热乙醇中溶解，水溶液稳定性不如氯解磷定。如药液颜色变深，则不可以使用。

**【药动学】**本品静脉注射后，很快达到有效血浓度，数分钟后被抑制的血中胆碱酯酶活性即开始复活，临床中毒症状也有所缓解。静脉注射后在肝、肾、脾、心等器官含量较高，肺、骨骼肌和血中次之。因脂溶性差，不易透过血脑屏障，但临床应用大剂量时，对中枢症状有一定缓解作用，故认为碘解磷定在大剂量时也能通过血脑屏障进入中枢神经系统。本品在肝迅速代谢，由肾排出，在体内无蓄积作用，半衰期较短，一次给药，作用仅维持 1.5h 左右，必须反复用药。维生素 $B_1$ 能延长其半衰期。

**【作用与应用】**本品对胆碱酯酶的复活作用，在神经肌肉接头处最为显著，可迅速制止有机磷中毒所致的肌束颤动。对有机磷引起的烟碱样症状抑制作用明显，而对毒蕈碱样症状则抑制作用较弱，对中枢神经症状抑制作用也不明显，而且对体内已蓄积的乙酰胆碱无作用。所以对轻度有机磷中毒，可单独应用本品或阿托品控制中毒症状，但对中度或重度中毒时，则必须并用阿托品。

碘解磷定可用于解救多种有机磷中毒，但其解毒作用有一定选择性，如对内吸磷(1059)、对硫磷（1605)、特普、乙硫磷中毒的疗效较好；对马拉硫磷、敌敌畏、敌百虫、乐果、甲氟磷、丙胺氟磷和八甲磷等中毒的疗效较差；对氨基甲酸酯类杀虫剂中毒则无效。

**【应用注意】**①本品应用时间至少维持 48～72h，以防延迟吸收的有机磷引起中毒程度加重，甚至致死。②本品在碱性溶液中易分解为有剧毒的氰化物，所以禁止与碱性药物配伍。③与阿托品联合应用时，能增强阿托品的作用，故要减少阿托品剂量。④静脉注射速度过快会产生呕吐、心动过速、运动失调等。⑤药液刺激性强，应防止漏至皮下。

**【用法与用量】**静脉注射：一次量，每千克体重，家畜 15～30mg。症状缓解前，2h 注射一次；症状缓解后，每天 4～6 次，连用 1～2d。

**【制剂】**碘解磷定注射液。

### 氯解磷定（Pralidoxime Chloride）

又称氯磷定。本品作用与碘解磷定相似，但作用较碘解磷定强、见效快，且水溶性和稳定性好，毒性较低，肌内注射或静脉注射皆可。本品是目前胆碱酯酶复活剂中的首选药物，主要用于有机磷中毒的解救。

**【用法与用量】**同碘解磷定。

**【应用注意】**同碘解磷定。

## 二、亚硝酸盐中毒的特异性解毒药

亚硝酸盐来自于饲料中的硝酸盐。富含硝酸盐的饲料有小白菜、白菜、萝卜叶、莴苣叶、菠菜、甜菜茎叶、甘薯藤叶、多种牧草和野菜等。当其储存、保管、调制不当时，如青绿饲料长期堆放变质、腐烂，青贮饲料长时间焖煮在锅里等情况下，使饲料中的硝酸盐被大量繁殖的硝酸盐还原菌（反硝化细菌）还原，产生大量的亚硝酸盐，被动物采食后引起中毒。饲料中的硝酸盐被动物采食后，在胃肠道微生物的作用下也可转化为亚硝酸盐，并进一步还原为氨被利用，但是当牛、羊等反刍动物瘤胃 pH 和微生物群发生异常变化，使亚硝酸盐还原为氨的过程受到限制时，采食大量新鲜的青绿饲料后，可引起亚硝酸盐中毒。另外，耕地排出的水、浸泡过大量植物的坑塘水及厩舍、积肥堆、垃圾堆附近的水源中也都含有大量硝酸盐或亚硝酸盐，当动物采食以上含有大量硝酸盐的饲料、饮水时，也可引起亚硝酸盐中毒。

### （一）中毒机理

亚硝酸盐被机体吸收后，其毒性表现为两个方面：一是亚硝酸盐利用其氧化性将血液中正常的低铁血红蛋白（$HbFe^{2+}$/Hb）转化为高铁血红蛋白（$HbFe^{3+}$/MHb），使其失去携氧和释放氧的能力，导致血液不能给组织供氧，引起全身组织严重缺氧而中毒。二是亚硝酸盐能抑制血管运动中枢，使血管扩张，血压下降。另外，在一定的条件下，亚硝酸盐在体内可与仲胺或酰胺结合，生成致癌物亚硝胺或亚硝酸胺，长期作用可诱发癌症。动物中毒后，主要表现呼吸加快、心跳增速、黏膜发绀、流涎、呕吐、运动失调，严重时呼吸中枢麻痹，最终窒息死亡。血液呈酱油色，且凝固时间延长。

**（二）解毒机理**

针对亚硝酸盐中毒的毒理，通常使用高铁血红蛋白还原剂，如小剂量亚甲蓝、硫代硫酸钠等，使高铁血红蛋白还原为低铁血红蛋白，恢复其携氧能力，解除组织缺氧的中毒症状。解毒时，配合使用呼吸中枢兴奋药（尼可刹米等）及其他还原剂（维生素 C 等）治疗，可提高疗效。

**（三）常用药物**

### 亚甲蓝（Methylthioninium Chloride）

**【理化性状】**又称美蓝、甲烯蓝。为深绿色、有铜样光泽的柱状结晶或结晶性粉末。易溶于水和乙醇，溶液呈深蓝色。应遮光、密闭保存。

**【药动学】**本品内服不易吸收。在组织中可迅速被还原为还原型亚甲蓝，并部分被代谢。亚甲蓝、还原型亚甲蓝及代谢产物均经肾缓慢排出。

**【作用与应用】**使用亚甲蓝后，因其在血液中浓度的不同，对血红蛋白可产生氧化和还原两种作用。

（1）小剂量的亚甲蓝产生还原作用。小剂量的亚甲蓝进入机体后，在体内还原型辅酶Ⅰ脱氢酶的作用下，迅速被还原成还原型亚甲蓝（MBH2），还原型亚甲蓝具有还原作用，能将高铁血红蛋白还原成低铁血红蛋白，重新恢复其携氧的功能，同时还原型亚甲蓝又被氧化成氧化型亚甲蓝（MB），如此循环进行。此作用常用于治疗亚硝酸盐中毒及苯胺类等所致的高铁血红蛋白症。葡萄糖能促进亚甲蓝的还原作用，常与高渗葡萄糖溶液合用以提高疗效。

（2）大剂量的亚甲蓝产生氧化作用。给予大剂量的亚甲蓝（MB）时，体内还原型辅酶Ⅰ脱氢酶来不及迅速、完全地将氧化型亚甲蓝转化为还原型，未被转化的氧化型亚甲蓝直接利用其氧化作用，使正常的低铁血红蛋白氧化成高铁血红蛋白，此作用可加重亚硝酸盐中毒，但可用于解除氰化物中毒。

**【应用注意】**①亚甲蓝刺激性大，禁忌皮下或肌内注射。②亚甲蓝溶液与许多药物、强碱性溶液、氧化剂、还原剂和碘化物存在配伍禁忌，所以不得与其他药物混合注射。③葡萄糖能促进亚甲蓝的还原作用，故应用其解除亚硝酸盐中毒时，常与高渗葡萄糖溶液合用以提高疗效。

**【用法与用量】**静脉注射：一次量，每千克体重，家畜，治疗亚硝酸盐中毒 1～2mg，治疗氰化物中毒 10mg（最大剂量 20mg），应与硫代硫酸钠交替使用。

**【制剂】**亚甲蓝注射液。

## 三、氰化物中毒的特异性解毒药

富含氰苷的饲料有亚麻籽饼、木薯、某些豆类（如海南刀豆）、某些牧草（如苏丹草），高粱幼苗及再生苗、橡胶籽饼及桃、李、梅、杏、枇杷、樱桃等蔷薇科植物的叶及核仁、马铃薯幼芽、醉马草等。当动物采食大量以上饲料后，氰苷在胃肠内水解形成大量氢氰酸导致中毒。另外，工业生产用的各种无机氰化物（氰化钠、氰化钾、氯化氰等）、有机氰化物（乙腈、丙烯腈、氰基甲酸甲酯）等污染饲料、牧草、饮水或被动物误食后，也可导致氰化物中毒。牛对氰化物最敏感，其次是羊、马和猪。

**（一）中毒机理**

氰苷本身无毒，在胃内氰苷水解形成的氢氰酸被吸收后，氰离子（$CN^-$）能迅速与氧化型细胞色素氧化酶中的 $Fe^{3+}$ 结合，形成氰化高铁细胞色素氧化酶，从而阻碍此酶转化为 $Fe^{2+}$ 的还原型细胞色素氧化酶，使酶失去传递电子、激活分子氧的功能，使组织细胞不能利用氧，形成“细胞内窒息”，导致细胞缺氧，引起动物中毒。由于氢氰酸在类脂质中溶解度大，并且中枢神经对缺氧敏感，所以氢氰酸中毒时，中枢神经首先受到损害，并以呼吸和血管运动中枢为甚，动物表现先兴奋后抑制，终因呼吸麻痹，窒息死亡。血液呈鲜红色为其主要特征。

**（二）解毒机理**

使用氧化剂（如亚硝酸钠、大剂量的亚甲蓝等）结合供硫剂（硫代硫酸钠）联合解毒。

氧化剂使部分低铁血红蛋白氧化为高铁血红蛋白，高铁血红蛋白中的 $Fe^{3+}$ 与 $CN^-$ 有很强的结合力，不但能与血液中游离的 $CN^-$ 结合，形成氰化高铁血红蛋白，使 $CN^-$ 不能产生其毒性作用，还能夺取已与细胞色素氧化酶结合的 $CN^-$，使细胞色素氧化酶复活而发挥解毒作用。但形成的氰化高铁血红蛋白不稳定，可离解出部分 $CN^-$ 而再次产生毒性，所以需进一步给予供硫剂硫代硫酸钠，使其在体内转硫酶的作用下，与 $CN^-$ 形成稳定而毒性很小的硫氰酸盐，随尿液排出而彻底解毒。

**（三）常用药物**

### 亚硝酸钠（Sodium Nitrite）

**【性状】** 为无色或白色至微黄色结晶。无臭，味微咸，有潮解性。

**【作用与应用】** 本品为氧化剂，可将血红蛋白中的二价铁氧化成三价铁，形成高铁血红蛋白而解救氰化物中毒。因本品仅能暂时性地延迟氰化物对机体的毒性，所以静脉注射数分钟后，应立即使用硫代硫酸钠。亚硝酸钠容易引起高铁血红蛋白症，故不宜反复使用。

**【不良反应】** ①本品有扩张血管作用，注射速度过快时，可致血压降低、心动过速、出汗、休克、抽搐。②用量过大时可因形成过多的高铁血红蛋白，而出现紫绀、呼吸困难等亚硝酸盐中毒的缺氧症状。

**【用法与用量】** 静脉注射：一次量，马、牛 2g，猪、羊 0.1～0.2g，临用时用注射用水配成 1%的溶液缓慢静脉注射。

**【制剂】** 亚硝酸钠注射液。

### 硫代硫酸钠（Sodium Thiosulfate）

**【性状】** 又称次亚硫酸钠、大苏打。为无色、透明的结晶或结晶性细粒。无臭，味咸，有风化性和潮解性。

**【作用与应用】** 本品在体内转硫酶的作用下，可游离出硫原子，与游离的或已与高铁血红蛋白结合的$CN^-$结合，生成无毒的且比较稳定的硫氰酸盐由尿排出，故可配合亚硝酸钠或亚甲蓝解救氰化物中毒。另外，本品有还原性，可使高铁血红蛋白还原为低铁血红蛋白，并可与多种金属或类金属离子结合形成无毒硫化物排出，所以也可用于亚硝酸盐中毒及砷、汞、铅、铋、碘等中毒。因硫代硫酸钠被吸收后能增加体内硫的含量，增强肝的解毒机能，所以能提高机体的一般解毒功能，可用作一般解毒药。

**【应用注意】**解救氰化物中毒时，本品解毒作用产生较慢，应先静脉注射作用产生迅速的氧化剂如亚硝酸钠或亚甲蓝后，立即缓慢注射本品，不能与亚硝酸钠混合后同时静脉注射；对内服氰化物中毒的动物，还应使用5%本品溶液洗胃，并于洗胃后保留适量溶液于胃中。

**【用法与用量】**肌内、静脉注射：一次量，马、牛5～10g，羊、猪1～3g,犬、猫1～2g。

**【制剂】**硫代硫酸钠注射液。

## 四、金属及类金属中毒的特异性解毒药

随着工业的迅速发展，金属、类金属对环境的污染越来越严重，使人类及动物广泛地接触金属、类金属元素，并通过各种生态链进入体内而引起中毒。引起中毒的金属主要有汞、铅、铜、银、锰、铬、锌、镍等，类金属主要有砷、锑、磷、铋等。

### （一）中毒机理

金属及类金属进入机体后解离出金属或类金属离子，这些离子除了在高浓度时直接作用于组织产生腐蚀作用，使组织坏死外，还能与组织细胞中的酶（主要为含巯基的酶如丙酮酸氧化酶等）相结合，使酶失去活性，影响了组织细胞的功能，使细胞的物质代谢发生障碍而出现一系列中毒症状。

### （二）解毒机理

解毒常使用金属络合剂。它们与金属、类金属离子有很强的亲和力，可与金属、类金属离子络合形成无活性难解离的可溶性络合物，随尿排出。金属络合剂与金属、类金属离子的这种亲和力大于含巯基酶与金属、类金属离子的亲和力，其不仅可与金属及类金属离子直接结合，而且还能夺取已经与酶结合的金属及类金属离子，使组织细胞中的酶复活，恢复其功能，起到解毒作用。

### （三）常用药物

#### 二巯丙醇（Dimercaprol）

**【性状】**为无色或几乎无色、易流动的液体。有强烈的、类似蒜的异臭。在水中溶解，但水溶液不稳定。一般配成10%油溶液（加有9.6%苯甲酸苄酯）供肌内注射用。

**【作用及应用】**本品属巯基络合剂，能竞争性与金属离子结合，形成较稳定的水溶性络合物，随尿排出，并使失活的酶复活。但二巯丙醇与金属离子形成的络合物在动物体内有一部分可重新逐渐解离出金属离子和二巯丙醇，后者很快被氧化并失去作用，而游离出的金属离子仍能引起机体中毒，故必须反复给予足够剂量的二巯丙醇，使其在血液中与金属离子浓度保持2∶1的优势，使解离出的金属离子再度与二巯丙醇结合，直至由尿排出为止。巯基酶与金属离子结合得越久，酶的活性越难恢复，所以在动物接触金属后1～2h内用药，效果较好，超过6h则作用减弱。

本品主要用于治疗砷中毒，对汞和金中毒也有效。与依地酸钙钠合用，可治疗幼小动物的急性铅脑病。本品对其他金属的促排效果如下：排铅不及依地酸钙钠，排铜不如青霉胺，对锑和铋无效。

**【不良反应】** 二巯丙醇对肝、肾具有损害作用，并有收缩小动脉作用。过量使用可引起动物呕吐、震颤、抽搐、昏迷，甚至死亡。由于药物排出迅速，多数为暂时性的。

**【应用注意】** ①本品刺激性强，仅供深部肌内注射；②肝、肾功能不良动物应慎用；③碱化尿液可减少络合物的重新解离，减轻肾损害；④本品可与镉、硒、铁、铀等金属形成有毒络合物，其毒性作用高于金属本身，故应避免同时应用硒和铁盐等，最后一次使用本品后，至少经过24h后才能应用硒、铁制剂；⑤二巯丙醇本身对机体其他酶系统也有一定抑制作用，如抑制过氧化物酶系的活性，而且其氧化产物又能抑制含巯基酶，故应控制好用量。

**【用法与用量】** 肌内注射：一次量，每千克体重，家畜3mg，犬、猫2.5～5mg。用于砷中毒，第1～2天每4h一次，第3天每8h一次，以后10天内，每天2次直至痊愈。

**【制剂】** 二巯丙醇注射液。

### 二巯丙磺钠（Sodium Dimercaptopropane Sulfonate）

又称解砷灵。本品作用基本与二巯丙醇相似，但毒性较小。除对砷、汞中毒有效外，对铋、铬、锑亦有效。

**【用法与用量】** 肌内、静脉注射：一次量，每千克体重：马、牛5～8mg，猪、羊7～10mg，第1～2天每4～6h一次，第3天开始每天2次。

**【制剂人】** 二巯丙磺钠注射液。

### 二巯丁二钠（Sodium Dimercaptosuccinate）

**【性状】** 又称二巯琥珀酸钠。为白色粉末。易潮解，水溶液无色或微红色，不稳定，久置后毒性增大。如溶液发生混浊或呈土黄色时，不能使用，须新鲜配制。

**【作用与应用】** 本品为广谱金属解毒剂，毒性较低，无蓄积性作用。对锑的解毒作用最强，比二巯丙醇高10倍；对汞、砷的解毒作用与二巯丙磺钠相同。排铅作用不亚于依地酸钙钠。主要用于锑、汞、砷、铅中毒，也可用于铜、锌、镉、钴、镍、银等金属中毒。

**【用法与用量】** 静脉注射：一次量，每千克体重，家畜20mg，一般用生理盐水稀释成5%～10%溶液，缓慢注入。急性中毒，每天4次，连用3d。慢性中毒，每天1次，5～7d为一疗程。

**【制剂】** 注射用二巯丁二钠。

### 青霉胺（Penicillamine）

**【性状】** 又称二甲基半胱氨酸。为青霉素分解产物，属单巯基络合物。为近白色细微晶粉，易溶于水。*N*-乙酰-*DL*-青霉胺为青霉胺的衍生物，毒性较低。

**【作用与应用】** 本品毒性低于二巯丙醇，不良反应少。可用于铜、铁、汞、铅、砷等中毒或其他络合剂有禁忌时。对铜的解毒作用强于二巯丙醇，对铅、汞中毒的解毒作用不及依地酸钙钠和二巯丙磺钠，汞中毒解救时用*N*-乙酰-*DL*-青霉胺优于青霉胺。

**【不良反应】** 本品可影响胚胎发育。动物试验发现致胎儿骨骼畸形和腭裂等。

**【用法与用量】** 内服：一次量，每千克体重，家畜 5～10mg，每天 4 次，5～7d 为一疗程。间歇 2d。

**【制剂】** 青霉胺片。

### 去铁胺（Deferoxamine）

**【性状】** 又称去铁敏，系链球菌的发酵液中提取的天然物。呈白色结晶性粉末。易溶于水，水溶液性质稳定。

**【作用与应用】** 本品属羟肟酸络合物，其羟肟酸基团与游离的或已与蛋白质结合的三价铁和铝（$Al^{3+}$）有很强的结合力，与其结合形成稳定无毒的可溶性络合物（在酸性条件下这种结合作用更强），由尿排出。但其与其他金属离子的结合力较小，所以主要用于铁中毒的解救。能清除铁蛋白和含铁血黄素中的铁离子，但对转铁蛋白中铁离子清除作用不强，更不能清除血红蛋白、肌红蛋白和细胞色素中的铁离子，因此不会产生缺铁怀贫血。

**【不良反应】** ①动物试验可诱发胎儿骨畸形，妊娠动物不宜使用；②严重肾功能不全动物禁用，老年动物慎用；③用药后可出现腹泻、心动过速、肌肉震颤等症状。

**【用法与用量】** 肌内注射：参考一次量，每千克体重，开始量 20mg，维持量 10mg。总日量，每千克体重，不超过 120mg。

**【制剂】** 注射用去铁胺。

### 依地酸钙钠（Calcium Disodium Edetate，EDTA $Ca\text{-}Na_2$）

**【性状】** 又称解铅乐。为白色结晶性或颗粒性粉末。易潮解，易溶于水。

**【作用与应用】** 本品属氨羧络合剂，能与多种二价、三价重金属离子络合形成无活性可溶性的环状络合物，由组织释放到细胞外液，经尿排出，产生解毒作用。本品与各种金属的络合能力不同，其中与铅的络合作用最强，与其他金属的络合效果较差，对汞和砷无效。主要用于治疗铅中毒，对无机铅中毒有特效。亦可用于镉、锰、铬、镍、钴和铜中毒。

**【应用注意】** ①本品具有动员骨铅，并与之络合的作用，而肾又不可能迅速排出大量的络合铅，所以超剂量应用本品，不仅对铅中毒的治疗效果不佳，而且可引起肾小管上皮细胞损害、水肿，甚至引起急性肾功能衰竭。②对各种肾病患畜和肾毒性金属中毒动物应慎用，对少尿、无尿和肾功能不全的动物应禁用。③本品不宜长期连续使用。动物实验证明，本品可增加小鼠胚胎畸变率，但增加饲料和饮水中锌的含量，则可预防之。依地酸钙钠对犬具有严重的肾毒性。每千克体重，犬的致死剂量为 12g。

**【用法与用量】** 静脉注射：一次量，马、牛 3～6g，猪、羊 1～2g，每天 2 次，连用 4d。临用时用生理盐水或 5%葡萄糖溶液稀释成 0.25%～0.5%的浓度，缓慢静脉注射。

皮下注射，每千克体重，犬、猫 25mg。

**【制剂】** 依地酸钙钠注射液。

## 五、有机氟中毒的特异性解毒药

在农业生产中常使用有机氟杀虫剂和杀鼠剂，如氟乙酸钠、氟乙酰胺、甲基氟乙酸等消灭农作物害虫。家畜有机氟中毒通常是因为误食以上有机氟毒饵及其中毒死亡的动物、或被有机氟污染的饲草料、饮水等发生中毒。有机氟可通过各种途径从皮肤、消化道和呼吸道侵入动物机体发生急性或慢性氟中毒。

### （一）中毒及解毒机理

中毒机理尚不完全清楚，目前认为有机氟进入机体后在酰胺酶作用下分解生成氟乙酸，氟乙酸与辅酶 A 作用生成氟乙酰辅酶 A，后者再与草酰乙酸缩合形成氟柠檬酸。由于氟柠檬酸与柠檬酸的化学结构相似，可与柠檬酸竞争三羧酸循环中的乌头酸酶，并抑制其活性，从而阻止了柠檬酸转化为异柠檬酸的过程，造成柠檬酸堆积，破坏了体内三羧酸循环，使糖代谢中断，组织代谢发生障碍。同时组织中大量的柠檬酸可导致组织细胞损害，引起心脏和中枢神经系统功能紊乱，使动物中毒。表现不安、厌食、步态失调、呼吸心跳加快等症状，甚至死亡。

### （二）常用药物

#### 乙酰胺（Acetamide）

**【性状】**又称解氟灵。为白色结晶性粉末。溶于水。

**【作用与应用】**乙酰胺与氟乙酰胺等有机氟的化学结构相似，进入体内后与氟乙酰胺等有机氟竞争酰胺酶，使氟乙酰胺等不能分解产生对机体有害的氟乙酸。同时乙酰胺本身分解产生的乙酸能干扰氟乙酸的作用，因而解除有机氟中毒。主要用于解除氟乙酰胺和氟乙酸钠的中毒。

**【应用注意】**本品酸性强，肌内注射时局部疼痛，可配合应用普鲁卡因，以减轻疼痛。

**【用法与用量】**肌内、静脉注射：一次量，每千克体重，家畜 50～100mg。

此外，滑石粉中含有镁离子，能与氟离子形成配合物，减少氟的吸收，降低血中氟浓度。也可用于奶牛地方性氟中毒。

**【制剂】**乙酰胺注射液。

## 知识拓展

### 一、氨基甲酸酯类农药中毒的毒理与解毒药

近年来氨基甲酸酯类杀虫剂、杀菌剂、除草剂等在农业生产上的应用越来越广泛。如西维因、速灭威、呋喃丹、氧化萎锈、萎锈灵、抗鼠灵等。本类农药的化学结构、理化性质、毒性大多相似。

本类农药经消化道、呼吸道和皮肤黏膜吸收进入机体，抑制胆碱酯酶水解乙酰胆碱的作用，造成体内乙酰胆碱大量蓄积，出现胆碱能神经过度兴奋的中毒症状。另外，氨基甲酸酯类还可阻碍乙酰辅酶 A 的作用，使糖原的氧化过程受阻，导致肝、肾及神经病变。

呋喃丹除以上毒性外，尚可在体内水解产生氰化氢，离解出氰离子，产生氰化物中毒的症状。

解救可首选阿托品，并配合输液，消除肺水肿、脑水肿及兴奋呼吸中枢等对症疗法。重度呋喃丹中毒时，应用亚硝酸钠、硫代硫酸钠等。但一般禁用肟类胆碱酯酶复活剂。

## 二、杀鼠剂中毒与解毒

目前杀鼠剂种类很多，按其性质分为有机氟杀鼠剂（如氟乙酰胺、甘氟）、无机磷杀鼠剂（如磷化锌）、抗凝血杀鼠剂（如敌鼠、华发令）、有机磷杀鼠剂（如毒鼠磷）及其他杀鼠剂（如安妥、溴甲烷），在此主要叙述抗凝血杀鼠剂中毒的解救。

抗凝血杀鼠剂主要的品种按其化学结构可分为香豆素衍生物（如华发令）和茚满二酮类（如敌鼠、杀鼠酮）两大类。畜禽常因误食毒饵、死鼠以及采食被杀鼠剂污染的饲料、饮水等引起中毒。杀鼠剂主要经消化道吸收，进入机体后，产生与维生素 K 相颉颃的作用，干扰维生素 K 的氧化还原循环，使肝细胞生成的凝血酶原和维生素 K 依赖性凝血因子Ⅱ、Ⅴ及Ⅶ等不能转化为有活性的凝血蛋白，从而影响凝血过程，导致出血倾向。

华发令等香豆素类杀鼠剂只影响维生素 K 依赖性凝血因子的生成，对血浆中已形成的维生素 K 依赖性凝血因子不产生影响。此外，华发令还可扩张并破坏毛细血管，使其通透性、脆性增加，导致血管破裂、出血加重。动物中毒后，以肺出血最严重，其次为脑、消化道和胸腔血管出血，如不及时解救，可引起死亡。

解毒主要通过增加体内维生素 K 的含量，提高其与杀鼠剂竞争的优势，恢复并加强原有的各种生理功能，如参与合成各种凝血因子，促进血凝等，解除中毒。亚硫酸氢钠甲萘醌是本类杀鼠剂中毒的特效解毒药。

亚硫酸氢钠甲萘醌注射液，1mL∶4mg、10mL∶40mg、10mL∶150mg。静脉注射，一次量，马、牛 100～300mg，猪、羊 30～50mg，犬 10～30mg。加入 5%或 10%葡萄糖溶液 1 000mL 中静滴，连用 3d 后可止血，止血后用以上剂量再肌内注射 7d 左右，方可停药，并观察一周，以免复发。同时配合维生素 C 和氢化可的松及其他对症治疗药。

## 三、蛇毒中毒与解毒

蛇毒中毒主要是家畜在放牧过程中被毒蛇咬伤时，毒牙将毒液注入皮下组织，经淋巴循环或毛细血管吸收而引起。毒蛇种类很多，蛇毒成分也很复杂，每种蛇毒含一种以上的有毒成分。蛇毒的成分有神经毒素、心脏毒素、血循毒素、细胞毒素和酶等。神经毒素可抑制乙酰胆碱的释放和阻断 $N_2$ 胆碱受体，使胆碱能神经兴奋性降低，导致全身肌肉麻痹，呼吸停止而死亡。心脏毒素可损害心脏功能，甚至可使心脏停止于收缩期，毒性比神经毒低。血液毒常因其凝血毒素和抗凝血毒素引起血栓或出血。

毒蛇咬伤的局部常有红、肿、水泡、血泡、剧痛及组织坏死、流血不止等现象。蛇毒中毒后表现全身症状为吞咽困难，舌活动不灵，失声，眼睑下垂，全身肌肉松弛瘫痪，呼吸逐渐困难，最后因呼吸麻痹而死亡。有的还出现急性肾功能衰竭、全身出血等。

解毒首先采用非特异性处理措施，将毒蛇咬伤的局部进行处理，破坏毒素，延缓毒素吸收。同时应用特效药抗蛇毒血清，中和蛇毒。有单价抗蛇毒血清和多价抗蛇毒血清，前者针对某一种蛇毒效果好，后者治疗范围较广，但疗效较差。

我国目前生产有多种精制抗蛇毒血清，它们具有特效、速效等优点。但治疗中应早期、足量使用。静脉注射量，抗蝮蛇毒血清6 000IU，抗五步蛇毒血清8 000IU，抗银环蛇毒血清10 000IU，抗眼镜蛇毒血清2 000IU，以生理盐水稀释至 40mL，缓慢静脉注射。中毒较重的病例可酌情增加剂量。

## 复习思考题

### 一、判断题

1. 阿托品可解除有机磷中毒时，流涎、腹痛、肌肉抽搐、痉挛等症状。（　　）
2. 亚硝酸钠和硫代硫酸钠同时使用，可迅速彻底解救氰化物中毒。（　　）
3. 亚硝酸盐中毒时应选用大剂量的亚甲蓝解毒。（　　）
4. 氰化物中毒时选用小剂量的亚甲蓝解毒。（　　）

### 二、选择题

1. 解磷定用于解救动物严重有机磷中毒时，必须联合应用的药物是（　　）。
   A. 亚甲蓝　B. 阿托品　C. 亚硝酸钠
   D. 氨甲酰胆碱　E. 硫代硫酸钠
2. 用亚甲蓝解救亚硝酸盐中毒的浓度是（　　）。
   A. 1～2mg/kg　B. 10mg/kg　C. 5mg/kg　D. 20mg/kg
3. 亚硝酸盐解救氰化物中毒时，必须联合应用的药物是（　　）。
   A. 碳酸氢钠　B. 硫代硫酸钠　C. 阿托品　D. 亚甲蓝
4. 解救动物重金属中毒时，不可选用的药物是（　　）。
   A. 二巯基丙醇　B. 阿托品　C. 依地酸钙　D. 青霉胺
5. 抗凝血剂类杀鼠药中毒选用的解救剂是（　　）。
   A. 维生素B族　B. 维生素K　C. 维生素A　D. 维生素E

### 三、问答题

1. 李先生的一只京巴犬，外出归家后突然发病，流涎、呕吐、腹泻，全身肌肉颤抖，呼吸困难，瞳孔缩小，经诊断为有机磷酸酯类中毒。应如何解救？并说明解毒机理。

2. 硫代硫酸钠有哪些用途？为什么解救氰化物中毒时，要将其与亚硝酸钠联合使用？

3. 为什么亚甲蓝既能解救亚硝酸盐中毒，也能解救氰化物中毒？

## 实践技能

### 实训十七　有机磷酸酯类中毒及解救

【目的要求】观察有机磷酸酯类的中毒症状，掌握有机磷中毒的解救方法。

【材料】

**1. 动物**　家兔。

**2. 药品**　10%敌百虫溶液、0.1%硫酸阿托品注射液、2.5%碘解磷定注射液。

**3. 器材**　家兔固定器、注射器（1mL、5mL）、6号针头、尺子、消毒棉球、干棉球、听诊器、剪毛剪、台秤。

【方法和步骤】

(1) 取家兔3只，称重并标记后，分别观察其正常活动、唾液分泌情况，测其瞳孔大小、呼吸与心率、胃肠蠕动，并剪去背部或腹部被毛，观察有无肌肉震颤现象，将观察结果详细记录。

（2）按每千克体重 1mL 给 3 只家兔分别耳静脉缓慢注射 10%敌百虫溶液，待症状明显时，观察以上指标有何变化，并记录。

（3）在中毒的 3 只家兔中，甲兔按每千克体重 1mL 耳根部皮下注射 0.1%硫酸阿托品注射液；乙兔按每千克体重 2mL 耳静脉注射 2.5%碘解磷定注射液；丙兔同时注射 0.1%硫酸阿托品注射液和 2.5%碘解磷定注射液，方法、剂量同甲、乙兔。

（4）分别观察甲、乙、丙 3 只家兔上述各项指标有何变化，并记录在下表：

| 兔号 | 药物 | 瞳孔大小（mm） | 唾液分泌（口腔干湿度） | 胃肠蠕动（排粪、尿情况） | 肌肉震颤 | 呼吸次数（次/min） | 心率（次/min） |
|---|---|---|---|---|---|---|---|
| 甲 | 给药前 | | | | | | |
| | 注射敌百虫后 | | | | | | |
| | 注射阿托品后 | | | | | | |
| 乙 | 给药前 | | | | | | |
| | 注射敌百虫后 | | | | | | |
| | 注射碘解磷定后 | | | | | | |
| 丙 | 给药前 | | | | | | |
| | 注射敌百虫后 | | | | | | |
| | 注射阿托品和碘解磷定后 | | | | | | |

【作业】

1. 分析敌百虫中毒的毒理，使用阿托品、碘解磷定各能消除哪些中毒症状？为什么？
2. 撰写实验报告。

# 动物毒理
# 基础知识篇

DONGWU DULI JICHU ZHISHI PIAN

# 子单元一　概　述

动物毒理学是研究毒物及其与动物机体之间相互作用的科学，是毒理学与兽医学相结合而形成的一门分支学科。它运用毒理学的理论与方法，从临床与食用动物产品的角度来研究有害有毒物质的种类、来源、性质、化学结构与毒性作用关系、毒物动力学、中毒机理与中毒诊治、新兽药的安全评价、动物性食品中药物残留对人体健康的危害等内容。

## 一、动物毒理研究的内容及方法

**1. 研究的内容**　动物毒理学研究的内容十分广泛，主要有：①化合物的结构、理化性质与其对动物毒性之间的关系。②毒物及其对动物的毒性，包括：毒物的种类、分类、一般性质、毒性作用、中毒机理。③毒物引起动物中毒的原因、发病规律等。④毒物动力学，即毒物在动物体内的吸收、分布、转化及排泄的规律，药物作用的部位，毒物与剂量的关系等。⑤动物中毒病的诊断技术与毒物检验技术，包括：中毒的特征、临床症状、病理剖检变化、组织学变化、动物组织材料及其他材料中的毒物分析等。⑥动物中毒病的有效防治措施。⑦有毒物质、药物和化学药品等在食品动物组织中的残留，确定是否禁用、使用范围和目的、允许使用的动物种类、休药期、制定允许残留量标准、提出监测与控制药物在动物组织残留的措施等。⑧对药物、饲料添加剂进行毒理学安全性评价。

**2. 毒理学研究的方法**　与药理学相似，主要有实验室方法和动物群体的直接观测调查。

（1）实验室方法。包括化学方法和生物方法。化学方法是利用分析化学和仪器分析等，研究毒物的化学组成、性质及生物体中毒物含量的检测等。生物方法是利用实验动物或其他生物，通过观察染毒后生物体的各种变化，研究毒物一般毒性作用和特殊毒性作用、作用机理、动力学、影响毒性作用的因素，以及安全性毒理学评价。它分为体内试验和体外试验，前者通常以整体动物为对象进行研究；后者是利用微生物、细胞或组织培养等方法进行研究。

（2）对动物群体的直接观测调查。是利用流行病学的调查方法，对接触了外源化学物的动物群体进行调查，这既可验证实验毒理学的结果，又可直接观察到外源化学物对生物体的毒性作用，为制定防治措施提供依据。

## 二、动物毒理学的常用术语

**1. 毒物**　在一定条件下，能对活的机体产生损害作用或使机体出现异常反应甚至造成死亡的物质，称为毒物。

**2. 毒素**　是由活的机体产生的一类特殊毒物。根据其来源分为植物毒素、动物毒素、霉菌毒素和细菌毒素等。细菌毒素又分为内毒素和外毒素。凡是通过叮咬（如蛇、蚊子）或蜇刺（如蜂类）传播的动物毒素称为毒液。

**3. 毒性**　即毒力，是指外源化学物对机体产生有害生物学作用的能力。一种外源化学物对机体产生有害生物学作用的能力越大，则其毒性就越大。

**4. 剂量** 通常是指机体接触外源化学物的量或给予受试物的量，单位每千克体重的质量（单位：mg）。当一种化学毒物经不同的途径（如胃肠道、呼吸道、皮肤、注射等）与动物机体接触时，其吸收的量和吸收速率各不相同，因此在说明剂量时，必须标注染毒途径，并且除静脉注射外，其他各种染毒途径均需考虑该化学物的吸收系数，即吸收进入血液的量与染毒量之比。

**5. 剂量-效应关系** 指外源化学物的剂量与其在个体或群体中引起的某种量效应强度间的关系。毒理效应与剂量在一定范围内成比例，如空气中的一氧化碳浓度（表示剂量）增加，导致红细胞中碳氧血红蛋白含量（表示效应）随之升高。

**6. 剂量-反应关系** 指某种外源化学物的剂量与其引起某种质效应的个体在群体中所占比例的关系。它反应的是剂量大小与群体中出现特定症状的个体数量或百分比的关系，是群体概念。

**7. 毒作用** 即毒效应，是指外源化学物或其代谢产物在靶组织或靶器官达到一定数量后，对动物机体引起的有害生物学效应。

**8. 绝对致死量或浓度**（$LD_{100}$或$LC_{100}$） 是指外源化学物引起受试动物全部死亡的最低剂量（或浓度）。在一个动物群体中，不同个体之间对外源化学物的耐受性存在差异，$LD_{100}$也常有很大的波动性。因此，一般不把$LD_{100}$作为评价化学物毒性大小或对不同化学物毒性进行比较的参数。

**9. 最大耐受量或浓度**（$LD_0$ 或 $LC_0$） 是指外源化学物不引起受试动物死亡的最高剂量（或浓度）。

**10. 半数致死量或浓度**（$LD_{50}$或$LC_{50}$） 是指给受试动物一次或者24h内多次染毒后引起半数动物死亡的最小剂量（或浓度）。

**11. 阈剂量** 又称最小作用剂量（MEL），是指在一定时间内，某种外源化学物按一定的方式与机体接触，使机体产生不良效应的最低剂量。阈剂量又有急性阈剂量和慢性阈剂量之分，急性阈剂量是与化学毒物一次接触所得的阈剂量，慢性阈剂量则为长期反复多次与化学毒物接触所得的阈剂量。

**12. 无作用剂量**（NOEL） 又称最大无作用剂量，是指某种外源化学物在一定的时间内，按一定方式与机体接触后，未能观察到对机体产生不良效应的最高剂量，也称为未观察到损害作用剂量。

**13. 日许量** 即每日允许摄入量（ADI），是指人类终生每日随同食物、饮水和空气摄入某种外源化学物而对健康不引起任何可观察到损害作用的剂量。

**14. 高敏感性与高耐受性** 高敏感性是指动物群体接触较低剂量的特异性外源化学物后，当大多数动物尚未表现任何异常时，就有少数动物个体出现了中毒症状；高耐受性与高敏感性相对应，是指接触某一外源化学物的动物群体中有少数个体对其毒作用特别不敏感，可以耐受高于其他个体所能耐受的剂量，耐受倍数可达2～5倍。

**15. 急性毒作用带**（Zac） 是指外源化学物半数致死量与急性阈剂量的比值。化学物的急性毒作用带越窄，即比值越小，说明该化学物从产生可观察的损害到导致急性死亡的剂量范围窄，引起急性致死的危险性就越大；反之，则引起急性致死的危险性就越小。即外源化学物急性毒作用带的大小与其引起急性致死的危险性成反比。

**16. 慢性毒作用带**（Zch） 是指外源化学物急性阈剂量与慢性阈剂量的比值。如果化学物的慢性毒作用带越宽，即比值越大，说明该化学物的急性阈剂量与慢性阈剂量之间的范围大，由极轻微的毒效应发展到较为明显的中毒表现之间的发生发展过程缓慢，难于觉察，故发生慢性中毒的危险性越大；反之，则发生慢性中毒的危险性就越小。即外源化学物慢性毒作用带的大小与其引起慢性中毒的危险性成正比。

**17. 吸入中毒危险性指数**（Iac） 是指气体性或易挥发的化学物在20℃时的饱和蒸汽浓度与半数致死浓度的比值。如果化学物的吸入中毒危险性指数越高，即比值越大，说明在常温下空气中毒物浓度越高或极易挥发，引起急性吸入致死的危险性就越大；反之，则引起急性吸入致死的危险性就越小。

**18. 致突变作用** 是污染物或其他环境因素引起生物体细胞遗传信息发生突然改变的作用。这种变化的遗传信息或遗传物质在细胞分裂繁殖过程中能够传递给子代细胞，使其具有新的遗传特性。具有这种致突变作用的物质，称为致突变物（或称诱变剂）。

**19. 致畸作用** 是指能作用于妊娠母体，干扰胚胎的正常发育，导致先天性畸形的毒作用，又称致畸胎作用。导致胎儿畸形的物质称为致畸物或致畸原。

**20. 致癌作用** 污染物直接或间接诱发恶性肿瘤的过程。具有致癌作用的物质称为致癌物。通常将致癌、致畸、致突变作用称为“三致作用”。

## 三、中毒原因与毒物分类

中毒是指毒物进入机体后引起的病理过程。中毒可分为急性中毒、亚急性中毒、慢性中毒三种类型。急性中毒是动物在短时间内一次或多次接触或摄入较大剂量的毒物而引起的中毒；慢性中毒是指动物在较长时间内（几天、几个月甚至几年）连续摄入或接触较小剂量的毒物，逐渐引起的中毒；亚急性中毒介于急性中毒与慢性中毒之间，一般是指在几天或几个月内，动物多次接触毒物引起的中毒过程。

### （一）中毒原因

动物中毒原因很多，总体上分自然因素引起的中毒和人为因素引起的中毒，两者之间有时没有明显的界线，由于人为因素的干预常使自然状态存在的危险物进入动物机体引起中毒。

**1. 自然因素引起的中毒** 包括有毒矿物质、有毒植物、有毒动物叮咬等引起的中毒。

（1）有毒矿物引起中毒。某些地区土壤中的有毒矿物质或某种正常的元素含量过高，使饮水、牧草或饲料中含量亦增高，引起动物急慢性中毒。如动物采食聚硒植物，引起急慢性硒中毒；某些地区土壤中含氟量很高，易引起地方性氟中毒。这些因素引起的动物中毒都有明显的地区性。

（2）有毒植物引起中毒。有毒植物主要有自身能产生天然有毒物质的植物、能蓄积有毒物质（如重金属、氟、硒及亚硝酸盐）的植物，也包括被有毒物质、病虫害及农药等污染的植物及条件性有毒植物等。

（3）有毒动物引起中毒。分泌毒液的爬虫和昆虫叮咬或随同牧草被食入等可引起动物中毒，如蛇毒中毒、蜂毒中毒、斑蝥毒中毒、瞻蛛毒中毒及蚜虫毒中毒等。

（4）霉菌和藻类中毒。某些霉菌在一定条件下，能产生霉菌毒素，如黄曲霉毒素。死水中的蓝绿藻能引起动物中毒。

**2. 人为因素引起的中毒** 包括来自工业污染和农药、兽药的使用不当以及劣质饲料或饮水等。

(1) 工业污染引起中毒。工业“三废”中的有毒物质，未经无害化处理进入环境，污染空气、牧草、土壤及饮水引起动物中毒。放射性物质等均可污染饲草、饲料和饮水而引起动物中毒。

(2) 农药、兽药引起中毒。因为农药、兽药使用管理不当或滥用，使动物误食、过量等引起畜禽中毒，甚至死亡。

(3) 饲料毒物引起中毒。饲料调制不当、混合不匀或饲喂有毒饲料等引起动物中毒。如长期大量饲喂未经脱毒处理的棉籽饼或菜籽饼引起中毒；饲料在保管、贮存不当时，发霉腐败而产生有毒物质，引起动物中毒，如霉玉米中毒、发芽的马铃薯中毒等。此外，饲料营养物质不全可提高中毒病的发生率，如缺钙可促进氟中毒的发生，缺维生素 A 可促进棉籽饼中毒的发生。

(4) 饲料添加剂引起中毒。饲料添加剂使用不当，如用量过大、应用时间过长、配比不当，或添加剂中有毒杂质含量过高等，均可引起动物中毒甚至大批死亡。已被报道引起动物中毒的添加剂有：维生素添加剂、微量元素添加剂、抗生素添加剂及其他饲料添加剂。

(5) 人为的投毒。由于某些原因恶意投毒引起家畜中毒，此类事件发生较少。

**3. 自体代谢产物引起的中毒** 动物自体代谢产物引起的中毒称为自体中毒，包括泌尿系统疾病引起的尿液排泄障碍导致的尿毒症、消化道疾病引起消化不全产物及消化道病原微生物产生的毒素导致的自体中毒等，都已列在相关疾病中进行介绍。

**(二) 毒物的分类**

可引起动物中毒的毒物种类繁多，常见的有以下分类方法：

**1. 内源性毒物** 指在动物体内形成的毒物，主要是机体的代谢产物。正常情况下，由于自体解毒机制或排泄作用，这些物质对机体不产生毒性作用，当机体正常生理机能发生紊乱时，即可产生毒性作用，如肾功能障碍引起的尿中毒、代谢障碍引起的酸中毒等。

**2. 外源性毒物** 即环境毒物。在一定条件下，从自然环境中进入机体内的毒物，致病作用往往较强，有些还能促进内源性毒物的形成，加重中毒的临床症状和病理过程，因此，外源性毒物对动物中毒的发生和发展具有特别重要的作用。目前常用的“外源化学物”一词通常都是指毒物。外源化学物根据其用途和分布范围可分为：①与工业化学物生产有关的毒物，包括生产原料、辅料以及生产过程中产生的中间体、副产品、杂质、废弃物和成品等。②与食品或饲料有关的毒物，包括各种食品添加剂、饲料添加剂、着色剂、调味剂、防霉剂、防腐剂以及食品和饲料变质后产生的毒素等。③与药用化学物有关的毒物，包括人医和兽医用于诊断、预防和治疗的化学物，以及各种消毒剂、改善畜禽生产性能的各种药物添加剂等。④与环境有关的毒物，如环境中的各种污染物，生产过程产生的废水、废气和废渣中的各种化学物等。⑤与日用化学物有关的毒物，如化妆品、洗涤用品、家庭卫生防虫杀虫用品等。⑥与农用化学物有关的毒物，包括农药、化肥、除草剂、植物生长调节剂、瓜果蔬菜保鲜剂等。⑦生物毒素，如动物毒素、植物毒素、霉菌毒素和细菌毒素等。⑧军事毒物，如芥子气等化学武器毒剂。

此外，毒物还可按化学结构与理化性质、毒作用的性质、毒性的级别、作用的靶器官、毒作用机制等进行分类，如肝毒物、无机毒物、剧毒毒物、膜毒物等。

## 四、毒物的毒性作用机理

毒物的毒性作用机理是指毒物与动物机体接触或经吸收进入动物机体内引起的组织结构或代谢功能的变化。外源化学物的毒性作用机理主要有以下几方面。

**1. 对组织和细胞结构产生损伤** 有些毒物在未吸收前与动物机体接触后，对接触部位的组织直接产生损害作用，改变正常功能而中毒。如二氧化硫、氨等，能对鼻黏膜、深部呼吸道黏膜产生刺激作用；强酸、强碱对其接触的组织产生灼伤腐蚀作用。

**2. 抑制氧的吸收、运输与利用** 有些毒物吸收后，通过影响氧的吸收、运输和利用过程，使机体缺氧、组织代谢发生障碍等产生其毒性作用。如尿素可破坏呼吸机能，抑制、麻痹呼吸中枢引起缺氧；亚硝酸盐使低铁血红蛋白氧化为高铁血红蛋白，使其失去携氧能力；氢氰酸、硫化氢抑制细胞呼吸而引起缺氧。

**3. 干扰酶系统功能** 大部分毒物可通过破坏酶活性中心的金属元素、抑制酶与酶激活剂、竞争性抑制基质、消除辅酶等方式，影响酶活性产生其毒性作用。如氰离子与细胞色素氧化酶的 $Fe^{3+}$ 结合，从而抑制细胞色素氧化酶活性，而导致组织细胞缺氧；有机磷酸酯类抑制胆碱酯酶的活性，使之不能分解神经递质——乙酰胆碱而导致中毒；氟乙酸生成氟柠檬酸后，与柠檬酸发生颉颃，抑制乌头酸酶的活性，使三羧酸循环中断，产能中止而中毒等。

**4. 损害生物膜**

（1）化学毒物损害生物膜结构。化学毒物通过损伤膜蛋白质、影响膜脂质的组成和过氧化作用，以及对膜糖的影响等损伤生物膜结构，产生其毒性。如农药 DDT 作用于细胞膜上的 $Na^+$、$K^+$－ATP 酶，使神经细胞膜 $Na^+$、$K^+$ 离子通透性改变；四氯化碳使细胞膜磷脂减少 60%，胆固醇含量不变，改变了膜脂质的组成；自由基作用于膜脂质，引起膜脂质中多不饱和脂肪酸的过氧化反应等。

（2）化学毒物损伤生物膜功能。化学毒物通过对膜通透性、流动性、膜电荷的影响，使生物膜功能发生障碍，产生其毒性。细胞膜的通透性增强，可使细胞质中营养物质外漏，如细胞外 $K^+$ 浓度升高、细胞内的乳酸脱氢酶和酸性磷酸酶的漏出等都可作为评价膜通透性损伤的测定指标；铅可使膜脂流动性下降，二氧化硅可引起巨噬细胞膜脂流动性升高；二价金属离子在细胞周围浓度升高，可中和膜表面负电荷，使负电荷减少等。

**5. 化学毒物或其代谢产物与细胞大分子共价结合** 化学毒物或其代谢产物与细胞大分子如核酸、蛋白质、脂质等共价结合形成加合物（活性化学毒物与细胞大分子之间通过共价键形成的稳定复合物，称为加合物）。DNA 加合物的形成是化学致癌过程中早期的一个关键步骤。蛋白质加合物的形成最终会抑制酶蛋白的功能，改变微粒体酶的活性，引起组织细胞毒性与坏死，或改变体内蛋白质结构，使之成为抗原，引发各种特殊的免疫反应如过敏反应等，产生毒性作用。化学毒物的活性代谢产物与血红蛋白共价结合，可抑制血红蛋白的功能。脂质加合物形成后影响生物膜功能。

**6. 化学毒物对细胞钙稳态的影响** 现代生物化学知识表明，在生理状态下，细胞内 $Ca^{2+}$ 浓度的变化过程呈稳定状态，称为细胞内钙稳态。在毒理学中发现细胞损伤和死亡与细胞内 $Ca^{2+}$ 浓度增高有关，从而产生了细胞钙稳态紊乱学说，也是毒理学研究热点之一。

## 五、影响毒物毒性作用的因素

了解影响毒物毒性作用的因素对设计毒理学研究方案和评价化学毒物的安全性具有重要

意义。影响毒性作用的因素很多，归纳起来主要有以下三方面的影响因素。

## （一）外源化学物方面的因素

外源化学物的生物学活性与其化学结构及理化性质有密切关系，同时也受化学毒物的剂型、杂质含量等因素影响。

**1. 化学结构** 外源化学物的毒性与其化学结构有密切的关系，如在同一类有机化合物中不饱和化合物的毒性大于饱和化合物，不饱和程度与毒性大小成正比；同类烃化合物中，卤族元素取代氢时，其毒性增加，取代数越多，毒性越大。

**2. 理化性质** 包括脂水分配系数、电离度、挥发性、分散度、分子质量等。外源化学物的理化性质影响外源化学物在生物体内的生物转运过程，从而对化学物的毒性作用产生影响。

**3. 纯度** 市售或生产使用过程中的外源化学物往往含有一定数量的杂质，这些杂质有可能削弱、加强，甚至改变原化学毒物的毒性效应。

**4. 溶剂与稀释** 溶剂与助溶剂应是无毒的物质，与受试物不发生化学反应，受试物溶解后性质稳定。目前常用的溶剂有水、植物油以及助溶剂吐温－80 等，一般能达到此要求。但有报道，有些化学物因溶剂不同，在毒效应上有明显差异。受试物进行稀释时，可因浓度不同而表现不同的毒性，一般情况下浓溶液较稀溶液吸收快，毒效应较强，但有些化学毒物与此相反。

**5. 染毒途径** 同一剂量的同种化学毒物，染毒途径不同，其吸收程度及速度不同，因而产生的毒性作用强度及快慢也不同。

## （二）动物机体方面的因素

**1. 种属、品系和个体** 不同种属、品系，甚至同种属和同品系的不同动物个体，由于对化学物的生物转运、转化过程及代谢途径等存在差异，在对化学毒物的反应上就有一些差别。如牛、羊、兔等草食动物，经常以含氰苷的植物为食，其体内硫氰酸酶活性较高，易将氰化物转化为硫氰酸盐而解毒，对氰化物的耐受力比人和犬高 200 倍。但肉食动物体内此酶活性低，对氰化物的解毒能力较差，对氰化物易感性就高。

**2. 生理因素** 包括年龄、性别和体重等。动物的年龄、性别、体重不同，组织器官的发育和酶系统功能等也不相同。一般情况幼龄、老龄动物对化学毒物比较敏感，是因其各种解毒酶系统功能缺乏或降低所致。凡是经转化后才能发挥毒效应的化学毒物对幼龄、老龄动物的毒性低于成年动物，反之，凡经酶代谢失活的化学毒物对幼龄、老龄动物表现的毒性较大。但动物的年龄因素对毒作用的影响，也依化学毒物的品种而异，不能笼统认为幼龄和老龄动物就一定是敏感性高。性别对化学毒物毒性作用影响的原因尚不完全清楚，主要表现在成年动物，一般来说，成年雌性动物对化学毒物较敏感，这可能与性激素影响某些化学毒物代谢酶的活性，进而影响化学毒物的生物转化有关。但这种影响因化学毒物品种的不同而存在差异，即尽管化学毒物的生物转化过程存在雌雄差异，但并非所有动物都如此，同时还存在种属和品系差异，甚至还存在个体差异。除性激素外，甲状腺激素、肾上腺激素及脑垂体激素等也可影响毒物在机体内的生物转化过程。

**3. 营养状况** 蛋白质、维生素等是生命活动的物质基础，而且酶是具有催化活性的蛋白质，所以动物的营养状况发生改变可引起体内酶活性和代谢水平的变化，从而影响化学毒物的代谢过程，对毒物毒性产生影响。饲料中缺乏必需脂肪酸和蛋白质，可抑制肝微粒体混合功能氧化酶系的活性，此时毒物在体内生物转化过程变慢。如 DDT、马拉硫磷、苯胺和苯并（α）芘等可因酶活性降低，代谢速度减慢，在体内停留时间长，使毒性增加。某些维生素的缺乏也影响毒物的生物转化，如维生素C能促进亚硝酸盐的还原，阻断亚硝酸盐和仲胺在胃内合成亚硝胺，防止癌变的发生。维生素C缺乏，可减弱其在体内的生物转化过程。

**4. 病理状态** 肝、肾功能可明显影响毒物的消除，从而影响其毒性作用。严重的心脏病可减弱肝、肾的血液循环，增强毒物的毒性作用。

### （三）环境方面的因素

光、季节和温度对机体内酶或辅酶的合成及活性产生影响，从而影响毒物的毒性作用。另外，饲养管理也可影响化学物的毒性。

## 子单元二 毒理学安全性评价

毒理学安全性评价包括安全试验设计、一般毒性试验、特殊毒性试验、安全性毒理学评价程序。

## 一、安全试验设计

### （一）实验动物的选择

**1. 动物品种、品系的选择** 原则上应选择那些在代谢和功能上与靶动物接近的，对化学物的感受性与靶动物也比较接近的动物。最常用的是哺乳动物，但也不是所有的哺乳动物对化学物的反应都一致，因此，一般要求选择两种以上不同物种的动物，一种是啮齿类，一种是非啮齿类。但实际工作中常仅用啮齿类中的大鼠和小鼠。其次，应根据实验要观察的效应来选择。如研究化学物的致敏作用，最好选择豚鼠。实验动物对化学致敏物的敏感性顺序为豚鼠＞家兔＞犬＞小鼠＞猫。研究化学物对实质脏器的危害性，应选择小鼠、大鼠或家兔等；研究化学物经皮吸收毒性和皮肤黏膜的刺激毒性试验，常选用豚鼠和兔，但有人报导，研究化学物经皮吸收的毒性以猪和猴效果更好；猫、犬应用于以呕吐为观察指标的实验研究。测定化学物的半数致死量常用大鼠或小鼠，因其繁殖快、经济、方便。

在确定品种后，还应注意品系差异，应当选择敏感品系。在选择品种和品系时，如无特殊理由，应注意与文献上传统常用的动物一致，以便于实验结果相互比较。

**2. 年龄** 一般试验中应选用成年试验动物，常用实验动物的体重范围见表3-1。急性试验用成年动物，长期试验用断乳后不久的动物。在同一试验中，各组动物的体重应尽可能一致，组间相差不得超过平均体重的10%，组内不得超过20%。

**表3-1 常用实验动物的生活年限及体重选择**

| 动物种类 | 寿命（年） | 成 年 | | 体重选择范围（g） | |
|---|---|---|---|---|---|
| | | 时间（月） | 体重（g） | 急性试验 | 慢性试验 |
| 小鼠 | 1.5～2 | 2 | 15 | 18～25 | 10～15 |
| 大鼠 | 2～2.5 | 3 | 150 | 150～250 | 50～100 |
| 豚鼠 | 6～8 | 3 | 250 | 200～250 | 150～200 |
| 兔 | 4～9 | 3～4 | 1 500 | 1 500～2 000 | 1 200～1 500 |
| 猫 | 10～12 | 3～4 | 1 500 | 1 500～2 500 | 1 000～1 500 |
| 犬 | 15～20 | 3～4 | 10 000 | 8 000～15 000 | 4 000～8 000 |

**3. 性别** 若已知性别对受试物感受性不同，则应选择敏感的性别；若未知有无差异，一般采用雌雄各半。如实验结果显示雌雄动物间有差异，则将不同性别分别作统计分析。

**4. 生理状况** 动物的生理状况如怀孕和哺乳等可以大大改变其对化学物的感受性。若在实验过程中发现动物怀孕，则体重及生理生化观察指标均可受到严重影响，失去应用价值。

**5. 健康状况** 动物的健康状况对试验结果有直接的影响。试验中应选择健康和营养良好的实验动物。选择好的实验动物须在试验前驯养检疫1～2周，这期间每天自然死亡率不得超过10%，用作慢性试验的动物应在试验条件下驯养。饲养要求：营养合理、卫生，舍内通风良好、光线充足，室内温度在22℃±3℃、相对湿度30%～70%，饲养密度不要过于拥挤。

### （二）随机分组

根据实验目的确定分组，以随机分配原则，使每个动物都有同等机会被分配到各个试验组中去。否则会增大各组之间的差异，增加对试验结果的干扰因素。在毒性试验中，除试验组外，还需设对照组，对照组除不给予受试物外，其他条件应尽量控制与试验组相同。对照的方法一般有两种：

**1. 平行对照** 对照组与试验组均随机抽自同一总体，两组动物数相等，又分为正对照与负对照。正对照是给试验组动物灌服某受试物的溶液，而对照组以同样方法给予等量的溶剂，负对照组动物不给任何物质。

**2. 自身对照** 对照和试验都在同一动物体上进行。用试验前的资料作为对照，试验后的资料作为试验结果，这样可排除生物间的个体差异，效果较好。但对于受时间影响的指标或需处死动物后才能测得的指标，如病理学检查或使用内脏组织匀浆测定的各项指标，就无法用自身作对照。

### （三）受试物

用于毒性试验的受试物，化学上尽可能纯净，并且能够代表今后推广的商品。若有溶媒或赋形剂，则必须是惰性的，即既不会改变受试物的化学性质，也不与受试物结合，并且进行对比试验，借以证实试验过程中所观察到的变化确实由受试物所引起，而不是赋形剂所致。

### （四）染毒方法的选择

毒理学中一般采用经口（灌胃或喂饲）吸入和经皮染毒，偶尔也用注射染毒。由于染毒途径不同，化学物的吸收率、吸收速度及受试物首先到达的器官组织均不同，因此染毒途径对毒性有较大的影响。这是因为经胃肠道吸收时，化学物首先经门静脉系统到达肝进行生物转化；经呼吸道吸收时，则首先分布于全身并进入中枢神经系统发生作用。一些对肺有刺激作用的气体，也往往以吸入染毒的毒性为最大，经皮吸收毒性往往较经口小。但也有例外如氨腈，大鼠经口$LD_{50}$为每千克体重210mg，而经皮$LD_{50}$为每千克体重84mg。这主要是氨腈在胃酸作用下，可迅速转化为尿素，毒性降低，而且到达肝后再经肝解毒则毒性更低。因此，正确地选择染毒方法和途径是非常重要的，要根据受试物的形态、化学特征、用途、实验目的及可能的毒作用特性而定。

## 二、一般毒性试验

一般毒性试验又称一般毒性作用或基础毒性，是指外源化学物在一定剂量、接触时间和接触方式下，对实验动物机体产生总体毒效应的能力。根据实验动物接触外源化学物的剂量大小和时间长短所产生的毒效应不同，可将一般毒性分为急性毒性、蓄积毒性、亚慢性毒性和慢性毒性等。

### （一）急性毒性试验

急性毒性是指人或动物一次或于24h之内多次接触外源化学物后，在短期内所发生的毒效应，包括中毒症状、体重变化、病理检查和致死效应（死亡和死亡时间）等指标。所谓短期内，一般指染毒后7～14d。

急性毒性试验的目的是通过对试验所得资料的分析，了解外源化学物急性毒性的强度、性质、毒效应的特征及可能的靶器官，初步评价外源化学物的危险性；了解外源化学物的剂量-反应（效应）关系，为亚慢性毒性、蓄积毒性等其他毒性试验的设计提供参考。

急性毒性试验方法有多种，其中以半数致死量测定、半数耐受限量测定和7d喂养试验在急性毒性研究中应用较多。在半数致死量测定试验中，通过对试验结果进行统计学处理，采用寇氏法或概率单位对数图解法求得$LD_{50}$值及其95%可信限范围。

评价外源化学物急性毒性的强弱及其对人类的潜在危害程度，可根据国际上普遍采用的外源化学物的急性毒性分级标准（表3-2）来进行，并结合急性毒作用带或其斜率以及试验过程中各项观察指标变化的描述资料作综合评价。

**表3-2　外源化学物急性毒性分级**（WHO）

| 级别 | 大鼠经口$LD_{50}$每千克体重所需药物质量（mg） | 大鼠吸入$LD_{50}$每千克体重所需药物质量（mg） | 兔经皮$LD_{50}$每千克体重所需药物质量（mg） | 对人可能致死的估计量 | |
|---|---|---|---|---|---|
| | | | | 每千克体重所需药物质量（g） | 每60kg体重所需药物总量（g） |
| 剧毒 | <1 | <10 | <5 | <0.05 | 0.1 |
| 高毒 | ≥1 | ≥10 | ≥5 | ≥0.05 | ≥3 |
| 中等毒 | ≥50 | ≥100 | ≥44 | ≥0.5 | ≥30 |
| 低毒 | ≥500 | ≥1 000 | ≥350 | ≥5 | ≥250 |
| 实际无毒 | ≥5000 | ≥10 000 | ≥2 180 | ≥15 | ≥1 000 |

### （二）蓄积毒性试验

外源化学物反复多次与机体接触，被吸收进入体内的速度或数量超过其消除速度或数量时，化学物或其代谢产物在体内的浓度或量将逐渐增加并贮存，这一现象称为外源化学物的蓄积，蓄积的化学物及其代谢产物对机体产生的毒性作用称蓄积毒性作用。蓄积作用有物质蓄积和功能蓄积之分。物质蓄积指机体反复多次接触外源化学物后，测得机体内存在的该化学物的原形或其代谢产物的量；功能蓄积指外源化学物多次与机体接触，引起机体功能损害的累积所致的慢性毒性作用。蓄积作用是外源化学物导致慢性毒作用的物质基础，因此蓄积毒性试验的主要目的是了解外源化学物在动物体内的蓄积情况，为评价化学物的慢性毒性和其他毒性试验的剂量选择提供依据，了解动物对受试化学物能否产生耐受现象，为制订卫生标准提供依据。

蓄积毒性试验是检测外源化学物在体内蓄积性大小的试验，其方法一般采用蓄积系数法，求出蓄积系数$K$，判断蓄积毒性的强弱。

$$蓄积系数\ K=\frac{机体多次接触受试物达到预计效应的累计剂量}{一次接触该受试物产生相同效应的剂量}$$

以死亡为效应指标时，用下式表示：

$$K=\frac{LD_{50(n)}}{LD_{50(1)}}$$

一般认为，$K$ 越小，表明化学物蓄积毒性越大。如果化学物在动物体内全部蓄积或每次染毒后毒效应叠加，则 $K=1$；如果反复染毒产生过敏现象，则可能 $K<1$；若化学物产生部分蓄积，则 $K>1$；随着化学物蓄积作用减弱，$K$ 增加，通常认为 $K\geqslant5$，其蓄积性极弱。根据蓄积系数分级标准来评价外源化学物的蓄积毒性（表 3-3），虽然方法简单，对评价化学物的蓄积作用有一定的价值，但不易判定是物质蓄积还是功能蓄积，而且有些外源化学物的慢性毒性无法用 $K$ 表示。

**表 3-3　蓄积系数分级标准**

| 蓄积系数（$K$） | 蓄积毒性分级 |
|---|---|
| $K<1$ | 高度蓄积 |
| $1\leqslant K<3$ | 明显蓄积 |
| $3\leqslant K<5$ | 中等蓄积 |
| $K\geqslant5$ | 轻度蓄积 |

### （三）亚慢性（或亚急性）毒性试验

亚慢性毒性试验是以反复染毒、更长的接触时间和更为广泛深入的观察为基础，研究在较长时间内（约为实验动物寿命的 10%）接触较大剂量化学物后，实验动物所产生的生物学效应，包括体重变化、食物摄取、中毒症状、脏器系数（指某个脏器的湿重与单位体重的比值）、病理学检查和生化检验指标等。试验过程中，要求每次（日）染毒剂量及染毒时间相等。其试验目的是：观察较长时期接触受试物对动物所产生毒性作用的性质、靶器官；获取亚慢性毒性的参数如最大无作用剂量及最大耐受量等，估测阈剂量；了解受试物对成年动物生殖机能的影响以及子代的致畸作用；为慢性毒性试验和致癌试验的剂量选择以及观察指标的筛选提供依据。

### （四）慢性毒性试验

凡试验给药期超过 90d 的，一般称为慢性毒性试验。在此试验中，受试实验动物长期甚至终生都将接受试验。试验期因实验动物的种类而不同：小鼠一般为 4～5 月，大鼠和家兔为 1 年，犬和灵长类为 2 年，有的试验可长达 7～10 年。慢性毒性试验的目的是确定反复将受试物给予实验动物后所出现的慢性毒性作用，尤其是进行性和不可逆性的毒性作用以及致肿瘤作用；阐明化学毒物慢性作用的性质、靶器官和中毒机制，确定长期接触该受试物造成机体损害的最小作用量（MEL）和最大无作用剂量（NOEL）及其剂量-反应关系，为制定每日允许摄入量（ADI）以及最终评定该受试物能否应用提供依据。其观测指标与亚慢性试验基本相同。

## 三、特殊毒性试验

特殊毒性试验的种类较多，不同药物或制剂，往往有不同的要求。常见的特殊毒性试验有以下几类：

### （一）繁殖试验

繁殖试验的目的是检测供试药物对试验动物生殖机能的影响。检测的内容包括药物对动物的排卵、受胎、受精卵着床、妊娠以及胎儿发育、分娩、泌乳和对初生动物生长的影响等。

繁殖试验至少设三个剂量组和一个对照组。高剂量组按受试物的最大无作用剂量给予。低剂量组一般可按最大无作用剂量的 1/30 给予。受试物的剂量不宜过大，否则会造成母体中毒，试验的结果也很难说明是受试物对生殖机能的直接作用，还是由于母体中毒影响了正常的繁殖过程。在交配前 60d 开始给雄性和雌性动物饲喂受试物，并在怀孕期及哺乳期连续饲喂。将从第一代得到的某些后代进行交配，产生第二代，其他后代与对照组比较，了解亲代摄入受试物后对子代的影响。同样方法产生第三代。对第二、三代动物，从断乳开始整个繁殖期（包括哺乳期）均给予受试物。

观察指标除一般健康状况、体重、摄食量、饮水量和死亡情况外，还要记录受孕率、妊娠率、出生存活率和哺乳存活率，以及妊娠天数、雌雄仔鼠的数量、产仔总数、平均仔重和仔鼠肉眼异常等与生殖机能有关的各项指标，并对仔鼠选择性地进行显微镜检查。

## （二）三致试验

包括致癌试验、致畸试验和致突变试验。

**1. 致畸试验** 检查受试外源化学物能否通过妊娠母体引起胚胎毒性或后代畸形的动物试验。通过致畸试验可以确定一种受试物是否具有致畸作用。胚胎在器官形成期，可因受到化学物或放射性物质的作用，使细胞分化、器官形成和正常发育受到阻滞，以致出现胎仔器官的器质性缺陷而呈现畸形。因此，可以通过观察妊娠母体在敏感期（器官形成期）接触受试物后胚胎及胎仔的发育状况来评价某种外源化学物有无致畸作用。

试验动物常用大鼠，此外可采用小鼠或家兔。应最少设三个剂量组，另设对照组。一般以最大无作用剂量用于高剂量，以其 1/30 左右的剂量用于低剂量组。中间剂量组可以允许母体出现某些较轻的中毒症状，其剂量与高、低剂量呈等比关系。

一般大鼠、小鼠于妊娠期 6～15d、兔于妊娠期 6～18d 饲喂受试物，至妊娠结束 1～2d 手术取出胎儿，检查每个活胎有无外观畸形，并进行特殊的固定或染色，以检验胎儿内脏、脑部及骨骼畸形等。根据各组动物畸胎出现的数量及所产活胎总数，计算畸胎发生率。经统计处理后求出最小致畸剂量，并以致畸指数比较不同毒物的致畸强度。致畸指数为母体 $LD_{50}$ 与胎仔最小致畸作用剂量之比。该比值愈大，表明致畸作用愈强。比值 10 以下为不致畸物，即不具致畸作用，10～100 具有致畸作用，100 以上为具有强致畸作用。

**2. 致突变试验** 目前，常用的致突变试验的方法可归纳为两大类：检验染色体畸变的试验方法和检验基因突变的试验方法。

（1）检验染色体畸变的试验方法。①染色体畸变分析法或染色体分析法。染色体畸变分析法是通过对细胞染色体的数量及有无断裂、缺失、互换和裂隙等畸变指标的分析，检验受试物可能引起的细胞遗传的异常现象。根据出现畸变染色体的总数，算出畸变率，在对照组与试验组中进行分析比较。②显性致死突变试验法。由于哺乳动物生殖细胞染色体发生畸变时，往往不能与异性生殖细胞结合，或者在结合后出现胚胎发育异常，以致造成总着床数减少或早期胚胎死亡及畸胎现象，因此由某种致突变物引起的哺乳动物雄性生殖细胞的突变，除了可通过染色体分析法进行直观检查外，还可通过观察胚胎发育状况及死亡率来检验。

常用致突变指数来表示受试物致突变性的强弱。指数越高，致突变作用越强。试验组和对照组在分别计算致突变指数后进行比较。

$$致突变指数=\frac{早期死亡胚胎数（包括吸收胚胎数）}{受孕母鼠数}\times 100\%$$

（2）检验基因突变的试验方法。①宿主间介微生物试验法。宿主间介试验或宿主培养法是通过观察注入宿主动物体内的微生物的变化，来检验受试物是否引起基因突变的一种方法。某种可能引起致突变的受试物与微生物接触，可引起细胞内基因的突变，导致微生物在形态和生理上的相应变化，造成菌落形态、颜色和某种氨基酸合成功能的改变。这种发生了突变的微生物称突变型，原来的微生物称野生型。受试物可使野生型微生物发生突变成为突变型，或者使突变型发生回复突变成为野生型，都有助于确定该种受试物是否具有致突变性。②艾姆斯（Ames）试验法。本法是通过体外观察微生物的生长情况来检验受试物是否引起基因突变的一种方法。其优点是：经济、可靠、快速，数周即出结果，但只能作为受试物致癌性的初筛，并不能代替动物慢性致癌试验。Ames 试验的基本原理是：组氨酸缺陷型（即突变型）的鼠伤寒沙门氏菌在缺乏组氨酸的培养基上不能生长，但在加有致突变原的培养基上培养，则可使突变型产生回复突变成为野生型，即恢复合成组氨酸的能力，于是就能在缺乏组氨酸的培养基上生长，根据其生长菌落的数量判断受试物是否具有致突变性。如果受试物可能是经动物体内酶系统活化代谢后才具有致突变性，则试验时可在培养基上同时加入哺乳动物的肝微粒体酶，使受试物活化而呈现致突变作用。Ames 测定了 300 多种化学物质，其中 90％的致癌物同时具有致突变性，说明化学物质的体外致突变性与体内的致癌性之间具有高度的相关。

**3. 致癌试验**　致癌试验是检验受试药物或其代谢产物是否具有致癌或诱发肿瘤作用的试验方法。因该试验需时较长，有时可与慢性毒性试验同时进行。

选择试验动物应根据动物对某种受试物致癌作用反应的敏感性而定。一般多选大鼠或小鼠，有时还需增加一种非啮齿类动物，如犬和猴。由于本试验持续时间较长，故试验动物的数量不宜太少。试验期限通常要求从断乳开始直到自然死亡，几乎包括整个生命期，因大量的肿瘤多数发生在生命后期。试验过程中要求经常观察动物的一般状况，定期检查和记录肿瘤的总发生率、各种肿瘤发生率和肿瘤出现期限等指标。病理学检查是评定受试物致癌作用的主要依据，在病理剖检时，应仔细检查每一个器官，发现肿瘤或疑似肿瘤的组织器官时，均应进行细胞病理学检查。小动物的脏器较小，应进行系统的组织学检查。

### （三）其他试验

**1. 溶血试验**　溶血试验即观察受试药物能否引起动物红细胞破裂溶解现象。供静脉注射的药物必须进行溶血试验，任何药物均不得引起动物发生溶血反应。将受试物按使用说明给动物静脉注射，在注射 1min 后取动物血样，以注射前的血液样品作为对照，测定两血浆样品中血红蛋白的浓度。如果注射受试物后动物血液样品中的血红蛋白浓度高于对照样品的浓度，则说明该受试物具有溶血作用，不宜作静脉注射用药。

**2. 局部刺激试验**　局部用药包括皮肤用药、黏膜（结膜）用药、皮下、肌肉及乳房内注射用药。局部用药均需对用药部位进行局部毒性试验。局部刺激试验的目的是检测药物对作用部位可能造成的病理损害而引起的不良反应。

（1）皮肤刺激试验。本试验是检测受试物对皮肤的直接刺激作用以及刺激强度。以白肤色的动物作为试验动物，剃毛后将受试物置于裸露的皮肤上，采用局部全封闭斑贴法或局部半封闭斑贴法，将受试物用绷带固定于皮肤上，定期观察局部有无刺激反应。

（2）眼刺激试验。本试验是检测受试物对眼的刺激作用和刺激强度。一般以白色家兔作为试验动物，在家兔的一只眼的结膜囊内滴入受试物（给药后24h洗眼），另一只眼作为对照。在72h内定期观察眼结膜及周围组织对受试物的反应，有无红肿、充血、流泪，以及这些症状能否恢复。

（3）其他刺激试验。凡是用于肌内注射、皮下注射或乳房注射的药物均需进行组织刺激试验，如家兔腿部肌内注射法、家兔耳壳皮下注射法等。检验指标为消肿、出血、变性或坏死，以及乳汁中白细胞计数等。

## 四、安全性毒理学评价

安全性毒理学评价是指通过动物实验和对人群的观察，阐明化学物的毒性及潜在的危害，对该化学物能否投放市场做出取舍的决定，或提出人畜安全的接触条件，即对人类使用这种化学物的安全性做出评价的研究过程。在毒理学安全性评价时，需根据受试物质的种类来选择相应的程序。

### （一）确定不同阶段安全性毒理学试验项目及评价

我国对农药、食品、兽药、饲料添加剂等产品的安全性毒理学评价一般要求分阶段进行，各类物质依照的法规不同，因而各阶段的试验有所不同。归纳起来，完整的毒理学评价通常可划分为以下四个阶段。

**1. 第一阶段**（急性毒性试验）　了解受试化学物的急性毒性作用强度、性质和可能的靶器官，为急性毒性定级、进一步试验的剂量设计和毒性判定指标的选择提供依据。该阶段主要有以下试验：

（1）急性毒性试验。测定经口、经皮、经呼吸道的急性毒性参数，即$LD_{50}$和$LC_{50}$，对化学物的毒性做出初步的估计。

（2）动物皮肤、黏膜试验。包括皮肤刺激试验、眼刺激试验和皮肤变态反应试验，化妆品毒性评价还应增加皮肤光毒和光变态反应试验。凡是有可能与皮肤或眼接触的化学物应进行这些项目的试验。

（3）吸入刺激阈浓度试验。对呼吸道有刺激作用的化学物应进行本试验。

**2. 第二阶段**（亚急性毒性试验和致突变试验）　了解多次重复接触化学物对机体健康可能造成的潜在危害，并提供靶器官和蓄积毒性等资料，为亚慢性毒性试验设计提供依据，并且初步评价受试化学物是否存在致突变性或潜在的致癌性。

（1）蓄积毒性试验。应注意受损靶器官的病理组织学检查。

（2）致突变试验。包括鼠伤寒沙门氏菌营养缺陷型回复突变试验（Ames试验）、哺乳动物培养细胞染色体畸变试验、小鼠骨髓多染红细胞微核试验、精子畸形试验、小鼠睾丸精原细胞染色体畸变试验和显性致死试验等。在我国食品、农药和兽药等安全性评价程序中，一般首选Ames试验、小鼠骨髓多染红细胞微核试验、显性致死试验三项。若三项试验呈阳性，除非该化学物具有十分重要的价值，一般应放弃继续试验；若一项呈阳性，再加两项补充试验仍呈阳性者，一般也应放弃。

**3. 第三阶段**（亚慢性毒性试验和代谢试验）　了解较长期反复接触受试化学物后对动物的毒作用性质和靶器官，评估对人畜健康可能引起的潜在危害，确定最大无作用剂量的估计值，并为慢性毒性试验和致癌性试验设计提供参考依据。

(1) 亚慢性毒性试验。包括 90d 亚慢性毒性试验和致畸试验、繁殖试验等。

(2) 代谢试验（毒物动力学试验）。了解化学物在体内的吸收、分布和排泄速度，有无蓄积性及在主要器官组织中的分布。

**4. 第四阶段**（慢性毒性试验和致癌试验）　预测长期接触可能出现的毒作用，尤其是进行性或不可逆性毒性作用及致癌作用，同时为确定最大无作用剂量和判断化学物能否应用于实际提供依据。本阶段包括慢性毒性试验和致癌试验，这些试验所需时间周期长，可以考虑二者结合进行。

对外源化学物按以上四个阶段依次进行毒性试验及评价的过程中，化学物在任何阶段按一定标准被判断为无毒或毒性小时，才可进入下一阶段试验，否则被放弃，依次类推。只有四个阶段都判断为无毒或毒性较小时，才能被允许考虑使用。进行安全性毒理学评价的化学物不同，判断毒性的标准也不同，如对食品的评价中，当 $LD_{50}$ 小于人可能摄入量的 10 倍时则放弃，即不允许用于食品。

### （二）安全性毒理学评价的注意事项

**1. 试验设计的科学性**　化学物安全性评价必须根据受试化学物的具体情况，充分利用国内外现有的相关资料，讲求实效地进行科学的实验设计。

**2. 试验方法的标准化**　毒理学试验方法和操作技术的标准化是实现国际规范和实验室间资料比较的基础。进行毒理学安全性评价的研究，必须要有严格规范的规定与评价标准。

**3. 评价结论的高度综合性**　在考虑安全性评价结论时，对受试化学物的取舍或是否同意使用，不仅要根据毒理学试验的资料和结果，还应同时进行社会效益和经济效益的分析，并考虑其对环境和自然资源的影响，充分权衡利弊，做出合理的评价，提出禁用、限用或安全接触和使用的条件以及预防对策等，为政府管理部门的最后决策提供科学依据。

## 子单元三　动物源性食品中兽药及化学物残留

### 一、基本概念

**1. 动物源性食品**　是指全部可食用的动物组织以及蛋和乳。

**2. 食品污染物**　是指食品在生产中使用的化学物以及食品在加工、烹调、包装、贮存和运输等环节中进入的各种化学性或生物性污染物，如兽药、重金属、毒素、工业污染物和微生物、寄生虫等。

**3. 兽药残留**　是指给畜禽等动物使用药物后蓄积或贮存在动物细胞、组织和器官内的化学物原形、代谢产物和杂质。兽药残留又称药物残留或简称残留。

**4. 最高残留限量**（MRLs）　是指对食品动物用药后，产生的允许存在于食品表面或内部的残留药物或其他化学物的最高含量或最高浓度。一般以鲜重计，表示为 mg/kg、μg/kg 或 mg/L、μg/L。

**5. 休药期**　是指食品动物从停止用药到许可屠宰或其产品许可上市食用的间隔时间。

### 二、兽药及化学物残留现状

随着现代养殖业的集约化和规模化生产，兽药及化学物质在控制和防治动物疾病、降低发病率和死亡率、促进畜禽生长、提高饲料和改善肉品品质等方面起到了至关重要的作用。然而，由于管理和科学用药知识缺乏或受经济利益驱使，在养殖中滥用药物或使用违禁药物的现象普遍存在，故使我国动物源食品安全问题也日渐突出，其中兽药残留已成为影响食品安全的最主要的危险因素。

动物源食品中最常见的兽药残留包括：抗生素类、各种抗菌药物、抗寄生虫药物、激素（如生长激素、β-兴奋剂）及其他生长促进剂。目前，绝大多数食品动物在生长过程中长期接受至少1～2种兽药及药物添加剂。在全球动物保健品市场上，用于非治疗目的的药物添加剂占据相当大的比例。非法使用违禁药物（如β-兴奋剂、激素、镇静剂等），任意加大剂量、延长用药时间或改变使用对象等滥用药物现象，以及对动物在屠宰前不遵守休药期规定、治疗过程中急宰等，是造成动物源食品中药物残留超标的主要原因。近几年我国相继出现了畜产品中β-兴奋剂残留事件，出口禽产品中出现氯羟吡啶、磺胺喹噁啉残留超标事件以及水产品氯霉素残留事件等。这不仅给我国的经济造成了巨大损失，更重要的是损害了人们的健康和我国的国际形象。

## 三、兽药及化学物残留的危害

动物源食品中药物残留对人体的危害性主要表现有以下几方面：

**1. 过敏反应** 动物源食品中药物残留可引起人的过敏反应，如牛乳中残留的青霉素引起的过敏反应，轻者出现荨麻疹，重者引起急性血管性水肿、休克甚至死亡。

**2. 毒性作用** 动物组织中药物残留水平通常很低，只有极少数因残留浓度较高发生急性中毒，如克仑特罗在动物肝、肺和眼部组织残留浓度较大，人体一次摄入超过100～200g含克仑特罗的组织可产生中毒，表现为头痛、手脚颤抖、狂躁不安、心动过速和血压下降等，严重者可危及生命。绝大多数药物残留通常产生慢性毒性作用和蓄积毒性作用。婴幼儿的药物代谢功能不完善，食用含某种药物残留的动物源食品后易引起中毒。另外，动物体的用药部位和一些靶器官（如肝、肺）常含有高浓度的药物残留，人食用后出现中毒的机会增多。药物及药物残留更多的是引起食用者产生远期毒性作用及潜在的“三致”作用。如氯霉素能对人和动物的骨髓细胞、肝细胞产生毒性作用，导致严重的再生障碍性贫血，并且其发生与使用剂量和频率无关。人体对氯霉素较动物更敏感，尤以婴幼儿和老年人为甚，婴儿可出现致命的“灰婴综合征”，氯霉素在动物源食品中的残留浓度达到1mg/kg以上时，对食用者即可产生上述毒性作用。四环素类药物作为药物添加剂使用，引起动物源食品中药物残留，对人产生毒性作用。如四环素类药物能与骨骼中的钙结合，抑制骨骼和牙齿的发育，小孩会出现“四环素牙”，而且治疗量的四环素类药物可能具有致畸作用。苯并咪唑类药物干扰细胞的有丝分裂，具有致畸作用和潜在的致癌、致突变作用。二噁英主要是由工业废物、生活垃圾等焚烧以及汽车尾气产生，通过生物和食物链进入动物体内造成残留，人食入后可引起软组织、结缔组织、肺和肝肿瘤，产生生殖、发育毒性及致畸作用，对免疫系统和内分泌系统也有破坏作用等。黄曲霉毒素及相关化合物残存于动物可食组织中，人食用后会产生致突变和致癌作用，特别是诱发人的肝癌。

**3. 激素（样）作用** 激素类兽药（包括雌激素和同化激素）被发现有致癌作用，已禁止用作促生长剂。若肝、肾和激素注射或埋植部位含有大量残留的同化激素，被人食用后可产生一系列激素样作用。主要表现为潜在致癌性（如己烯雌酚残留，可使孕妇所生女婴的黏膜产生癌变倾向）、发育毒性（儿童早熟）及女性男性化或男性女性化现象。

**4. 耐药性** 畜牧业生产中为了预防疾病的发生，长期使用亚治疗量抗菌药物，或在治疗过程中对抗生素的滥用，同时又不遵守休药期，使抗菌药（尤其是人与动物共享的抗菌药物）在动物源食品中大量残留。其危害有以下两点：第一，人食用了动物源食品中残留的抗菌药物后，诱导耐药菌株的产生，这些耐药菌株的耐药基因能通过食物链在动物、人和生态系统中的细菌相互传递，导致致病菌对抗菌药物耐药，最终导致人类和动物感染性疾病治疗的失败；第二，人食用了动物源食品中残留的抗菌药物后，可干扰肠道内的生理菌群和直接诱导产生耐药菌株。许多研究显示，动物源食品中抗菌药物的残留可使人胃肠道内的部分敏感菌受到抑制，致使菌群平衡破坏，有些条件性致病菌趁机繁殖，或使体外致病菌易于侵入，导致疾病发生。

**5. 生态毒性** 动物用药后，许多药物以原形或代谢物的形式随粪、尿等排泄物排除，分布于环境中。绝大多数兽药排入环境以后，仍具有活性，会对土壤微生物、水生生物及昆虫造成影响。环境中的抗生素会对环境生态系统包括细菌、水生生物、土壤生物和植物等产生危害，并产生大量耐药菌，对人类健康构成威胁。甲硝唑、喹乙醇、土霉素、泰乐霉素、泰乐菌素等畜禽常用抗菌药，对水环境均有潜在的不良作用，其中喹乙醇对甲壳细水蚤的急性毒性最强。阿维菌素类药物对低等水生动物、土壤中的线虫和环境中的昆虫均有较大的毒性作用。抗球虫药常山酮对鱼、虾等有很强的毒性。激素随排泄物进入环境后成为环境激素污染物，污水中的雌二醇能诱导雄鱼发生雌性化。有机砷制剂作为添加剂被大量地使用，当有机砷随排泄物进入环境后，对土壤固氮细菌、解磷细菌、纤维素分解菌等均有抑制作用。随着世界各国环保意识的增强，人们越来越关注兽药在环境中的蓄积、转移、转化和对各种生物及人类健康的影响。

## 四、兽药残留的监控和防范措施

**1. 加强兽药监督管理** 加大查处假冒伪劣和违禁兽药力度，不定期对兽药生产和经营企业进行检查，重点是β-兴奋剂、促生长类激素和安眠镇静类违禁药品。监督企业依法生产、经营兽药，对违法者给予严厉打击，对造成严重后果的违法行为要从重从严查处。加大对饲料生产企业的监控、严禁使用农业部规定以外的兽药作为饲料添加剂。对上市畜产品及时进行药残检测，若发现药残超标者立即禁止上市并给予处罚。严格兽药审批制度，在兽药审批中明确规定出给药途径、使用量和停药期，生产商必须在产品说明书上注明。

**2. 合理使用兽药** 严格规定和遵守兽药及添加剂的使用对象、使用期限、使用剂量以及休药期等；禁止使用违禁药物和未被批准的药物及人畜共享的抗菌药物或可能具有“三致”作用和过敏反应的药物，尤其是禁止将它们作饲料添加剂使用。对允许使用的兽药要遵守休药期规定，特别是药物添加剂必须严格执行使用规定和休药期规定。同一种饲料中尽量避免多种药物合用，否则因药物相互作用可引起药物在体内残留时间延长，确要合用的要遵循药物配伍原则。

**3. 加强兽药残留分析方法的技术研究** 建立和发展简单、快速、准确、灵敏、便携化的筛选性多残留分析技术和高效、高灵敏的联用技术及残留组分确证技术，实现对食品中化学物的残留能够随时随地进行检测，并通过加强分析过程的自动化或智能化，以提高分析效率，降低成本。

**4. 加强检疫监督工作** 建立有效的检验检疫制度，对饲料、饲料添加剂及动物胴体组织、牛乳等进行药物残留的检测，发现有违禁药物残留或残留超标者禁止其经营或使用，并给予相应的处罚。严格贯彻执行有关畜产品安全的法律法规和标准。使残留造成的劣质畜产品无经营市场。

**5. 加大宣传力度，强化安全意识** 通过各种方式向广大群众广泛宣传动物源食品安全知识，提高对兽药残留危害性的认识，使全社会自觉参与防范、监督残留的工作，自觉遵守兽药生产、使用、管理的法律法规。应用科普宣传、技术培训、技术指导等方式，向动物防治工作者和养殖者，宣传介绍科学使用兽药的知识。

**6. 建立并完善兽药残留监控体系和残留风险评估体系** 加快国家级、部级以及省地级兽药残留机构的建立和建设，使之形成自中央至地方完整的兽药残留检测网络结构。建立适合我国国情并与国际接轨的兽药残留监控体系，实施国家兽药残留监控计划，力争将残留危害减少到最低程度。建立残留风险评估体系，通过实施国家兽药残留监控计划和各省市定期进行兽药残留抽样检测，提供有关国内畜禽发生兽药残留危害的适时资料信息，并进行有针对性的跟踪调查，对兽药残留进行风险评估。

**7. 加强兽药的研发和推广使用** 努力开发新兽药和兽药新制剂，用高效、无公害、无污染、残留少的非抗菌素类药替代残留量大、易产生抗药性的药物，减轻药物残留的危害。如微生物制剂、中草药和无公害的化学药物，都可达到治疗、防病的目的。尤其以中草药添加剂和微生物制剂的生产前景最好。中草药制剂可提高动物机体免疫力，只有提高了自身免疫功能，才能提高机体对外界致病菌的抵抗力。

## 复习思考题

### 一、选择题

1. 目前已经确认的可致畸动物的致畸物是（　　）。

A. 甲基汞　B. 氰化钾　C. 三聚氰胺

D. 双氯甲醚　E. 亚硝酸盐

2. 可诱发人或哺乳动物皮肤癌的物质是（　　）。

A. 石棉　B. 亚硝酸盐　C. 煤焦油

D. 双氯甲醚　E. 黄曲霉毒素

3. 禁用于所有食品动物促生长的药物是（　　）。

A. 盐酸氯丙嗪　B. 喹乙醇　C. 泰乐菌素

D. 盐霉素　E. 杆菌肽

4. 具有致癌作用的药物是（　　）。

A. 呋喃唑酮　B. 克仑特罗　C. 磺胺嘧啶

D. 敌百虫　E. 甲砜霉素

5. 在国内外禁止用作饲料添加剂及兽药的药物是（　　）。

A. 氟苯尼考　B. 克仑特罗　C. 磺胺嘧啶

D. 痢菌净　E. 莫能菌素

## 二、问答题

1. 简述动物毒理研究的内容及方法。
2. 试述外源化学物的毒性作用机理。
3. 毒理学安全试验设计包括哪些内容？简述各项内容的具体要求。
4. 一般毒性试验包括哪些内容？简述各项内容的要求。
5. 安全性毒理学评价分为哪几个阶段？简述各阶段的目的要求。
6. 如何控制动物源食品中兽药及添加剂的残留？
7. 试述兽药及化学物残留的危害。

# 附　录

## 附录一　实训技能考核项目

| 序号 | 考核项目 | 考核要点 | 考核方法 |
| --- | --- | --- | --- |
| 1 | 药物的保管与贮存 | 保管制度、贮存要求、影响药物质量的主要因素、眼观变质药物的主要表现 | 药房实地抽问，让学生指出保管方法及注意事项 |
| 2 | 处方 | 处方开写的格式及注意事项、处方的改错 | 老师命题，学生写出处方，另给一错误处方，让学生分析并改错 |
| 3 | 药物配伍禁忌 | 常用药物的物理、化学性配伍禁忌及处理方法 | 老师任意点出几种药物，让学生指出有无配伍禁忌并实验操作 |
| 4 | 实验动物的捉拿、固定、给药方法 | 青蛙、蟾蜍、小鼠、大鼠、豚鼠、家兔等的捉拿、固定、灌服、皮注、肌内及静脉注射给药 | 老师任意给出几种实验动物，让学生实际操作 |
| 5 | 调剂技术 | 药物浓度的计算方法，溶液剂的配制，浓溶液的稀释，碘酊的配制 | 老师任意抽几种制剂，让学生操作或计算，另给一浓溶液，指定需稀释的浓度，让学生计算、操作 |

# 附录二　不同动物用药量换算表

## 1. 各种畜禽与人用药剂量比例简表（均按成年）

| 畜禽种类 | 成人 | 牛 | 羊 | 猪 | 马 | 鸡 | 猫 | 犬 |
|---|---|---|---|---|---|---|---|---|
| 比例 | 1 | 5～10 | 2 | 2 | 5～10 | 1/6 | 1/4 | 1/4～1 |

## 2. 不同畜禽用药剂量比例简表

| 畜别 | 马（400kg） | 牛（300kg） | 驴（200kg） | 猪（50kg） | 羊（50kg） | 鸡（1岁以上） | 犬（1岁以上） | 猫（1岁以上） |
|---|---|---|---|---|---|---|---|---|
| 比例 | 1 | 1～1.5 | 1/3～1/2 | 1/8～1/5 | 1/6～1/5 | 1/40～1/20 | 1/10～1/16 | 1/16～1/32 |

## 3. 家畜年龄与用药比例

| 畜别 | 年龄 | 比例 | 畜别 | 年龄 | 比例 | 畜别 | 年龄 | 比例 |
|---|---|---|---|---|---|---|---|---|
| 猪 | 1岁半以上 | 1 | 羊 | 2岁以上 | 1 | 牛 | 3～8岁 | 1 |
| | 9～18个月 | 1/2 | | 1～2岁 | 1/2 | | 9～15岁 | 3/4 |
| | 4～9个月 | 1/4 | | 6～12个月 | 1/4 | | 15～20岁 | 1/2 |
| | 2～4个月 | 1/8 | | 3～6个月 | 1/8 | | 2～3岁 | 1/4 |
| | 1～2个月 | 1/16 | | 1～3个月 | 1/16 | | 4～8个月 | 1/8 |
| 马 | 3～12岁 | 1 | 犬 | 6个月以上 | 1 | | 1～4个月 | 1/16 |
| | 15～20岁 | 3/4 | | 3～6个月 | 1/2 | | | |
| | 20～25岁 | 1/2 | | 1～3个月 | 1/4 | | | |
| | 2岁 | 1/4 | | 1个月以上 | 1/16～1/8 | | | |
| | 1岁 | 1/12 | | | | | | |
| | 2～6个月 | 1/24 | | | | | | |

## 4. 给药途径与剂量比例关系表

| 途径 | 内服 | 直肠给药 | 皮下注射 | 肌内注射 | 静脉注射 | 气管注射 |
|---|---|---|---|---|---|---|
| 比例 | 1 | 1.5～2 | 1/3～1/2 | 1/3～1/2 | 1/4～1/3 | 1/4～1/3 |

# 附录三　常用药物的配伍禁忌简表

| 类别 | 药物 | 禁忌配用的药物 | 变　化 |
| --- | --- | --- | --- |
| 防腐消毒药 | 漂白粉 | 酸类 | 分解放出氯 |
| | 酒精 | 氯化剂、无机盐等 | 氧化、沉淀 |
| | 硼酸 | 碱性物质 | 生成硼酸盐 |
| | | 鞣酸 | 药效减弱 |
| | 碘及其制剂 | 氨水、铵盐类 | 生成爆炸性碘化氮 |
| | | 重金属盐 | 沉淀 |
| | | 生物碱类药物 | 析出生物碱沉淀 |
| | | 淀粉 | 呈蓝色 |
| | | 龙胆紫 | 药效减弱 |
| | | 挥发油 | 分解失效 |
| | 阳离子表面活性剂 | 阴离子如肥皂类、合成洗涤剂 | 作用相互颉颃 |
| | | 高锰酸钾、碘化物 | 沉淀 |
| | 高锰酸钾 | 氨及其制剂 | 沉淀 |
| | | 甘油、酒精 | 失效 |
| | | 鞣酸、甘油、药用炭 | 研磨时爆炸 |
| | 过氧化氢溶液 | 碘及其制剂、高锰酸钾、碱类、药用炭 | 分解、失效 |
| | 过氧乙酸 | 碱类如氢氧化钠、氨溶液 | 中和失效 |
| 抗生素 | 青霉素 | 酸性药液如盐酸氯丙嗪、四环素类抗生素的注射液 | 沉淀、分解失效 |
| | | 碱性药液如磺胺药、碳酸氢钠注射液 | 沉淀、分解失效 |
| | | 高浓度酒精、重金属盐 | 破坏失效 |
| | | 氧化剂如高锰酸钾 | 破坏失效 |
| | | 快效抑菌剂如四环素、氯霉素 | 疗效减低 |
| | 红霉素 | 碱性溶液如磺胺药、碳酸氢钠注射液 | 沉淀、析出游离碱 |
| | | 氯化钠、氯化钙 | 混浊、沉淀 |
| | | 林可霉素 | 出现颉颃作用 |
| | 链霉素 | 较强的酸、碱性溶液 | 破坏、失效 |
| | | 氧化剂、还原剂 | 破坏、失效 |
| | | 利尿酸 | 肾毒性增大 |
| | | 多黏菌素 E | 骨骼肌松弛 |
| | 多黏菌素 E | 骨骼肌松弛药 | 毒性增强 |
| | | 先锋霉素 Ⅰ | 毒性增强 |
| | 四环素类药物 | 中性及碱性溶液如碳酸氢钠注射液 | 分解失效 |
| | | 生物碱沉淀剂 | 沉淀、失效 |
| | | 阳离子（一价、二价或三价离子） | 形成不溶性难吸收的络合物 |
| | 先锋霉素Ⅰ、Ⅱ | 强效利尿药、丙磺舒、氨基苷类抗生素 | 增大对肾毒性 |

（续）

| 类别 | 药物 | 禁忌配用的药物 | 变　　化 |
|---|---|---|---|
| 合成抗菌药 | 磺胺类药物 | 酸性药物 | 析出沉淀 |
| | | 普鲁卡因 | 疗效降低或无效 |
| | | 氯化铵 | 增加肾毒性 |
| | 氟喹诺酮类药物 | 呋喃类药物 | 疗效降低 |
| | | 金属阳离子 | 形成不溶性难吸收的络合物 |
| | | 强酸性药液或强碱性药液 | 析出沉淀 |
| 抗蠕虫药 | 左旋咪唑 | 碱类药物 | 分解、失效 |
| | 敌百虫 | 碱类、新斯的明、肌松药 | 毒性增强 |
| | 硫双二氯酚 | 乙醇、稀碱液、四氯化碳 | 增强毒性 |
| 抗球虫药 | 氨丙啉 | 维生素 $B_1$ | 疗效减低 |
| | 二甲硫胺 | 维生素 $B_1$ | 疗效减低 |
| | 莫能菌素或盐霉素或马杜霉素或拉沙洛菌素 | 泰牧霉素、竹桃霉素 | 抑制动物生长，甚至中毒死亡 |
| 麻醉药与化学保定药 | 水合氯醛 | 碱性溶液、久置、高热 | 分解、失效 |
| | 戊巴比妥钠 | 酸类药液 | 沉淀 |
| | | 高热、久置 | 分解 |
| | 苯巴比妥钠 | 酸类药液 | 沉淀 |
| | 普鲁卡因 | 磺胺药 | 疗效减弱或失效 |
| | | 氧化剂 | 氧化、失效 |
| | 赛拉唑 | 碱类药液 | 沉淀 |
| 镇静药 | 氯丙嗪 | 碳酸氢钠、巴比妥类钠盐 | 析出沉淀 |
| | | 氧化剂 | 变红色 |
| | 溴化钠 | 酸类、氧化剂 | 游离出溴 |
| | | 生物碱类 | 析出沉淀 |
| | 巴比妥钠 | 酸类 | 析出沉淀 |
| | | 氯化铵 | 析出氨、游离出巴比妥酸 |
| 中枢兴奋药 | 咖啡因（碱） | 盐酸四环素、盐酸土霉素、鞣酸、碘化物 | 析出沉淀 |
| | 尼可刹米 | 碱类 | 水解、混浊 |
| 植物神经药物 | 硝酸毛果芸香碱 | 碱性药物、鞣质、碘及阳离子表面活性剂 | 沉淀或分解失效 |
| | 硫酸阿托品 | 碱性药物、鞣质、碘及碘化物、硼砂 | 分解或沉淀 |
| | 肾上腺素、去甲肾上腺素等 | 碱类、氧化物、碘酊 | 易氧化变棕色、失效 |
| | | 三氯化铁 | 失效 |
| | | 洋地黄制剂 | 心律不齐 |

（续）

| 类别 | 药物 | 禁忌配用的药物 | 变 化 |
|---|---|---|---|
| 健胃与助消化药 | 胃蛋白酶 | 强酸、强碱、重金属盐、鞣酸溶液 | 沉淀 |
| | 乳酶生 | 酊剂、抗菌剂、鞣酸蛋白、铋制剂 | 疗效减弱 |
| | 干酵母 | 磺胺类药物 | 疗效减弱 |
| | 稀盐酸 | 有机酸盐如水杨酸钠 | 沉淀 |
| | 人工盐 | 酸性药液 | 中和、疗效减弱 |
| | 胰酶 | 酸性药物如稀盐酸 | 疗效减弱或失效 |
| | 碳酸氢钠 | 酸及酸性盐类 | 中和失效 |
| | | 鞣酸及其含有物 | 分解 |
| | | 生物碱类、镁盐、钙盐 | 沉淀 |
| | | 次硝酸铋 | 疗效减弱 |
| 祛痰药 | 氯化铵 | 碳酸氢钠、碳酸钠等碱性药物 | 分解 |
| | | 磺胺药 | 增强磺胺肾毒性 |
| | 碘化钾 | 酸类或酸性盐 | 变色游离出碘 |
| 强心药 | 毒毛花苷 K | 碱性药液如碳酸氢钠、氨茶碱 | 分解、失效 |
| | 洋地黄毒苷 | 钙盐 | 增强洋地黄毒性 |
| | | 钾盐 | 对抗洋地黄作用 |
| | | 酸或碱性药物 | 分解、失效 |
| | | 鞣酸、重金属盐 | 沉淀 |
| 止血药 | 肾上腺素色腙 | 脑垂体后叶素、青霉素 G、盐酸氯丙嗪 | 变色、分解、失效 |
| | | 抗组胺药、抗胆碱药 | 止血作用减弱 |
| | 酚磺乙胺 | 磺胺嘧啶钠、盐 酸氯丙嗪 | 混浊、沉淀 |
| | 亚硫酸氢钠甲萘醌 | 还原剂、碱类药液 | 分解、失效 |
| | | 巴比妥类药物 | 加速维生素 $K_3$ 代谢 |
| 抗凝血药 | 肝素钠 | 酸性药液 | 分解、失效 |
| | | 碳酸氢钠、乳酸钠 | 加强肝素钠抗凝血 |
| | 枸橼酸钠 | 钙制剂如氯化钙、葡萄糖酸钙 | 作用减弱 |
| 抗贫血药 | 硫酸亚铁 | 四环素类药物 | 妨碍吸收 |
| | | 氧化剂 | 氧化变质 |
| 平喘药 | 氨茶碱 | 酸性药液如维生素 C、四环素类药物盐酸盐、盐酸氯丙嗪等 | 中和反应，析出茶碱沉淀 |
| | 麻黄素（碱） | 肾上腺素、去甲肾上腺素 | 增强毒性 |
| 泻药 | 硫酸钠 | 钙盐、钡盐、铅盐 | 沉淀 |
| | 硫酸镁 | 中枢抑制药 | 增强中枢抑制作用 |
| 利尿药 | 呋塞米（速尿） | 氨基糖苷类如链霉素、卡那霉素、新霉素、庆大霉素 | 增强耳毒性 |
| | | 头孢噻啶 | 增强肾毒性 |
| | | 骨骼肌松弛剂 | 骨骼肌松弛加重 |

（续）

| 类别 | 药物 | 禁忌配用的药物 | 变 化 |
| --- | --- | --- | --- |
| 脱水药 | 甘露醇 | 生理盐水或高渗盐 | 疗效减弱 |
| | 山梨醇 | 生理盐水或高渗盐 | 疗效减弱 |
| 糖皮质激素 | 强的松、氢化可的松、强的松龙 | 苯巴比妥钠、苯妥英钠 | 代谢加快 |
| | | 强效利尿药 | 排钾增多 |
| | | 水杨酸钠 | 消除加快 |
| | | 降血糖药 | 疗效降低 |
| 性激素与促性腺激素 | 促黄体素 | 抗胆碱药、抗肾上腺素药、抗惊厥药、麻醉药、安定药 | 疗效降低 |
| | 绒促性素 | 遇热、氧 | 水解、失效 |
| 影响组织代谢药 | 维生素 $B_1$ | 生物碱、碱 | 沉淀 |
| | | 氧化剂、还原剂 | 分解、失效 |
| | | 氨苄西林、头孢菌素Ⅰ和Ⅱ、氯霉素、多黏菌素 | 破坏、失效 |
| | 维生素 $B_2$ | 碱性药液 | 破坏、失效 |
| | | 氨苄西林、头孢菌素Ⅰ和Ⅱ、氯霉素、多黏菌素、四环素、金霉素、土霉素、红霉素、链霉素、卡那霉素、林可霉素 | 破坏、灭活 |
| | 维生素 C | 氧化剂 | 破坏、失效 |
| | | 碱性药液如氨茶碱 | 氧化、失效 |
| | | 钙制剂溶液 | 沉淀 |
| | | 氨苄西林、头孢菌素Ⅰ和Ⅱ、四环素、土霉素、多西环素、红霉素、新霉素、链霉素、卡那霉素、林可霉素 | 破坏、灭活 |
| | 氯化钙 | 碳酸氢钠、碳酸钠溶液 | 沉淀 |
| | 葡萄糖酸钙 | 碳酸氢钠、碳酸钠溶液 | 沉淀 |
| | | 水杨酸盐、苯甲酸盐溶液 | 沉淀 |
| 解热镇痛药 | 阿司匹林 | 碱类药物如碳酸氢钠、氨茶碱、碳酸钠等 | 分解、失效 |
| | 水杨酸钠 | 铁等金属离子制剂 | 氧化、变色 |
| | 安乃近 | 氯丙嗪 | 体温剧降 |
| | 氨基比林 | 氧化剂 | 氧化、失效 |

（续）

| 类别 | 药物 | 禁忌配用的药物 | 变 化 |
| --- | --- | --- | --- |
| 解毒药 | 碘解磷定 | 碱性药物 | 水解为氰化物 |
| | 亚甲蓝 | 强碱性药物、氧化剂、还原剂及碘化物 | 破坏、失效 |
| | 亚硝酸钠 | 酸类 | 分解成亚硝酸 |
| | | 碘化物 | 游离出碘 |
| | | 氧化剂、金属盐 | 被还原 |
| | 硫代硫酸钠 | 酸类 | 分解、沉淀 |
| | | 氧化剂如亚硝酸钠 | 分解、失效 |
| | 依地酸钙钠 | 铁制剂如硫酸亚铁 | 干扰作用 |

注：氧化剂：漂白粉、过氧化氢、过氧乙酸、高锰酸钾等。

还原剂：碘化物、硫代硫酸钠、维生素C等。

重金属盐：汞盐、银盐、铁盐、铜盐、锌盐等。

酸类药物：稀盐酸、硼酸、鞣酸、醋酸、乳酸等。

碱类药物：氢氧化钠、碳酸氢钠、氨水等。

生物碱类药物：阿托品、安钠咖、肾上腺素、毛果芸香碱、氨茶碱、普鲁卡因等。

有机酸盐类药物：水杨酸钠、醋酸钾等。

生物碱沉淀剂：氢氧化钾、碘、鞣酸、重金属等。

药液显酸性的药物：氯化钙、葡萄糖、硫酸镁、氯化铵、盐酸、肾上腺素、硫酸阿托品、水合氯醛、盐酸氯丙嗪、盐酸金霉素、盐酸土霉素、盐酸普鲁卡因、糖盐水、葡萄糖酸钙注射液等。

药液显碱性的药物：安钠咖、碳酸氢钠、氨茶碱、乳酸钠、磺胺嘧啶钠、乌洛托品等。

# 附录四　食品动物禁用的兽药及其化合物清单

| 序号 | 兽药及其他化合物名称 | 禁止用途 | 禁用动物 |
|---|---|---|---|
| 1 | β-兴奋剂类：克仑特罗 Clenbuterol、沙丁胺醇 Salbutamol、西马特罗 Cimaterol 及其盐、酯及制剂 | 所有用途 | 所有食品动物 |
| 2 | 性激素类：己烯雌酚 Diethylstilbestrol 及其盐、酯及制剂 | 所有用途 | 所有食品动物 |
| 3 | 具有雌激素样作用的物质：玉米赤霉醇 Zeranol、去甲雄三烯醇酮 Trenbolone、醋酸甲孕酮 Mengestrol、Acetate 及制剂 | 所有用途 | 所有食品动物 |
| 4 | 氯霉素 Chloramphenicol 及其盐、酯（包括琥珀氯霉素 Chloramphenicol Succinate）及制剂 | 所有用途 | 所有食品动物 |
| 5 | 氨苯砜 Dapsone 及制剂 | 所有用途 | 所有食品动物 |
| 6 | 硝基呋喃类：呋喃唑酮 Furazolidone、呋喃它酮 Furaltadone、呋喃苯烯酸钠 Nifurstyrenate sodium 及制剂 | 所有用途 | 所有食品动物 |
| 7 | 硝基化合物：硝基酚钠 Sodium nitrophenolate、硝呋烯腙 Nitrovin 及制剂 | 所有用途 | 所有食品动物 |
| 8 | 催眠、镇静类：安眠酮 Methaqualone 及制剂 | 所有用途 | 所有食品动物 |
| 9 | 林丹（丙体六六六）Lindane | 杀虫剂 | 水生食品动物 |
| 10 | 毒杀芬（氯化烯）Camahechlor | 杀虫剂、清塘剂 | 水生食品动物 |
| 11 | 呋喃丹（克百威）Carbofuran | 杀虫剂 | 水生食品动物 |
| 12 | 杀虫脒（克死螨）Chlordimeform | 杀虫剂 | 水生食品动物 |
| 13 | 双甲脒 Amitraz | 杀虫剂 | 水生食品动物 |
| 14 | 酒石酸锑钾 Antimonypotassiumtartrate | 杀虫剂 | 水生食品动物 |
| 15 | 锥虫胂胺 Tryparsamide | 杀虫剂 | 水生食品动物 |
| 16 | 孔雀石绿 Malachitegreen | 抗菌、杀虫剂 | 水生食品动物 |
| 17 | 五氯酚酸钠 Pentachlorophenolsodium | 杀螺剂 | 水生食品动物 |
| 18 | 各种汞制剂：氯化亚汞（甘汞）Calomel、硝酸亚汞 Mercurous nitrate、醋酸汞 Mercurous acetate、吡啶基醋酸汞 Pyridyl mercurous acetate | 杀虫剂 | 动物 |
| 19 | 性激素类：甲基睾丸酮 Methyltestosterone、丙酸睾酮 Testosterone Propionate、苯丙酸诺龙 Nandrolone Phenylpropionate、苯甲酸雌二醇 Estradiol Benzoate 及其盐、酯及制剂 | 促生长 | 所有食品动物 |
| 20 | 催眠、镇静类：氯丙嗪 Chlorpromazine、地西泮（安定）Diazepam 及其盐、酯及制剂 | 促生长 | 所有食品动物 |
| 21 | 硝基咪唑类：甲硝唑 Metronidazole、地美硝唑 Dimetronidazole 及其盐、酯及制剂 | 促生长 | 所有食品动物 |

注：食品动物是指各种供人食用或其产品供人食用的动物。

# 附录五　局部用药物

| 类型 | 名称 | 适应证 | 用法与用量 |
| --- | --- | --- | --- |
| 刺激药 | 浓碘酊 | 局部慢性炎症，如慢性肌腱炎、腱鞘炎、关节炎、骨膜炎或淋巴腺肿等 | 外涂于局部患处 |
| | 松节油搽剂 | 用于肌肉风湿、腱鞘炎、各种关节炎、肌腱炎、周围神经炎、挫伤等 | 外用涂擦患处 |
| | 樟脑醑 | 外用治疗关节炎、肌腱炎、肌肉风湿症、蜂窝织炎，各种挫伤、扭伤，慢性睾丸炎以及慢性肌肉痛和神经痛等 | 外用涂擦患处 |
| | 复方樟脑搽剂 | 本品为樟脑醑、氨搽剂和松节油的混合溶液，适应证同樟脑醑 | 外用涂擦患处 |
| | 稀氨溶液 | 治疗慢性关节炎、肌炎、腱炎、腱鞘炎和肌肉风湿等，也可在腹痛患畜的腹部皮肤上涂擦，以缓解疼痛 | 外用涂擦患处 |
| | 桉油 | 外用于肌肉风湿、关节炎、神经痛、湿疹等，亦可用其蒸汽治疗支气管炎 | 局部涂擦或作蒸汽吸入 |
| 保护药 | 阿拉伯胶 | 内服用于消化道炎症；在生物碱、重金属中毒时，内服可阻止毒物的吸收。也可用作不溶性药物混悬液的乳化剂或黏浆基质 | 用时配成10%～20%胶浆溶液。内服：一次量，马、牛5～20g，羊、猪2～5g，犬1～3g |
| | 白陶土敷剂 | 本品为白陶土、硼酸、水杨酸甲酯、薄荷油、甘油组成。热敷用于局部消炎 | 涂于绒布上1～3mm厚，加湿，趁热贴敷患处 |
| | 滑石粉 | 用于治疗糜烂性湿疹、皮炎等，亦可用作手术用胶皮手套的涂粉和润滑剂 | 撒布于局部患处 |
| | 明矾 | 外用于湿疹和皮炎，也可用于结膜炎、口腔炎、子宫内膜炎、阴道炎的冲洗 | 外用0.5%～4%溶液冲洗黏膜炎症患部 |
| 乳房内用药 | 注射用氯唑西林钠 | 用于耐青霉素葡萄球菌感染，如奶牛乳腺炎等 | 乳管注入：奶牛每乳室200mg。休药期牛10d，弃乳期48h |
| | 头孢氨苄乳剂 | 用于革兰氏阳性菌（如链球菌、葡萄球菌等）和革兰氏阴性菌（如大肠杆菌等）引起的奶牛乳腺炎 | 乳管注入：奶牛每乳室200mg。一日2次，连用2d，弃乳期48h |
| | 苄星氯唑西林注射液 | 用于治疗奶牛乳腺炎 | 乳管注入：奶牛每乳室50万单位。泌乳期和产犊后4d禁用，休药期28d |
| | 苄星氯唑西林乳房注入剂（干乳期） | 主要用于治疗敏感菌引起的奶牛干乳期乳腺炎 | 乳管注入：干乳期奶牛，每乳室3.6g。休药期牛28d，弃乳期产犊后4d |
| | 氨苄西林、苄星氯唑西林乳房注入剂（干乳期） | 用于革兰阳性菌和阴性菌引起的奶牛乳腺炎 | 乳管注入：干乳期奶牛，每乳室4.5g，隔3周再注入一次。休药期28d，弃乳期产犊后4d |
| | 氯唑西林钠、氨苄西林钠乳剂（干乳期） | 用于革兰阳性菌和阴性菌引起的奶牛乳腺炎 | 乳管注入：干乳期奶牛，最后一次挤奶后每乳室4.5g。怀孕期发病时，每隔3周再注入一次 |

（续）

| 类型 | 名称 | 适应证 | 用法与用量 |
| --- | --- | --- | --- |
| 乳房内用药 | 氯唑西林钠、氨苄西林钠乳剂（泌乳期） | 用于革兰阳性菌和阴性菌引起的奶牛乳腺炎 | 乳管注入：泌乳期奶牛，挤奶后每乳室5.0g。按病情需要每12h连续给药数次。弃乳期48h |
| | 氨苄西林钠、氯唑西林钠乳房注入剂（泌乳期） | 用于革兰阳性菌和阴性菌引起的奶牛乳腺炎 | 乳管注入：泌乳期奶牛，每乳室5.0g。按病情需要，一日2次，连用数日。休药期牛7d，弃乳期60h |
| | 复方阿莫西林乳房注入剂（泌乳期） | 用于革兰阳性菌和阴性菌引起的奶牛泌乳期乳腺炎 | 乳管注入：泌乳期奶牛，挤奶后每乳室3g。一日2次，连用3d。休药期牛7d，弃乳期60h |
| | 盐酸林可霉素硫酸新霉素乳房注入剂（泌乳期） | 治疗葡萄球菌、链球菌和肠杆菌引起的奶牛泌乳期乳腺炎。 | 乳管注入：泌乳期奶牛，挤乳后每乳室10mL。一日2次，连用3d。休药期牛1d，弃乳期60h |
| 子宫腔内用药 | 露它净溶液 | 治疗牛、猪的慢性子宫内膜炎、子宫颈炎、阴道炎等，也可用于育成猪直肠脱出和创伤、烧伤等 | 稀释成1%～1.5%的溶液注入子宫腔或冲洗黏膜；也可用原液直接涂擦患处 |
| | 复方黄体酮缓释圈 | 用于控制母牛同期发情 | 插入阴道内：一次量，每头牛一个弹性橡胶圈，12d后取出残余橡胶圈（在48～72h内配种） |
| 眼科用药 | 硫酸新霉素滴眼液 | 用于结膜炎、角膜炎等 | 滴眼 |
| | 硫酸锌 | 用于结膜炎 | 滴眼：配制成0.5%～1%溶液 |
| | 醋酸氢化可的松滴眼液 | 用于结膜炎、虹膜炎、角膜炎、巩膜炎等 | 滴眼 |
| | 醋酸泼尼松眼膏 | 用于结膜炎、虹膜炎、角膜炎、巩膜炎等 | 眼部外用，一日2～3次 |
| | 四环素醋酸可的松眼膏 | 外用于眼部细菌性感染 | 眼部外用，一日2～3次 |

## 附录六　水产养殖常用药物

| 名称 | 适应证 | 用法与用量 | 休药期 |
|---|---|---|---|
| 甲砜霉素粉 | 用于防治嗜水气单胞菌、肠炎菌等引起的鱼类细菌性败血症，链球菌病，以及肠炎病、赤皮病等 | 拌饵投喂：一次量，每千克体重，鱼0.33g，一日一次，连用3～5d | 15d（除鳗鲡） |
| 氟苯尼考预混剂（50%） | 用于防治嗜水气单胞菌、副溶血弧菌、溶藻弧菌、链球菌等引起的感染。如鱼类细菌性败血症、肠炎、赤皮病等。也可治疗虾、蟹类弧菌病，罗非鱼链球菌病等 | 以本品计。拌饵投喂：每千克体重，鱼20mg，一日一次，连用3～5d | 375度日 |
| 氟苯尼考注射液 | 用于治疗鱼类敏感菌所致疾病 | 肌内注射：一次量，每千克体重，鱼类0.5～1mg。一日一次 | 375度日 |
| 噁喹酸散 | 用于治疗鲈形目鱼类的类结节病，鲱形目鱼类的疖疮病，鲤科鱼类的肠炎，鳗鲡的赤鳍病、赤点病和溃疡病，香鱼的弧菌病，对虾的弧菌病等 | 拌饵投料：一次量，每千克体重，鲈形目鱼类的类结节病10～30mg，一日一次，连用5～7d；鲱形目鱼类疖疮病5～10mg，一日一次，连用5～7d；鱼类（香鱼除外）弧菌病5～20mg，一日一次，连用3～5d；香鱼弧菌病2～5mg，一日一次，连用3～7d；鲤鱼科类肠炎病5～10mg，一日一次，连用5～7d；鳗鲡赤鳍病5～20mg，一日一次，连用4～6d；赤点病1～5mg，一日一次，连用3～5d；溃疡病20mg，一日一次，连用5d；对虾弧菌病6～60mg，一日一次，连用5d | 五条鰤16d；香鱼21d；虹鳟21d；鳗鲡25d，鲤21d |
| 噁喹酸混悬液 | 用于治疗鱼类的细菌性疾病 | 拌饵投料：一日量，每千克体重，鱼，爱德华菌病0.4g，一日一次，连用5d；红点病0.02～0.1g，一日一次，连用3～5d。虾，红鳃病0.1～0.4g，一日一次，连用5d | 25d |
| 噁喹酸溶液 | 用于治疗鲈形目鱼类的类结节病，鲱形目鱼类的疖疮病，鲤科鱼类的肠炎，鳗鲡的赤鳍病、赤点病和溃疡病，香鱼的弧菌病，对虾的弧菌病等 | 以本品计。药浴：每$1m^3$水体，鱼、虾10mL | 25d |
| 盐酸环丙沙星、盐酸小檗碱预混剂 | 本品为盐酸环丙沙星（10%）、盐酸小檗碱（4%）与淀粉配制而成。用于治疗鳗鲡顽固性细菌性疾病 | 以本品计。拌饵投喂：一次量，每千克体重，鳗鲡75mg。一日一次，连用3～5d | 500度日 |
| 维生素C、磷酸酯镁、盐酸环丙沙星预混剂 | 本品为维生素C磷酸酯镁（10%），盐酸环丙沙星（1%）与淀粉配制而成。主要用于杀灭鳖体内外病原菌，促进伤口愈合，加速机体康复。也用于预防细菌性疾病的感染 | 以本品计。拌饵投喂：一次量，每千克体重，鳖50mg，连用3～5d | 500度日 |

（续）

| 名称 | 适应证 | 用法与用量 | 休药期 |
|---|---|---|---|
| 氟甲喹粉 | 用于细菌引起的鱼类疖疮病、竖鳞病、红点病、烂鳃病、烂尾病和溃疡病；蛙红腿病、腹水病、肠炎病和烂肤病；虾腐鳃病 | 拌饵投喂：一次量，每千克体重，鱼25～50mg，一日一次，连用3～5d | 500度日 |
| 复方甲苯咪唑粉 | 用于治疗水产养殖动物的指环虫、三代虫、寄生线虫病等 | 以本品计。浸浴：每1m³水体，鳗鲡2～5g，浸浴20～30min（使用前经过甲酸预溶） | 500度日 |
| 三氯异氰脲酸粉 | 主要用于预防鱼和虾细菌性疾病及饲养鱼和虾的养殖水体的消毒 | 全池泼洒：一次量，每1m³水体，用本品0.3～0.4g，隔日使用，连用2次；养殖水体消毒，每1m³水体，使用本品0.5g | 10d |
| 蛋氨酸碘粉 | 用于预防对虾白斑综合征 | 以本品计。拌饵投喂：每1 000kg饲料，对虾100～200g，每日1～2次，2～3d为一疗程 | 0 |
| 蛋氨酸碘溶液 | 用于预防对虾白斑综合征；也用于养殖水体和对虾体外消毒 | 以本品计。虾池水体消毒：一次量，每1m³水体60～100mg，稀释1 000倍后全池泼洒。虾体消毒，每1L水体6mg，鱼体消毒，每1L水体1g，浸浴20min | 鱼、虾0 |
| 注射用促黄体素释放激素$A_2$ | 用于鱼类催情，诱发排卵 | 腹腔注射（雌鱼）：一次量，每千克体重，草鱼5μg；二次量，每千克体重，鲢、鳙5μg，第一次1μg，12h后注射余量；三次量，第一次，提前15d左右注射，每尾鱼1.0～2.5μg，第二次，每千克体重，注射2.5μg，第三次，20d后，每千克体重5μg（加鱼脑垂体1～2mg）。雄鱼剂量为雌鱼的一半 | 0 |
| 注射用促黄体素释放激素$A_3$ | 用于鱼类催情，诱发排卵 | 腹腔注射：一次量，每千克体重，草鱼2～5μg；鲢、鳙3～5μg | 0 |
| 注射用复方鲑鱼促性腺激素释放激素类似物 | 用于诱发鱼类排卵和排精 | 胸鳍腹侧腹腔注射：每1瓶加注射用水10mL制成混悬液。一次量，每千克体重，草鱼、鲢、鳙、鳜0.5mL，团头鲂0.3mL；二次量，青鱼，第一次0.2mL，第二次0.5mL，间隔24～48h。雄鱼剂量酌减。使用本品的鱼类不得供人食用 | 0 |
| 复方磺胺嘧啶混悬液 | 主要用于治疗淡水鱼由气单胞菌、假单胞菌、弧菌、爱德华菌等引起细菌性疾病，如细菌性败血症 | 以磺胺嘧啶计。拌饵投喂：一次量，每千克体重，鱼31.25～50mg，一日一次，连用3～5d | 500度日 |

注：凡农业部规定休药期品种，按规定执行；部分尚未制定休药期品种，其休药期暂定为28d（不分动物种类），弃乳期为7d，用于水产养殖为500度日（表示为水温×天数）。

# 参 考 文 献

陈杖榴．2009．兽医药理学［M］．3版．北京：中国农业出版社．
戴自英，刘裕昆，汪复．1998．实用抗菌药物学［M］．2版．上海：上海科学技术出版社．
董军．2009．犬猫用药速查手册［M］．北京：中国农业大学出版社．
胡功政，李荣誉，许兰菊．2009．新全实用兽药手册［M］．郑州：河南科学技术出版社．
贾公孚，谢惠民．2001．药物联用禁忌手册［M］．北京：中国协和医科大学出版社．
李春雨，贺生中．2007．动物药理［M］．北京：中国农业大学出版社．
李端．2009．药理学［M］．北京：人民卫生出版社．
李继昌，罗国琦．2008．宠物药理［M］．北京：中国农业科学技术出版社．
梁运霞，宋冶萍．2006．动物药理与毒理［M］．北京：中国农业出版社．
全国执业兽医资格考试委员会编写组．2010．执业兽医资格考试应试指南（上册）［M］．北京：中国农业出版社．
沈建忠．2002．动物毒理学［M］．北京：中国农业出版社．
宋冶萍．2009．动物药理［M］．北京：中国农业出版社．
汪晖．2005．药理学实验［M］．武汉：湖北科学技术出版社．
王学娅．2006．药理学实验指导［M］．沈阳：东北大学出版社．
魏刚才，孙清莲，杨雪峰等．2007．养殖场消毒技术［M］．北京：化学工业出版社．
张桥．2000．卫生毒理学基础［M］．3版．北京：人民卫生出版社．
《中华人民共和国兽药典》委员会．2011．兽药使用指南（化学药品卷）［M］．北京：中国农业出版社．
《中华人民共和国兽药典》委员会．2011．中华人民共和国兽药典［M］．北京：中国农业出版社．
朱模忠．2002．兽药手册［M］．北京：化学工业出版社．
Plumb D C. 2008．兽药手册［M］．沈建忠，冯忠武，译．北京：中国农业大学出版社．

图书在版编目（CIP）数据

动物药理与毒理/宋冶萍主编．—北京：中国农业出版社，2014.2（2019.8重印）
高等职业教育农业部“十二五”规划教材
ISBN 978-7-109-18901-0

Ⅰ.①动… Ⅱ.①宋… Ⅲ.①兽医学－药理学－高等职业教育－教材②动物学－毒理学－高等职业教育－教材
Ⅳ.①S859.7②R996.3

中国版本图书馆CIP数据核字（2014）第030002号

中国农业出版社出版
（北京市朝阳区农展馆北路2号）
（邮政编码100125）
责任编辑 徐 芳
文字编辑 李 恒

北京万友印刷有限公司印刷 新华书店北京发行所发行
2014年5月第1版 2019年8月北京第6次印刷

开本：787mm×1092mm 1/16 印张：17.75
字数：420千字
定价：42.00元
（凡本版图书出现印刷、装订错误，请向出版社发行部调换）